OFFSHORE & SUBSEA PLANT ENGINEERING

해양·해저플랜트 공학

OFFSHORE & SUBSEA PLANT ENGINEERING

해양·해저플랜트 공학

| 신동훈 · 이재영 저 |

일러두기

해양·해저플랜트공학 분야에서 사용되는 영문 용어는 분야의 특수성으로 국문 용어로 명확히 정의하기 어렵고, 일부 용어는 국문으로 표기할 경우 실제 현장에서 사용하는 영문 의미와 차이가 있다. 따라서 지속적인 활용을 위해서는 영문 용어를 이해하는 것이 필요하다.

1. 모든 용어는 영문 용어 사용을 기본으로 하였다. 단, 국문 용어가 이해에 도움이 되는 경우 국문으로 번역 후 원어를 병기하였고(예: 해저/서브시 시스템Subsea System), 명확한 의미의 해석이 필요 없는 경우는 외래어로만 표기하였다(예: 플로우라인Flowline).
2. 설명 내용에 해당하는 영문 표현을 병행 표기하였으며(예: 기존 라이저와의 영향Riser Corridor/Clashing Issues), 영문이 이미 통용되는 경우에는 영문으로만(예: FPSO, ROV) 표기하였다.
3. 실무에서는 프로젝트에 따라 다양한 축약어가 사용되어 해양·해저플랜트 분야에 접근하기 어려운 점이 있으므로 공통적으로 사용되는 축약어를 병행 표기하여 활용이 쉽도록 하였다.

OFFSHORE & SUBSEA PLANT ENGINEERING!

DH SHIN & JY LEE

들어가면서

해양 및 해저개발은 개발목적에 따라 다양한 공학이론이 접목되어 적용되는 광범위한 분야로 어떤 방향과 목적을 위한 해양개발이든 가장 중요하게 고려해야 하는 것은 해양이라는 조건, 즉 파랑, 조류 등 제어할 수 없는 해양환경과 직접 접근할 수 없는 물리적인 한계조건이다.

이러한 한계를 극복하기 위한 다양한 해결방법과 여러 공학이론의 적용으로 해양개발의 주요 분야인 오일·가스개발을 비롯하여 해양광물자원, 해양생물자원, 파력, 조력, 해상풍력 등 해양자원과 해양 에너지 분야에 많은 기술적 발전이 이루어지고 있지만 앞으로도 해결해야 할 과제들이 남아 있다. 이 중에서 해수면 아래Subsea를 대상으로 하는 해저(플랜트)공학Subsea Engineering은 오일·가스개발을 근간으로 발전되었고 이미 해외에서는 많은 엔지니어들이 이 분야에 종사하고 있으며 관련 시장규모도 크지만, 국내에서는 엔지니어 및 기업체의 참여뿐만 아니라 해저공학 분야의 접근성 역시 상당히 제한적이다.

해저플랜트 시설을 포함한 해양플랜트 프로젝트는 '계획–설계–제작–설치–운영–철거'에 이르는 전 생애주기 단계로 구성되고 세부적으로는 각각의 구성단계가 또 다른 새로운 프로젝트의 생애주기로 구성된다. 따라서 각 생애주기 단계에서 필요한 엔지니어링은 다른 단계의 세부 단계와 상호 연계되어 폭넓게 적용된다.

이와 같이 여러 생애주기 단계에 걸쳐 기본적으로 적용되는 엔지니어링 기술을 다양한 방법으로 확장 적용하면서 프로젝트의 경제성을 높이려는 시도는 계속되고 있으며, 이미 해저공학에서 적용된 기술을 활용하여 다른 다양한 해양개발 목적의 해양·해저구조물 설치와 운영에 필요한 기술적 요구에도 적용하고 있다.

해저공학은 여러 분야의 해양개발에 적용할 수 있는 미래지향적인 공학 분야이지만, 아직 국내에서는 해저(플랜트)공학이라는 용어 자체도 생소할 뿐만 아니라 접근하기조차 어려운 실정이다.

그 이유로는 전체적인 해양·해저플랜트 프로젝트의 진행과정, 플랜트 운영시스템 및 설계 과정을 이해하지 않으면 사용되는 용어의 적용 의미를 정확히 이해하기 어려운 점과 또 다른 한편으로는 해양플랜트 특정 분야에만 전문지식이 제한되지 않고 해양·해저플랜트 프로젝트의 전 생애주기 단계에서 진행되는 다양한 프로젝트에 참여경험이 있는 전문가가 통합적인 관점에서 기술한 도서가 부족하기 때문이라고 생각한다.

이런 측면에서 본 도서는 저자가 직접 광범위한 해양플랜트 사업의 계획, 설계, 제작, 설치, 운영, 철거의 여러 생애주기 단계에서 동시에 진행되는 해양·해저플랜트 프로젝트에 참여한 경험과 엔지니어링을 바탕으로 해양플랜트 분야의 다양한 적용규정, 여러 설계코드의 적용과 상호비교 및 각 단계별 프로젝트 진행과정에 참여하여 얻은 중요한 지식과 노하우를 포함하여 해저공학을 이해하는 데 반드시 필요한 기본적인 사항을 처음 접근하는 경우에도 가능한 이해하기 쉽도록 기술하였다. 이를 바탕으로 해저공학의 다른 세부 분야나 다른 목적의 해양개발 분야에도 쉽게 활용할 수 있도록 개념설명에 보다 비중을 두었다.

Part I은 해양·해저플랜트 공학의 개요와 프로젝트 개념, Part II, III는 해저플랜트 시설 설계와 해양과 해저에서 이루어지는 작업, Part IV는 구조물 수명연장 및 해체/철기/복구에 대해 기술하여 해양·해저플랜트의 전 생애주기에 걸친 전반적인 사항을 설명하고, 결론인 Part V에서는 해양·해저플랜트 산업의 발전 방향 및 기술 선점이 필요한 엔지니어링 분야를 국제적인 해양·해저플랜트 개발추세와 현재 진행되는 프로젝트를 바탕으로 제언하였다.

결론적으로 미래에는 이미 선점된 해양·해저플랜트 특정 분야에 뒤늦게 진출하는 것보다 해상풍력 등 해양을 이용한 신재생에너지 분야, 해양플랜트 수명연장과 철거 및 복구, 탄소포집저장과 연계된 탄소제로 정책을 바탕으로 한 통합적인 관점에서 새로운 접근이 필요하다.

이런 새로운 방향으로의 접근을 위해서는 해양 및 해저플랜트 공학의 전 범위에 걸친 기본적인 이해가 우선되어야 하므로 해저시설을 포함한 해양플랜트의 계획에서 철거까지 전체 과정을 통합하여 하나로 기술한 이 도서가 가까운 미래 우리나라가 새로운 해양기술로 미래 해양·해저플랜트 분야를 주도하는 데 큰 도움이 될 것으로 생각한다.

해양·해저플랜트 공학 분야의 발전과 새로운 분야에 도전하는 엔지니어 분들을 응원하며!

대표 저자

신 동 훈

Contents

PART II 파이프라인/라이저 설계

PART III 파이프라인/라이저 설치

PART IV 구조물 수명연장 및 해체/철거/복구

PART V 해양·해저플랜트 산업의 발전 방향

APPENDIX 부록

PART Ⅰ

해양·해저플랜트 공학 개요

OFFSHORE & SUBSEA PLANT ENGINEERING

CHAPTER
01

해양·해저플랜트 공학 개요

1.1 천해, 심해, 초심해의 정의

1.1.1 해양플랜트 구조 형식 측면에서의 정의

해양 오일·가스 개발에서 가장 먼저 고려해야 하는 가장 중요한 요소는 수심으로 개발지역의 수심에 따라 고려되는 해양플랜트 구조물의 종류와 형식이 달라지기 때문이다.

수심 이외 해양에 있어서 다른 중요한 환경요소인 파랑, 유속 및 풍속은 해양플랜트 구조물의 지지력을 포함한 구조물의 안전성과 부유식 해양플랜트의 운동에 영향을 미치게 되어 해저시설인 파이프라인Pipeline, 라이저Riser 등의 설계에서 주요 설계조건으로 적용되지만, 결론적으로 수심은 부유식 또는 고정식 해양플랜트의 구조 형식과 이와 연계되는 해저개발개념Field Development Concept을 결정하는 가장 큰 환경적 요소로 고려된다.

해저공학Subsea Engineering[1] 분야를 구성하는 주요 시설인 해저파이프라인, 라이저, 해저트리Subsea Tree, 엄빌리컬Umbilical 및 플로우라인Flowline의 제작, 설치 및 운영에 이르기까지 계속적으로 영향을 미치는 수심은 해양 개발에 있어 가장 중요한 요소로 볼 수 있다.

해저에 설치되는 구조물은 심해에만 한정되지 않고 천해에서도 적용되므로 해저공학 분야는 천해에서 심해까지 전 수심에 걸쳐서 적용되는 공학 분야로 볼 수 있지만, 궁극적인 의미에서는 심해로 갈수록 오일·가스 개발을 위해 해저생산 시스템Subsea Production System으로 구성할 수밖에 없으므로 일반적으로 해저공학은 심해에서 적용성이 보다 높은 분야로 볼 수 있다.

---

1 해저플랜트공학(Subsea Plant Engineering)을 통용되는 영문 용어인 해저공학(Subsea Engineering)으로 표기함

이런 이유로 해양 개발에 있어서는 먼저 심해와 천해의 기준에 대해 이해를 하고 접근할 필요가 있다. 심해와 천해는 접근하는 관점에 따라 다소 다르게 정의되는데, 명확하지는 않지만 미국의 오일·가스필드에서는 수심 약 300m(1,000ft) 이하를 천해, 그 이상을 심해로, 약 1,500m(5,000ft) 이상을 초심해로 정의하기도 한다(그림 1.1).[1]

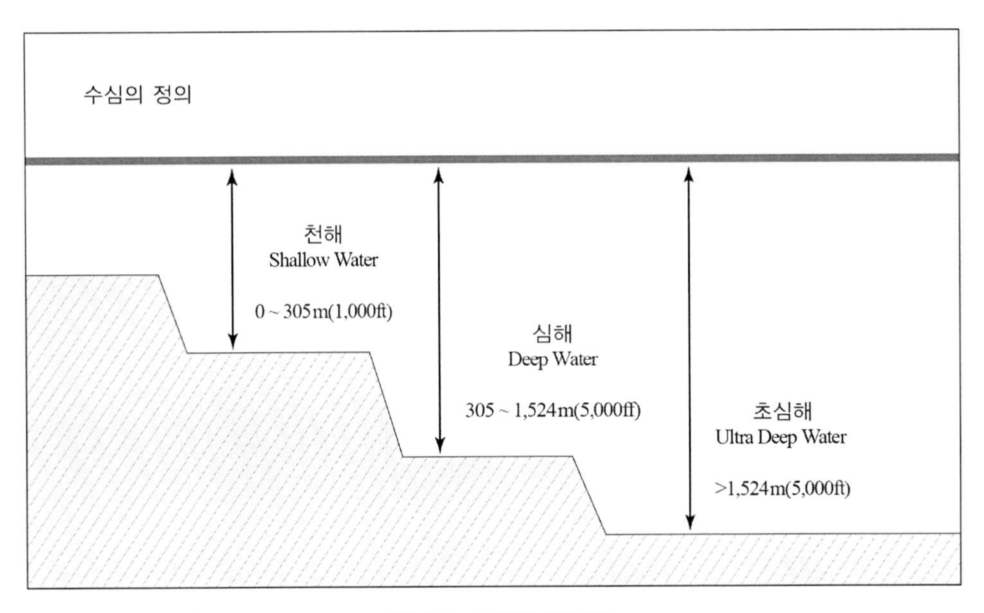

그림 1.1 수심의 정의[1]

영국 북해North Sea 지역의 경우 남북해Southern North Sea(SNS) 지역은 수심 약 90m 이하이며 90m 이상은 대부분 북북해Northern North Sea(NNS) 지역으로 평균수심 95m, 최대 수심 700m로[2][3] 천해와 심해의 기준을 명확히 정의하여 구분하지 않고 육상 지역을 온쇼어Onshore 해상 지역을 오프쇼어Offshore라는 용어로 통칭해서 사용한다.

미국의 오일, 가스필드에서 수심 약 300m를 기준으로 천해와 심해로 구분하는 것은 수심 300m 이하의 경우 부유식 해양플랫폼Floating Offshore Structures을 설치하지 않고 고정식 해양플랫폼Fixed Offshore Platform으로 오일·가스 생산을 위한 호스트플랫폼Host Platform으로서의 역할이 가능하므로 상대적으로 부유식 해양플랫폼보다 제작비가 낮은 고정식 해양플랫폼을 선택하여 경제성 있는 프로젝트가 될 수 있는 영역으로서 천해와 심해를 구분하는 기준으로도 볼 수 있다.

천해와 심해의 경계 영역에서는 필드 개발개념을 고려하여 컴플라이언트 타워Compliant Tower를 설치하기도 하지만 최근 해저석유 개발개념에서 선호되는 구조 형식은 아니다. 심해에서는 부유식 생산저장하역Floating Production Storage Offloading(FPSO) 시설이나 인장지지 플랫폼Tension Leg Platform(TLP), 스파SPAR 등의 부유식 해양플랫폼을 제작하여 운영할 수밖에 없으므로 천해와 심해의 구분에 따라 개발개념이 크게 달라진다는 관점에서 심해와 천해를 정의할 수 있다.

실제 해저생산 시스템 구성 측면에서 천해 또는 심해의 개발개념이 차이가 나는 이유는 재킷구조물Jacket Structural 형식인 고정식 해양플랫폼 또는 부유식 해양플랫폼 형식에 따라 해저시설의 설계조건과 설치 방법의 차이가 발생하게 되기 때문이다.

따라서 해양의 오일·가스 개발에 있어서 천해와 심해의 구분은 개념적인 정의로만 이해하는 방향이 합리적이다. 그러나 수심 약 15m 이하(설치 선박의 제원에 따라 다름)에서는 설치 선박의 해저작업의 한계로 해저시스템을 구성할 수가 없으므로 해저구조물 설치에 제약이 없는 수심을 해저공학에서 고려되는 수심으로 볼 수 있다.

1.1.2 파랑이론 측면에서의 정의

파랑이론Wave Theory적인 측면에서 수심의 정의는 파랑이 해저면에 미치는 영향에 따라 정의된다. 파장과 수심의 비율에 따른 천해와 심해의 정의는 아래 표와 같이 수심(d)/파장(L)의 비가 1/2보다 큰 경우$(d/L \geq 1/2)$는 심해, 작은 경우는 천이해$(1/20 < d/L < 1/2)$및 천해$(d/L \leq 1/20)$로 정의되고, $d = L/2$ 이하의 수심에서는 물입자운동으로 인한 영향은 없다(그림 1.3).[4]

심해(Deep Water)	천이해(Intermediate Water)	천해(Shallow Water)
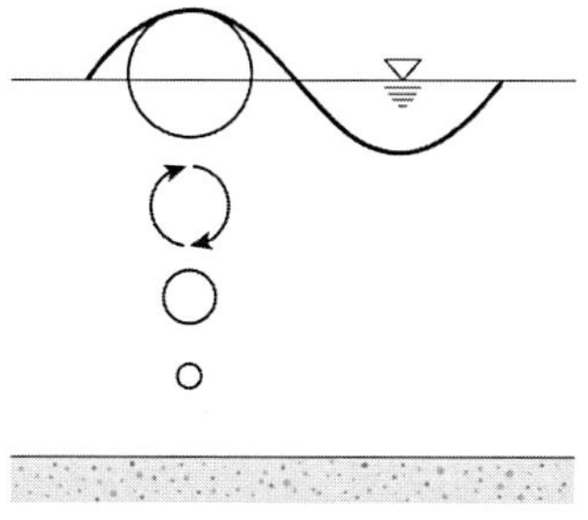	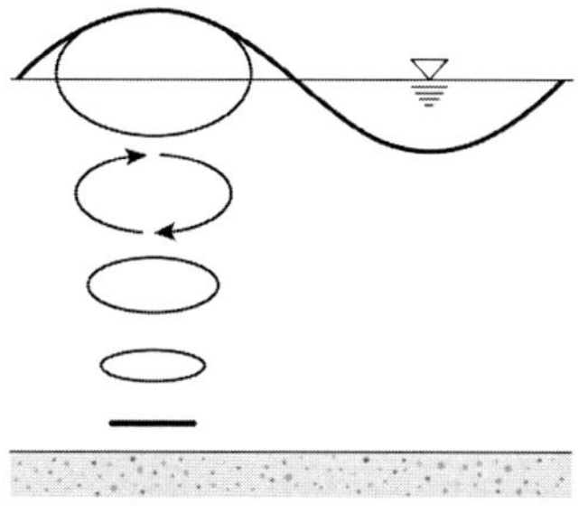	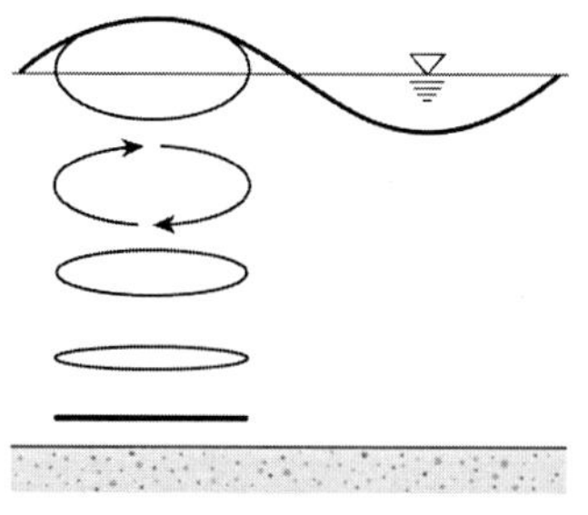
$\frac{d}{L} \geq \frac{1}{2}$	$\frac{1}{20} < \frac{d}{L} < \frac{1}{2}$	$\frac{d}{L} \leq \frac{1}{20}$

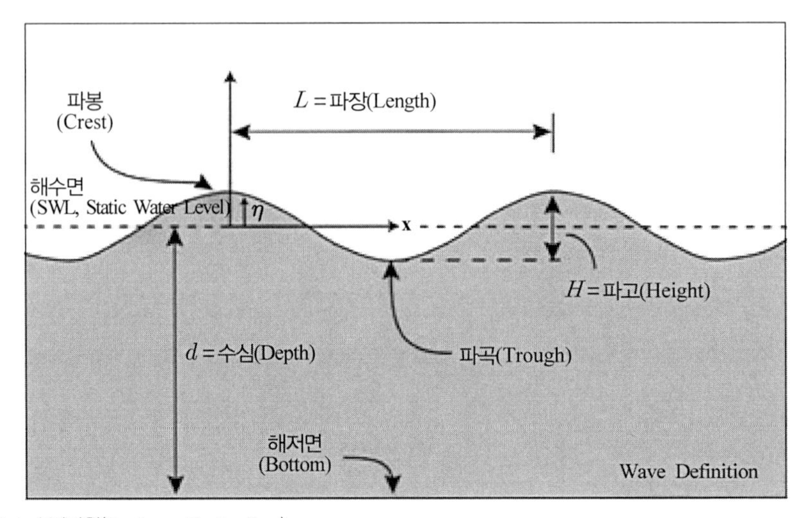

주) $\eta = H/2$: 수면파형(Surface Evaluation)

그림 1.2 파랑 구성요소의 정의

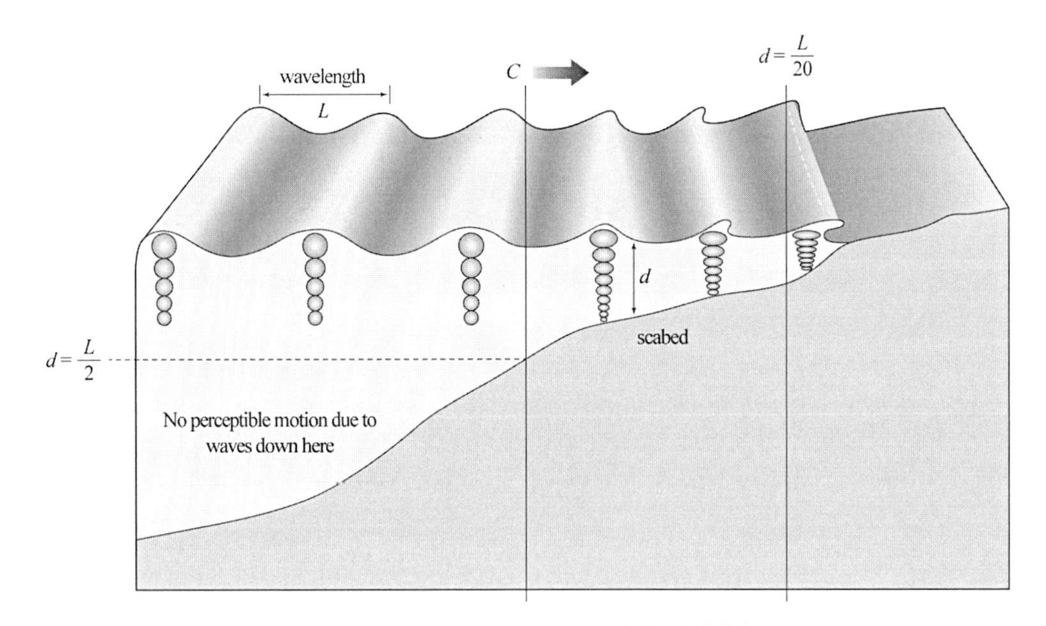

그림 1.3 수심/파장에 따른 수심의 정의[4][5]

파랑이론적 측면에서 심해와 천해를 구분하는 기본적인 가정은 물입자운동의 영향을 받지 않는 깊이의 수심을 심해로 정의하는 것이다. 따라서 심해에서는 파랑에 의한 물입자의 운동궤적이 해저면에 영향을 미치지 않게 되므로 해저면에 위치한 파이프라인 및 해저구조물의 설계에서 파랑에 의한 영향은 미미하며, 조류, 밀도류 등 다른 원인에 의한 해저면 흐름이 설계(예: 해저면 안정해석On-Bottom Stability Analysis)에 고려된다.

1.1.3 심해 개발수심

시추 및 개발 가능 수심은 기술의 발달로 점진적으로 깊어지고 있다. 예로 가장 깊은 수심인 약 3,400m에서의 시추 사례와 수심 2,934m의 미국 걸프해역Gulf of Mexico(GOM)에 설치된 해저트리 사례(Shell Tobago Operator)가 있다. 수심 2,896m의 미국 걸프해역GOM에 설치된 FPSO의 사례(Shell Stones Field Turitella FPSO) 등으로 보면 개발지역이 심해로 갈수록 자본적 지출CAPital EXpenditure(CAPEX) 및 운영비용OPerational EXpenditure(OPEX)이 증가하지만 1990년대 이후에는 대부분 개발된 천해 지역을 벗어나 심해개발이 증가되는 추세이다(그림 1.4).

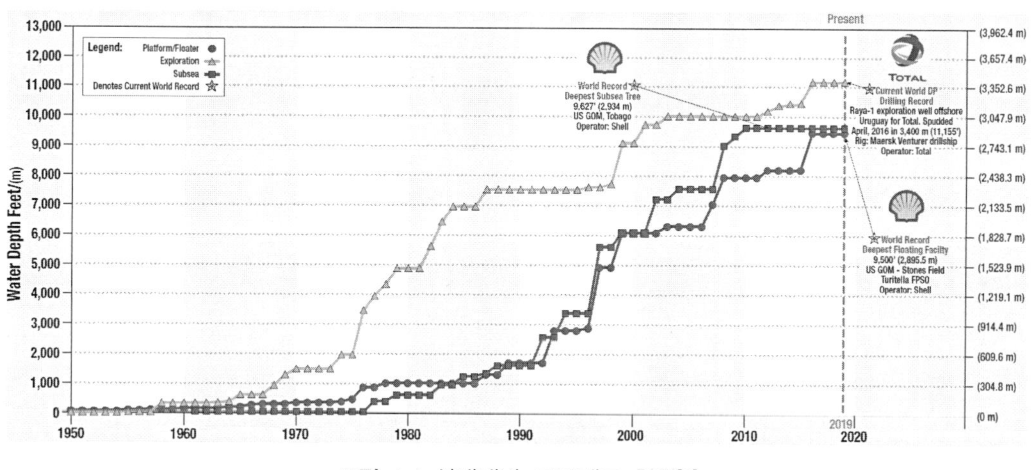

그림 1.4 심해개발 프로젝트 현황[6]

1.2 수심에 따른 해양플랫폼의 종류

수심이 깊어짐에 따라 설치되는 해양플랜트 구조물은 그림 1.5와 같이 고정식 플랫폼Fixed Platform, 컴플라이언트 타워Compliant Tower(CT)와 심해에 설치되는 부유식 구조물로는 인장지지 플랫폼Tension Leg Platform(TLP), 스파Spar, 반잠수식 구조물Semi-submersible, 부유식 생산저장하역FPSO 시설 형태의 해양플랜트가 설치된다. 그림 1.5(b)와 같이 FPSO는 원통형, 선박형이 있으며, 스파의 경우 트러스 스파Truss Spar, 셀 스파Cell Spar, 반잠수식 구조물과 트러스 스파의 중간 형태인 미니독MiniDOC 등 여러 형태로 구분되고 생산되는 가스를 처리하는 설비를 가진 FLNGFloating LNG 부유식 해양플랜트가 설치되어 운영되고 있다.

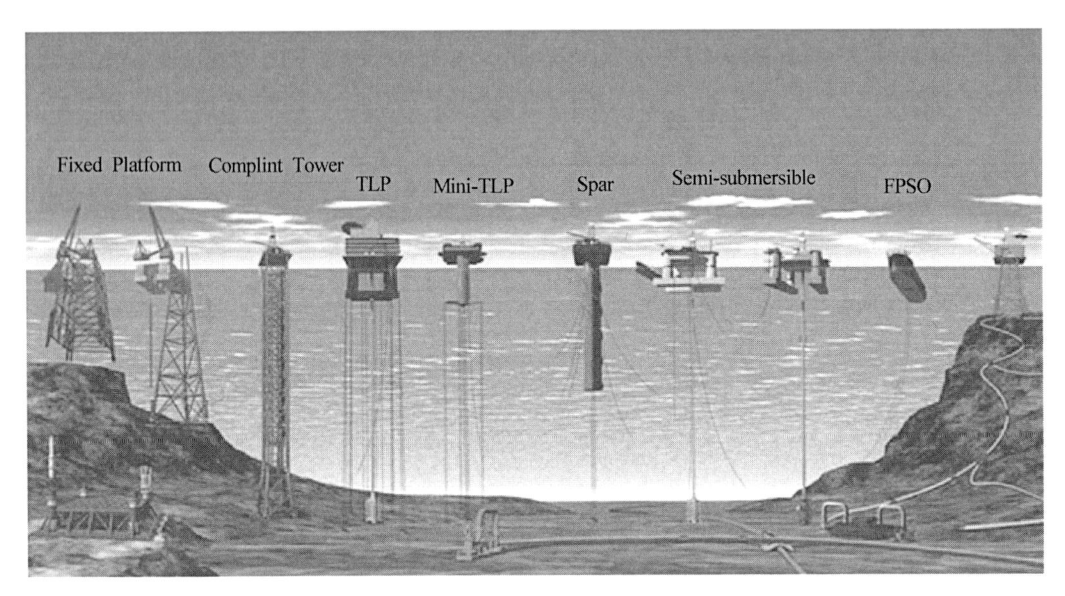

(a) 고정식 및 부유식 구조물(Fixed & Floating Structures)[6]

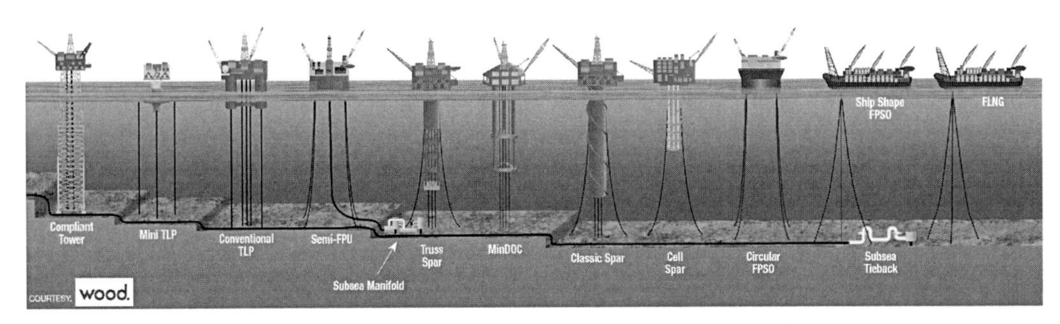

(b) 심해 해양플랜트 종류(Deepwater Offshore Plant)[7]

그림 1.5 해양플랜트 종류

해저면 아래 저류층에서 생산된 오일·가스는 생산정Production Well을 거쳐 해양플랫폼에 위치한 상부 시설/탑사이드 공정처리설비Topside Processing Facility를 통해 1차적으로 오일·가스·물의 분리 및 처리 과정을 거친 후 육상의 터미널로 이송하거나 FPSO의 경우 탱커로 오일을 하역하여 판매하게 된다. 이와 같은 일련의 생산과 처리과정을 포함한 해저 오일·가스 개발의 개발개념 결정에 있어 개발 해역의 환경적인 특성 중 가장 중요한 결정요인으로 고려되는 것은 ① 수심과 ② 주변에 설치되어 운영되고 있는 해양플랫폼 또는 파이프라인 등과 같은 생산인프라이다.

① 수심조건에 따라 해양구조물은 고정식 구조물 또는 부유식 구조물로 결정되고 ② 생산인프라에 있어서는 인근에 공정처리설비를 포함한 호스트플랫폼이 운영되고 있는 경우에는

해저 오일·가스 생산정과 플로우라인을 통해 호스트플랫폼과 연결하는 해저연결/서브시 타이백Subsea Tie-back 방식으로 연결한다. 기존에 운영하고 있는 호스트플랫폼과 연결할 수 있다면, 송출 파이프라인Export Pipeline 등 여러 해저시설을 공유하기 때문에 신규 설치의 경우보다 경제성과 프로젝트 완료 기간이 단축되는 측면에서 선호하는 방식이다.

고정식 구조물로서 강재재킷Steel Jacket 형태의 해양플랫폼은 대부분 앞서 정의된 수심 300m 이하의 천해 석유개발에 있어 경제성과 운영성을 고려하여 선호되는 옵션이지만, 옵션 결정 과정에서는 수심 이외의 여러 조건을 고려하여 해양플랫폼 구조 형식 또는 서브시 타이백 방식으로 결정된다.

강재재킷 형태는 깊게는 1988년 수심 412m(1,353ft)의 Shell Bullwinkle 프로젝트에서 설치된 사례가 있고 컴플라이언트 타워 형식은 수심 305m(1,000ft)에서 가장 깊은 수심으로 531m(1,742ft)의 Petronius 프로젝트에서 설치된 사례가 있다.

이론적으로는 고정식 구조물은 914m(3,000ft)까지 설치가 가능하나 운반선의 크기 및 경제성을 고려하면 부유식 구조물에 비해 장점이 없으므로 300m 이상의 수심에서는 개발옵션으로 고정식 구조물이 결정될 가능성은 낮다.

1.2.1 고정식 해양구조물(Fixed Offshore Structures)

1) 재킷구조 플랫폼(Jacket Structure Platform)

강재로 제작된 재킷 형식의 하부구조와 구조물 기초는 파일로 지지되는 형식으로 상부시설에는 근무자들의 숙소와 공정처리시설을 위한 공간을 제공한다. 재킷 형식의 고정식 플랫폼은 412m 수심에 설치된 사례가 있지만, 수심에 따라 경제성과 운영성을 고려하여 결정된다.

2) 컴플라이언트 파일타워(CPT: Compliant Piled Tower)

컴플라이언트 파일타워는 재킷 구조와 구성은 동일하지만 구조적으로 재킷 형식의 하부구조에 비해 큰 하중을 견딜 수 있도록 설계되어 더 깊은 수심에 설치가 가능한 형식이다.

1.2.2 부유식 해양구조물(Floating Offshore Structures)

1) 인장지지 플랫폼(TLP: Tension Leg Platform)

해저면에 설치된 기초와 부유식 해양플랫폼을 연결하는 강선인 텐돈Tendon의 인장력으로 상부 구조물을 지지하는 방식인 인장지지 플랫폼은 300m 이상의 수심에서 설치가 고려되는 옵션이다.

TLP의 핵심은 텐돈이라는 인장지지케이블로 하부기초와 탑사이드를 연결하는 구조이며 탑사이드는 바지선을 이용하여 설치위치에 이동하고 해수를 채워 일정 수심으로 가라앉힌 다음 이미 설치된 인장지지케이블과 연결한다. 연결 이후 탑사이드의 부력탱크에서 물을 배수하면서 부력을 이용하여 인장지지케이블과 탑사이드 간의 필요한 인장력을 형성하여 구조물의 안정을 이루는 형식이며 가장 깊은 수심으로는 1,580m의 Big Foot 프로젝트에서 설치된 사례가 있다.

그림 1.6 이름: Sea Star, 종류: Mini TLP, 설계: SBM Offshore[7]

2) 스파(Spar)

스파는 긴 원통형 구조 형태로 부력중심을 아래로 두어 부유체의 안정을 유지한다. 원통형 하부구조에는 구조물 주변 와류흐름으로 인해 발생되는 진동인 와류유도진동Vortex Induced Vibration(VIV)의 영향을 완화하기 위한 나선형 스트레이크Strake를 부착하여 제작된다.

총 17개의 스파가 설치되어 운영되고 있으며(2019년 기준), 이 중 대부분은 걸프해역에 설치되었다. 쉘Shell의 Perdido Spar는 2008년 걸프해역GOM의 2,383m(7,817ft) 수심에 설치된 사례가 있으며 그 후 Lucius(GOM, 2013), Heidelberg(GOM, 2015)과 Aasta Hansteen(North Sea, 2017) 등 다양한 지역과 수심에서 운영되고 있다.

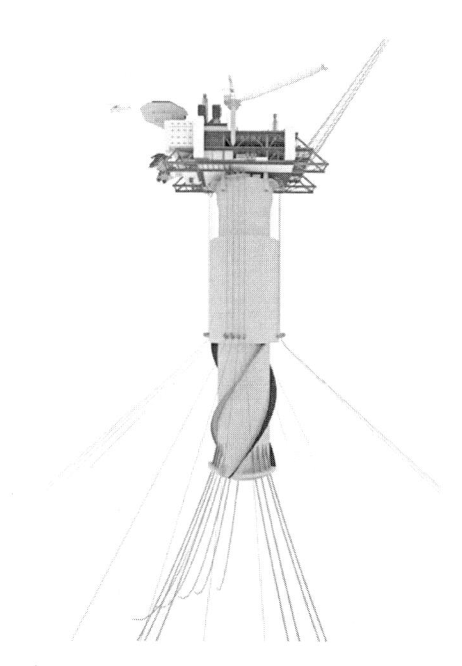

그림 1.7 이름: Belly Spar, 종류: Spar, 설계: Aker Solution[7]

3) 반잠수부유식 플랫폼(Semi-Submersible Platform)

반잠수부유식 플랫폼은 반잠수 형태의 하부구조와 탑사이드는 시추/드릴링Drilling 및 공정처리를 위한 생산시설로 구성된다. 수심 2,414m(7,920ft)의 Anadarko's Independence Hub(2007)에 설치된 사례가 있으며 동적위치조정Dynamically Positioned 장치를 사용하여 동적 이동에 대한 제어를 한다.

그림 1.8 이름: Paired Column Semi, 종류: Semi FPS, 설계: Houston Offshore Engineering[7]

4) 부유식 생산저장하역 플랫폼(FPSO: Floating Production Storage and Offloading)

일반적으로 선박 형태를 가진 부유식 해양구조물인 FPSO는 생산된 오일을 저장·하역하는 설비를 가지고 있으며 주변에 터미널 이송을 위한 파이프라인이 없거나 설치하기 어려운 환경에 유용한 해양플랫폼이다.

걸프해역은 해양환경과 주변 인프라 시설을 고려하면 FPSO의 설치와 운영에 적합하여 BSEEBureau of Safety and Environmental Enforcement에 의해 2000년 설치 승인이 이루어진 이후 2010년 수심 2,600m의 Petrobras's Cascade and Chinook 필드에서 처음으로 설치되었다.

탑사이드 공간 활용성 및 오일 저장용량을 고려해서 당초 개발한 생산필드의 생산 감소 시 인근의 다른 생산필드와 연결해서 개발하는 서브시 타이백 방식이 고정식 구조물에 비해 유리하다.

FPSO는 형태에 따라 원통형, 선박형의 구조 형식이 있고 FLNG의 경우 두 개의 선박을 연결하는 형태도 고려되고 있다(그림 1.9).

(a) 원통형(Sevan SSP 400)

(b) 선박형 FPSO

(c) 선박형 FLNG

그림 1.9 FPSO 종류[7]

표 1.1은 해양구조물의 형식과 설치수심을 나타내 것으로 서브시 타이백 방식은 기존 설치된 파이프라인과 호스트 역할을 하는 해양플랫폼이 있는 경우 주변의 인근 지역을 개발하여 해저에서 연결하는 방식으로 장점으로는 낮은 자본투자 비용과 프로젝트 소요기간이 신규로 구조물을 제작과 설치하는 경우와 비교해서 짧은 장점이 있다. 이에 따라 소규모의 필드의 경우 서브시 타이백 방식으로 다른 해양플랫폼과 연결하여 개발하는 경우가 일반적이며 심해에서의 서브시 타이백 방식도 계속적으로 증가하는 추세이다.

표 1.1 수심에 따른 구조물 형태[7]

구조물 형태	수심	실제 설치 최대 수심
고정식 플랫폼(Fixed Platform)	~518m(1,700ft)	412m(1,353ft)
컴플라이언트 파일타워(CPT)	305~914m(1,000~3,000ft)	531m(1,742ft)
인장지지 플랫폼(TLP)	147~2,591m(482~8,500ft)	1,581m(5,187ft)
스파(Spar)	588~3,048m(1,930~10,000ft)	2,382m(7,816ft)
반잠수부유식플랫폼(Semi-Sub.)	80~3,658m(262~12,000ft)	2,414m(7,920ft)
부유식 생산저장하역 플랫폼(FPSO)	15~3,353m 이상(50~11,000ft)	2,896m(9,500ft)
서브시 타이백(Subsea Tie-back)	225~2,934m(738~9,627ft)	2,934m(9,627ft)

표 1.2 각 부유식 플랫폼 형식의 장단점

구조물 형태	장점	단점
인장지지 플랫폼(TLP)	• 상대적으로 작은 부유체 운동,* 드라이/웻트리, 탑텐셔라이저, 스틸 카테너리라이저, 해상 BOP드릴, 인터벤션 용이 • 탑사이드 공간 여유 • 육상야드 탑사이드 제작 및 시운전	• 텐돈 인장력 한계로 설치수심 한계 1,524m(5,000ft) • 해상설치 복잡 • 설치위치 변경 및 탑사이드 해체 어려움
반잠수부유식 플랫폼(Semi-Sub.)	• 다양한 수심에 설치 • 탑사이드 공간 여유 • 육상야드 제작 및 시운전 • 해상설치 용이	• 상대적으로 큰 부유체운동 • 웻트리만 연결 가능 • 복잡한 발라스트(Ballast)시스템 운영 • 탑사이드 시설 하중분포에 민감
부유식 생산저장하역 플랫폼(FPSO)	• 탑사이트 공간 여유 • 오일 저장공간 • 육상야드 제작 및 시운전 • 해체철거 용이	• 파랑(파향 및 파고)에 민감 • 웻트리만 연결 가능 • BOP(Blow Out Prevention)드릴링 • 심해 플렉서블 라이저
스파(Spar)	• 상대적으로 작은 부유체 운동 드라이/웻트리, 탑텐셔라이저, 스틸 카테너리라이저, 해상 BOP드릴, 인터벤션 용이 • 다양한 수심에 설치	• 해상설치 복잡 • 제한적 철거, 위치이동 • 탑사이드 공간 활용성(다층구조) • 수평견인 해상설치

* 부유체는 해양환경에서 6방향의 운동변위(Heave, Yaw, Sway, Pitch, Surge, Roll)를 고려함

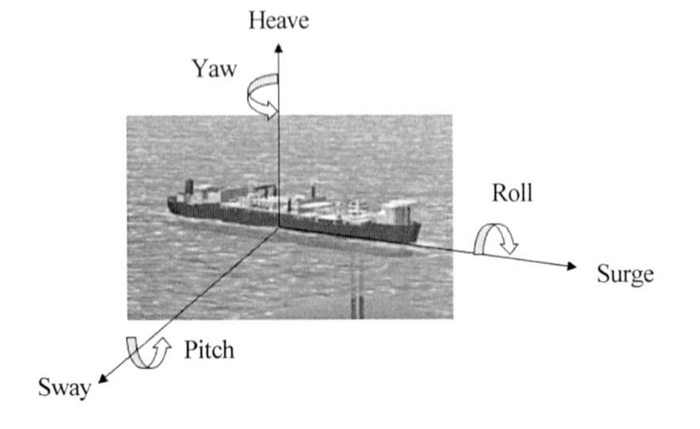

1.3 해저생산 시스템 개요(Subsea Production System)[8]

해양에서 오일·가스를 생산하기 위한 해저생산 시스템은 다음과 같은 구성으로 이루어진다(그림 1.10, 그림 1.11).

- 서브시 시스템: 웰헤드, 트리, 플라잉리드, 파이프라인 끝단연결부PLET, 점퍼, 엄빌리컬 끝단조립장치UTA, 매니폴드, 컨트롤 시스템, 해저 공정처리 시스템
- 플로우라인/파이프라인/라이저 시스템
- 고정식 또는 부유식 해양플랫폼
- 탑사이드 공정 시스템

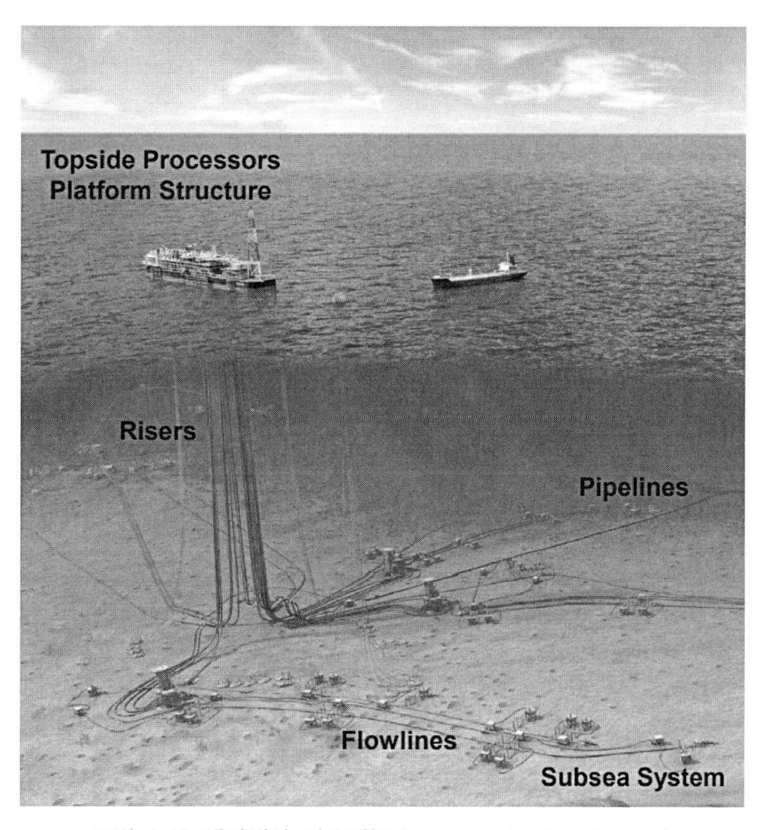

그림 1.10 해저생산 시스템(Subsea Production System)

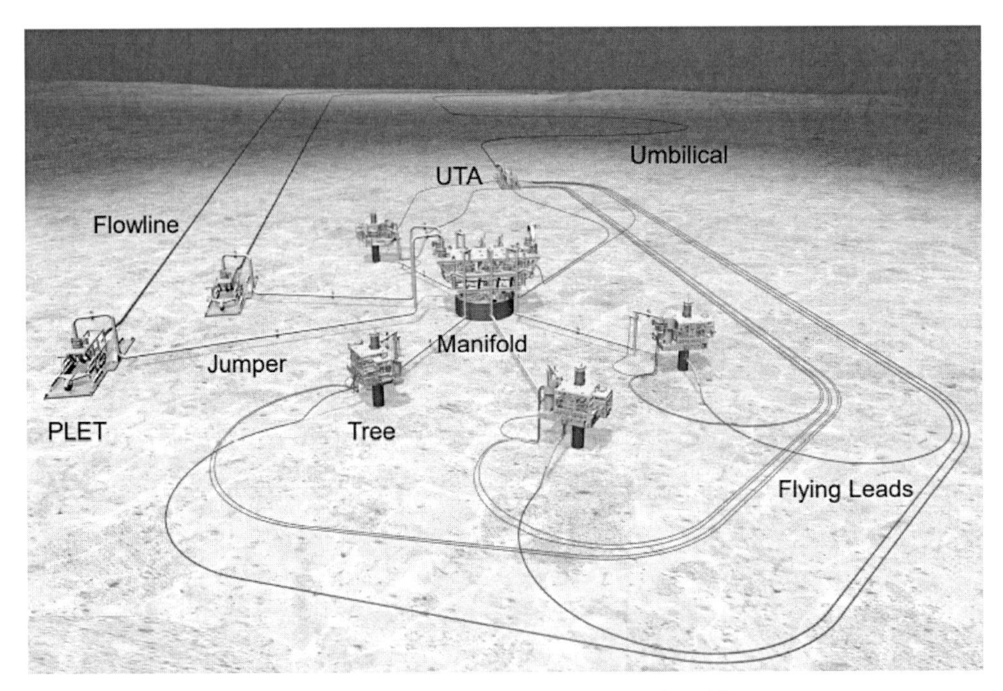

그림 1.11 서브시 시스템(Subsea System) 구성요소

1.3.1 해저/서브시 시스템(Subsea System)

서브시 시스템은 크게 오일·가스의 생산Production, 처리Processing, 연결Tie-in의 3가지 시스템으로 구성된다.

1) 해저생산설비(Subsea Production Equipment)

- **웰헤드(Wellhead) 및 크리스마스 트리(X-Tree)**

오일·가스를 생산하기 위한 저류층의 위치까지 시추 완료 후 생산정 상부에 설치되는 구조물로서 트리의 형태는 수직의 생산케이싱과 수평밸브로 연결 설치되며 나뭇가지 형태와 유사하여 크리스마스 트리로 부른다.

- **매니폴드(Manifold)**

몇 개의 웰헤드로 연결된 플로우라인의 통합 연결통로 역할을 하며 생산된 오일·가스를 합치거나 또는 각각의 플로우라인을 통해 오일·가스가 처리되는 메인플랫폼으로 이송하는 역할을 한다.

• 컨트롤 시스템(Control System)

서브시 시스템을 제어하기 위한 컨트롤 시스템은 서브시 컨트롤모듈SCM, 엄빌리컬, 엄빌리컬 끝단조립장치UTA, 플라잉리드, 센서 등으로 구성되며 트리나 매니폴드에 설치된다.

• 엄빌리컬(Umbilical)

여러 개의 플라스틱이나 강재튜브를 모아 하나의 튜브형태로 만든 것으로 전원케이블, 웰헤드, 매니폴드를 제어하기 위한 광통신케이블, 가스에 포함된 수분이 일정 온도와 압력 이하에서 고형화되는 가스 하이드레이트Hydrate 생성방지를 위한 메탄올Methanol 주입라인 외에 다른 종류의 케미컬을 주입하기 위한 튜브 등으로 구성되며 튜브 크기와 수는 생산되는 오일·가스의 특성 및 운영 필요성에 따라 결정된다.

• 플라잉리드(Flying Lead)

작은 직경의 플라스틱 튜브로서 원격운영장치Remote Operated Vehicle(ROV)를 통해 설치되며 엄빌리컬 라인의 연장 연결선으로 엄빌리컬 끝단조립장치UTA에서 해저트리와 연결하는 역할을 한다.

2) 해저연결장치(Subsea Tie-in Equipment)

• 엄빌리컬 끝단조립장치(UTA: Umbilical Termination Assembly)

엄빌리컬 라인은 설치 후에 해저에 위치한 엄빌리컬 끝단조립장치UTA에 연결되고 해양플랫폼의 탑사이드에 위치한 엄빌리컬 끝단연결유닛Topside Umbilical Termination Unit(TUTU)과 서로 연결된다. UTA와 플라잉리드를 통해 엄빌리컬 라인을 해저트리와 연결한다.

• 파이프라인 끝단연결장치(PLET: Pipeline End Termination)

파이프라인이 설치되면 끝단을 연결장치PLET와 연결하고 점퍼를 통해 매니폴드로 연결하여 매니폴드에서 다른 플로우라인 또는 파이프라인과 연결하는 역할을 한다.

• 점퍼(Jumper)

파이프라인 끝단연결장치PLET와 매니폴드를 연결하는 역할을 한다.

3) 해저 공정처리 시스템(Subsea Processing System)

생산된 유체는 호스트플랫폼에 연결하여 오일·가스·물의 공정처리를 하거나 또는 육상 터미널과 연결하여 터미널에서 공정처리를 하지만 연결지점(호스트플랫폼 또는 터미널)의 공정처리 설비 제한 등의 이유로 일부 공정처리가 어려운 경우 해저에서 필요 수준의 공정처리 과정을 거친 후 이송하는 시스템이다.

1.3.2 플로우라인/파이프라인/라이저 시스템(Flowline/Pipeline/Riser System)

1870년대까지는 오일은 나무로 만든 통으로 이송되었지만, 지금은 대부분 파이프라인을 통해 오일·가스가 이송된다. 실제 드럼통의 양은 55갤런Gallon이지만, 오일의 측정단위인 배럴Barrel은 과거 나무통 용량을 기준으로 하여 1배럴의 환산단위는 42갤런(159L)으로 사용된다.

1 Oil barrel(bbl) = 42(US) Gallons = 159L

플로우라인은 해저 생산정에서 공정처리를 위한 호스트플랫폼까지 연결되는 라인으로 정의한다. 공정처리 이전 생산된 오일·가스·물을 이송하므로 플로우라인 내에서는 다양한 유형의 유체가 복합되어 흐르는 다상유동유체Multi-Phase Fluid의 특성을 가지게 되며 생산되는 오일에 포함된 파라핀Paraffin, 아스팔틴Asphaltene 또는 모래와 같은 고체도 같이 흐르게 된다.

플로우라인은 다른 명칭으로 생산라인Production Line 또는 유입라인Import Line으로 정의되고 일반적인 플로우라인의 공칭직경Nominal Pipe Size(NPS)은 10.16~40.64cm(4~16") 정도로 생산유체의 양과 유속을 고려하여 결정된다.

심해에 설치되는 플로우라인은 매우 높은 압력HP과 높은 온도HT의 특성을 가진 생산유체를 이송해야 하고 동시에 외부압력 특성을 고려한 설계가 필요하다. 노르웨이의 Statoil Kristin 광구의 경우 2005년 수심 325m(1,066ft)의 해역에 약 91bar(13,212psi)와 167°C의 조건에서 운영 가능한 플로우라인을 설치한 사례가 있다. 또한 플로우라인이 길어질수록 온도와 압력의 급격한 변화 등으로 인한 유동성 확보Flow Assurance 문제에 비중을 두어 검토할 필요가 있다.

파이프라인은 공정처리과정을 거친 생산유체를 이송한다. 생산유체는 하나 또는 여러 밀도를 가진 유체, 즉 오일·가스·물·기타 고체로 이송되지만 해양플랫폼 탑사이드에서 다른 밀도의 유체를 분리하는 공정처리 이후에 이송되므로 플로우라인에 비해 각 유체 간 혼합 정도는 상대적으로 낮다. 탑사이드의 공정처리 기준은 최종 생산물을 처리하여 판매하는 터미널의 처리용량 또는 처리기준에 따라 필요 수준을 결정하여 설계조건으로 반영하게 된다.

파이프라인을 유출라인Export line 또는 트렁크라인Trunk Line이라고도 하며 파이프라인을 통해 이송되는 유체는 일반적으로 주변 해수온도의 영향으로 낮은 온도와 공정처리시설을 거치면서 낮은 압력으로 도착지점까지 운송된다.

일반적으로 사용되는 파이프라인의 외경Outside Diameter(OD)은 40.64~106.68cm(16~42")로 플로우라인보다 크며, 여러 곳에서 생산되는 오일·가스를 호스트플랫폼을 통해 이송하는 메인 파이프라인의 경우 개발시점에 전체 지역의 생산량과 개발계획에 포함된 해역을 고려하거나 또는 향후 포함 가능성이 있는 미확정된 추가 개발계획까지 고려하여 직경을 결정한다.

참고로 파이프라인과 플로우라인은 유체를 이송한다는 점에서는 동일하지만 미국의 경우 설계기준이 다르게 적용된다. 플로우라인은 미 내무부Department of Interior(DOI)의 규정(30 CFR Part 250Code of Federal Regulations)에 따르고 파이프라인은 미 교통부Department of Transportation(DOT)의 규정(49 CFR Part 195for oil, Part 192for gas)을 따라 설계되기 때문에 파이프라인을 DOT 라인, 플로우라인을 DOI 라인으로 부르기도 한다.

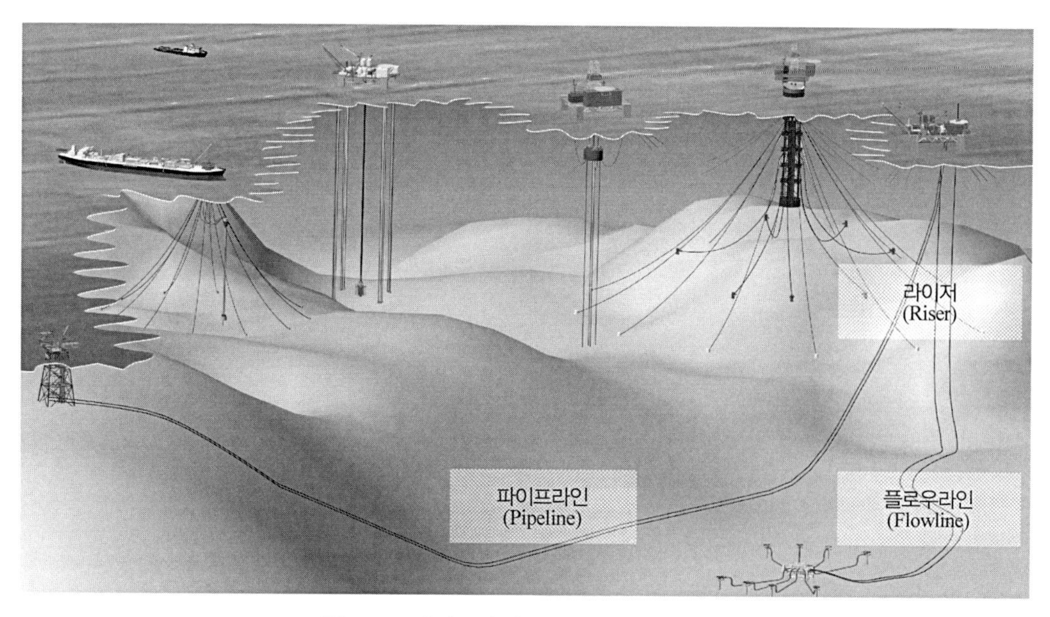

그림 1.12 파이프라인, 플로우라인, 라이저[9]

1.3.3 탑사이드 공정처리 시스템(Topside Processing System)

해저 저류층으로부터 생산된 오일·가스는 고정식 또는 부유식 해양플랫폼의 탑사이드의 공정처리설비를 통해 필요 수준의 공정처리과정을 거친 후 최종공정처리 또는 판매를 위해 육상터미널로 송출되거나 원유운반탱커를 통해 판매된다.

해양에 설치되는 플랫폼은 하부구조물의 지지력 등의 구조적인 한계로 설치무게와 탑사이드 공간의 제약이 있어 해상공정 처리설비는 육상공정 처리설비에 비해 단순하게 구성된다.

일반적으로 해저 저류층에서 생산정을 통해 생산되는 오일·가스·물은 해양플랫폼에서 그림 1.13과 같은 공정처리과정을 거쳐 육상터미널로 이송되거나 판매를 위해 송출된다.

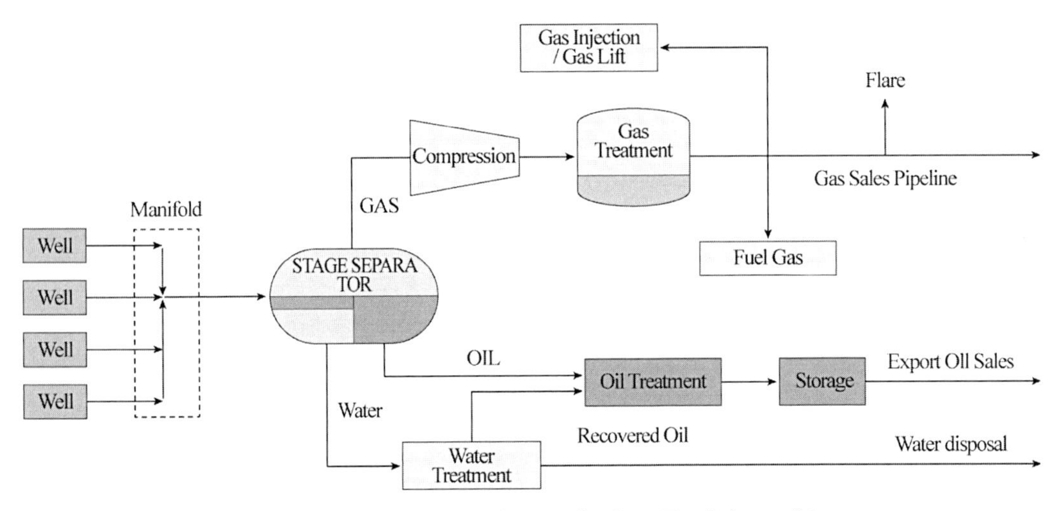

그림 1.13 일반적 해양플랫폼 오일·가스·물 처리프로세스

생산유체는 해저에 위치한 생산 시스템의 제어밸브 및 해저매니폴드를 거쳐 플랫폼에 위치한 오일·가스·물을 1차적으로 분리하는 세퍼레이터Separator를 통과한 후 각 유체 간 낮은 혼합수준으로 분리된다. 이후 추가적인 처리과정을 거치지만 단순하게 보면 분리된 가스는 가압기/컴프레셔Compressor와 가스 처리시설을 거쳐 일정 압력 이상으로 추가 처리설비를 위한 터미널로 송출되거나 바로 가스판매망과 연결되는 가스파이프라인으로 송출된다.

일부 가스는 발전기를 운영하기 위한 연료가스Fuel Gas 또는 저류층에 재주입하여 생산을 증진시키는 목적의 가스 리프트Gas Lift 방식에 사용하거나 가스를 연소시키는 플레어링Flaring 과정으로 처리한다.

세퍼레이터를 통과하여 분리된 오일은 필요한 추가 공정처리과정을 거쳐 FPSO의 경우는 선체의 저장탱크로 이송된 후 원유운반탱커를 통해 하역하고 고정식 플랫폼인 경우 파이프 라인을 통해 이송하거나 일부의 경우로 저장탱크를 해저면에 설치하고 운반탱커로 생산된 오일을 이송·판매하기도 한다.

분리된 물은 별도의 수처리 설비Water Treatment를 거친 후 해상 방류된다. 해상 방류되는 물의 처리 수준은 각 운영시설과 해당국가의 적용규정에 따라 다르지만 영국 북해의 경우 물 1L당 오일 함량이 20~30mg 수준으로 처리 후 방류한다.

공정처리설비는 필요에 따라 해양플랫폼 또는 육상터미널에 설치되며 터미널의 공정처리 시설의 유무 및 처리용량, 기존 개발된 저류층의 생산량 감소와 추가개발 등 여러 여건을 고려하여 해양플랫폼의 공정처리 수준, 처리시설 설치 여부 및 처리용량을 결정하게 된다.

일반적인 FPSO 내에서의 공정처리 설비 구성과 위치는 그림 1.14와 같다.

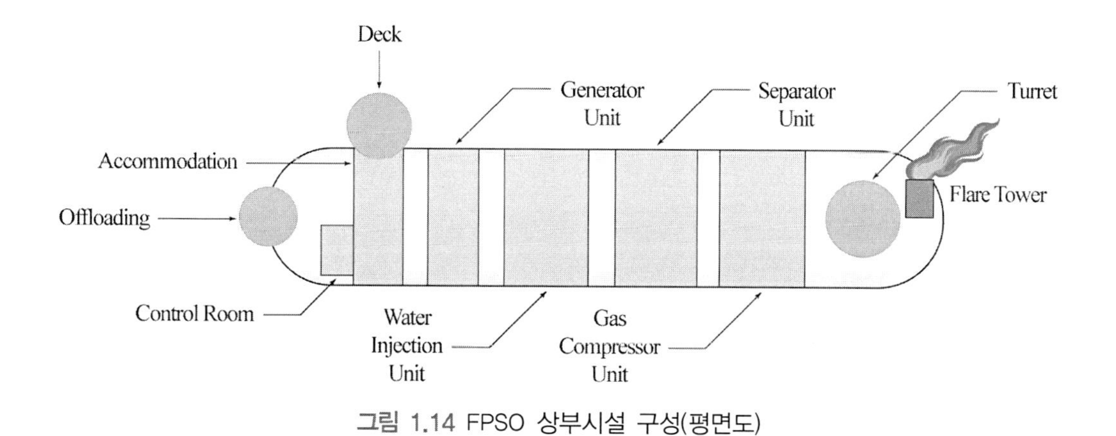

그림 1.14 FPSO 상부시설 구성(평면도)

1) 생산오일 하역Offloading 설비: FPSO의 경우 선체 내부의 저장탱크로 생산된 오일을 저장하고 주기적으로 운반탱커로 이송한다. 이송설비는 펌프와 하역호스와 계측/미터링 설비로 구성된다.
2) 숙소Accommodation: 승선원Person On Board(POB) 숙소로 식당, 간이작업실, 휴게실로 구성된다.
3) 헬리콥터 이착륙 덱Deck: 주기적인 승선원 작업 교대, 긴급 화물 운송 목적으로 이용된다.
4) 제어실Control Room: 생산 및 처리시설과 연계된 운영시스템을 제어하는 설비로 구성된다.
5) 발전기유닛Generator Unit: FPSO의 운영전력을 공급하기 위한 발전기설비로 발전기는 생산된 가스로 운전되고 비상시 디젤을 연료로 운전한다.

6) 수주입 유닛Water Injection Unit: 저류층에 해수를 주입하여 생산을 증가시키기 위한 설비로 해수 주입 전 이물질 제거를 위한 필터, 산소 제거를 위한 설비와 일정 압력 이상으로 해수를 주입하기 위한 펌프 등의 설비로 구성된다.

7) 세퍼레이터 유닛Separator Unit: 오일·가스·물로 구성된 생산유체를 분리하기 위한 설비로 일반적으로 각 유체 간의 비중 차이를 이용한 중력분리방식을 사용한다.

8) 가스 가압기/컴프레션Gas Compression: 가스를 일정 압력 이상 가압하여 송출하며 가스 일부는 발전기를 운전하거나 가스리프트 목적으로 사용된다. 잔류 가스는 플레어링을 통해 소각되고 고압의 설비이므로 안전을 위해 숙소와 가장 멀리 위치한다.

9) 터넷Turrent: 원통형의 구조로 FPSO 선체의 전면부에 위치한다. 선체는 조류, 해류의 방향에 따라 터넷을 중심으로 회전하고 라이저는 터넷을 통해 FPSO 내의 공정처리시설과 연결된다.

CHAPTER
02

서브시 시스템(Subsea System)

2.1 웰헤드(Wellhead) 및 크리스마스 트리(X-Tree)

트리는 해저 생산정을 제어하며 플로우라인과 엄빌리컬 라인으로 연결된다. 해저 생산정은 웰헤드가 해저에 위치하는 경우 수중/웻트리Wet Tree, 해양플랫폼 탑사이드에 위치하는 경우 드라이트리Dry Tree의 두 종류로 구분된다.

웻트리는 심해개발에서 대부분 채택되는 방식으로 블로우 아웃 방지장치BOP(웰 압력으로 인한 폭발방지)와 같이 설치될 수 있으며 저류층이 넓게 퍼져 있어 개발되는 생산정 위치가 호스트플랫폼과 먼 거리에 있는 경우에도 연결이 가능하다. 운영 중인 해양플랫폼과 해저에서 연결하는 방식인 서브시 타이백Subsea Tie-back으로 개발되는 경우 웻트리를 설치한 후 연결하는 방식을 사용한다.

웻트리에서 연결된 플로우라인은 해양플랫폼의 라이저와 연결하기 위해 라이저 베이스Riser Base와 연결된다(웻트리→플로우라인→라이저 베이스→라이저→해양플랫폼). 이 경우 바람, 파랑, 해류 등으로 인한 해양플랫폼의 움직임의 영향은 라이저 베이스에서 라이저에 한정(라이저 베이스가 없는 경우는 플로우라인~라이저 구간)시켜 플로우라인의 변위를 고려한 연결시스템을 구성하게 된다(그림 2.1).

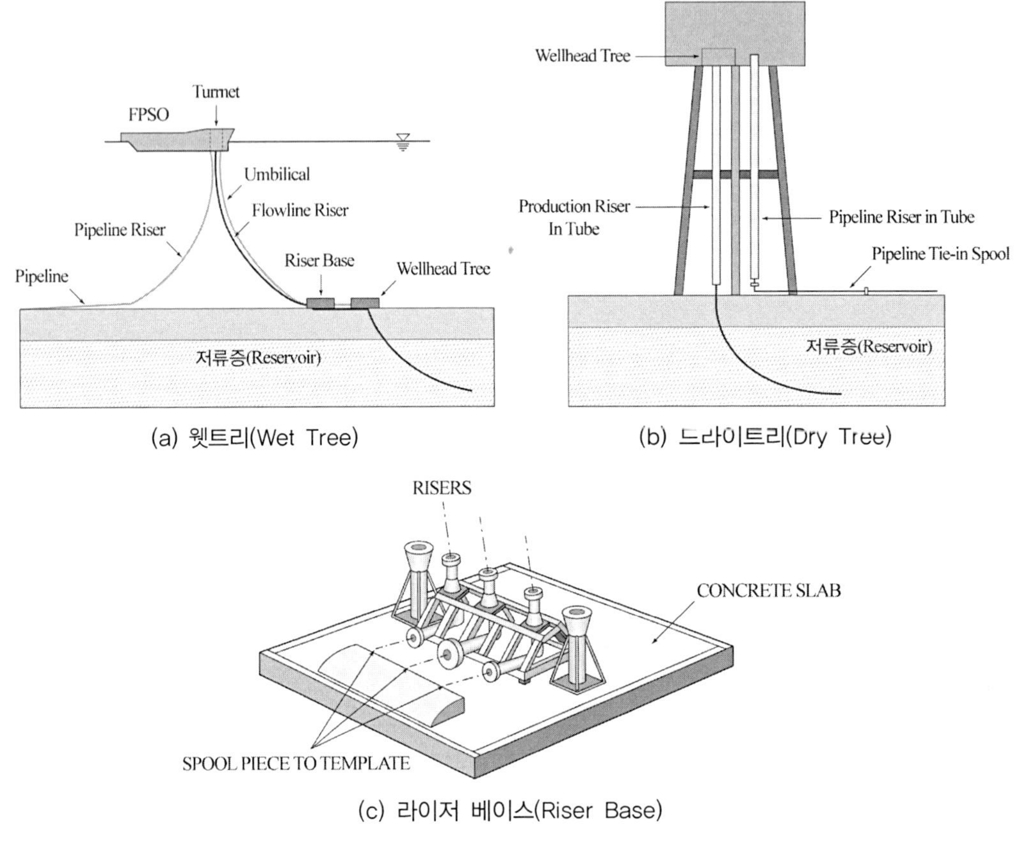

(a) 웻트리(Wet Tree)

(b) 드라이트리(Dry Tree)

(c) 라이저 베이스(Riser Base)

그림 2.1 웻트리, 드라이트리, 라이저 베이스

서브시 타이백 방식으로 해저에서 연결하는 경우 호스트 역할을 하는 해양플랫폼을 제작하지 않고 기존 해양플랫폼과 연결하여 프로젝트 시작 후 생산까지 상대적으로 짧은 시간이 소요되는 장점으로 프로젝트의 경제성을 높여 시행 가능성이 커진다. 하지만 호스트플랫폼의 운영조건에 영향을 많이 받는 점, 시추비용과 유지보수작업Workover 비용이 높은 단점을 고려해야 한다.

반면 드라이트리의 경우 시추, 유지보수작업과 비용 및 운영 시 생산정 제어의 신뢰성 측면에서 유리하지만 부유식 해양플랫폼과 연결되는 경우는 라이저의 변위를 일정 수준 이하로 유지해야 하므로 해양플랫폼의 운동영향을 고려하여 선택된다.

드라이트리 방식은 심해역에서 운영 중인 부유식 해양플랫폼과 연결하는 경우에는 선호되지 않는 방식이지만 스파나 인장지지플랫폼TLP과 같은 구조물, 즉 FPSO나 반잠수식 플랫폼보다 변위가 적은 해양플랫폼 구조물에서는 운영조건에 따라 고려될 수 있다.

웻트리가 드라이트리에 비해 자재비용과 설치비용은 많이 들지만 드라이트리 설치를 위한 플랫폼이 필요 없다는 장점이 있다.

웻트리가 기존에 설치된 호스트플랫폼과 연결되는 경우의 개발비용은 드라이트리 + 해양플랫폼을 설치하는 경우에 비해 일반적으로 유리하지만 설치작업의 용이성, 제어 및 유지보수적인 측면에서는 드라이트리가 유리하다. 따라서 개발지역 주변의 위성 생산정Satellite Well을 개발하기 위해 드라이트리만 설치하는 최소한의 설비를 가진 무인플랫폼NUI을 설치하는 것도 고려되는 방식이며 실제 북해 지역에서는 상대적으로 수심이 낮은 지역에서 많이 설치되어 운영되고 있다(그림 2.2).

출처: Heerema

그림 2.2 무인플랫폼(NUI: Normaly Unmanned Installation)

그림 2.3은 웻트리 또는 드라이트리를 선택하는 경우에 프로젝트의 경제성과 비용을 비교한 것이다. 수심 1,219m(4,000ft)에 설치되는 총 22개의 트리를 웻트리 또는 드라이트리를 설치할 경우 프로젝트의 비용차이는 약 $1B(1조 3천 억, 1$=1,300원)의 차이가 발생하게 된다(2015년 기준).

4000ft water depth	80,000b/d
15sq mi reservoir	67MMcf/d
10,000ft total vertical depth subsurface	11production wells
Shut-in wellhead pressure < 10,000psi	11 injection wells

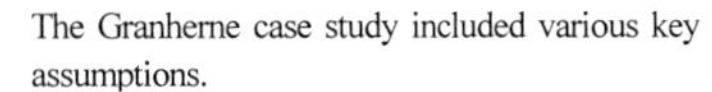
The Granherne case study included various key assumptions.

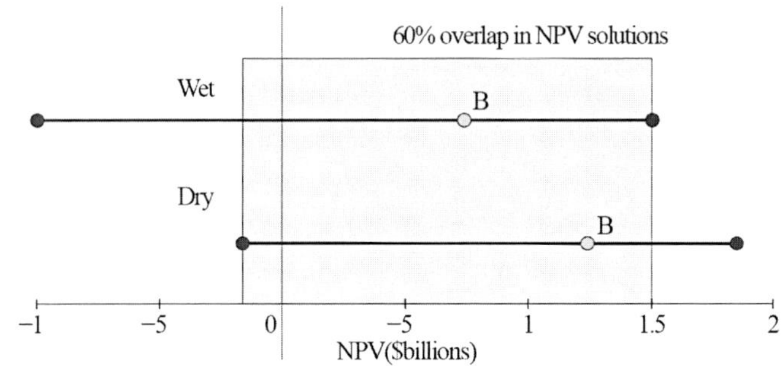

Discount rate: 12%
Best estimate CAPEX for Wet Tree: $6.4B and Dry Tree: $5.4B
CAPEX sensitivity: +40% / −20%

(a) 프로젝트 가정사항 (b) 프로젝드 경제성 평기

	WET Tree Development	Dry Tree Development	Delta($)	Delta(%)
Facilities	$2,034,000	$2,131,200	$(97,200)	−9%
Installation & Commissioning	$469,500	$292,400	$177,100	17%
Drill & Complete	$3,893,500	$2,932,400	$961,100	92%
TOTAL	$6,397,000	$5,356,000	$1,041,000	

(c) 프로젝트 비용 비교

(a) 프로젝트 가정사항: 수심 1,219m(4,000ft), 11개 생산정, 11개 주입정
(b) 프로젝트 경제성 평가: 자본투자비용 $6.4B(웻트리), $5.4B(드라이트리)
(c) 프로젝트 비용 차이: $1.041B

그림 2.3 웻트리와 드라이트리 프로젝트 비용 비교(예: 2015년 기준)[1]

비용적인 측면에서 추가로 고려되어야 하는 사항은 자본투자비용의 변화폭을 +40~−20%로 가정하면 웻트리를 사용하는 경우 +40%의 비용 증가가 발생하면 −$1B(1조 3천 억)의 손실이 발생하므로 이는 옵션 결정에 반드시 고려되어야 하는 사항이다(5.3 경제성 평가 참조).

프로젝트 비용에서 가장 차이가 발생하는 것은 시추와 웰 완결작업Well Completion 비용으로 이 비용을 절감하기 위해 드라이트리만을 설치하기 위한 소형무인플랫폼NUI이 고려될 수 있지만 해당 수심(1,219m)에서는 고정식 해양플랫폼을 설치할 수 없는 조건이다.

그림 2.3의 사례는 대형 프로젝트로 비용 차이가 크게 발생하였지만 실제 영국 북해 프로젝트 예로 보면 수심 100m 이하, 웻트리가 3~4개 정도가 필요한 경우에는 웻트리 대신 소형무인 플랫폼과 드라이트리 설치비용이 거의 유사하게 산정된다. 드라이트리를 설치하기 위한 플랫폼을 다른 명칭으로 웰헤드가 플랫폼에 설치되므로 웰헤드 플랫폼Wellhead Platform으로 불린다.

무인플랫폼은 상시 무인으로 운영되고 주기적인 유지보수점검이나 수리가 필요한 경우 작업인원이 헬기 또는 선박으로 이동하여 승선하는 방식으로 운영된다. 따라서 드라이트리의 필요성과 세퍼레이터와 같은 공정처리시설이 필요한 경우 또는 운영적인 측면을 고려하여 무인플랫폼의 구조와 형식을 선정한다(표 2.1).

표 2.1 무인플랫폼 운영 필요 수준에 따른 구조와 형식

Type 0		• 헬리덱(Helideck) • 화재방지시스템 • 공정처리시설 • 크레인 • 원격운영시스템 • 1~5주 간격 유인 점검
Type 1		• 헬리덱 • 원격운영시스템 • 2~3주 간격 유인 점검
Type 2		• 드라이트리(Dry Tree) 설치/운영이 주목적(2~30 Well) • 3~5주 간격 유인 점검
Type 3		• 드라이트리 설치/운영이 주목적(2~12 Well) • 6개월 간격 유인 점검 가능수준
Type 4		• 드라이트리 설치/운영이 주목적(1~2 Well) • 필요시에만 유인 점검

웻트리의 구성은 시추를 위한 웰헤드 케이싱Wellhead Casing과 시추 완료 후 설치하는 웰헤드, 튜빙 헤드Tubing Head와 튜빙 행어Tubing Hanger를 통해 해저트리와 연결되는 구성 방식을 가진다(그림 2.4).

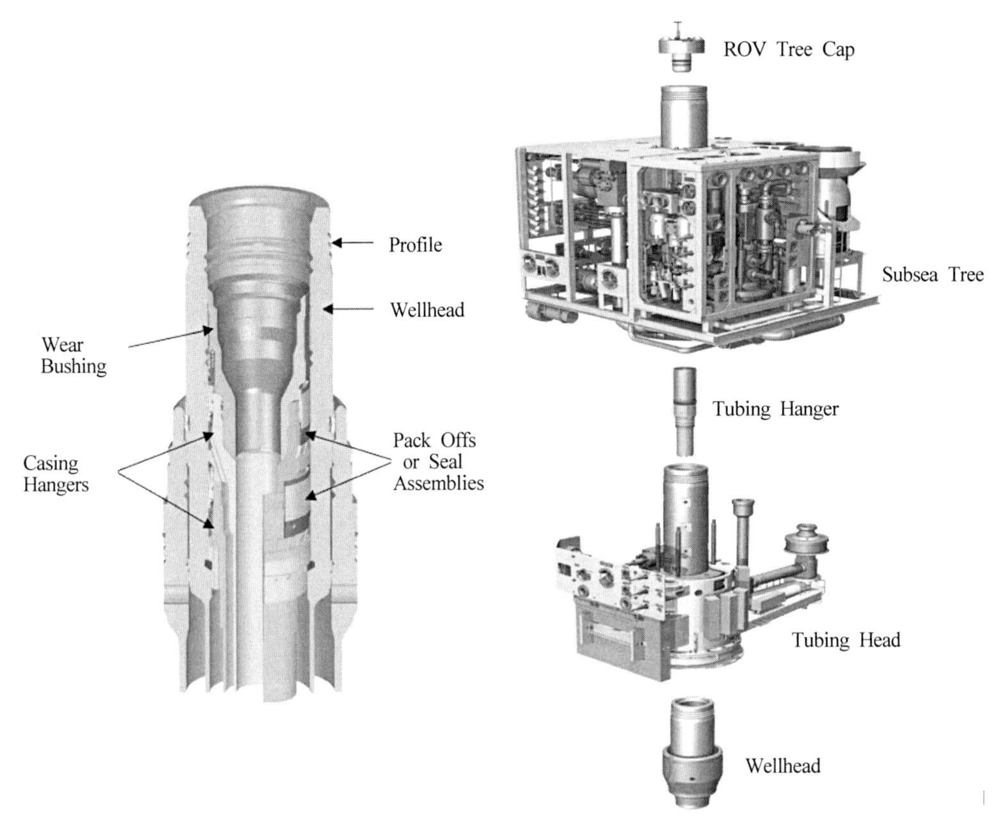

출처: Technip FMC

그림 2.4 웰헤드(Wellhead) 및 수직 해저트리(Vertical Subsea Tree) 구성

트리는 수직, 수평트리 2가지 종류가 있으며 각각의 사용 목적에 따라 결정된다. 각 트리의 차이점은 표 2.2와 같다.

해저트리를 설치하는 방법은 수심에 따라 다르다. 수심 120m 이상부터는 플로팅 선박Floating Vessel을 이용하여 설치 가능하며 수심 200m 이상인 경우에는 수중다이버 없이 설치가 가능한 트리 형태를 이용하여야 한다. 일반적으로는 트리 설치 이후 트리를 보호하는 가이드를 별도로 설치하지만 수심 760m 이상은 트리를 보호하는 가이드라인과 일체화된 형태의 트리 설치가 선호된다.

표 2.2 수직 및 수평트리 비교

수직트리(Vertical Tree)	수평트리(Horizontal Tree)
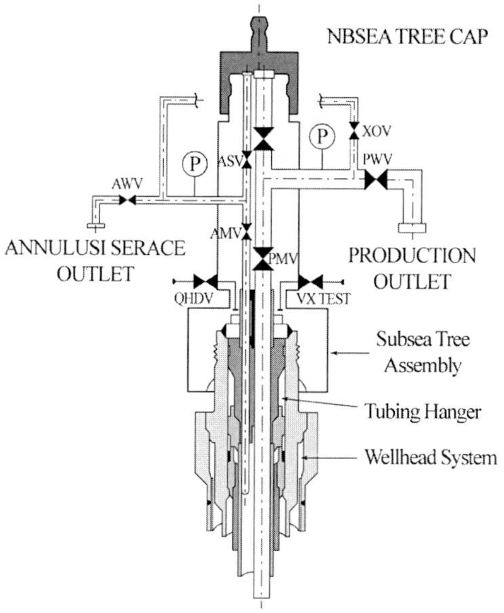	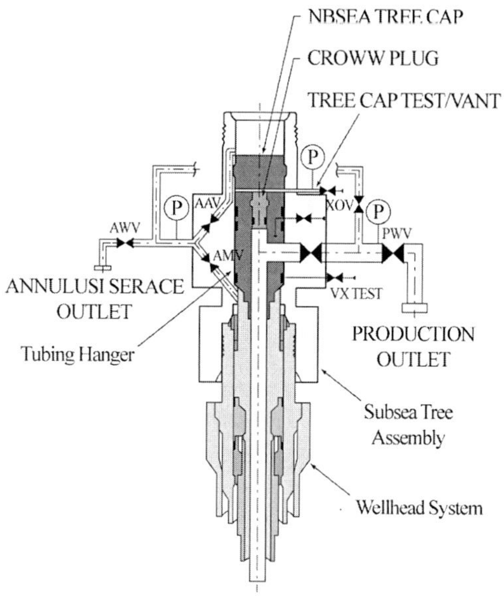
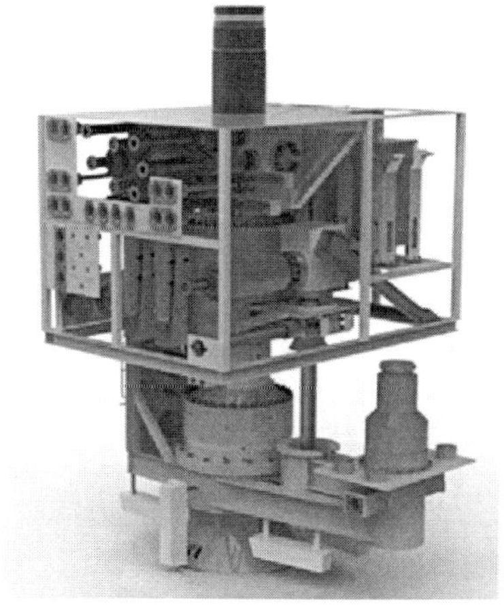	 출처: Society of Underwater Technology
• 트리 설치 이전 튜빙 및 튜빙행어 설치 • 웰헤드에 직접적으로 튜빙행어 연결 • 트리 제거 전 튜빙 제거 불필요 • 가스 생산정, 단순 저류층 형태로 유지보수 필요성이 낮은 경우, 작은 웰보어(Bore)(4~5"), 웰압력 10ksi 이상	• 트리 설치 이후 튜빙 및 튜빙행어 설치 • 트리 내부에 튜빙행어 연결 • 트리 제거 전 튜빙 제거 필요 • 오일 생산정, 복잡한 저류층으로 인한 유지보수 필요성이 높은 경우, 큰 보어(Bore)(6~7"), 웰압력 10ksi 이하

2.2 해저 공정처리 시스템(Subsea Processing System)

해저에서 생산되는 오일·가스를 플로우라인을 통해 이송하여 호스트플랫폼에서 공정처리하는 방식은 유지보수적인 측면에서 선호되는 방식이지만 생산되는 오일·가스를 해저에서 바로 공정처리가 가능하다면 다양한 개발 옵션으로 개발이 가능해진다.

해저 세퍼레이터는 오일·가스·물과 같이 각각 다른 밀도를 가진 유체를 분리하여 오일·가스를 별도의 플로우라인을 통해 이송하여 배관 내 하이드레이트 발생이나 파이프라인 또는 라이저의 곡선구간 밀도가 높은 유체(물)가 가스의 흐름을 방해하거나 고여 있는 물의 체적이 일정 한계점을 초과 시 동시에 많은 양의 물이 파이프라인을 통해 공정시스템으로 유입되는 현상인 슬러깅Slugging을 방지할 수 있다.

가스를 일정 압력 이상으로 이송하기 위한 해저 컴프레셔 또는 오일을 이송하기 위한 펌프는 저압으로 생산되는 생산정에서 이송에 요구되는 플로우라인의 압력을 유지하면서 최종 처리장소로 보낸다.

출처: One subsea

(a) 해저 세퍼레이터

출처: TechnipFMC

(b) 해저 가스 컴프레셔

그림 2.5 해저 공정 시스템(Subsea Processing Systems)[2]

호스트플랫폼의 공정처리 제한 등의 이유로 해저에 필요한 일부 공정처리시설만 설치하거나 해저 공정처리 시스템에서 필요한 수준으로 전체 공정처리 후 바로 육상터미널로 생산물을 이송하여 라이저, 탑사이드 공정처리설비 및 호스트플랫폼이 필요 없는 전 해저 시스템All Sea Subsea System의 개발방식도 진행되고 있으며 개발하는 생산필드의 특성에 따라 고려된다(그림 2.6).

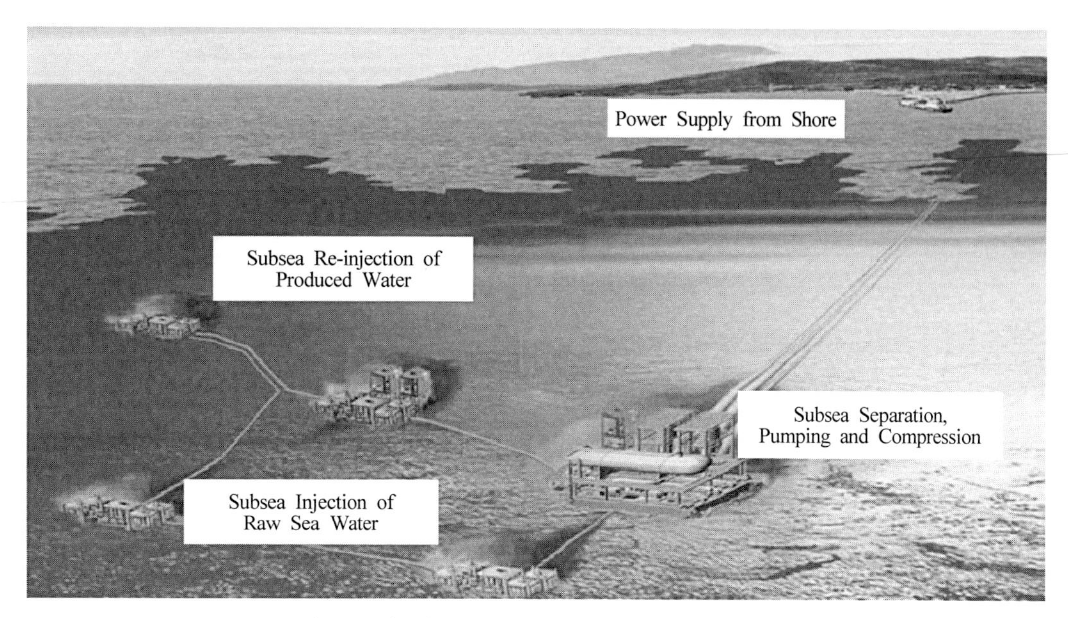

그림 2.6 전 해저 시스템(All Sea Subsea System)

해저에 공정처리시설을 포함한 해저생산 시스템의 장점으로는 라이저, 호스트플랫폼, 탑사이드 공정처리설비가 필요 없어 비용절감의 효과가 있지만 시스템의 안정성, 제어 가능 수준 및 수리 가능 여부와 호스트플랫폼의 메인 파이프라인을 사용하지 않기 때문에 상대적으로 긴 플로우라인과 엄빌리컬 라인이 필요하므로 이에 따른 유동성 확보Flow Assurance가 필요하다.

전 해저시스템의 세부 구성요소는 다음과 같다.

1) 육상 전원공급(Power Supply from Shore)

호스트플랫폼과 연결되는 경우는 호스트에서 제공하는 전원을 엄빌리컬 라인 내의 전원공급선을 통하여 공급되지만 호스트플랫폼이 없는 경우에는 최종 육상처리시설에서 전원을 공급한다.

2) 세퍼레이터, 해저펌프 및 컴프레셔

오일·가스·물이 혼합된 생산유체는 세퍼레이터를 통해 분리된다. 분리된 오일·가스를 이송하는 데 일정 압력 이상 가압이 필요한 경우 해저펌프 또는 컴프레셔를 사용하여 육상터미널로 이송한다.

3) 수주입정(Water Injection Well)을 통한 해저 수주입(Subsea Water Injection)

생산량이 감소하는 경우 생산 증진Enhance of Recovery(EOR) 방법의 하나로 저류층에 해수를 주입하여 생산량을 증대하는 방법(그림 2.7)은 호스트플랫폼에서 수주입정으로 해수를 주입하기 위한 수주입 라이저와 플로우라인이 필요하지만 전 해저시스템의 경우 해저에서 직접 수주입하기 때문에 라이저와 플로우라인이 필요 없는 장점이 있다.

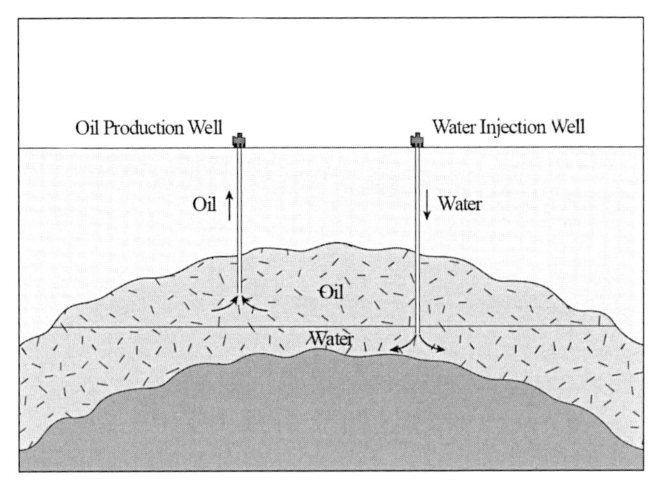

그림 2.7 수주입정(Water Injection Well)과 오일 생산정(Oil Production Well)의 구조

4) 해저 세퍼레이터에서 분리된 생산수(Produced Water)를 해저면 저류층 재주입

생산을 증대시키기 위해 해수를 바로 주입하거나 생산된 오일·가스·물에서 해저 세퍼레이터를 통해 물을 분리한 후 해저 저류층에 재주입하는 설비이다.

반드시 전 해서 시스템 방식을 사용하지 않더라도 일부 공정처리설비를 해저에 설치하는 경우 호스트플랫폼의 처리한계 등 여러 제한사항을 배제할 수 있으므로 폭넓은 개발 옵션을 가지게 된다. 표 2.3은 해저공정처리 프로젝트를 나타내며, 해저에 가스 컴프레셔를 설치한 경우는 10개의 필드, 펌프 등을 사용한 부스팅 46개소, 해저 수주입 5개소, 해저 세퍼레이터 설치는 10개소이다.

표 2.3 해저공정 시스템(Subsea Processing System)[3]

Processing Discipline	No	Field or Project (Ordered by Start Date)	Status*	Current Owner/ Field Operator (Company)	Region/ Basins	Water Depth (meters)	Tieback Distance (km)
Subsea Gas Compression & Processing	1	DEMO 2000	A	Equinor	Offshore Norway		
	2	Ormen Lange Gas Compression Pilot	A	Norske Shell	Offshore Norway	10	0
	3	Sgard-Midgard & Mikkel Fields	O	Equinor	Offshore Norway	300	40
	4	Gullfaks South Brent	O	Equinor	Offshore Norway	135	15.5
	5	Ormen Lange Gas Compression Phase 3	C	Norske Shell	Offshore Norway	860	120
	6	Peon	P/H	Equinor	Offshore Norway	385	TBD
	7	Snohvit	C	Equinor	Barents Sea	345	143
	8	Sgard Phase 2	C	Equinor	Offshore Norway	300	40
	9	Jansz-Io Subsea Compression Project	C	Chevron	W. Australia	1,350	143
	10	Multiple Stranded Gas Fields	C	OGA/Various	UK, North of Shetland	1,650	200
Full Well Stream Subsea Boosting	1	Prezioso	A	ENI	Italy	50	0
	2	Draugen Field	A	Norske Shell	Offshore Norway	270	4
	3	Lufeng 22/1 Field	A	Equinor	South China Sea	330	1
	4	Machar Field (ETAP Project)	A	BP	UK North Sea	85	35.2
	5	Topacio Field	O	ExxonMobil	Equatorial Guinea	550	8
	6	Ceiba C3 + C4	O	Triton Energy (HESS)	Equatorial Guinea	750	7
	7	Jubarte EWT	A	Petrobras	Espirito Santo Basin	1,400	1.4
	8	Ceiba Field(FFD)	O	Triton Energy (HESS)	Equatorial Guinea	700	14.5
	9	Mutineer / Exeter	O	Santos	NW Shelf, Australia	145	7
	10	Lyell(Original Install)	A	CNR	UK North Sea	146	15
	11	Navajo	I, N	Anadarko	US GOM	1,110	7.2
	12	Jubarte Field-Phase 1	A	Petrobras	Espirito Santo Basin	1,350	4

표 2.3 해저공정 시스템(Subsea Processing System)[3] (계속)

Processing Discipline	No	Field or Project (Ordered by Start Date)	Status*	Current Owner/ Field Operator (Company)	Region/ Basins	Water Depth (meters)	Tieback Distance (km)
Full Well Stream Subsea Boosting	13	Brenda & Nicol Fields	O	Premier Oil	UK North Sea	145	8.5
	14	King	A	Anadarko	US GOM	1,700	29
	15	Vincent	O	Woodside	NW Shelf, Australia	475	3
	16	Marlim	A	Petrobras	Campos Basin	1,900	3.1
	17	Golfinho Field BCSS	O	Petrobras	Espirito Santo Basin	1,500	11
	18	Azurite Field	A	Murphy Oil	Congo, W. Africa	1,338	3
	19	Golfinho Field Caissons	O	Petrobras	Espirito Santo Basin	1,500	5
	20	Espadarte(Field Trial)	A	Petrobras	Brazil	1,350	11.5
	21	Parque Das Conchas(BC 10) Phase 1	O	Shell	Campos Basin	2,150	9
	22	Parque Das Conchas (BC-10) Phase 2	O	Shell	Campos Basin	2,150	9
	23	Parque Das Conchas (BC-10) MPP Repl.	O	Shell	Campos Basin	2,150	9
	24	Jubarte Field-Phase 2	O	Petrobras	Espirito Santo Basin	1,400	8
	25	Cascade & Chinook	I, N	Petrobras	US GOM	2,484	8
	26	Barracuda	O	Petrobras	Campos Basin	1,040	10.5
	27	Montanazo & Lubina	O	Repsol	Mediterranean	740	12.3
	28	Schiehallion	I, N	BP	UK, West of Shetland	400	4
	29	CLOV	O	Total	Angola, Blk 17	1,170	11
	30	Jack & St. Malo	O	Chevron	US GOM	2,134	21
	31	Lyell Retrofit	O	CNR	UK North Sea	145	7
	32	Rosa/Girassol	O	Total	Angola, Blk 17	1,350	18
	33	Draugen Field (Infill Program)	O	OKEA	Offshore Norway	268	4
	34	Julia	O	ExxonMobil	US GOM	2,287	27.2
	35	Moho Phase 1bis	O	Total	Congo, W. Africa	650	6.7
	36	Stones	O	Shell	US GOM	2,927	5
	37	Appomattox	C	Shell	US GOM	2,222	

표 2.3 해저공정 시스템(Subsea Processing System)[3] (계속)

Processing Discipline	No	Field or Project (Ordered by Start Date)	Status*	Current Owner/ Field Operator (Company)	Region/ Basins	Water Depth (meters)	Tieback Distance (km)
Full Well Stream Subsea Boosting	38	Parque Das Baleias	O	Petrobras	Espirito Santo Basin	1,500	10
	39	Greater Enfield	O	Woodside	W. Australia	850	32
	40	Dalmatian	O	Murphy E & P Co.	US GOM	1,779	35
	41	Otter Field	O	TAQA Bratani	UK North Sea	184	22
	42	Vandumbu Field	O	ENI	Angola Block 15/06	1,225	3
	43	Vigdis	M	OØK-Equinor	Offshore Norway	292	6.5
	44	Who Dat	M	LLOG	US GOM-MC 503	943	5.6
	45	Jack & St. Malo MPP	M	Chevron	US GOM	2,134	21
	46	Lufeng 22/1 Fields	C	CNOOC Ltd.	China, Lufeng Fields		
Subsea Water Injection	1	Troll C Pilot	A	Equinor	Offshore Norway	340	3.5
	2	Columba E.	I, N	CNR	Northern North Sea	145	7
	3	Tyrihans	A	Equinor	Offshore Norway	270	31
	4	Albacora L'Este Field	O	Petrobras	Campos Basin, Brazil	400	4~9
	5	Ekofisk Seabox Pilot	O	Conoco Phillips	Offshore Norway	78	0
Subsea Separation	1	Zakum	A	BP	Offshore Abu Dhabi	24	
	2	Highlander Field	A	Repsol Sinopec	UK North Sea	420	
	3	Argyll	A	Hamilton Bros	UK North Sea	80	
	4	Marimba Field	I, N	Petrobras	Campos Basin	395	1.7
	5	Troll C Pilot	A	Equinor	Offshore Norway	340	3.5
	6	Tordis	O	Equinor	Offshore Norway	210	11
	7	Parque Das Conchas(BC 10) Phase 1	O	Shell	Campos Basin	2,150	25
	8	Perdido	O	Shell	US GOM	2,438	0
	9	Pazflor	O	Total	Angola, Blk 17	800	4
	10	Marlim SSAO-Pilot	O	Petrobras	Campos Basin	878	3.8

표 2.3 해저공정 시스템(Subsea Processing System)[3] (계속)

Processing Discipline	No	Field or Project (Ordered by Start Date)	Status*	Current Owner/ Field Operator (Company)	Region/ Basins	Water Depth (meters)	Tieback Distance (km)
Subsea Separation	11	Parque Das Conchas (BC 10) Phase 2	M	Shell	Campos Basin	2,150	25
	12	Congro & Corvina	CP	Petrobras	Campos Basin	280	8

주)
- C: 개념설계 프로젝트(Conceptual Project)
- Q: 성능품질확보 및 테스트(Qualified/Testing)
- M: 제작계약의뢰 또는 제작완료(Awarded and in Manufacturing or Delivered)
- O: 설치 및 현재 운영(Installed & Currently Operating)
- I, N: 설치 및 현재 미운영(Installed & Not Currently Operating)
- A: 운영 중지 철거(Abandoned, Removed)
- CP: 프로젝트 취소(Cancelled Project)
- P/H: 연기(Postponed/Hold)
- TBD: To Be Determine

2.3 점퍼와 파이프라인 끝단연결장치(PLET)

고정Rigid 또는 플렉서블 점퍼Flexible Jumper는 파이프라인 끝단연결장치PLET, 웰헤드 트리, 매니폴드를 연결하기 위해 사용된다. 고정 점퍼는 짧은 직선 형태의 파이프로 U 또는 M자 형의 구부러진 형태를 가지며 점퍼 길이와 구부림 정도는 운영 시 파이프의 팽창과 점퍼 설치를 위한 시공성Construability을 고려하여 설계된다. 고정 점퍼는 일반적으로 27~36m(90~120ft)의 크기로 제작되며, 수중에서의 정확한 연결을 위해 시공 전 거리 및 높이를 재확인하여야 하는 과정을 거친다.

고정 점퍼와 비교 시 플렉서블 점퍼(그림 2.8(b))의 장단점은 다음과 같다.

- 정확한 측량 불필요
- 가격은 고정 점퍼에 비해 고가이나 설치비용은 낮음
- 파이프라인 와류유도진동VIV의 영향이 고정점퍼에 비해 적음
- 파이프 사이즈, 압력, 온도 등의 제작한계 있음

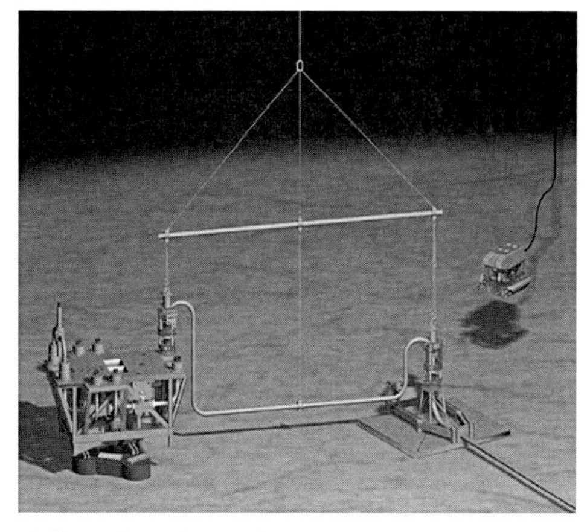

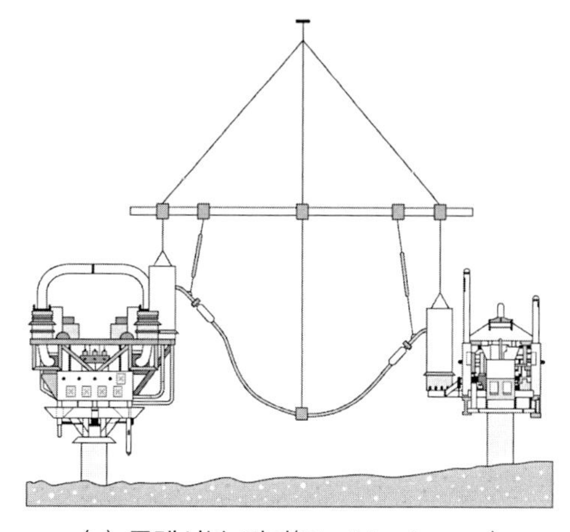

(a) 고정 M형 점퍼(Rigid M Shape Jumper) (b) 플렉서블 점퍼(Flexible Jumper)

그림 2.8 고정 및 플렉서블 점퍼

파이프라인 끝단연결장치PLET는 파이프라인을 끝단을 연결하기 위한 스키드Skid로 구성된 템플레이트Template에 파일기초 또는 매트기초 형식의 구조물이다. PLET와 점퍼의 연결을 통해 생산정과 매니폴드 또는 다른 PLET에 연결할 수 있다.

그림 2.9는 PLET와 접는 형태의 머드매트Mudmat의 형태를 나타낸 것으로 해저지반 특성과 PLET의 지지력을 고려하여 필요한 지지면적이 커지는 경우 운송과 설치를 위해 크기를 최소화하는 접는 폴딩Folding 형태의 PLET가 사용되기도 한다.

그림 2.9 파이프라인 끝단연결장치(PLET) + 폴딩매트(Folding Mudmat)

그림 2.10은 파이프라인의 끝단이 아닌 중간지점에서 해저트리와 연결하는 경우에 사용하는 인라인 슬레드ILS로 점퍼를 이용하여 연결된다. 엄빌리컬을 연결하는 해저 엄빌리컬 끝단조립장치SUTA에서 해저트리는 플라잉리드로 연결되며 SUTA를 통해 연결된 엄빌리컬 라인은 다른 해저트리를 제어하는 SUTA와 연결된다.

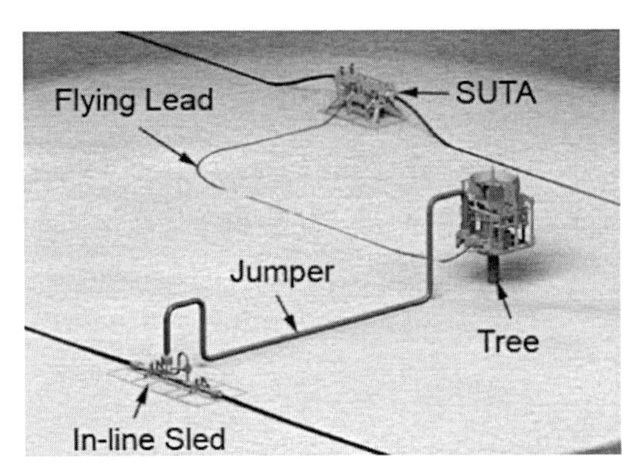

그림 2.10 인라인 슬레드(In-Line Sled), 점퍼, SUTA, 플라잉리드(Flying Lead) 연결

2.4 엄빌리컬 라인(Umbilical Line)

엄빌리컬 라인(그림 2.11)은 해저밸브 또는 축압기/액추에이터Actuator에 전력공급, 해저제어시스템의 제어신호 송수신, 플로우라인 내 생산유체의 유동성 확보를 위해 해저 생산정에 케미컬을 공급하는 등의 아래와 같은 역할을 한다.

- 케미컬 주입
- 전력
- 유압Hydraulic
- 통신/커뮤니케이션

유동성 확보해석을 통해 각 엄빌리컬 라인 내 튜브Tube의 유형, 수량 및 크기가 결정된다. 가장 일반적으로 사용되는 케미컬은 스케일 억제제Scale Inhibitor, 하이드레이트 억제제Hydrate Inhibitor, 파라핀 억제제Paraffin Inhibitor, 아스팔텐 억제제Asphaltene Inhibitor 및 부식 억제제Corrosion Inhibitor가 주입된다.

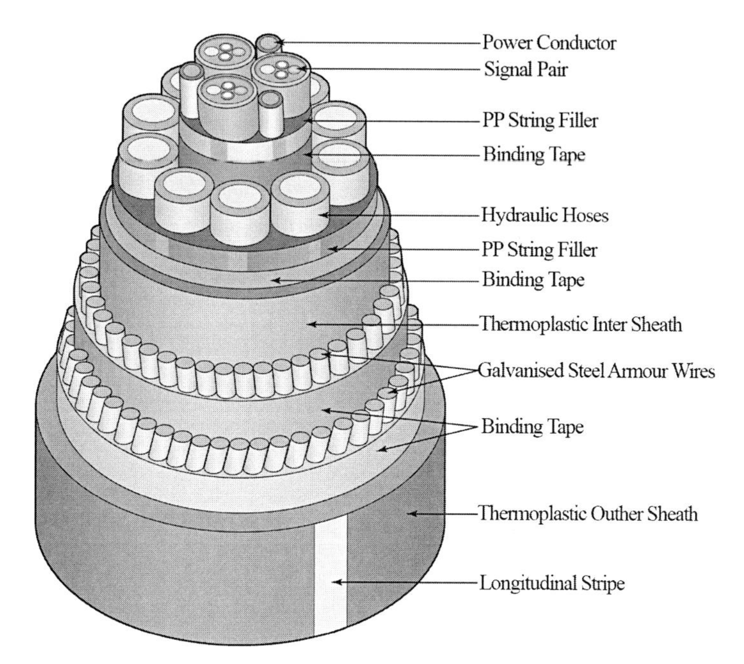

그림 2.11 일반적 엄빌리컬 라인(Umbilical Line) 내부구조

엄빌리컬 라인의 끝단을 연결하기 위한 장치인 해저 엄빌리컬 끝단조립장치SUTA를 통해 해저매니폴드 또는 해저트리로 플라잉리드를 이용하여 연결된다.

(a) 설치 시작끝단(1st End)

출처: Nexen Aspen Project

(b) 설치 마감끝단(2nd End)

그림 2.12 엄빌리컬 끝단조립장치(UTA: Umbilical Termination Assembly) 설치

(a)

(b)

출처: Oceaneering

그림 2.13 Oceaneering Umbilical Plant

굽힘제한장치/벤드 리스트릭터Bend Restrictor는 일반적으로 엄빌리컬 및 플렉서블 파이프의 끝단(매니폴드 또는 PLET와 연결 부분)의 과도한 굽힘이 문제가 되는 모든 영역에서 사용한다.

굽힘보강재/벤드 스티프너Bend Stiffener와 달리 벤드 리스트릭터는 엄빌리컬이나 파이프의 강성을 증가시키지 않으며, 제한 범위 내에서 엄빌리컬이나 파이프가 과도하게 구부러지거나 좌굴되는 것을 방지한다.

벤드 리스트릭터는 폴리우레탄 또는 강철로 제조된다. 반원통 형태인 하프쉘Half Shell은 파이프 둘레에 서로 마주보는 방향으로 부착되고 각 하프쉘 간의 연결 부분은 볼트로 상호 고정된다. 각각의 연결 부분은 작은 각도의 범위에서 움직임이 가능하므로 전체 길이로 일정 반경 이상의 변위(허용굽힘반경 이내)가 발생되는 것을 방지하는 역할을 한다.

벤드 스티프너는 엄빌리컬, 플렉서블 파이프의 끝단연결부에 사용되며, 각각의 끝부분의 굽힘에 대한 저항을 증가시키는 역할을 한다. 유연한 부분과 고정단이 연결되는 부분은 강한 굽힘응력Bending Stress이 반복적으로 발생하기 때문에 피로 영향이 증가되어 파이프 손상에 직접적인 영향을 미치게 된다. 이를 방지하기 위해서 벤드 스티프너를 부착하여 유연 부분 끝단의 강도를 증가시키는 역할을 한다. 가장 일반적인 방법은 탄성중합체/엘라스토머Elastomer를 사용하여 고정연결부와 플렉서블 파이프 간에 연결한다.

그림 2.14는 벤드 리스트릭터와 벤드 스티프너를 보여준다.

출처: Trelleborg CRP

(a) 벤드 리스트릭터(Restrictor) (b) 벤드 스티프너(Stiffener)

그림 2.14 플렉서블 파이프 또는 엄빌리컬 끝단의 굽힘 방지/보호 장치

CHAPTER

03

라이저(Riser)

3.1 라이저 종류 및 구성방식

라이저는 해저 생산정에서 플로우라인을 통해 탑사이드로 연결되고 탑사이드에서는 파이프라인을 통해 육상시설로 생산된 유체를 이송하는 중간 역할을 한다.

라이저의 종류로는 강성파이프, 플렉서블 파이프 또는 강성 + 플렉서블 파이프로 조합된 구성으로 표 3.1과 같이 세부적으로 구분된다.

표 3.1 재료 및 용도에 따른 라이저 분류

강성파이프 (Rigid Pipe)	• 고정클램프 라이저(Fixed Clamp Riser) • 제이튜브 라이저(J-Tube Riser) • 고정 클램프 카테너리 라이저(Clamped Catenary Riser) • 탑텐션 라이저(TTR: Top Tension Riser) • 스틸 카테너리 라이저(SCR: Steel Catenary Riser) • 스틸 레이지 웨이브 라이저(SLWR: Steel Lazy Wave Riser)
플렉서블 파이프 (Flexible Pipe)	• 단순 카테너리 라이저(Simple Catenary Riser) • 레이지 웨이브 라이저(Lazy Wave Riser) + 부이(Buoy) • 플라이언트 웨이브 라이저(Pliant Wave Riser) + 체인앵커(Chain Anchor) • 스티프 웨이브 라이저(Steep Wave Riser) • 레이지 에스 라이저(Lazy S Riser) + 아치형태 부력 구조 • 플라이언트 에스 라이저(Pliant S Riser) + 체인앵커 • 스티프 에스 라이저(Steep S Riser)
강성 + 플렉서블	• 프리스탠딩 하이브리드 라이저(FSHR: Free Standing Hybrid Riser)

3.2 고정 라이저(Fixed Riser)

고정식 플랫폼에 제이튜브J-Tube(J모양의 튜브 안으로 파이프라인을 당기는 풀인Pull-In 방식으로 탑사이드와 연결)를 통해 라이저를 설치하는 방식을 제이튜브 라이저J-Tube Riser 방식이라고 한다. 개발개념 결정 시 고려하지 못한 다른 개발필드와의 연결이 필요하거나 기존에 제이튜브를 통해 설치된 라이저를 통한 생산이 지속되거나 잔여 제이튜브가 없는 경우에는 플랫폼 외부의 클램프를 설치하고 클램프를 통해 라이저를 설치하는 방식인 고정 클램프 라이저Fixed Clamped Riser 방식을 이용하기도 한다.

클램프 고정을 통해 스틸 카테너리 라이저SCR 방식을 고정식 해양플랫폼에도 적용할 수 있으며 해저연결지점Tie-in Point과 스틸파이프의 휨 정도, 해상조건 및 내부유체 유동으로 인한 라이저의 이동성을 고려하여 결정한다. 설치 작업시간 측면에서 가장 해상 작업시간이 적게 요구되는 방식은 제이튜브 라이저 방식이지만 탑사이드에 당기는 풀인Pull-In 장비를 설치하기 위한 작업공간이 필요하므로 탑사이드의 작업 여유 공간과 장비설치에 필요한 소요시간 등을 고려하여 설치 방법을 결정한다(그림 3.1).

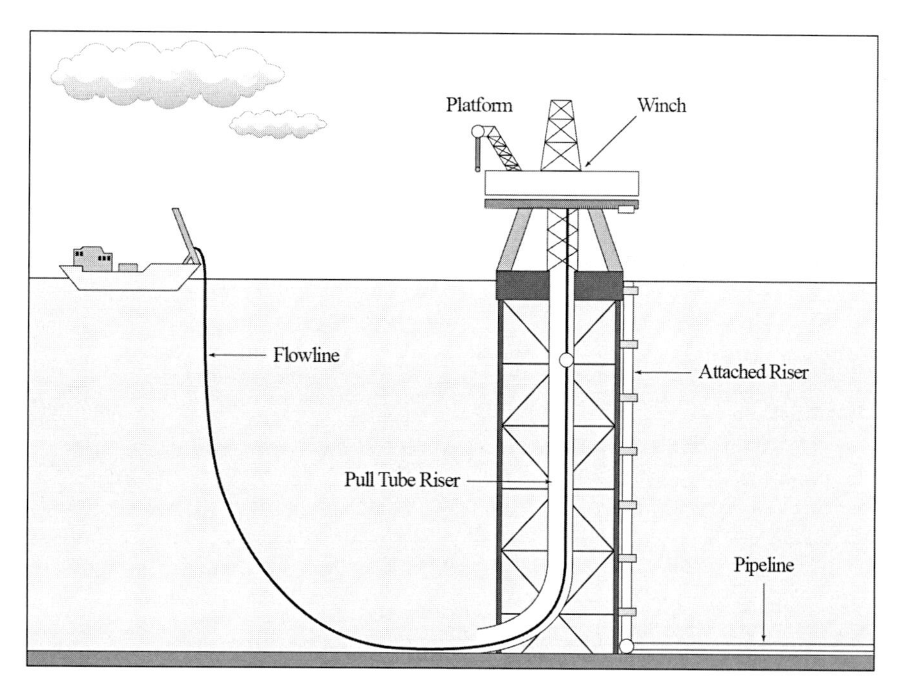

출처: www.gateinc.com

그림 3.1 클램프 고정 및 제이튜브 라이저(Fixed Clamped & J-Tube Riser)

그림 3.2는 라이저를 해양플랫폼 하부 재킷형식 구조물에 고정하는 데 사용되는 라이저 클램프Riser Clamp이다. 해양플랫폼 재킷 레그Jacket Leg에 설치된 라이저 클램프는 가이드 클램프Guide Clamp라고 하며 파이프 팽창 및 수축으로 인한 라이저의 축방향 이동을 허용하는 수준의 여유 공간을 가지며 파이프의 코팅 손상을 방지하기 위해 가이드 클램프의 내부 표면에 네오프렌Neoprene 코팅을 적용하는 것이 일반적이다(그림 3.3). 가이드 클램프는 플랫폼 재킷 레그에 용접하여 고정하는 방식과 클램프 형태로 고정하는 방식이 사용된다.

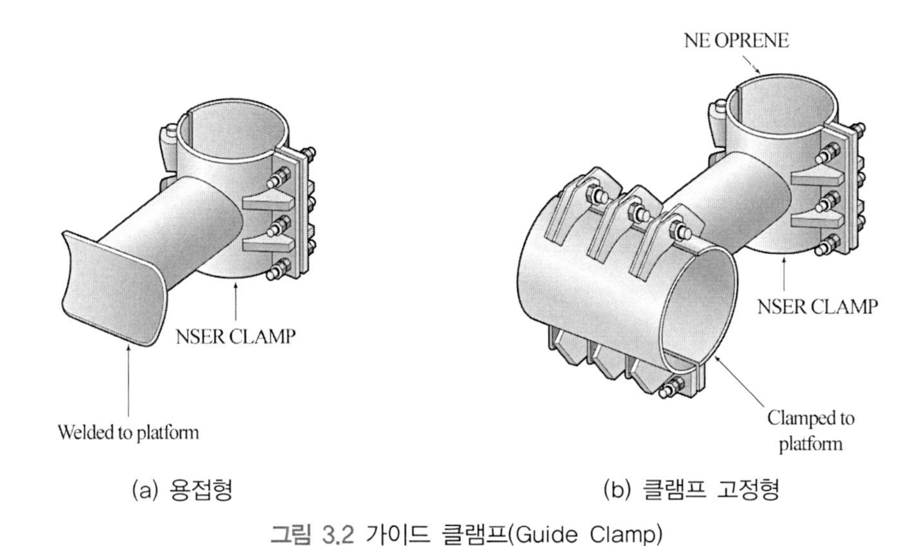

(a) 용접형 (b) 클램프 고정형

그림 3.2 가이드 클램프(Guide Clamp)

출처: www.marktool.com

그림 3.3 내부 네오프렌 코팅(Neoprene Coating)

해양플랫폼과 연결되는 라이저의 상단 부분에 연결하는 클램프를 행오프 앵커클램프라고 하며 전체 라이저의 수직하중을 견디도록 설계된다(그림 3.4).

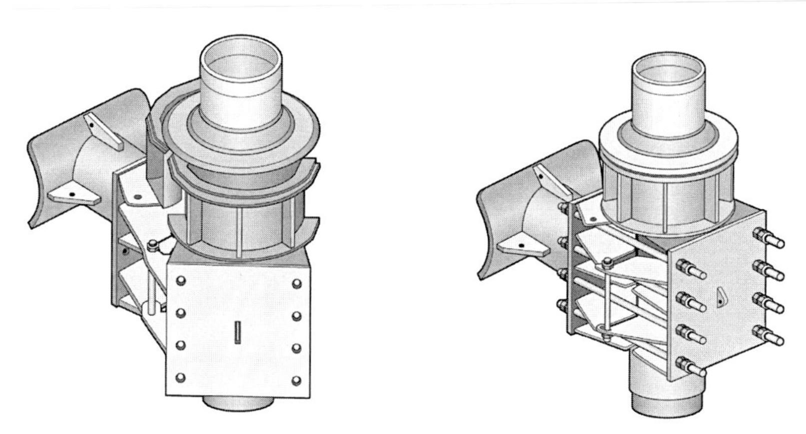

그림 3.4 행오프 앵커클램프(Hang-off Anchor Clamp)

라이저 클램프의 간격은 파랑과 유속에 의한 하중 및 와류유도진동VIV의 영향을 해석하여 결정되며, 스플래시 존Splash Zone(파도와 조수 조건에 따라 수면에서 ±6~10m, 지역에 따라 다름)에서의 라이저는 네오프렌코팅(일반적으로 12.7mm(0.5"))과 같은 특수 코팅으로 보호한다. 라이저가 네오프렌 코팅으로 코팅되어 있으면 스플래시 존의 클램프 내부코팅은 반드시 필요하지 않다.

라이저 클램프 간격을 설계할 때 주의해야 하는 사항은 해저면 인근에서 클램프의 위치이다.

그림 3.5에서 볼 수 있듯이 맨 아래 해저면 인근의 라이저 클램프는 파이프라인의 팽창으로 인한 변위를 고려하여 해저면과 충분한 거리를 유지해야 한다. 충분한 여유 공간이 없을 경우 라이저 팽창에 기인한 라이저 벌징 현상으로 인해 라이저, 라이저 클램프 또는 플랫폼 레그가 손상될 수 있다.

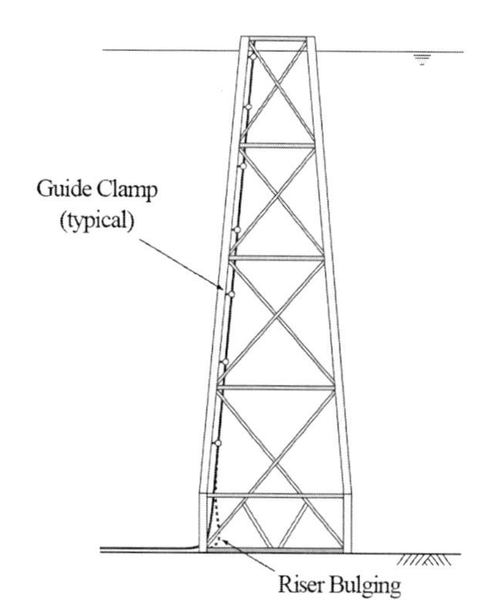

그림 3.5 라이저 벌징(Riser Bulging) 현상

3.3 스틸 카테너리 라이저(SCR: Steel Catenary Riser)

부유식 플랫폼의 경우 일반적으로 충분한 수심을 가지고 있으므로 파이프의 휨 정도를 고려하여 스틸 카테너리 라이저SCR나 생산정이 플랫폼 아래에 있는 경우 탑텐션 라이저Top Tension Riser(TTR)의 형식으로 라이저를 설치한다. 스틸 카테너리 라이저는 주로 심해에 설치되는 인장지지플랫폼TLP 및 스파에서 채택되는 형식이다.

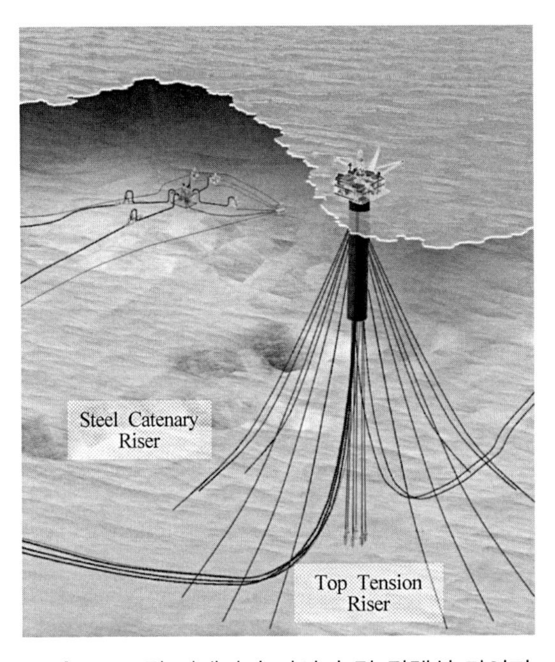

그림 3.6 스틸 카테너리 라이저 및 탑텐션 라이저

스틸 카테너리 라이저SCR는 파이프라인이 플랫폼에서 해저 생산정까지 라이저 하중에 의한 자연스러운 곡선인 현수선의 형태를 가진다. 라이저가 파이프라인의 연장이므로 전 구간이 용접된 연결강관으로 구성되며, 플랫폼과는 리셉터클Receptacle이 장착된 연결부를 통해 탑사이드와 연결된다. 전체 라이저에는 부식 방지를 위해 에폭시 코팅 또는 폴리에틸렌 코팅이 적용되며, 라이저가 해저면과 닿는 터치다운Touch Down 영역에서는 추가적인 내마모성 코팅과 스플래쉬 존 일부 구간에는 네오프렌 코팅을 한다. 흐름에 의한 와류유도진동의 영향을 감소시키기 위해 나선형 스트레이크Strake 부착 등의 완화방법을 사용하고 해저에 놓인 라이저의 하단은 필요에 따라 과도한 당김 방지와 수평변위를 최소화하는 목적으로 고정하기도 한다.

라이저는 부유식 해양플랫폼의 선체 및 계류 특성을 고려하여 설계하며 스틸 카테너리 라이저 설계 시 주요 고려사항은 부유식 해양플랫폼과의 연결부위이다. 연결부위인 리셉터클은 라이저로 인한 충분한 정적 및 동적 하중강도와 피로를 견디도록 설계된다. 연결부에서 스틸 카테너리 라이저는 높은 응력을 받기 때문에 일반적으로는 더 두꺼운 벽두께의 스트레스 조인트Stress Joint 또는 플렉스 조인트Flex Joint와 연결하는 방법을 사용한다(그림 3.7~3.8).

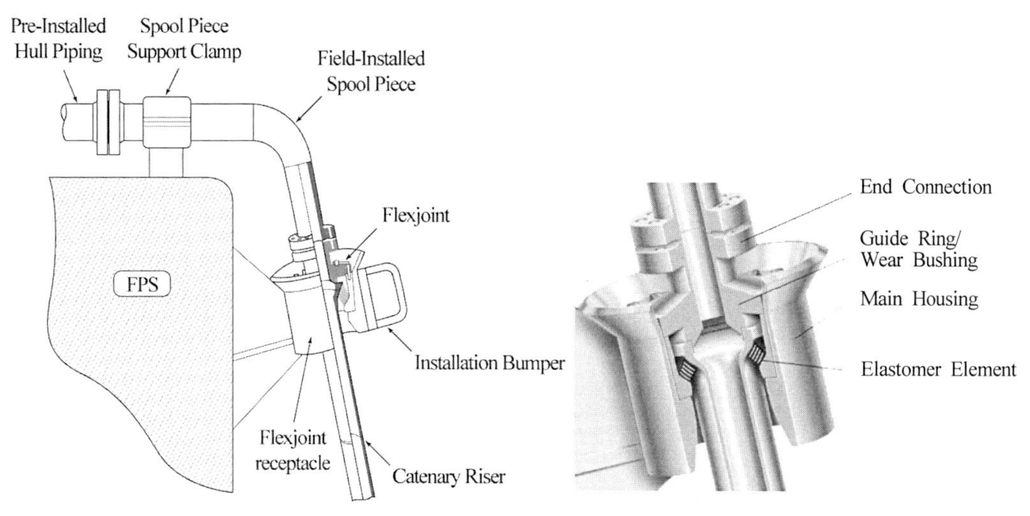

그림 3.7 스틸 카테너리 라이저 플렉스 조인트(Flex Joint)

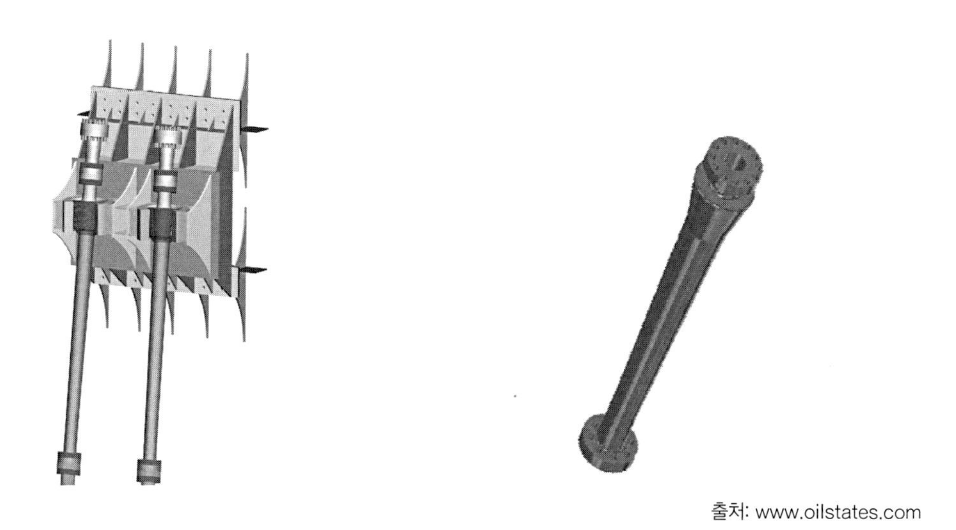

출처: www.oilstates.com

그림 3.8 스트레스 조인트(Stress Joint)

플렉스 조인트는 1990년대 개발된 방법으로 일반적으로 스트레스 조인트보다 고가이지만 라이저 연결부위의 응력을 줄일 필요가 있는 경우 사용된다. 스트레스 조인트는 탄소강 또는 탄소강보다 유연성과 낮은 부식성을 가진 티타늄으로 만들 수 있으며 최대 제작은 내경 25.4cm(10")이며 가공 및 운송제한으로 인해 약 19.8m(65ft)의 길이로 제한된다.

또 다른 방식은 고정 라이저와 플렉서블 라이저를 병합한 하이브리드 라이저 타워Hybrid Riser Tower 형식이다.

하이브리드 라이저 타워시스템은 부유식 플랫폼인 FPSO의 운동이 플렉서블 라이저와 연결되어 라이저 운동이 라이저 강성에 비해 자유롭고 플렉서블 라이저의 자체부력으로 안정적인 형태가 유지되어 어떤 수심에도 적용할 수 있는 장점이 있다.

프리스탠딩 하이브리드 라이저Free Standing Hybrid Risers(FSHRs) 방식은 다음과 같이 구성된다(그림 3.9).

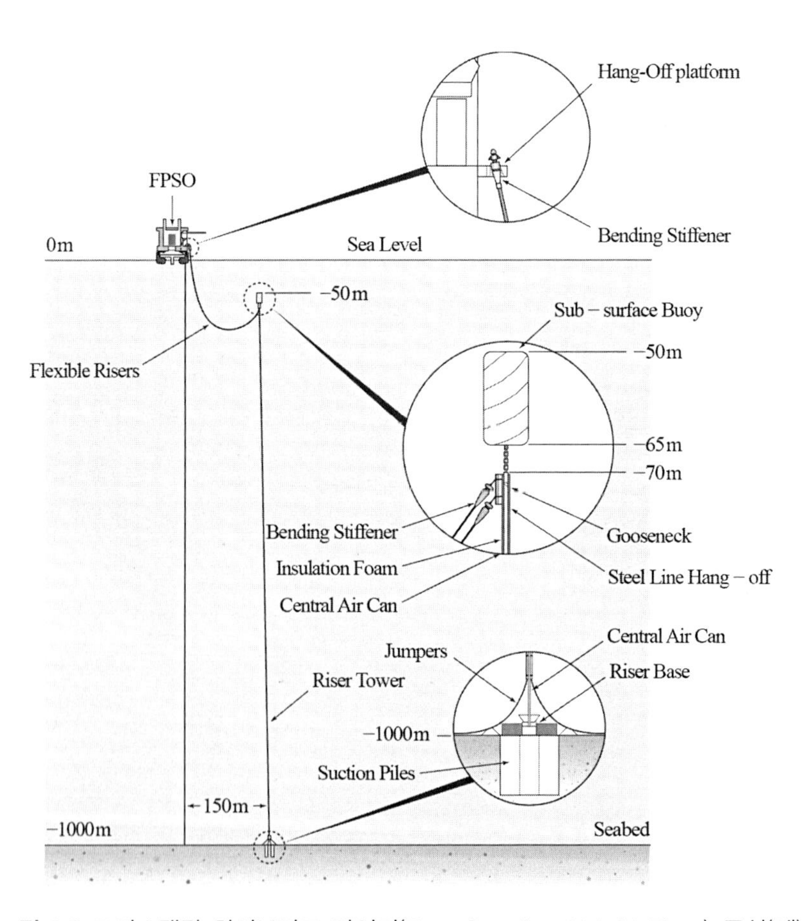

그림 3.9 프리스탠딩 하이브리드 라이저(Free Standing Hybrid Riser) 구성(예)

- 해저면 연결부: 석션파일Suction Pile(파일을 해저면에 항타하여 관입시키지 않고 파일 내부의 공기를 흡입하여 부(−)압으로 토사가 유입되면서 해저면 아래로 관입되는 방식)을 통해 해저에 고정된 라이저 베이스, 라이저 타워를 고정하는 연결시스템이다.
- 라이저 타워: 파랑의 영향을 최소화하기 위해 일정 수심에 위치한 부이Buoy와 라이저 베이스에서 연결되며 플로우라인 및 케미컬 서비스라인Chemical Service Line, 히팅 라인Heating Line 등으로 구성된다.
- 해저부이Sub-Surface Buoy: 라이저 타워에 추가 부력을 제공하여 동적 변위를 최소화하고 라이저 타워의 인장력을 유지하는 역할을 한다. 설치해역의 환경조건에 따라 다르지만 해류와 파랑의 영향이 최소화되는 50~100m 사이에 위치한다.
- 플렉서블 라이저: 라이저 타워의 상단과 FPSO와 연결되며 열팽창 또는 수축 시에도 라이저타워를 따라 축방향으로 변위가 자유롭다.

라이저 타워의 내부를 통해 연결되는 스틸 라이저는 중앙의 에어캔Air Can과 연결된다. 에어캔은 부가적인 부력을 제공하고 굽힘/벤딩모멘트에 저항하는 역할을 한다.

3.4 탑텐션 라이저(TTR: Top Tension Riser)

탑텐션 라이저TTR는 해저 생산정이 부유식 해양플랫폼 아래에 있는 경우 일반적으로 사용한다. 부유식 해양플랫폼의 운동 및 와류유도진동VIV으로 인한 좌굴 및 과도한 굽힘응력을 방지하기 위해 라이저에 인장력이 주어진다.

탑텐션 라이저는 시추 및 컴플리션Completion 작업(시추 후 완료 작업)비용을 줄일 수 있으며 복잡한 컴플리션 작업과 및 무거운 장비가 설치되는 워크오버Workover(생산효율 향상을 위한 시추공 보수작업)와 인장지지플랫폼TLP의 약 0~0.3m(1ft)의 상하변위 또는 스파의 약 0.15(0.5ft)~3.6m(12ft) 상하변위 수준의 응답 특성을 가진 플랫폼에 적절하다.

그림 3.10~3.11은 각 실린더탱크의 피스톤이 자동차의 충격흡수 장치처럼 작동하는 유압식 텐셔너Tensioner를 사용한 탑텐션 라이저의 개념을 나타낸다.

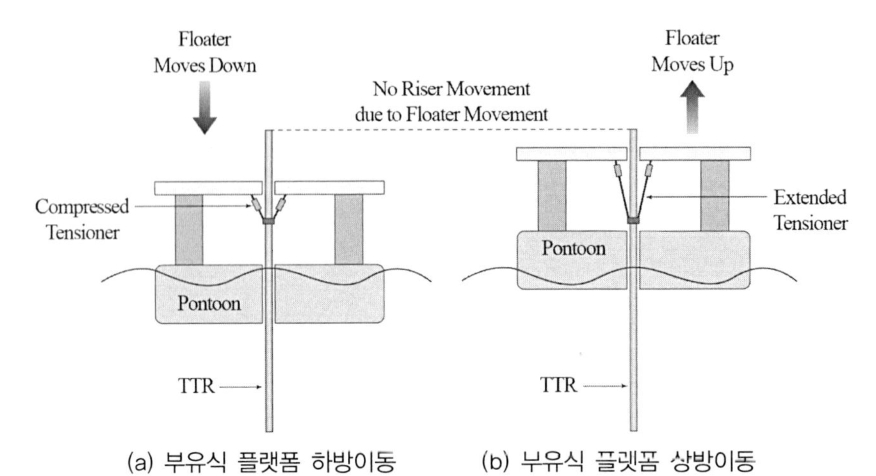

(a) 부유식 플랫폼 하방이동　　　　(b) 부유식 플렛폼 상방이동

그림 3.10 탑텐션 라이저 Concept Diagram

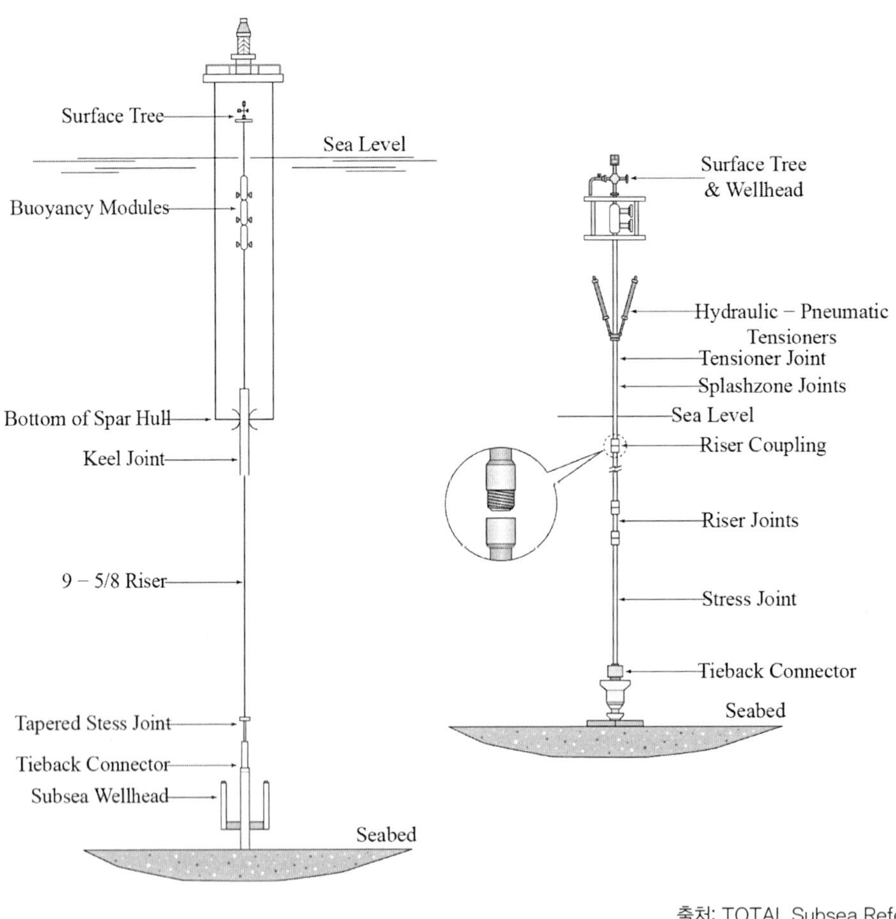

출처: TOTAL Subsea Reference

(a)　　　　(b)

그림 3.11 스파(a) 및 인장지지 플랫폼(b)에 적용된 탑텐션 라이저

3.5 유연/플렉서블 라이저(Flexible Riser)

플렉서블 라이저는 강성 라이저에 비해 상대적으로 변위에 유연한 특성을 가지므로 수심이 낮은 경우에 적용성이 높으며 그 외 다른 결정요소인 해저개발계획과 해양환경을 고려해서 적용한다.

일반적으로 라이저 유형은 다음을 고려하여 프로젝트의 선정 단계에서 결정된다.

- 해저 레이아웃Subsea Layout: 생산정과 연결되는 호스트플랫폼의 유형(고정식 또는 부유식), 호스트플랫폼의 라이저 배열, 설치 방법, 해저파이프라인 및 해저 시스템 레이아웃
- 유동성 확보 문제: 단열방법, 이중관Pipe-In-Pipe 적용 여부
- 기술적 사항: 재료, 피로, 직경 및 벽두께 한계, 수심 및 압력 한계
- 호스트플랫폼 타이인 용량 및 기존 라이저간 간섭: 라이저 슬롯Slot 수, 제이튜브, 계류라인, 추가개발계획, 가스 리프트Gas Lift 필요 유무
- 비용, 설치 일정 및 가능 여부: 연결지점과 호스트 간 거리, 위치, 시추, 주요 자재 공급기간, 설치 방법, 설치 선박 가용성 등

그림 3.12는 플렉서블 라이저와 플로우라인이 제이듀브를 통해 고정식 해양플랫폼과 연결되는 시스템을 나타낸 것이다. 생산정에서 캐리어파이프Carrier Pipe와 플로우라인의 굽힘 제한 목적으로 설치되는 벤드 리스트릭터가 부착되어 연결되고 탑사이드의 파이프와 연결되는 행오프와 압력 및 온도 측정 장치를 통해 공정처리시설로 연결되는 구조를 가진다. 일반적으로 제이튜브로 연결되는 부분과 해저면에 거치되는 부분은 각각의 파이프로 구성되고 중간 연결 장치를 통해 연결되며 고정식 플랫폼이 아닌 부유식 해양플랫폼과 연결되는 경우는 설치 및 해양환경 조건을 고려하여 다음에서 설명하는 여러 가지 방법으로 설치된다.

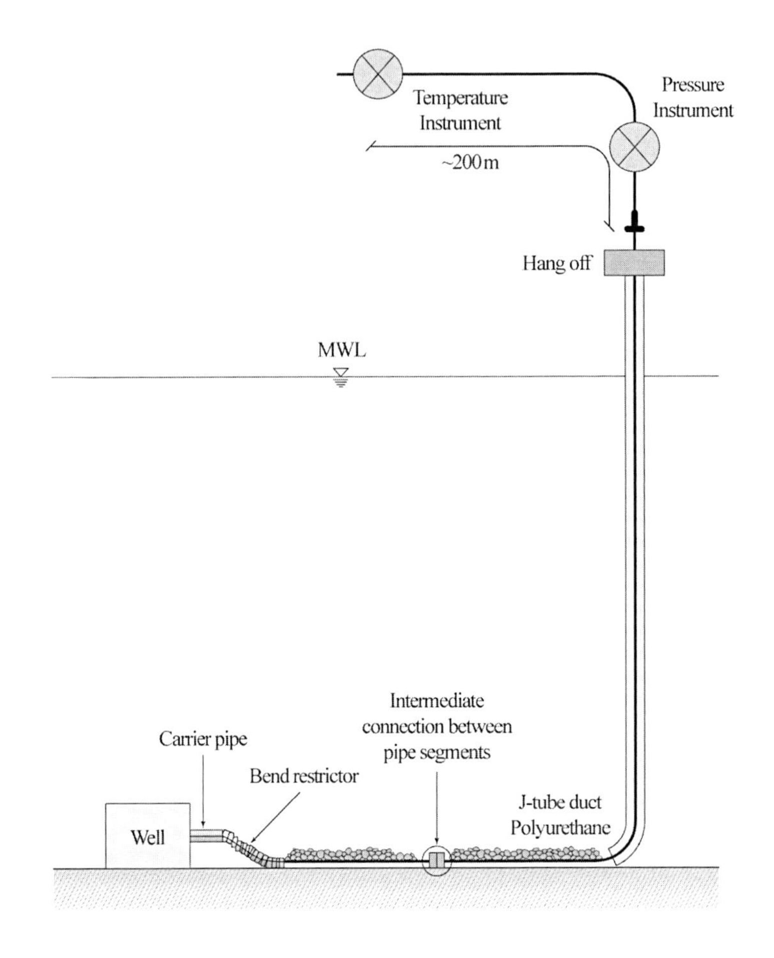

출처: 4Subsea

그림 3.12 플렉서블 라이저 및 플로우라인 시스템 구성

그림 3.13은 플렉서블 라이저 시스템을 나타낸 것으로 새그벤드Sagbend 부분은 라이저의 하방굽힘, 호그벤드Hog Bend 부분은 라이저의 상방굽힘, 라이저가 해저면에 안착되는 부뷰을 터치다운영역Touchdown Area으로 명칭한다. 라이저를 부유식 해양플랫폼과 연결하는 일부 방법으로 부력모듈을 설치하여 해저에 라이저 테더앵커Riser Tether Anchor로 고정하는 방식, 해저부위를 이용하여 파이프라인 끝단매니폴드PLEM에 연결하는 방식, 다른 구조적인 연결 없이 자연스러운 곡선(현수선)으로 연결되는 카테너리 라이저/프리행잉Free Hanging 방식이 있다.

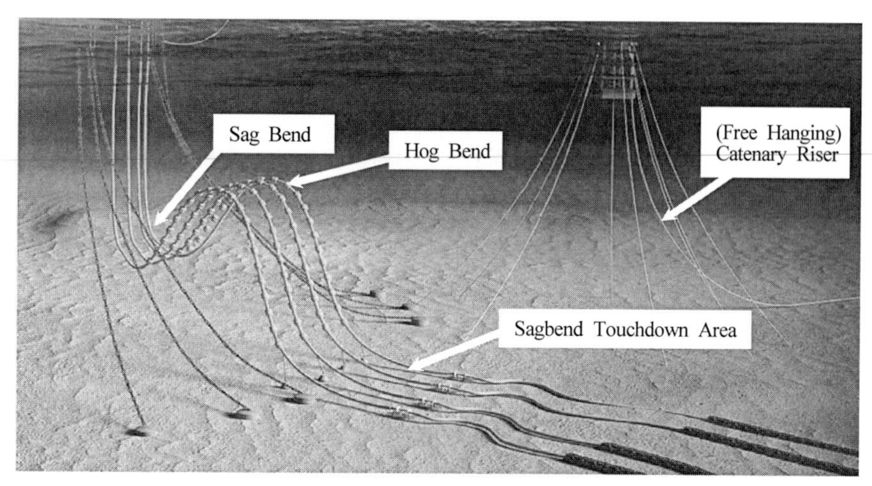

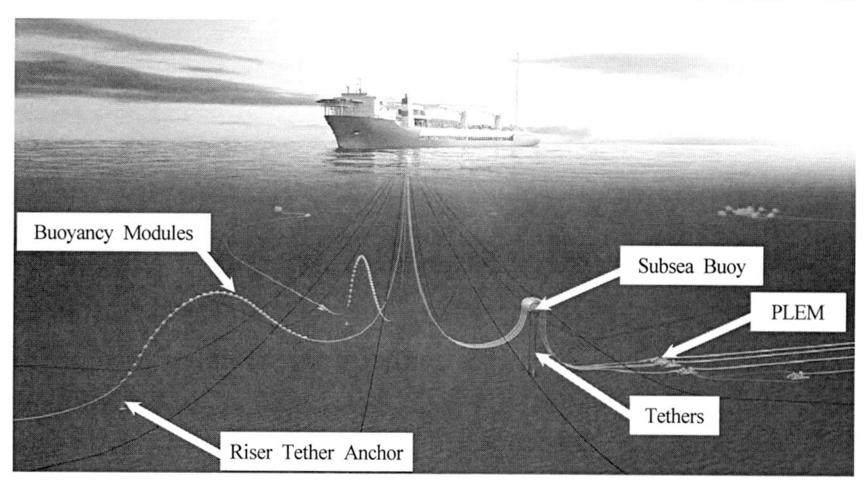

출처: 4Subsea

그림 3.13 플렉서블 라이저(Flexible Riser) 시스템 구조

해저연결은 생산정과 연결된 크리스마스 트리에서 해저점퍼로 매니폴드와 연결되고 플로우라인과 라이저를 거쳐 부유식 해양플랫폼에 연결되는 구조를 가진다. 세부적인 라이저 구성방식과 고려사항은 다음 1)~5)에 기술하였다.

1) 단순 카테너리 라이저/Free Hanging 방식

해양플랫폼의 연결지점에서 해저면까지 바로 연결되는 방식으로 모든 해저설비 연결라인, 웻트리 또는 해저 매니폴드에 연결할 수 있다.

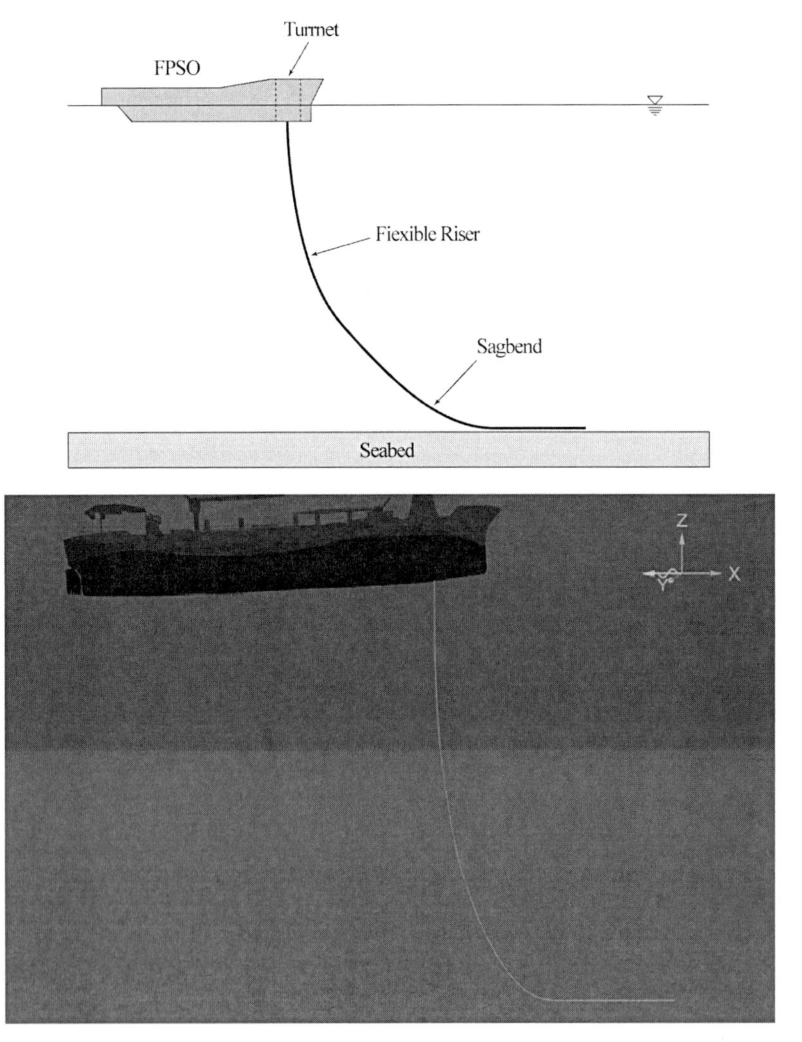

출처: Orcina Ltd(아래)

그림 3.14 단순 카테너리 라이저(Simple Catenary Riser) 구성

전체 라인을 플렉서블 플로우라인으로 하거나, 일부는 스틸파이프와 조합으로 구성할 수도 있다. 이 경우 스틸파이프를 해저면에 먼저 설치하고 파이프라인 끝단연결부PLET를 통해 플렉서블 파이프를 설치 후 해양플랫폼과 연결하는 방식으로 부유식 플랫폼의 운동이 적은 인장지지플랫폼TLP이나 스파, FPSO 및 제이튜브를 통해 고정식 플랫폼에 적용될 수 있다.

장점으로는 단순한 구성과 설치작업의 용이성 및 내부유체의 밀도 변화에 따른 변위가 적으며 설계 시 수심에 따라 고려해야 하는 사항은 표 3.2와 같다.

표 3.2 단순 카테너리 라이저방식 설계 고려사항

수심	주요 고려사항
천해	• 행오프(Hang Off) 지점에서의 과도한 굽힘
중간해역	• 공통사항
심해	• 행오프 인장력
공통사항	• 터치다운 지점(TDP: Touch Down Point)에서의 압축력 • 해저면 터치다운 지점에서 과도한 굽힘

단순 카테너리 라이저 방식의 단점은 해저면 터치다운 지점TDP의 새그벤드Sagbend 위치에서 부유식 해양플랫폼의 운동에 의한 압축력으로 파이프라인에 좌굴이 발생할 수 있다. 이를 방지하기 위해 아래의 다른 설치방식들과 설치해역의 환경조건을 고려하여 적용한다.

2) 레이지 에스 및 스티프 에스: 수중아치 지지방식

플렉서블 라이저가 수중부이로 구성된 수중아치Mid Water Arch(MWA)를 지지점으로 하여 아치형태를 이루고 수중아치에서 부유식 해양플랫폼의 터넷 연결부까지 자연적인 카테너리 곡선으로 구성하는 방식이다. 라이저의 하단 부분은 파이프라인 끝단연결부PLET와 같은 해저설비와 연결된다. 부이와 아치 형태를 이루는 구조물인 수중아치는 플렉서블 라이저의 하중을 지지하고 압축으로 인한 라이저의 좌굴 방지 및 허용 가능한 곡률반경을 유지하는 역할을 한다.

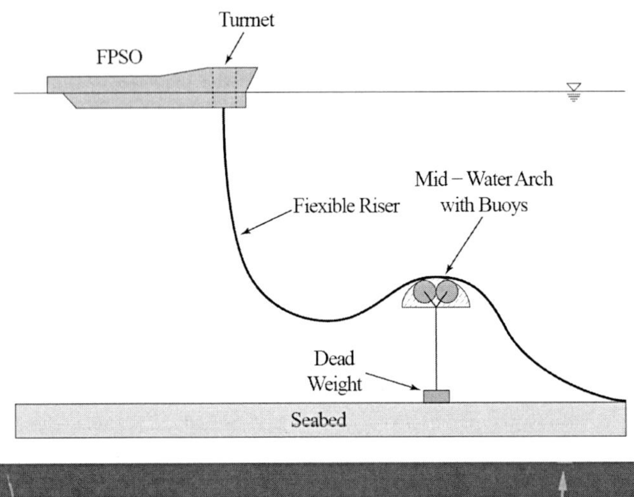

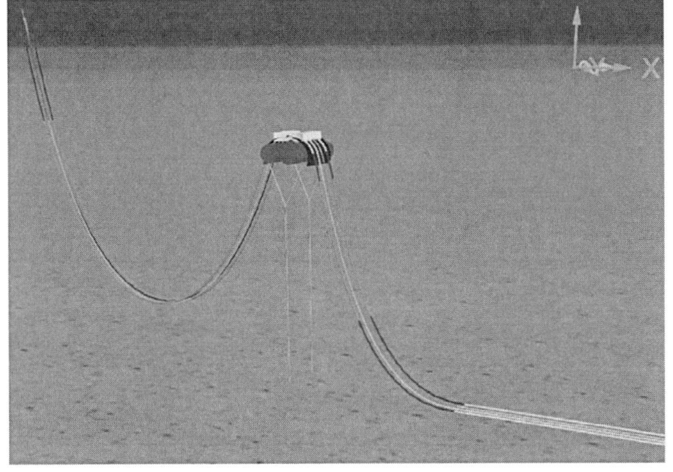

출처: 4Subsea(아래)

그림 3.15 레이지 에스(Lazy S) 수중아치(MWA) 지지방식

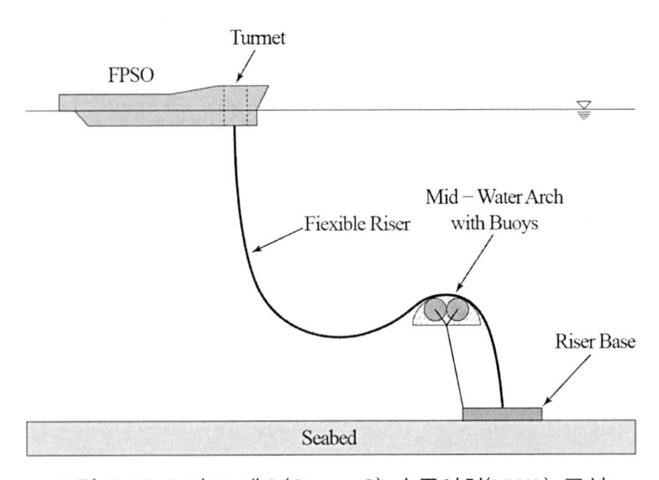

그림 3.16 스티프 에스(Steep S) 수중아치(MWA) 구성

스티프 에스Steep S 구성은 레이지 에스Lazy S 방식과 동일하지만 수중아치를 거쳐 라이저 베이스와 거의 수직으로 연결되는 구조이다.

장점으로는 다수의 라이저가 수중아치에서 부유체의 운동에 따라 동일한 방향으로 움직이므로 상호간섭 영향이 적다. 따라서 높은 해양플랫폼 운동변위가 허용되며 터치다운 지점TDP에서 라이저 운동이 감소된다.

설계 시 수심에 따라 고려해야 하는 사항은 표 3.3과 같다.

표 3.3 레이지 및 스티프 에스 수중아치 지지방식 설계 고려사항

수심	주요 고려사항
천해/중간해역	• 내부유체 밀도 변화 • 해양성장(Marine Growth) • 부력 상실 • 해저면 접촉 • 행오프 지점에서의 과도한 굽힘 • 수중아치(MWA) 지점에서의 과도한 굽힘 • 수중아치와 라이저 연결 클램프 설계 • 설치
심해	• 천해/중간해역과 동일 • 행오프 인장력

3) 레이지 에스 및 스티프 에스: 라이저 해저지지 방식

고정된 수중구조물로 라이저를 지지하는 방식Riser Subsea Support(RSS)은 수중아치 지지방식과 동일하게 일정한 윗방향의 굽힘인 호그새그Hog-Sag를 형성한다. 두 방식의 차이점으로 지지점에서 일정 수준의 동적변위가 해양구조물의 운동에 따라 발생하는 수중아치 지지방식과는 달리 고정식 구조물이므로 지지점에서 라이저의 변위를 허용하지 않는다. 따라서 해저구조물과 라이저의 간섭영향이 커지는 대신 호그벤드Hog bend의 높이가 일정하게 유지되고 내부유체 밀도 변화로 인한 해저 지지점에서의 라이저 변위 영향이 적다.

설계 시 수심에 따라 고려해야 하는 사항은 표 3.4와 같다.

출처: 4Subsea

그림 3.17 레이지 에스(Lazy S) 라이저 해저지지(RSS) 구성

표 3.4 레이지 및 스티프 에스 라이저 해저지지방식 설계 고려사항

수심	주요 고려사항
천해/중간해역	• 라이저와 해저지지 구조물간 간섭 • 해저면 접촉 • 행오프 지점에서의 과도한 굽힘 • 해저지지 구조물 지점에서의 과도한 굽힘 • 해저지지 구조물과 라이어 위치고정 클램프 설계 • 대규모 해저지지 구조물 설치복잡성
심해	• 천해/중간해역과 동일 • 행오프 인장력

4) 레이지 웨이브(Lazy Wave) 방식

해양플랫폼과 연결되는 플렉서블 라이저의 일부 구간에 부력모듈Buoyance Module을 그림 3.18과 같이 라이저 주변을 둘러싸는 클램프로 부착하여 수중 라이저의 일부 구간이 부력으로 호그벤드를 형성한다. 부력모듈이 수중 지지점을 형성하여 부유식 플랫폼의 운동, 라이저의 운동 및 터치다운 지점TDP에서의 움직임이 각각 분리되어 해양플랫폼 운동이 라이저에 미치는 영향이 적어 높은 수준의 해양플랫폼 운동변위를 허용하고 해저 부분에 작용하는 인장력이 완화된다.

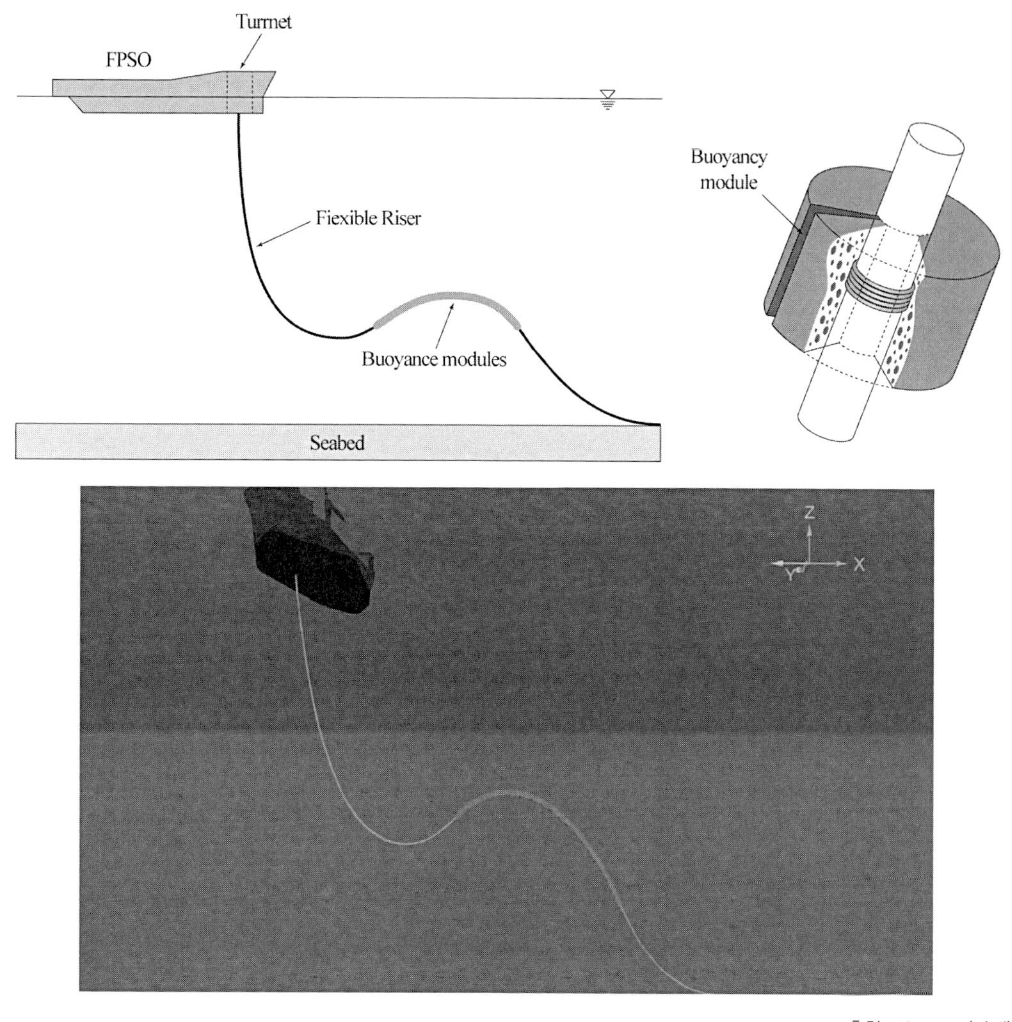

출처: 4Subsea(아래)

그림 3.18 부력모듈(Buoyance Module)을 이용한 레이지 웨이브(Lazy Wave) 구성

선체의 운동에 따라 해저면에서 가장 멀리 떨어지는 위치인 파Far(부유체 +Y축 방향 이동)에서는 새그벤드가 펴지고 선체가 해저면과 가장 가까운 위치인 니어Near(부유체 −Y축 방향 이동)에서는 새그벤드의 높이는 해저면으로 낮아지고 호그벤드의 위치는 높아진다. 이와 같은 선체의 상하방향 운동인 히빙Heaving에 따라 라이저에 미치는 물리적 특성과 영향을 고려하여 해수면과 부력모듈의 위치를 결정한다.

호그벤드가 높아지는 경우 파랑과 파랑에 기안한 흐름Wave Induced Current의 영향을 받게 되어 라이저의 좌우 변위가 발생하게 되므로 인접하게 설치된 라이저 간의 상호간섭 영향도 고려하여야 한다.

플랫폼과 연결되는 행오프는 선체의 운동에 영향을 받는 라이저구간과 부력모듈이 설치된 라이저 구간이 서로 다른 방향으로 운동하는 변위응답 특성으로 인한 움직임의 차이로 과도한 굽힘이 발생할 수 있으므로 심해의 경우 행오프 연결각도는 3~7° 범위, 천해에서는 최대 17° 범위의 행오프와의 연결각도가 고려된다.

장점으로는 높은 수준의 해양플랫폼 운동변위 허용, 호그벤드 움직임 완화, 상부라이저 인장력 감소, 터치다운 지점에서의 하중 감소 효과와 비교적 설치가 용이한 점이다.

설계 시 수심에 따라 고려해야 하는 사항은 표 3.5와 같다.

표 3.5 레이지 웨이브 방식 설계 고려사항

수심	주요 고려사항
천해	• 가까운 위치 호그벤드와 선체충돌 • 먼 위치에서 과도한 인장 • 새그벤드와 해저면 간섭 • 내부유체 밀도 변화에 따른 라이저 변위
중간해역	• 내부유체 밀도 변화에 따른 라이저 변위
심해	• 행오프 인장력
공통사항	• 상호간섭 영향(계류체인, 주변에 설치된 라이저) • 부력 상실 • 행오프 지점에서의 과도한 굽힘 • 해저면 터치다운 지점에서 과도한 굽힘

5) 스티프 웨이브(Steep Wave) 방식

스티프 웨이브 방식은 라이저가 해저면에 위치한 라이저 베이스에 거의 수직으로 연결되는 방식으로 레이지 웨이브Lazy Wave의 일부 변형 방식이다. 라이저 베이스로 연결됨에 따라 인근 라이저와 간섭영향은 적지만 연결부위에 큰 장력이 작용한다.

장점으로는 높은 수준의 해양플랫폼 운동변위 허용, 호그벤드 움직임 완화, 상부 라이저 인장력 감소, 터치다운 지점에서 하중 감소 효과와 비교적 내부유체의 밀도 변화에 따른 변위가 적다.

설계 시 수심에 따라 주요하게 고려해야 하는 사항은 표 3.6과 같다.

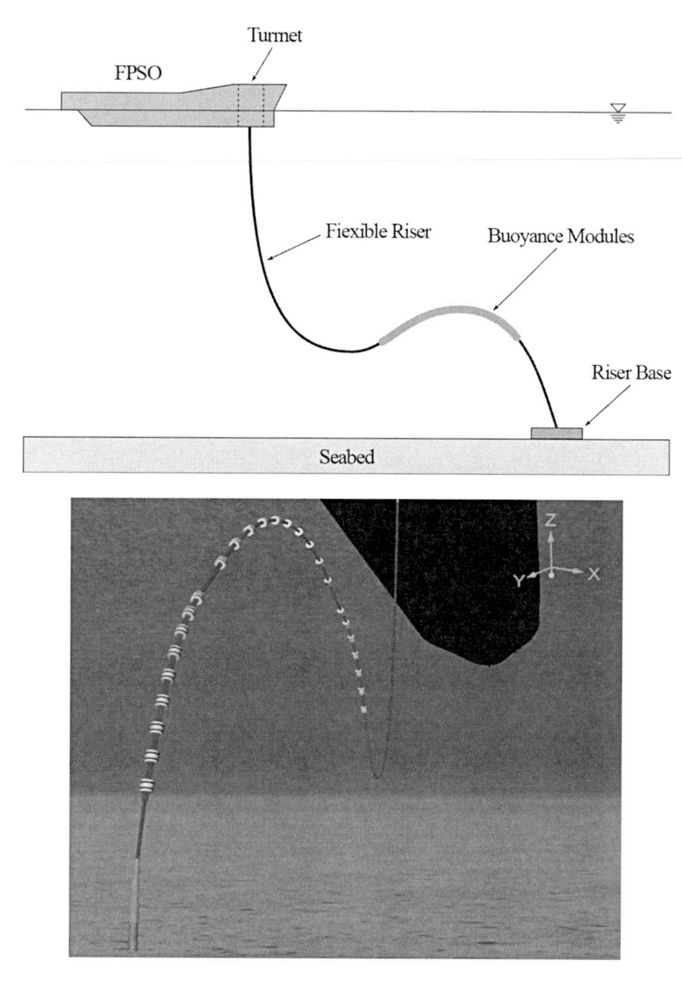

출처: 4Subsea(아래)

그림 3.19 스티프 웨이브(Steep Wave) 구성

표 3.6 스티프 웨이브 방식 설계 고려사항

수심	주요 고려사항
천해	• 가까운 위치에서 호그벤드와 선체충돌 • 먼 위치에서의 과도한 인장력 • 라이저 베이스에서 과도한 동적 모멘트
중간해역	• 공통사항
심해	• 행오프 인장력
공통사항	• 상호간섭 영향(계류체인, 주변에 설치된 라이저) • 부력 상실 • 행오프 지점에서의 과도한 굽힘 • 라이저 베이스 인근 과도한 굽힘 • 라이저 베이스 상단 과도한 인장력

6) 플라이언트 웨이브(Pliant Wave) 방식

플렉서블 라이저의 일부 구간에 부력모듈을 클램핑하여 아치를 형성하여 지지력을 가지는 방식으로 다른 웨이브방식과 동일한 형태이다.

라이저의 하단 부분은 해저시설과 연결되고 이동을 방지하기 위해 라이저 일부에서 클램프로 연결선인 테더Tether을 통해 해저면에 위치한 중력구조물과 연결된다. 이 구성은 해저 생산정 연결지점이 해양플랫폼 아래에 위치하여 라이저의 곡률을 최소화하기 위한 구성방식으로 다양한 범위의 수심에 적용이 가능하다.

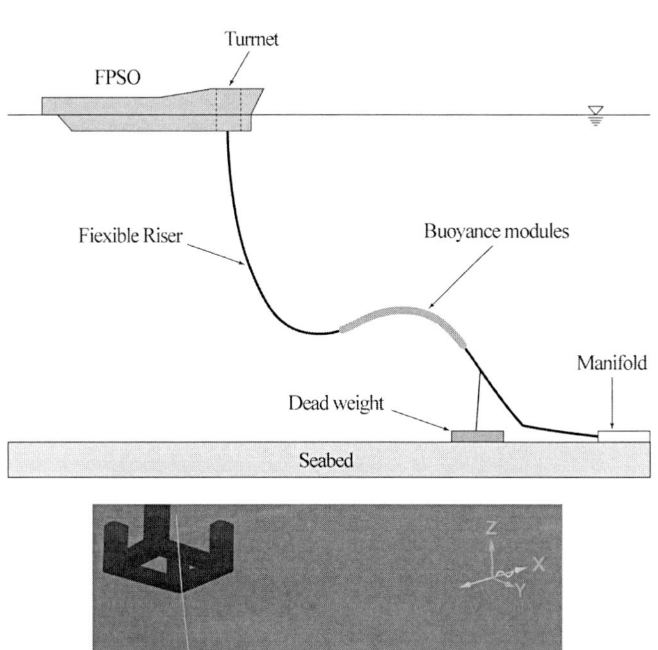

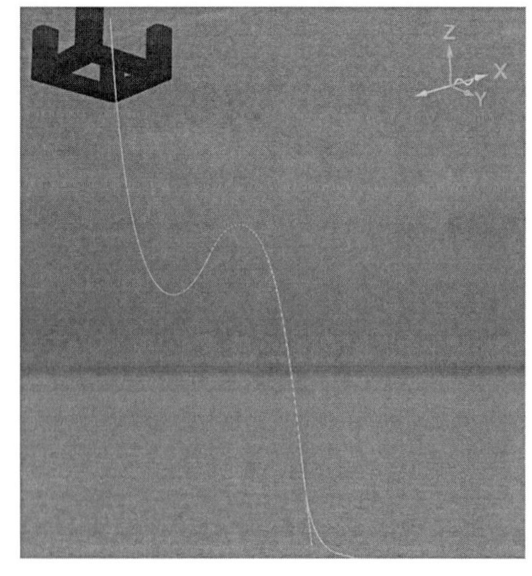

출처: 4Subsea(아래)

그림 3.20 플라이언트 웨이브(Pliant Wave) 구성

장점으로는 높은 수준의 해양플랫폼 운동변위 허용, 호그벤드의 움직임 완화, 상부 라이저 인장력 감소, 터치다운 지점에서 하중감소 효과와 비교적 내부유체의 밀도 변화에 따른 변위가 적다.

설계 시 수심에 따라 주요하게 고려해야 하는 사항은 표 3.7과 같다.

표 3.7 플라이언트 웨이브 방식 설계 고려사항

수심	주요 고려사항
천해	• 터치다운 지점 및 클램프에서의 과도한 굽힘 • 가까운 위치에서 호그벤드와 선체 충돌 • 먼 위치에서의 과도한 인장력 • 내부유체 밀도 변화 영향 • 해양성장(Marine Growth) • 터치다운 지점에서 외부 피복 손상 • 연결선 테더(Tether)의 느슨해짐
중간해역	• 라이저 베이스 상단 과도한 인장력 • 내부유체 밀도 변화 영향 • 해양 성장
심해	• 행오프 인장력 • 라이저 베이스 상단 과도한 인장력
공통사힝	• 상호간섭 영향(계류체인, 주변에 설치된 라이저) • 부력 상실 • 행오프 지점에서의 과도한 굽힘

CHAPTER
04

오일·가스 처리(Oil & Gas Treatment)

해저 저류층으로부터 생산정을 통해 오일·가스·물이 혼재되어 생산된다. 가스 생산정에서는 많은 비중의 가스와 상대적으로 적은 비중의 물과 초경질유인 컨덴세이트Condensate가 혼재되어 생산되고, 오일 생산정에서는 많은 비중의 오일과 적은 비중으로 가스·물이 혼재되어 생산된다.

오일 생산정에서 물과 오일이 같이 생산되는 이유는 그림 4.1과 같이 덮개암을 시추하여 오일 저류층과 연결된 생산정을 통해 오일층 아래 위치한 대수층Water Aquifer의 물이 혼재되어 생산되는 초기 생산의 경우(a)와 일정기간 생산 이후 오일 생산이 감소하면 생산 증진 목적으로 수주입정Water Injection Well을 통해 물을 주입하고 주입된 물이 생산되는 오일과 같이 생산되는 경우(b)가 있다.

어느 경우에서든 생산되는 물이 차지하는 비중의 차이가 있지만, 생산되는 오일·가스·물을 각각 분리하는 탑사이드의 설비를 거쳐 생산물을 최종 처리하는 터미널이나 FPSO의 경우는 운반탱커로 이송하여 판매하게 된다.

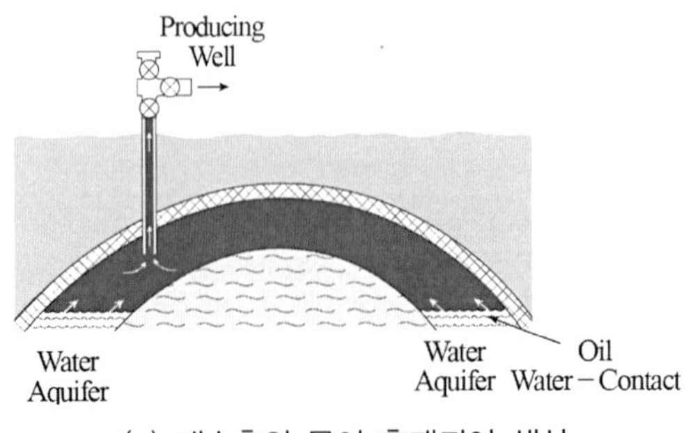

(a) 대수층의 물이 혼재되어 생산

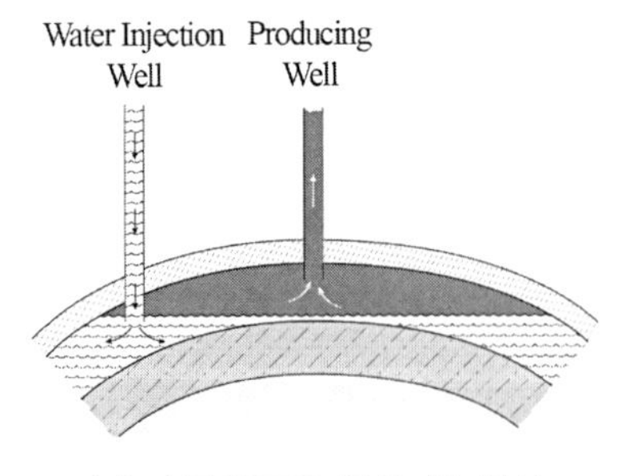

(b) 수주입정을 통한 물 생산

그림 4.1 오일 생산정 내의 오일·물 구성

그림 4.2는 일반적인 오일·가스·물을 분리하여 처리하고 이송하는 전체 탑사이드 공정처리프로세스를 나타낸다.

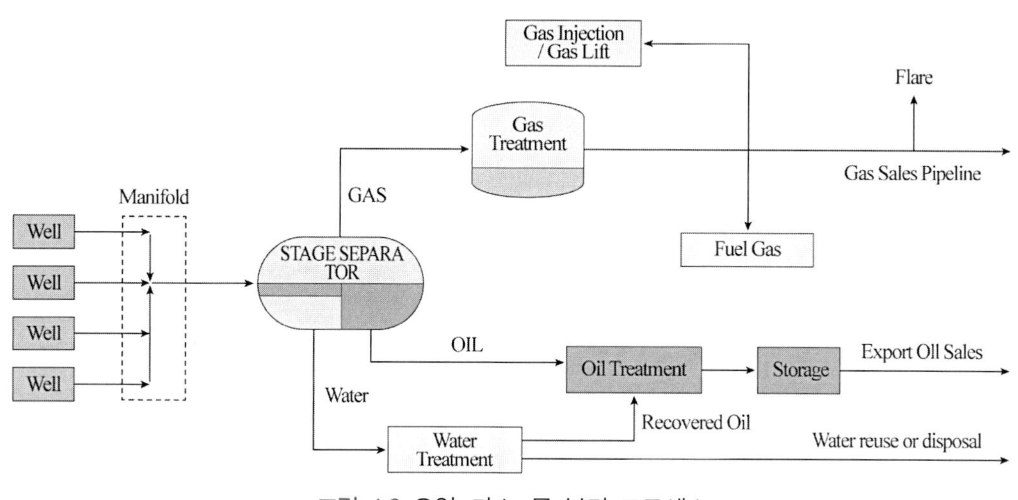

그림 4.2 오일·가스·물 분리 프로세스

비중차를 이용하여 각 유체를 분리하는 세퍼레이터를 통해 분리된 가스는 가스 내 포함된 오일·물의 함량을 줄이는 처리시설을 거쳐 1) FPSO를 운영하는 연료가스(발전기 연료)로 사용, 2) 외부 피이프라인으로 이송, 3) 잔여가스를 태우는 과정인 플레어링Flaring으로 처리, 4) 저류층의 오일생산 증진을 위한 가스 리프트Gas Lift 목적으로 저류층으로 재주입하는 과정을 거치고 분리된 오일과 물은 각각의 처리시설과 연결되어 처리된다.

세퍼레이터를 통해 분리된 물은 이후 수처리Water Treatment 시스템을 거쳐 해양으로 방류된다. 해양으로 방류되는 물은 일정농도 이하의 오일 함유량Oil In Water(OIW) 기준을 만족하여야 한다. 방류기준 OIW 농도의 결정은 설비와 생산되는 오일 특성에 따라 다르지만 일반적으로 영국북해의 경우 20~30mg/l의 범위로 허용된다.

추가적인 공정처리설비가 있는 터미널로 이송 또는 추가공정 처리 없이 판매목적으로 이송하는 어느 경우이든 요구되는 처리기준을 만족하여야 하므로 이를 고려해서 탑사이드 처리시설의 용량이나 필요공간을 설계한다.

4.1 세퍼레이터(Separator)

세퍼레이터는 오일·가스·물을 분리하는 가장 기본적인 설비로 생산되는 유체는 세퍼레이터를 거쳐 일정 수준의 각 유체 간의 혼합 정도를 가지고 분리되며 다시 혼합정도를 낮추기 위해 각각의 오일·가스·물을 재처리하는 과정을 거친다. FPSO에서 일반적으로 사용되는 세퍼레이터의 방식은 각 유체의 비중에 따라 분리하는 중력분리방식Gravity Separator이다.

그림 4.3과 같이 충분한 탑사이드 여유 공간을 가진 FPSO의 경우 3단계의 세퍼레이터로 구성되며 1차 세퍼레이터에서는 고압의 유체가 인입되어 분리되며(예: 10bar) 1차에서 분리된 유체는 2차 세퍼레이터(예: 3.5bar)에서 분리된 후 가장 저압의 3차 세퍼레이터(예: 0.5bar)로 유입되어 분리 처리된다.

각 1, 2, 3차 세퍼레이터에서 분리된 물은 이후 수처리 시설을 통해 최종적으로 처리되어 해상 방류된다.

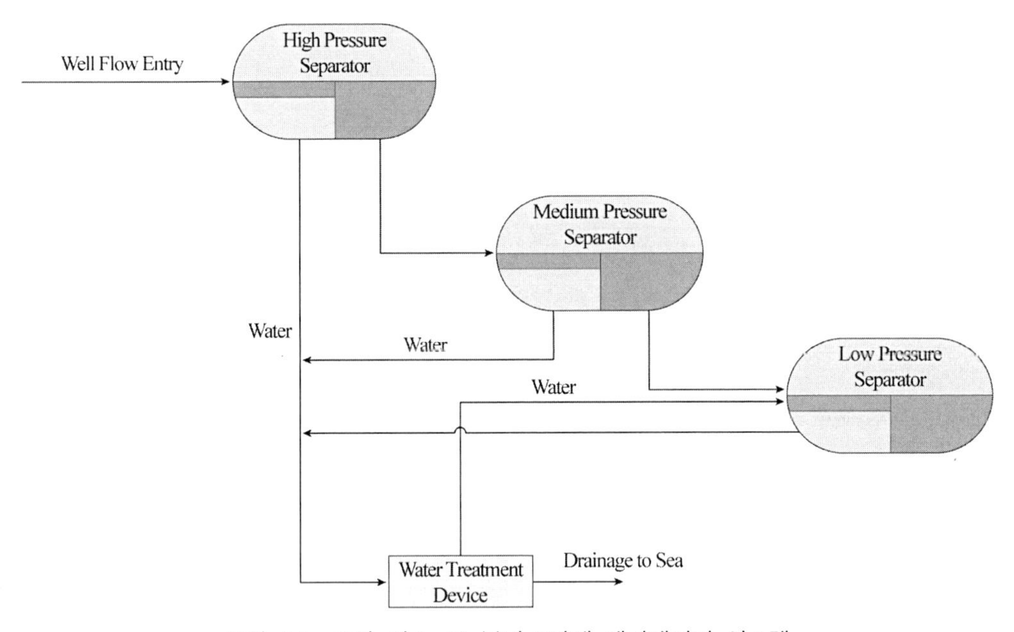

그림 4.3 오일·가스·물 분리 3단계 세퍼레이터 시스템

세퍼레이터는 수직형태와 수평형태가 있으며, FPSO에서는 수평 세퍼레이터가 일반적으로 사용된다. 수직형태는 수평형태에 비해 동일크기의 경우에 비해 많은 처리용량을 가지고 있으나 오일·물 간의 위상경계가 정확히 필요하지 않은 경우에 선호된다.

세퍼레이터 유입구Inlet를 통해 유입된 오일·가스·물은 인렛 디플렉터Inlet Deflector를 통해 난류형태로 확산되면서 각 유체가 분리되기 쉽게 한다. 이후 가스는 가스에 포함된 오일·물이 분리되는 역할을 하도록 날개형태의 베인Vane과 가스 내 액체 미립자를 분리하는 미스트 추출기Mist Extractor를 거쳐 유출된다. 비중 차이로 가스와 분리된 오일과 물은 각각 아래로 떨어지고 물과 분리된 비중이 낮은 오일이 일정높이 이상의 위어Weir를 넘치게 되면 이를 모아서 오일 파이프로 이송되는 방식이 사용된다(그림 4.4).

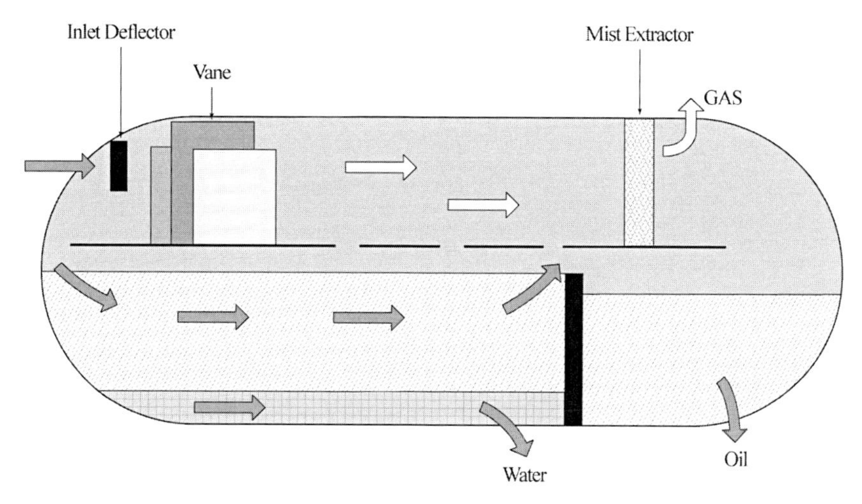

그림 4.4 수평 세퍼레이터(Horizontal Separator) 기본 구조

세퍼레이터의 분리과정에서 효율을 감소시키는 요인은 다음과 같이 여러 원인으로 발생된다.

- 폼밍Foaming: 유체의 난류 확산으로 발생되는 거품은 각 유체 간 위상경계의 불명확으로 분리효율이 감소되므로 거품을 억제하는 케미컬De-foaming을 사용한다.
- 고형체Solid: 생산과정에서 발생되는 고형물질(모래, 왁스 등)은 운영 중 세퍼레이터 내부에 침전되어 세퍼레이터 내에서 요구되는 유체의 잔류시간Residence Time을 단축시켜 유체 분리 효율이 떨어지게 되므로 물리적으로 고형물 제거작업을 하거나 왁스 제거제를 사용하여 사전에 방지한다.
- 에멀젼Emulsion: 액체에 다른 액체가 작은 방울 형태로 혼합된 것으로 비중 차이만으로는 분리가 어려워 세퍼레이터에 유입되기 전 히팅을 통해 오일의 점도를 낮추는 방식으로 오일에서 물을 분리하거나 에멀젼을 분리하는 케미컬을 사용한다.

• 서징흐름Surging Flow: 세퍼레이터는 유체가 일정한 유속과 비율로 인입되는 경우 분리효율이 높다. 그러나 생산된 유체가 해저파이프라인 통해 이송되면서 1) 파이프 내의 불규칙한 유체운동으로 인한 유체동역학적 슬러깅Hydrodynamics Slugging, 2) 파이프라인 곡률, 지형적 특성에 따른 불규칙한 흐름에 의한 슬러깅Terrain Slugging, 3) 생산 시작과 중단 시의 불규칙한 흐름에 의한 슬러깅Start-Up, Blowdown Slugging 등으로 인해 서징흐름Surging Flow이 발생하면 세퍼레이터의 분리효율이 저하된다(그림 4.5).

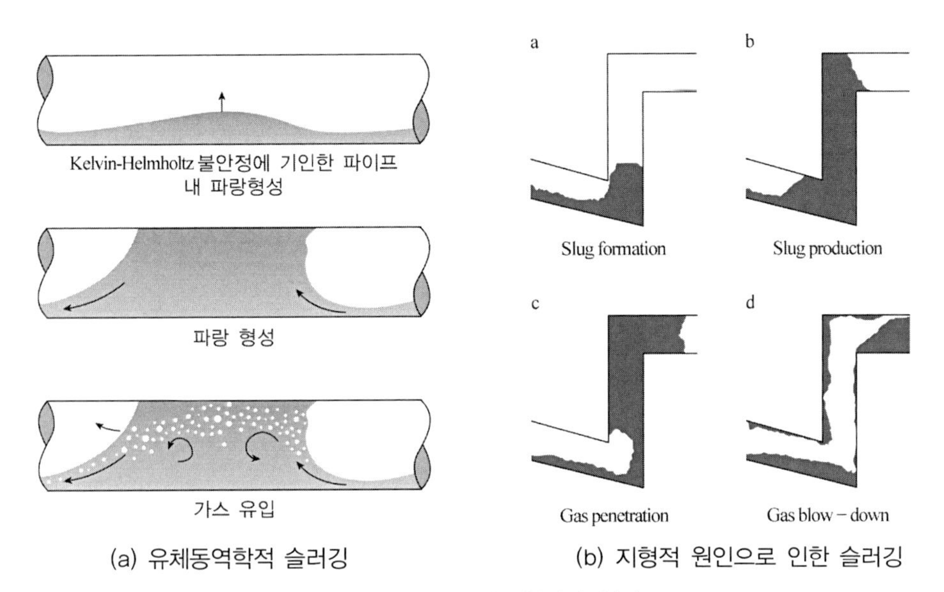

(a) 유체동역학적 슬러깅 (b) 지형적 원인으로 인한 슬러깅

그림 4.5 슬러깅 발생원인과 형태

4.2 가스 처리(Gas Treatment)

가스 처리의 주된 목적은 가스 내 수분을 제거Dehydration하는 것으로 생산된 가스는 물이 포화상태로 포함되어 생산되고 제거되지 않은 수분은 일정 압력과 온도 이하에서 하이드레이트라는 고형물의 생성 원인이 된다.

그림 4.6은 글라이콜Glycol을 사용하여 가스 내 수분을 제거하는 방식으로 수분을 함유한 웻가스Wet Gas가 용기 아래에서 유입되고 용기 상단에서 주입된 드라이 글라이콜Dry Glycol을 통과하면서 용기 상단을 통해서는 수분이 제거된 드라이가스Dry Gas가 유출된다. 제거된 수분이 포함된 리치 글라이콜Rich Glycol은 글라이콜 보일러로 유입되어 가열 과정을 거쳐 수분이 제거된 드라이 글라이콜을 다시 용기 내 주입하는 과정을 반복하면서 가스 내 수분을 제거한다.

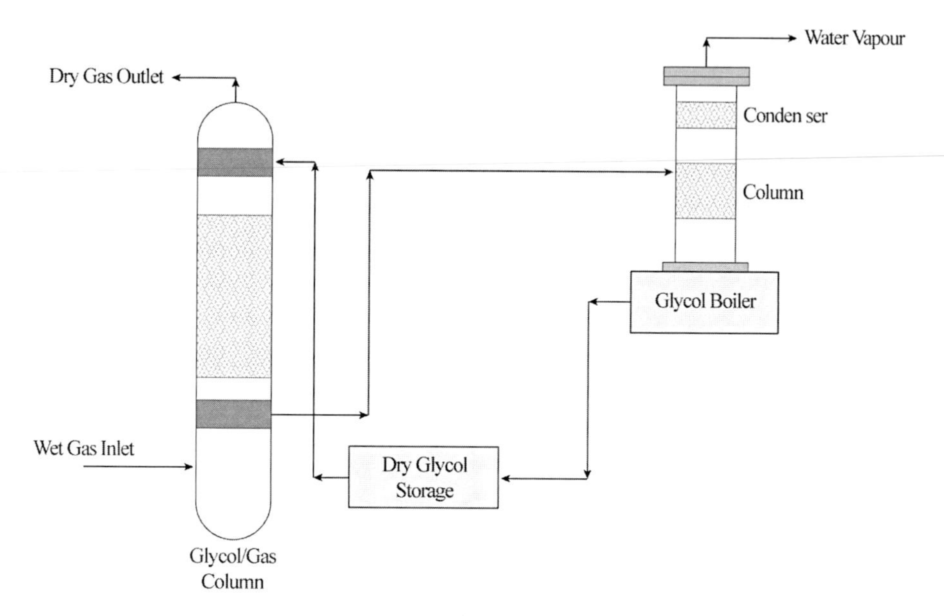

그림 4.6 글라이콜 이용 가스 내 수분 제거(Gas Dehydration)

4.3 수처리(Water Treatment)

세퍼레이터(1, 2, 3차)를 통과한 물은 추가적인 분리를 위한 수처리 과정을 거치게 된다. 하이드로 사이클론으로 유입되어 분리된 물은 다시 낮은 농도의 오일을 분리하기 위한 수처리 설비를 통과하면서 방출수의 허용기준에 따라 필요한 추가적인 단계를 거쳐 해상으로 방류된다.

4.3.1 하이드로 사이클론(Hydrocyclone)

오일이 포함된 물Oily Water은 원심분리방식의 수처리 설비인 하이드로 사이클론에 유입하면서 회전하는 와류를 형성하게 된다.

하이드로 사이클론은 유입과 유출통로가 있는 콘Cone 모양의 스웰 챔버Swirl Chamber로 구성되며 비중이 다른 오일과 물은 원심력의 차이로 분리되어 비중이 작은 액체(오일)는 소용돌이의 중앙으로 이동하면서 좌측배관을 통해 분리되고, 비중이 큰 액체(물)는 소용돌이의 바깥쪽으로 이동하면서 우측배관을 통해 유출된다.

이 설비의 효율은 두 유체의 비중 차이가 큰 경우, 오일 입자가 큰 경우, 온도가 높은 경우 오일의 점성을 낮추게 되어 쉽게 분리되며 인입되는 유속이 빠를수록 더 높은 분리효율을 나타낸다.

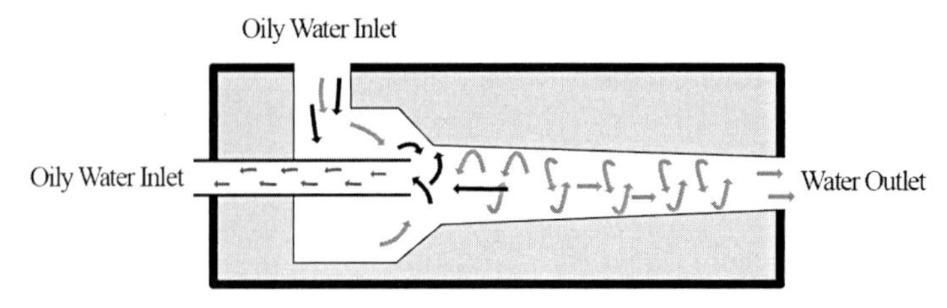

그림 4.7 원심분리방식(Centrifugal Force Separation)

4.3.2 콜레셔(Coalescer)

세퍼레이터는 중력분리방식으로 중력과 유체의 비중차를 이용한다. 오일의 비중은 물보다 낮기 때문에 세퍼레이터 내에서 요구되는 충분한 체류시간Retention Time이 주어졌을 때 일정 수준에서 분리가 되지만 미세한 기름입자(약 5마이크론)는 물 속에 방울 형태로 비중 차이로는 분리되지 않는다. 비중 차이로 분리되기 위한 오일입자는 약 50~150마이크론 정도의 크기가 되어야 하고 이런 작은 입자를 분리 가능한 수준까지 결집시키는 여러 방법을 통해 물에서 오일을 분리하며, 그중 하나는 콜레셔를 이용하는 방식이다.

콜레셔의 기본원리는 오일을 함유한 물이 폴리프로필렌 또는 폴리우레탄폼으로 만들어진 다공질 매체Porous Medium를 통과하면서 분리가 되는 수준의 큰 입자로 뭉쳐지게 하는 원리이다.

그림 4.8과 같이 유입된 오일을 함유한 물은 카트리지를 통과하면서 물 속의 작은 오일입자는 분리 가능한 수준의 큰 입자로 결합되어 물과 분리된 후 오일배관을 통해 이송된다.

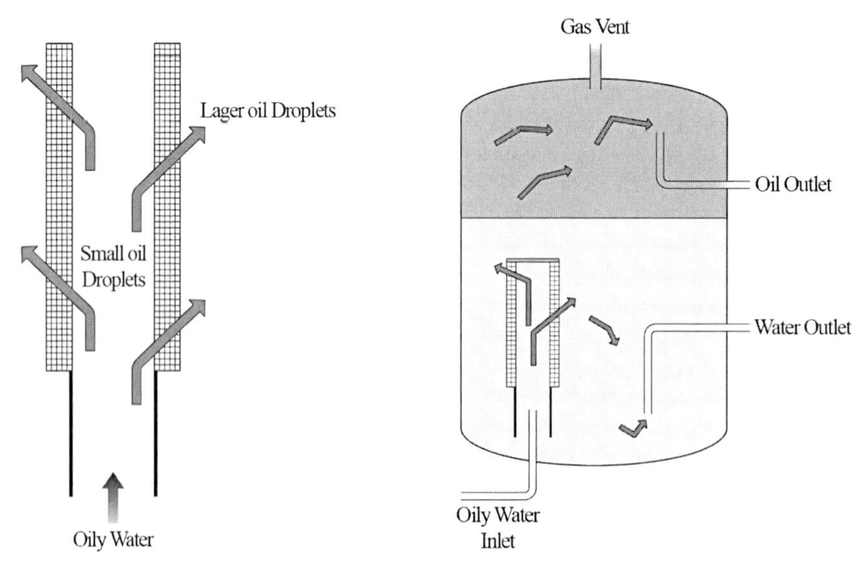

그림 4.8 카트리지 콜레셔(Cartridge Coalescer) 원리

4.3.3 가스 플로테이션(Gas Flotation)

오일 입자를 제거하는 또 다른 방법으로는 가스를 주입하여 가스의 버블과 오일 입자를 서로 부착시킨다. 가스와 부착된 오일 입자는 수면 위로 떠오르게 되고 일정높이의 위어Weir를 통과한 오일을 분리하는 방식으로 분리된 오일은 이후 회수시스템을 거치게 된다.

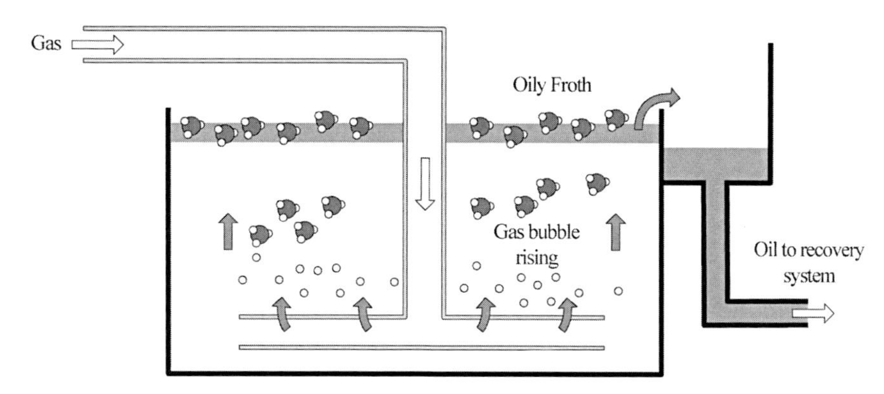

그림 4.9 가스 플로테이션(Gas Flotation)

CHAPTER

05

해양·해저플랜트 생애주기 프로젝트 단계

5.1 프로젝트 단계별 결정사항

해양에서 오일·가스를 개발하기 위한 해양플랜트 프로젝트는 계획, 설계, 실행, 운영 및 해양플랜트로서 역할을 마감하는 해체/철거/복구의 여러 생애주기 단계를 거친다. 일반적으로 모든 프로젝트의 생애주기 단계에서 여러 분야의 엔지니어가 참여하지만 전 분야에 걸친 참여 정도로 보면 실제 프로젝트는 구체화 단계Define Phase에서 진행되는 기본설계Front End Engineering Design(FEED)에서 진행된다고 볼 수 있다.

5.1.1 취득 단계(Acquire Phase) 및 탐사 단계(Explore Phase)

개발하고자 하는 광구의 광권 취득을 위한 취득 단계에서는 나음과 같은 주요 항목이 검토된다.

- 광권 지역평가, 취득 관련 조항평가
- 광권 취득 결정
- 기본적 환경영향 스터디
- 세부 탄성파 조사

이후 탐사 단계에서는 추가적인 검토와 저류층 평가결과를 확인하기 위한 탐사정Explore Well을 시추하여 결과를 검증한다. 이 단계에서는 주로 저류층 평가를 위해 서브서페이스 팀Subsurface Team이 관여되며, 플랜트 건설운영을 위한 분야별 엔지니어의 참여는 제한적이다.

5.1.2 평가 단계(Appraise Phase)

저류층 조사와 탐사시추의 개략적인 평가결과로 프로젝트의 진행 여부가 결정되기도 하지만 프로젝트의 진행 여부 판단에 추가적인 검토가 필요한 경우 다음 단계로 진행하기 위한 게이트리뷰Gate Review(각 단계와 단계 사이를 게이트로 표현)를 통해 다음 단계인 평가 단계로의 진행 여부를 결정한다. 평가 단계에서는 평가를 위한 추가시추(평가정)를 하고 지질 및 저류학적 모델을 구체화한다. 플랜트 건설과 운영에 연관해서는 상위 레벨의 시공성Constructability 검토를 한다.

주로 상위레벨의 시공성 검토에서는 주변 인프라에 대한 조사를 하며 서브시 타이백 방식으로 기존에 운영 중인 호스트플랫폼과의 연결 가능성에 대한 검토를 하게 된다.

5.1.3 선정 단계(Select Phase)

선정 단계에서는 평가단계에서 검토된 옵션을 포함하여 새롭게 선정된 여러 옵션에 대해 세부적으로 검토하는 단계로 개념Concept 또는 일부 기본설계를 사전에 진행하는Pre-FEED 단계이다.

저류층 개발 및 생산계획과 연관된 개발필드의 특성에 따라 해저 및 해양플랜트를 개발하는데 있어서 여러 가지 옵션에 따른 다양한 경우의 수가 발생하므로 선정된 개발옵선을 구체화하는 기본설계FEED 단계보다 오히려 더 많은 시간이 소요되기도 한다. 따라서 해양플랜트 개발에 있어서 실질적인 엔지니어링 프로젝트의 진행은 선정 단계에서 시작한다고 볼 수 있다.

5.1.4 구체화 단계(Define Phase) 및 실행 단계(Execute Phase)

선정 단계에서 고려된 여러 옵션 중에서 하나의 옵션으로 정해지면 결정된 옵션에 대한 기본설계를 시작한다.

결정된 옵션을 구체화하기 위해서는 설계조건 결정, 리스크 평가, 계약 단계 구체화, 장기소요 공급자재Long Lead Item(LLI)의 사전계약과 일부 분야의 상세설계가 진행된다. 기본설계를 바탕으로 입찰서를 작성하고 입찰결과에 따른 계약자가 선정되면 프로젝트가 실행 단계로 진행되며 상세설계, 구매 및 제작, 설치작업이 시작된다.

각각의 단계가 진행될수록 그림 5.1과 같이 옵션 결정 단계에서 실행 단계로 구체화되는 진행과정에서 프로젝트의 리스크는 감소하고 프로젝트의 성숙도는 높아진다.

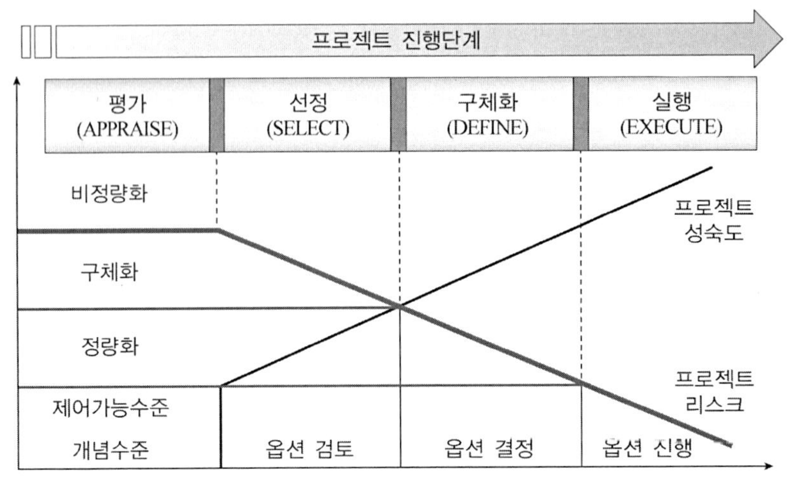

그림 5.1 각 단계에서 프로젝트 리스크 및 성숙도

5.1.5 운영 단계(Operation Phase) 및 해체/철거/복구 단계(Decommissioning Phase)

운영 단계에서는 결정된 개발옵션으로 제작 및 설치가 완료된 해양플랜트를 운영하면서 인근 필드의 추가 개발을 진행하거나 주기적인 검사유지보수Inspection, Maintenance & Repair(IMR) 작업과 허가된 운영조건을 준수하면서 해양플랜트를 운영한다.

운영 중에 추가적인 운영필드의 개발 또는 다른 운영사의 생산정을 호스트로 연결하는 경우 브라운 필드Brown Field 개발로 불리고 운영 중 진행되는 프로젝트도 신규 개발 프로젝트와 동일하게 각각 단계를 거쳐 진행된다.

운영 이후에는 인근 필드의 추가 개발 또는 당초 계획된 개발이 완료되거나, 생산량 감소로 더 이상 경제성이 없을 경우 생산을 종료하고Cessation of Production(COP) 생산정과 해저 및 해양플랜트를 해체/철거/복구하는 단계로 진입한다. 해체/철거/복구 단계에서의 규정은 국가마다 다소 다를 수 있지만 복구비용Abandonment Expenditure(ABEX)을 구체화하고 복구와 철거를 위한 기본설계, 상세설계 및 실행과정을 거치는 새로운 프로젝트가 시작되는 과정은 동일하다.

그림 5.2와 표 5.1은 일반적인 오일·가스 해저 및 해양플랜트 프로젝트의 전반적인 단계와 각 단계별로 진행되는 세부 내용을 나타낸다.

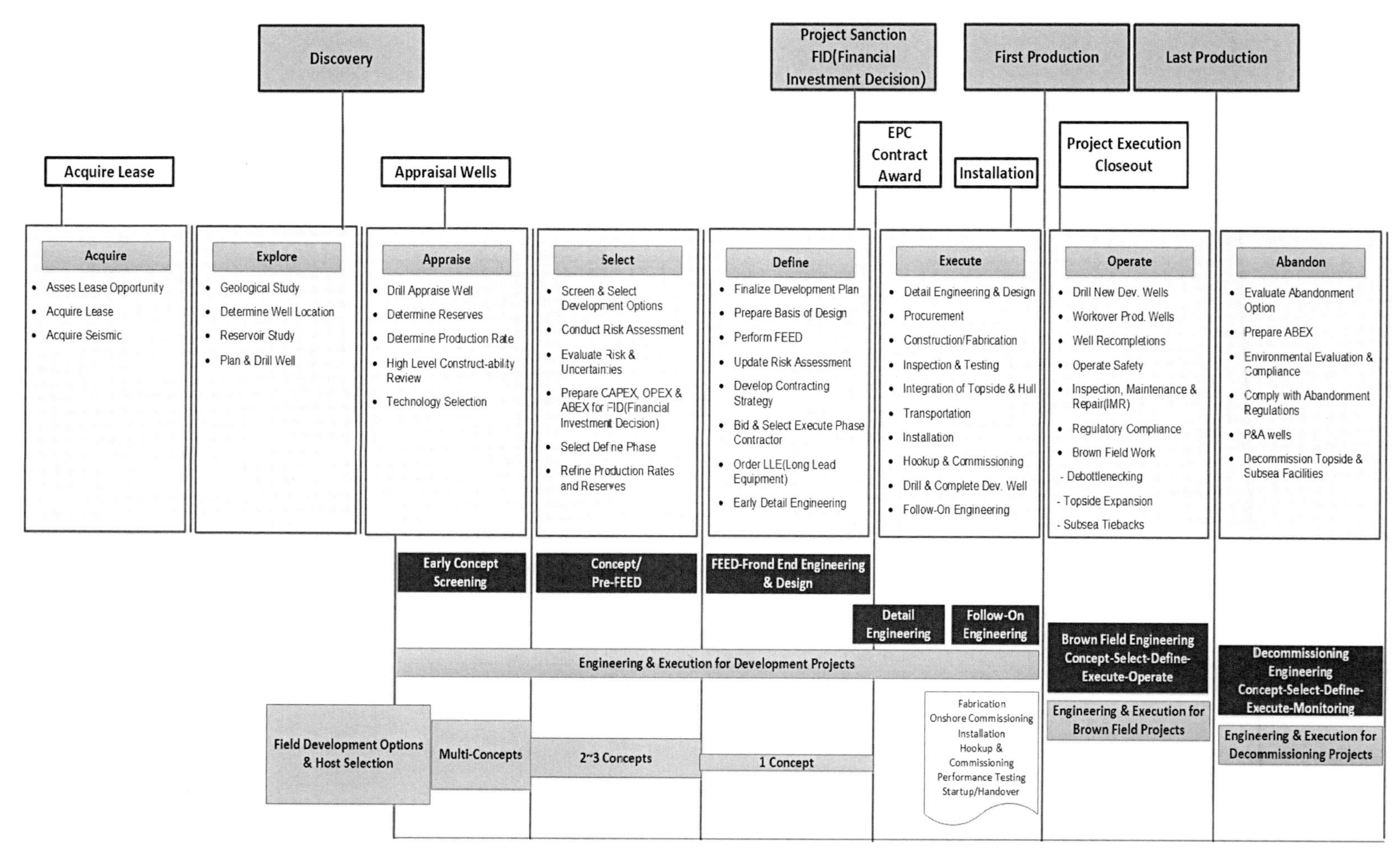

그림 5.2 해양 오일·가스 필드 전 생애주기 단계(영문)

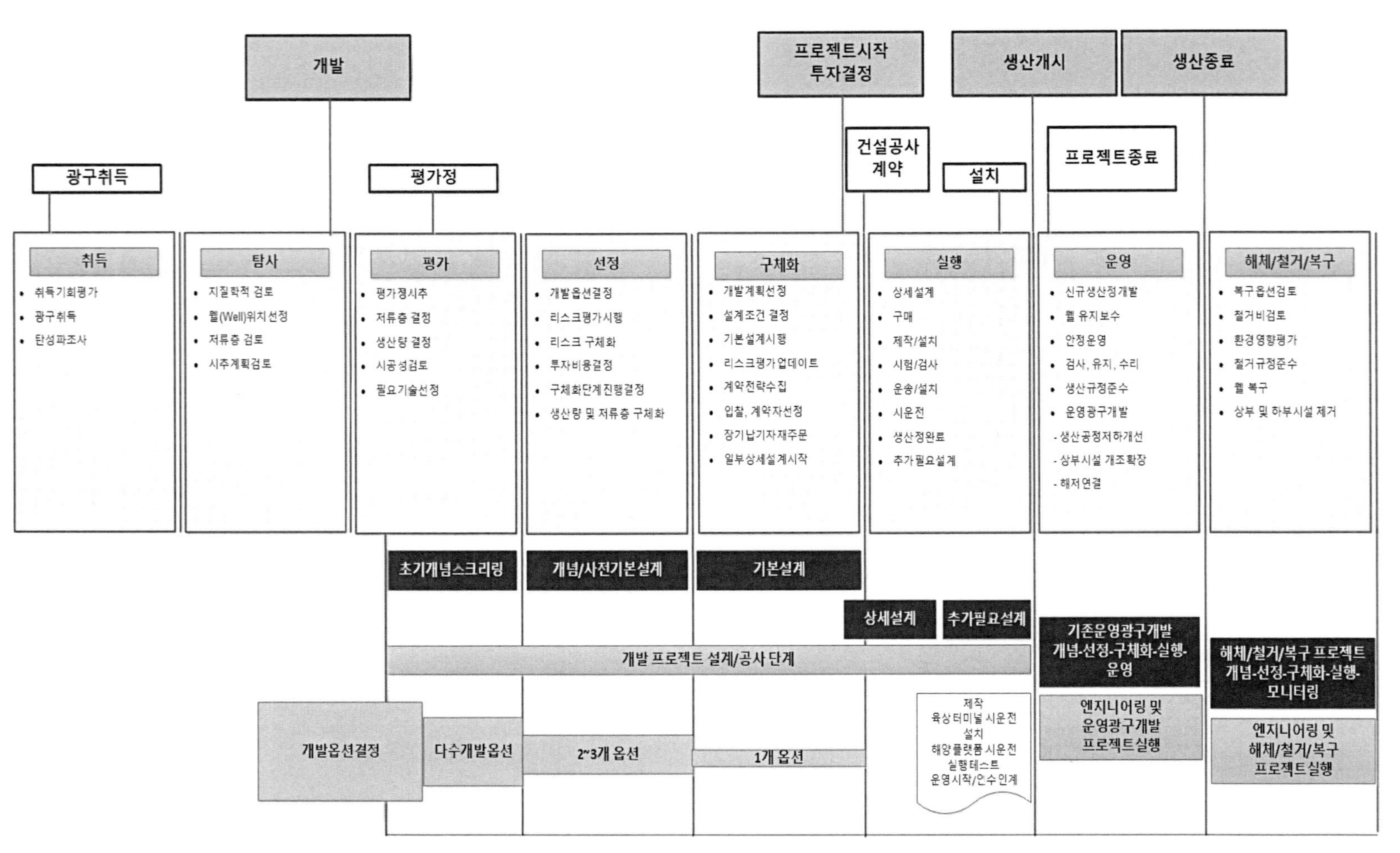

그림 5.2 해양 오일·가스 필드 전 생애주기 단계(국문)

표 5.1 프로젝트 단계별 검토내용

분야/단계	평가(Appraise)	선정(Select)	구체화(Define)
개발 및 프로젝트	• 작업 프로그램 및 예산 평가 • 예비 개발안(옵션) 조사 • 예비 전략 계획 조사 • 예비 이해관계자 관리계획 • 예비 권한 위임 • 피어리뷰(Peer Review) • 단계별 완료사항 수립 • 선정단계 진입 게이트 리뷰(Gate Review)	• 작업 프로그램 및 예산 선정 • 보완된 개발안(옵션) 조사 • 보완된 전략 계획 • 보완된 이해관계자 관리 계획 • 보완된 권한 위임 • 설계기준(Basis of Design) 설정 • 예비 프로젝트 실행 계획 • 구체화단계 진입 게이트 리뷰(Gate Review) • 의사결정 문서 작성(Select to Define) • 피어리뷰(Peer Review)	• 작업 프로그램 및 예산 결정 • 승인된 개발안(옵션) • 승인된 전략 계획 • 승인된 이해관계자 관리 계획 • 승인된 권한 위임 • 승인된 설계 기준 • 승인된 프로젝트 실행 계획 • 조직/자원계획/직무범위(R&R) • 커뮤니케이션 계획 • 실행단계 진입 게이트 리뷰(Gate Review) • 의사결정 문서 작성(Define to Execute) • 피어리뷰(Peer Review) * R&R: Role & Responsibility
프로젝트 서비스 계획, 비용 및 문서	• 레벨-1 수준 통합계획 • 개략 비용추정(±50%)	• 레벨-2 수준 통합계획 • 비용추정(±30%) • 주간/월간 보고서 • 예비 리스크 관리 프로세스 및 등록 • 예비 조치 및 결정 등록 • 예비 프로젝트 관리 시스템 계획 • 예비 문서 관리 계획 • 피어리뷰(Peer Review) * 비용: CAPEX, OPEX, ABEX	• 레벨-3 수준 통합계획 • 비용추정(±15%) • 작업 및 비용 구성 분석(Breakdown Structure) • 주간/월간 보고서 • 업데이트된 리스크 관리 프로세스 및 등록 • 업데이트된 조치 및 결정 등록 • 업데이트된 프로젝트 관리 시스첌 계획 • 업데이트된 문서 관리 계획 • 피어리뷰(Peer Review) • 인터페이스 관리 등록 • 변경프로세스 및 변경등록 관리(MoC) * MOC: Management of Change

표 5.1 프로젝트 단계별 검토내용(계속)

분야/단계	평가(Appraise)	선정(Select)	구체화(Define)
계약 및 구매	• 시장정보조사	• 예비 계약 및 구매 전략 • 승인된 계약 및 구매 절차 • 중요 장기 납기자재 및 서비스 등록 • 중요 장기 납기자재 및 서비스입찰자 리스트 등록 • 피어리뷰(Peer Review)	• 승인된 계약 및 구매 전략 • 승인된 입찰자 목록 • 장기 납기자재 및 서비스에 대한 계약 및 구매오더 • 승인된 기술 및 상업적 평가 모델 • 계약관리 계획 • 보험 계약 • 피어리뷰(Peer Review)
상업 및 법률	• 잠재적인 상업 및 법적계약 파악 • 관련 협약조사	• 상업 및 법적계약 목록 • 작업 요구 사항작성 프로세스 • 예비 운송, 처리, 운영서비스, 교차, 해저 연결 계약 • 경제성 평가(선정옵션별) • 피어리뷰(Peer Review)	• 상업 및 법적 계약사항 완료 • 구매 계약 완료 • 운송, 파이프라인 교차 및 해저연결 계약완료 • 경제성 평가 완료 • 피어리뷰(Peer Review)
잠재적인 HSE 위험 선별	• 잠재적인 안전환경(HSE) 위험 선별 * HSE: Health Safety Environmental	• 예비 위험성 및 환경성 평가(HAZID 및 ENVID) • 예비 환경영향평가 • 예비 HSE 계획 • 예비 품질 계획 • 예비 감사 계획 • 예비 최적수행방안(ALARP) 보고서/안전 사례 계획 • 예비 설계조건 결정 • 예비 규제요건 등록 • 예비 규정준수 계획 • 예비 검증 전략 • 피어리뷰(Peer Review) * HAZID: Hazard Identification * ENVID: Environmental Identification * ALARP: As Low As Reasonable Practice	• 승인된 위험성 및 환경성평가 • 승인된 환경영향평가 • 승인된 HSE 계획 • 승인된 품질 계획 • 승인된 감사 계획 • 승인된 ALARP 보고서/안전 사례계획 • 승인된 설계조건 • 승인된 규제요건 등록 • 승인된 규정준수 계획 • 승인된 검증 전략 • 검사 계획 • 피어리뷰(Peer Review)

표 5.1 프로젝트 단계별 검토내용(계속)

분야/단계	평가(Appraise)	선정(Select)	구체화(Define)
저류층 평가	• 개발지역 이해 • 저류층 데이터 수집 및 해석 • 예비 저류층 엔지니어링 • 생산유정 개수 및 대상 위치 제안 • 피어리뷰(Peer Review)	• 지구물리학, 석유공학, 지질학 데이터 구체화 • 저류층 엔지니어링 데이터 구체화 • 위험 및 불확실성 모델 개발 • 생산 및 매장량 관리계획 • 예비 필드 개발계획 • 피어리뷰(Peer Review)	• 최종 지구물리학, 석유공학 및 지질학 데이터 • 최종 저류층 엔지니어링 데이터 • 최종 위험 및 불확실성 모델 • 최종 생산 및 매장량 관리계획 • 최종 필드 개발계획 • 피어리뷰(Peer Review)
유정 및 시추	• 예비 유정 설계 및 계획 • 시추리그 옵션 및 가용성 평가 • 레벨-1 일정 수립 • 개략 비용 추정(±50%)	• 업데이트된 유정 설계 및 계획 • 예비 유정완결 설계 • 업데이트된 리그옵션 및 가용성 • 해양조사 작업 범위 • 레벨-2 일정 • 비용 추정(±30%) • 피어리뷰(Peer Review)	• 상세 유정 설계 및 계획 • 최종 유정완결 설계 • 시추리그 선정 • 해양조사 실행 • 레벨-3 일정 • 예산 추정(±15%) • 피어리뷰(Peer Review)
시설	• 가능성 있는 개발개념 고려 • 판매지점, 잠재적 호스트 및 주변 인프라 식별 • 시설개발 개념 설계 • 현장개발 과정 파악(Build on Paper) • 레벨-1 일정 • 비용 추정(±50%)	• 개발개념 결정 • 예비 유동성 확보 검토 • 기본설계(FEED) 작업 범위 설정 • 해저시설/파이프라인 조사 작업 범위 • 설계 관리 전략 • 레벨-2 일정 • 비용 추정(±30%) • 피어리뷰(Peer Review)	• 결정된 개발개념 구체화 • 최종 유동성 확보 검토 • 기본 설계 실행 • 해저시설/파이프라인 경로 조사 • 설계 관리 계획 • 레벨-3 일정 • 비용 추정(±15%) • 피어리뷰(Peer Review)
운영	• 예비 운영 및 유지 관리 전략 • 비용 추정(±50%)	• 운영 및 유지관리 전략 • 호스트/인프라 안정성 검토 • 비용 추정(±30%)	• 운영 및 유지관리 시스템 계획 • 비상대응 계획 • 장비/시설 운용성 및 신뢰성 검토 • 운영 예비품 • 실행예산 추정(±15%) • 피어리뷰(Peer Review)

표 5.1 프로젝트 단계별 검토내용(계속)

개발 및 프로젝트	프로젝트 실행	• 작업 프로그램 및 실행예산 집행 • 필드개발관리, 이해 관계자관리, 프로젝트 실행관리 • 설계기준관리, 커뮤니케이션 관리, 리뷰관리	• 작업완료 및 운영자 인계계획 관리 • 프로젝트 결과보고서(Lessons/Learned Report)	운영단계
프로젝트 서비스 계획, 비용 및 문서		• 레벨-3/4 통합계획관리, 확정 추정비용관리(±10%) • 주간/월간보고서 관리, 위험관리, 변경사항 관리, • 인터페이스 관리, 조치 및 결정 관리, 프로젝트 시스템 관리, 문서 관리	• 문서 완료 및 인계 관리	
계약 및 구매		• 계약 및 구매관리, 운영관리를 위한 계약 및 구매 전략 • 예비품구매 및 운영계약, 운영 관리자재 및 서비스 계약 • 스케줄 준수 관리	• 프로젝트 종료(Close-Out) 관리 • 계약 및 구매 주문 관리 • 자재 및 예비품 관리, 보증 관리	
상업 및 법률		• 상업 및 법적 계약 체결 • 계약 및 구매 계약 실행 • 운송, 교차 및 연계 계약 실행 • 생산 계약, 관세 및 미터링 계약 실행	• 상업 및 법적 종료 관리 • 클레임 해결	
잠재적 HSE 위험 선별		• HSE관리, 품질관리, 감사관리, 검사관리 • 작업안전 케이스, 설계기준 및 ALARP 보고서, 규제 요구사항 등록 관리, 송출 지점에 대한 세부 HAZOP, 안전사항 식별 및 관리, 운영 시작 전 안전검토	• 문서 완료 및 HSE 시스템 관리	
저류층 평가		• 저류층/생산 최적화 계획, 예비 유정 인터벤션(Intervention) 계획 • 예비 유정 테스트 계획	• 시운전, 시작 및 성능 시험 지원 • 문서 완료	
유정 및 시추		• 레벨-3/4 일정, 시추 관리, 유정 및 유정완결 작업관리 • 비용 추정치(±10%)	• 시운전, 시작 및 성능 시험 지원 • 문서 완료	
시설		• 엔지니어링, 구매, 공장검수(FAT: Factory Acceptance Test) 및 현장검수(SAT: Site Acceptance Test) 관리, 제작, 건설 및 기계 완성 관리, 시운전/시운전관리, 운송, 설치 및 연결 관리 • 레벨-3/4 일정, 비용추정치(±10%)	• 시운전, 시작 및 성능 시험 지원 • 문서 완료	
운영		• 운영 준비계획 및 검토, 시운전 및 시작 절차, 성능테스트 및 절차 • 운영 및 유지 관리 절차, 운영 및 유지보수 교육계획 • 운영 예비 목록, 운영 면허, 허가 및 협약, 운영 관리 시스템 구현, 비상 대응 계획 실행	• 시운전 관리 • 운영 시작 관리 • 성능 테스트 관리 • 인계 전 검사	

5.2 호스트 결정(Host Decision)

오일·가스를 개발하는 데 있어서 선정 단계에서 가장 중요하게 고려되는 사항은 개발하는 필드에서 인근의 운영 중 또는 프로젝트가 진행하는 동안에 운영이 시작되는 해양플랫폼과 연결할 호스트플랫폼을 결정하는 것이다.

일반적으로 개발되는 생산정을 운영 중인 호스트플랫폼으로 연결하는 경우에는 신규 해양플랫폼과 파이프라인 제작, 설치가 필요가 없어 프로젝트 소요시간이 단축되기 때문에 경제성 측면에서는 유리하지만, 기존에 운영되는 시설과 연결되기 때문에 플랫폼 설비용량 및 설치공간 등 여러 가지 제한조건이 있을 수 있다. 필요에 따라 설비활용과 설치공간을 고려해서 해양플랫폼을 신규로 제작 설치하는 경우에도 파이프라인의 일부는 기존 인프라를 활용하여 경제성을 높여 프로젝트 실행 여부를 결정한다.

매장량이 투자비용에 비해 충분하지 않은 개발의 경우에는 해양플랫폼과 파이프라인의 투자비를 고려하면 프로젝트 경제성을 가지기 어렵기 때문에 인근 필드와 해저로 연결하는 해저연결 방법인 서브시 타이백 방식이 선호되는 개발옵션이다.

그림 5.3은 신규 개발지점에서 연결 가능한 옵션을 나타낸 예로 총 4가지 경우가 고려될 수 있음을 기정하면, 옵선 A와 B는 개발지점에서 각각 40km, 50km에서 떨어진 위치로 최종 생산물은 터미널 A에서 처리되어 이송되는 옵션과 C는 개발지점에서 10km에 위치하고 터미널 B로 최종 이송되는 옵션 그리고 D는 5km 떨어진 FPSO에 연결하는 옵션을 나타낸다.

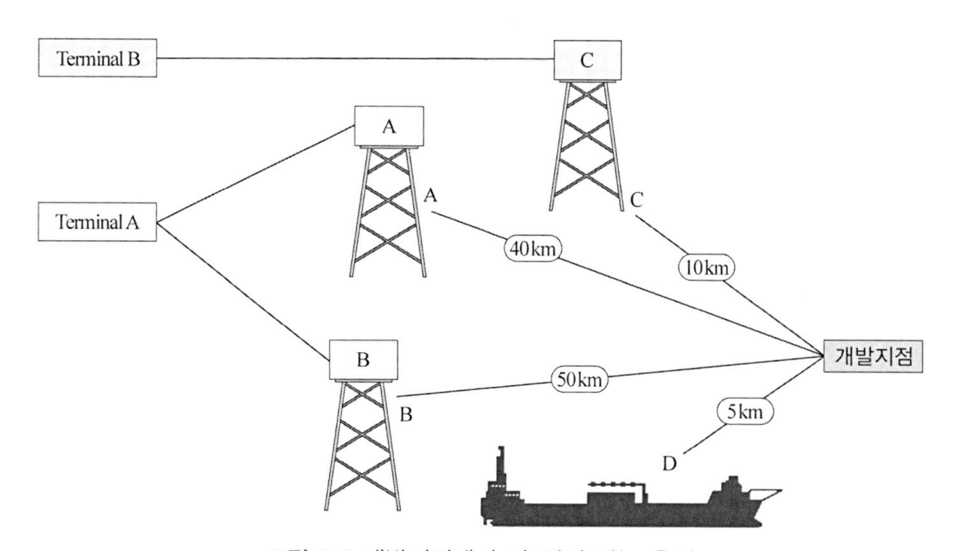

그림 5.3 개발지점에서 각 연결 가능 옵션

각각의 옵션에서 파이프라인이 길이에 따라 파이프라인 제작설치 비용이 증가하지만 개발지점의 향후 추가 개발계획과 터미널 A와 호스트 A, B의 설비용량 등의 요건에 따라 결정될 수도 있으므로 반드시 C와 D가 우선적으로 고려되지 않을 수 있다. 이와 같이 파이프라인 길이 외에도 개발지점의 추가 개발계획이나 호스트플랫폼의 현재 또는 향후의 운영계획을 고려하여 옵션을 결정한다.

개발지점에서 각 A, B, C, D와의 연결을 고려하는 데 있어서 개발 옵션이 서브시 타이백 방식인 웻트리를 통해 연결하는 경우와 플랫폼을 제작하여 드라이트리를 설치하여 연결하는 옵션에 따라 연결지점의 선택기준도 많은 차이가 발생하게 된다.

표 5.2~5.3은 개발지점의 옵션이 고정식 플랫폼을 설치하는 경우와 운영 중인 플랫폼 A, B, C에 서브시 타이백 방식으로 연결하는 경우에 있어 필요시설의 예를 나타낸 것이다.

표 5.2 고정식 플랫폼(개발지점)-고정식 플랫폼(호스트)

개발지점 플랫폼연결		호스트플랫폼 추가설비	터미널 추가 설비
플랫폼 설비	해저설비		
• 웰 슬롯(Well Slot) • 세퍼레이터(Separator) • 발전기(Generator) • 계측설비(Metering) • 위성통신설비 • 헬기 이착륙장 • 유지보수선박 접근시설 • 비상탈출선박 • 작업그레인 • 통합제어시스템(ICCS)* • 드라이드리 • 라이저 J-튜브 • 케미컬 주입 • 고압보호시스템(HIPPS)	• 파이프라인 및 파이프라인 보호설비	• 라이저 J-튜브 • 케미컬 공급설비 • 통신설비 • 응급중단밸브(ESDV)** • 고압보호시스템(HIPPS)***	• 신규 세퍼레이터 • 생산수 저장탱크

* ICCS: Integrated Communication Control System
** ESDV: Emergency ShutDown Valve
*** HIPPS: High Integrity Pressure Protection System

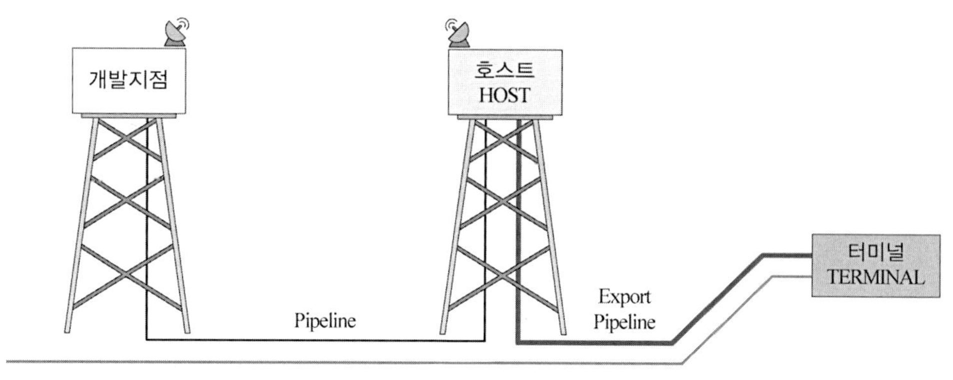

그림 5.4 고정식 플랫폼(개발지점) - 고정식 플랫폼(호스트)

표 5.3 서브시 타이백(개발지점)-고정식 플랫폼(호스트)

해저설비	호스트플랫폼 추가 설비	터미널 추가 설비
• 파이프라인 • 엄빌리컬 라인 • 해저매니폴드 • 웻트리	• 라이저, J 튜브설비 • 케미컬 공급설비 • 통신설비 • 응급중단밸브(ESDV) • 고압보호시스템(HIPPS) • 계측설비(Metering) 설비 • 탑사이드 엄빌리컬 연결유닛(TUTU)* • 통합제어시스템(ICCS)	• 신규 세퍼레이터 • 생산수 저장탱크

* TUTU: Topside Umbilical Termination Unit

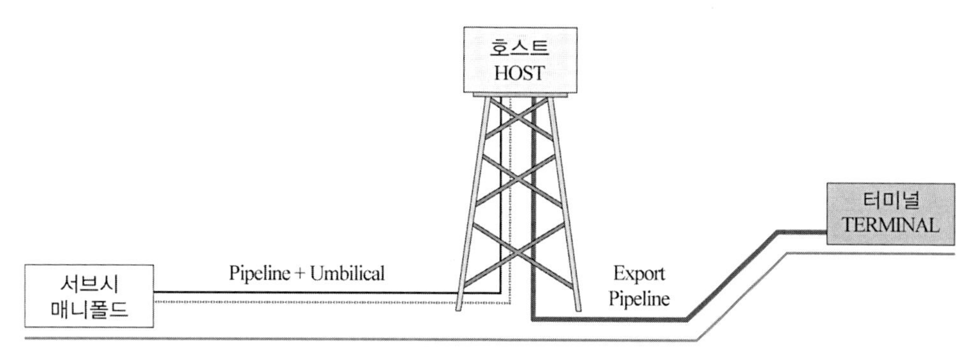

그림 5.5 해저연결(개발지점) - 고정식 플랫폼(호스트)

개발지점의 옵션이 자체 해양플랫폼을 제작하는 경우는 대부분의 필요설비를 플랫폼에 설치하여 연결되는 호스트플랫폼의 의존성이 낮은 반면, 해저연결방식의 경우 대부분의 설비를 호스트플랫폼에 추가로 설치하거나 기존에 설치된 설비를 이용해야 한다. 이로 인해 호스트플랫폼의 추가설비 또는 기존 설비 변경 비용, 공사기간 내 생산 중단 보상Shutdown Compensation 등 다양한 조건을 고려하여 개발 옵션을 결정한다.

처리용량 등의 시설적인 측면 외에도 호스트플랫폼을 결정하는 데 있어 다양한 고려사항이 있다(표 5.4).

표 5.4 호스트 옵션 결정 시 고려사항

항목	내용
타리프 비율(Tariff Rate)	생산물 처리 및 이송하는 비용
운영비용(OPEX) 부담	생산비율에 따라 운영비를 부담하며, 노후화된 구조물인 경우 점진적으로 증가될 가능성이 높음
케미컬 공급	호스트플랫폼으로부터 케미컬을 공급비용
컨트롤 서비스	컨트롤 서비스 제공에 대한 비용
생산유체 오일·가스 기준	일정 기준 이하의 생산물에 대한 처리협의
호스트 운영 종료	다른 생산필드의 생산 감소 또는 구조물 노후화로 인한 생산 종료 시기
건설작업 관련 협약	호스트플랫폼 시설공사에 따른 비용 등의 조건협약 (CTIA: Construction Tie-in Agreement)

건설작업 관련 협약 외에도 상업적 협약Commercial Agreement, 생산 종료 후 철거 시 협약 등 호스트플랫폼 운영조건과 목적에 따라 여러 가지 협약이 필요하므로 호스트연결을 결정하기 위해서 여러 옵션과 장단점을 비교하여 결정한다. 이는 선정 단계에서 수행되는 가장 중요한 의사결정사항 중 하나이다. 그 이후 고려된 옵션들의 경제성 평가, 인프라 및 협약조건 등을 고려한 최적의 옵션을 결정하여 프로젝트를 진행하게 된다.

5.3 경제성 평가(Economics Evaluation)

해양플랜트 프로젝트뿐만 아니라, 다른 모든 프로젝트의 진행 여부를 결정하는 데 있어서 가장 중요한 요소는 프로젝트의 경제성 유무이다. 공공성이 있는 프로젝트의 경우는 경제성이 다소 부족하더라도 장기적인 측면에서 공공의 편익을 위해 진행할 수 있지만, 해양플랜트의 경우는 충분한 경제성이 확보되지 않으면 진행되기 어렵다. 하지만 해양플랜트 프로젝트의 경우에도 실행 단계인 플랜트 제작에만 몇 년의 기간이 소요되고 실행 이전 단계에서도 검토에 많은 기간이 소요된다. 이에 따라 프로젝트의 결정단계에 오일·가스 가격하락과 다른 투자환경으로 인해 다소 경제성이 부족하더라도 장기적인 측면에서의 투자가치 그리고 추가 연계개발을 위한 메인호스트 역할의 해양플랫폼이 필요한 경우 등 여러 전략적 차원에서 투자결정을 고려할 수도 있다. 따라서 경제성 또는 옵션결정이 불확실한 경우에는 실행 이전 단계인 선정 및 구체화 단계에서 더 많은 시간이 소요되기도 한다.

5.3.1 생산 프로파일(Production Profile)

생산 프로파일은 오일·가스의 생산 기간에 따른 생산량의 변화를 나타낸다. 생산 프로파일은 저류층 특성을 기반으로 다른 고려사항인 생산물 처리시설한계, 설계고려사항, 다른 호스트와 연결 시 다른 생산필드와의 연계성(처리한계) 등의 여러 요소를 통해 결정된다(그림 5.6).

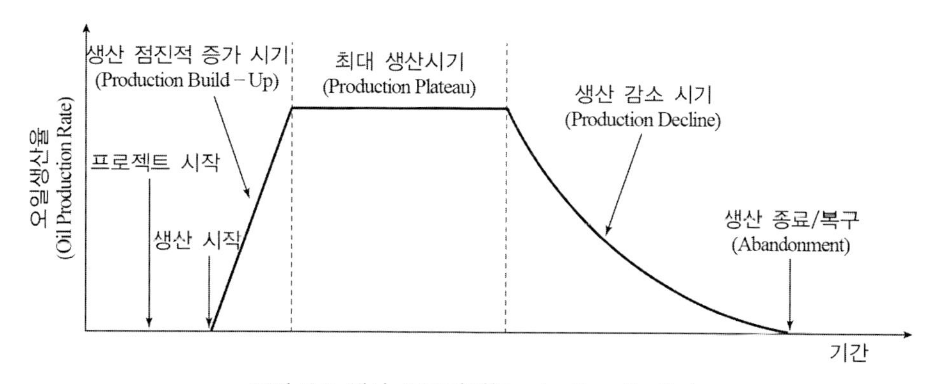

그림 5.6 생산 프로파일(Production Profile)

생산 프로파일은 일반적으로 생산 개시 이후 최대 생산 가능량까지 급격히 증가Production Build-Up하고 최대 생산기간Production Plateau을 일정 기간 거쳐 감소Production Decline하게 되며, 생산량을 증대하기 위해 생산정의 워크오버Workover, 인터벤션Intervention을 통해 생산을 증진시킨다. 저류층의 특성을 제외한 해양플랜트 설계조건에 있어서도 최대 생산량 및 생산유체의 구성비(오일·가스·물)와 성분비는 파이프라인 및 탑사이드 시설설계의 기본조건이다.

상기 요소를 고려한 생산 프로파일과 예상 판매가격으로 수익이 결정되면 다음의 비용요소들을 고려하여 경제성을 평가하게 된다.

5.3.2 자본적 지출(CAPEX: Capital Expenditure)

프로젝트 진행을 위한 자본적 지출CAPEX은 오일·가스 필드를 개발하기 위한 비용으로 생산정, 해양플랜트, 파이프라인, 엄빌리컬, 수중 또는 드라이트리, 환경영향 평가조사, 해저지형조사 등 생산 개시 전의 모든 자본적 투자비용으로 구성된다.

프로젝트 비용은 실행 초기에 많은 비용이 계약 및 자재제작 비용 등으로 지출되고, 인력이 가장 많이 투입되는 실행단계의 중~후반에서 상대적으로 가장 많은 비용이 집행된다. 경우에 따라 생산 개시 전 프로젝트 진행과정에서의 비용뿐만 아니라 프로젝트 종료 이후 운영 중에 필요한 일부 자본적 지출도 포함하여 고려된다. 표 5.5는 서브시 타이백 방식의 경우 구체화 단계에서 고려되는 자본적 지출 항목을 나타낸다.

표 5.5 세부 자본적 지출(CAPEX) 항목(예)(서브시 타이백 방식의 경우)

재료 및 제작항목(Materials/Fabrication)	가격	변화
• 스틸파이프라인(Rigid Pipeline) • 스풀베이스(Spool base) • 스틸타이인 스풀(Rigid Tie-in Spool), 파이프, 플랜지, 피팅 • 매니폴드(Manifold) • 컨트롤 장비(Subsea & Topside) • 계측장비(Metering) • 엄빌리컬 • 트리	Most Likely: 100 Max: 124 Min: 89	Positive: 24% Negative: 11%
설치 및 시운전(Installation/Commissioning)		
• 해저지형조사 및 건설지원 선박 • 사전해저면 평탄 또는 사전준설직업(Pre-sweep Dredging) • 파이프라인 설치 • 파이프라인 트렌칭(Trenching) • 엄빌리컬 라인 설치 • 파이프라인 엄빌리컬 되메우기(Back Filling) • 다이빙지원선박(DSV: Diving Support Vessel)이용 구조물 설치, 타이인 작업, 커미셔닝 작업 • 파이프라인 매립(Rock Dump) • 작업 가드 선박(Guard Vessel) • 호스트 탑사이드 작업지원 및 작업비용	Most Likely: 100 Max: 135 Min: 79	Positive: 35% Negative: 21%
프로젝트 서비스(Project Services)		
• 구매/제작지원/검사 • 3자 검토 • 보험 • 설계관리	Most Likely: 100 Max: 120 Min: 80	Positive: 20% Negative: 20%

프로젝트 실행비용은 시장조사와 비용분석을 통하여 가장 가능성 높은 가격Most Likely, 최대변동 예상가격, 최저변동 예상가격으로 구성되며 변화는 증가 가능성Positive, 감소 가능성Negative으로 구분된다.

일반적으로 제작 및 프로젝트 관리항목은 인력비용과 공장제작에 관한 부분으로 상대적으로 외부환경 여건으로 인한 가격변화의 가능성은 낮은 편이나, 설치의 경우 해양환경 조건 변화, 설치 선박의 작업효율 등으로 높은 가격변동성을 가진다. 그림 5.7은 비용확률 분석곡선으로 비용 변화 가능성을 나타내며, 추정된 기본비용은 가장 높은 가능성을 나타내고 기본비용 외 일부 예비비를 고려한 비용과 추가적인 비용초과Overrun를 고려한 확률은 점점 낮아지는 가능성을 보여준다. 비용초과의 확률적인 가능성은 낮지만 프로젝트 진행 시에는 예측하지 못한 여러 변수가 있으므로 충분한 예비비와 비용초과를 고려하여 프로젝트 경제성 평가에 반영할 필요가 있다.

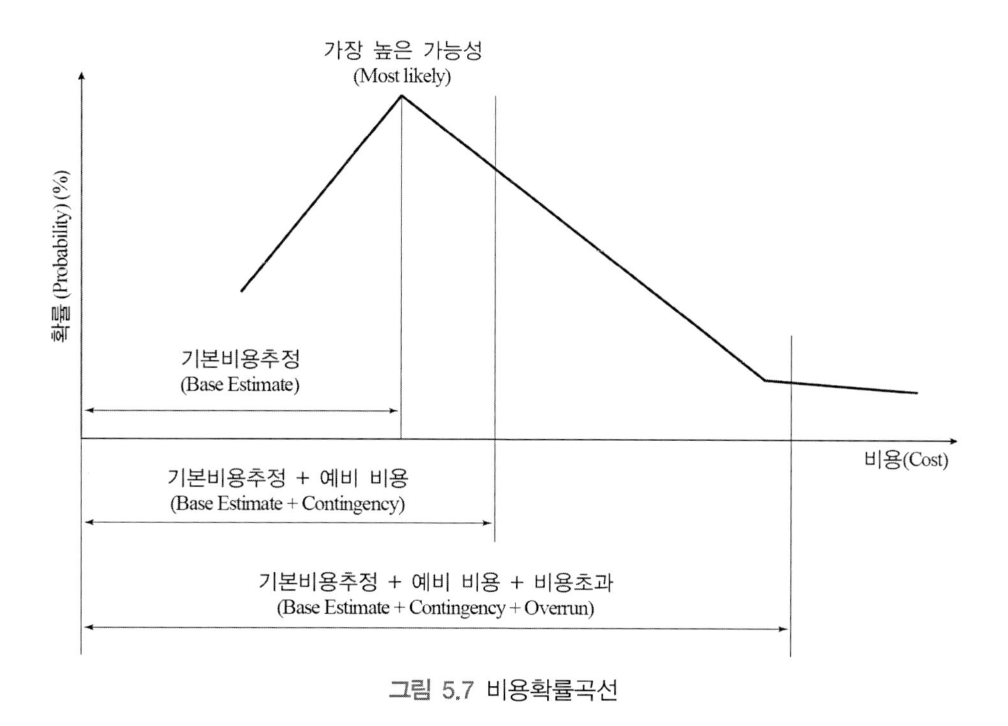

그림 5.7 비용확률곡선

5.3.3 운영비용(OPEX: Operating Expenditure)

운영비용OPEX은 다양한 항목에서 발생된다. 생산정 또는 설비의 유지보수 비용뿐만 아니라, 호스트와 터미널을 사용함으로써 발생되는 일정 비율로 부담해야 하는 운영비는(표 5.6)

프로젝트 진행 여부 결정 시 경제성에서 고려되어야 하는 항목이다.

표 5.6 운영비용 항목(예)

신규설치 플랫폼	호스트플랫폼	터미널
플랫폼/파이프라인/생산정 유지보수, 운영관리비	타리프(Tariff)* 운영유지 보수비용	타리프 생산수 처리비용, 케미컬 비용, 운영유지 보수비용

* 일반적으로 수입 또는 수출에 따른 세금으로 정의되나, 오일 산업계에서는 오일·가스 생산량의 일정비율로 시설 운영주체에게 지급하는 처리비용의 의미로 사용됨

5.3.4 복구비용(ABEX: Abandonment Expenditure)

경제성 평가를 위해 추가적으로 고려되는 비용은 생산 종료 후 해체/철거/복구ABEX 비용으로 관련 내용은 Part IV에 기술하였다.

5.3.5 경제성 평가(Economic Evaluation)

오일·가스의 판매수익과 프로젝트 실행단계에 집행되는 자본적 지출CAPEX, 운영비용OPEX 및 복구비용ABEX이 결정되면 프로젝트의 진행 여부를 결정하는 경제성 평가를 하게 된다. 여기서는 경제성 평가에 사용되는 주요 용어이다.

- **할인율(Discount Cashflow Rate)**

할인율은 미래의 가치를 현재의 가치로 고려하는 비율이다. 돈의 가치는 시간에 따라 인플레이션, 이자율 등으로 가치가 변화되기 때문에 현재 투입되는 비용의 미래가치를 고려하여 일정 부분의 할인을 고려한다(일반적으로 8~10%).

- **인플레이션(Inflation) 및 에스컬레이션(Escalation)**

인플레이션은 생산물과 서비스에 대한 일정비율의 비용 상승으로 소비자지수Consumer Price Index(CPI), 소매가격지수Retail Price Index(RPI), 생산자물가지수Producer Price Index(PPI)를 고려하여 산정된다.

에스컬레이션은 프로젝트 비용의 증가로 예로 자재비, 선박 사용료, 인건비 등의 상승률을 고려한다.

• **환율**(Exchange Rate)

프로젝트 비용의 기준통화가 다른 경우 환율을 고려하여 경제성 평가에 반영한다.

• **순 현재가치**(NPV: Exchange Rate)

미래에 발생하는 특정시점의 현금흐름을 이자율로 할인하여 현재시점의 금액으로 환산한 것으로 NPV > 0인 경우 투자가치는 있지만, 프로젝트의 목적과 리스크에 따라 NPV의 금액 기준이 다르게 책정될 수 있다.

• **최대노출**(Maximum Exposure)

최대노출은 비용이 가장 많이 투자되는 시점에 프로젝트의 중단 등을 인하여 투자손실이 최대로 발생되는 금액을 나타낸다.

• **회수기간**(Payback Time)

프로젝트에 투입된 투자비용이 회수되기까지의 기간을 말한다.

• **할인수익성지수**(DPI: Discount Profitability Index)

할인수익성지수는 순 현재가치NPV와 자본적 지출CAPEX에 대한 비율이다.

• **손익분기가격**(BEP: Break Even Price)

순익분기가격은 주어진 할인율에 대해 '순 현재가치=0'인 가격, 즉 생산되는 오일·가스의 판매수익이 투입되는 할인율 등을 고려한 자본적 지출과 같아지는 가격이다.

• **내부수익률**(IRR: Internal Rate of Return)

내부수익률은 순 현재가치를 0으로 하는 할인율로 투자비용의 현재가치가 기대수익의 현재가치와 동일하게 되는 할인율이다.

투입되는 자본적 비용 + 운영비용 + 복구비용 및 각각에 해당되는 할인율, 인플레이션, 세금 등 비용적인 측면에서 고려해야 하는 사항을 포함하여 프로젝트 경제성에 대한 평가를 하면 표 5.7과 같은 평가결과(예)가 나온다. 또한 여러 비용의 증감과 생산되는 오일·가스의 생산량의 변동가능성을 고려하여 경제성 평가의 변화를 비교하는 민감도 분석Sensitivities Analysis을 한다.

표 5.7 경제성 평가(예)

구분	NPV(할인율 8%)	DPI(할인율 8%)	IRR(%)	회수기간(연)	최대노출 금액
Base Case	200	0.29	16.8	8	500
High Capex +20%	160	0.24	14.3	9	520
Low Capex −10%	220	0.31	17.4	7	480

민감도 분석에서 고려해야 하는 항목은 프로젝트의 특성에 따라 다르지만 운영비, 생산지연, 매장량(생산 가능량), 오일·가스 가격 등 다양한 요소들이 고려되어 투자결정을 위한 경제성 평가 결과가 도출된다.

토네이도 다이어그램Tornado Diagram 또는 아래의 스파이더 차트Spider Chart를 이용하여 각 변수에 따른 순 현재가치NPV를 평가한다. 그림 5.8의 민감도 분석의 경우 자본적 지출CAPEX −25~20%, 운영비용OPEX −20~20%, 생산지연Production Delay −15~10% 및 매장량Reserves 변동 −25~25%에 따른 순 현재가치의 변화를 보여준다.

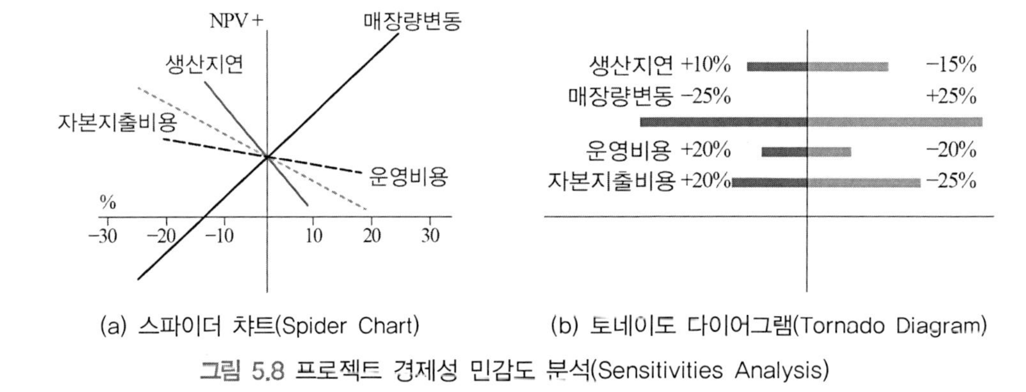

(a) 스파이더 챠트(Spider Chart) (b) 토네이도 다이어그램(Tornado Diagram)

그림 5.8 프로젝트 경제성 민감도 분석(Sensitivities Analysis)

그림 5.9는 프로젝트 비용이 투입되기 시작하는 시점부터 철거까지 전체 생애주기에 걸친 현금흐름을 나타낸 예이다. 프로젝트 시작 이후 생산 개시 이전에 프로젝트 비용이 최대로 지출Max Exposure되고 생산 개시 이후 비용이 회수되어 일정기간이 되면 모든 비용을 회수Pay Back하여 이익으로 전환되고 마지막 단계인 철거에서 다시 비용이 집행되는 현금흐름을 나타낸다.

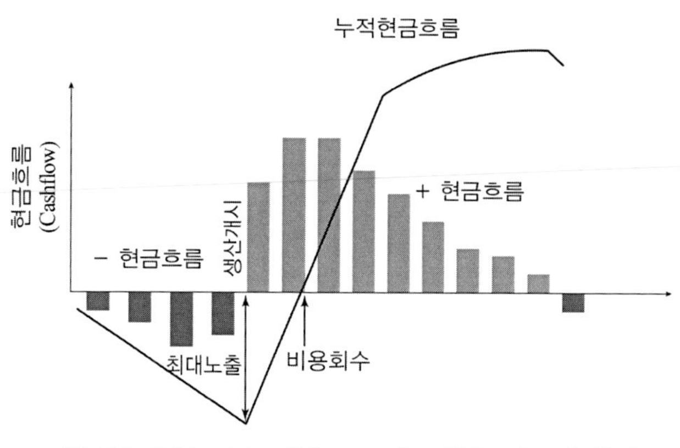

그림 5.9 오일·가스 개발 프로젝트 현금흐름 변화(예)

경제성 평가는 각 프로젝트의 단계에서 필요에 따라 옵션 결정, 투자 결정을 위해 여러 번 수행한다. 일반적으로는 상위레벨의 기본적인 설계조건과 각 개발옵션에 대한 비용이 추정되면 여러 옵션에 대한 개략적인 경제성 평가를 시행하고(선정 단계) 결정된 옵션에 대해 구체화 단계에서 상세설계조건과 구매, 제작, 설치비용 및 개발프로젝트와 연관되는 상업적 협약, 운영비 부담비율 등에 의한 전반적인 예상비용을 구체적으로 재산정하여 세부적인 경제성 평가결과를 통해 최종 프로젝트 시행 여부를 결정하게 된다(그림 5.10).

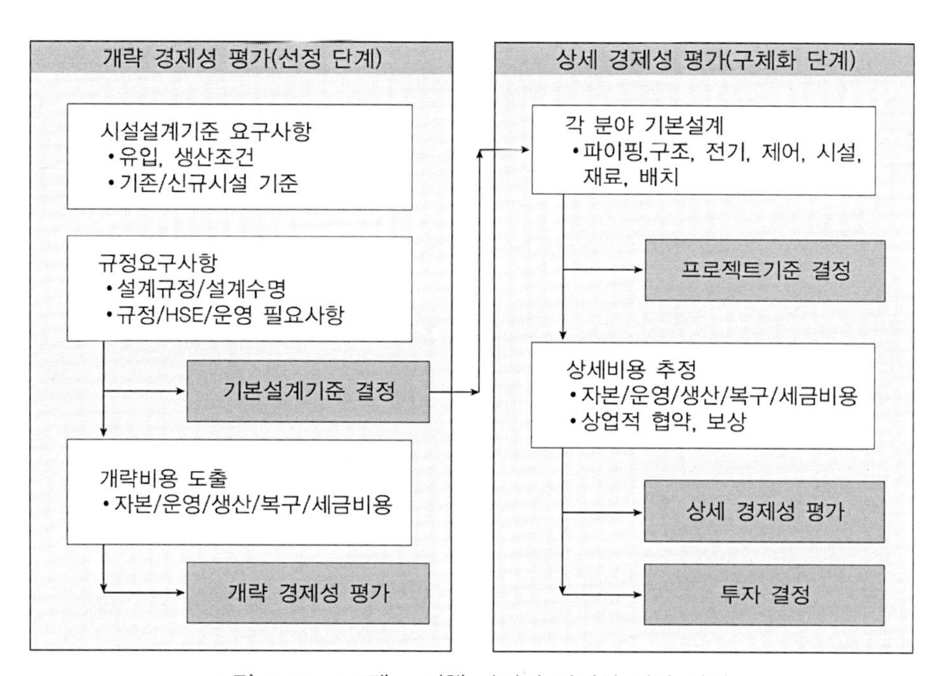

그림 5.10 프로젝트 진행 과정의 경제성 평가 단계

CHAPTER
06

해양·해저플랜트 설계 기본사항

6.1 기본설계기준(Basis of Design) 결정

해양플랜트 설계의 가장 기본이 되는 기본설계기준의 결정은 개발개념과 운영조건을 고려하여 결정된다. 일반적으로 평가 단계에서는 기존의 유사 프로젝트와 운영기준을 고려하여 상위레벨의 개략적 수준에서 결정되고 선정 단계에서는 실제 운영주체의 시설요구사항 등을 구체적으로 반영하여 결정된 설계기준을 구체화 단계의 기본설계FEED에 반영하게 된다.

설계기준 결정을 위해서는 다음과 같은 항목에 대한 구체적인 선정기준이 필요하며 설계과정과 주요 항목의 세부내용은 Part II에 기술하였다.

6.2 해저생산 시스템 및 필드 개발계획(Field Development Plan)

설계기준 결정에 있어 가장 기본적으로 고려해야 하는 사항은 해저생산 시스템과 필드 개발계획이다. 예를 들면, 그림 6.1과 같이 기존에 운영하는 호스트플랫폼에 해저 생산정 2개 + 향후 개발 예정인 생산정 1개 및 해저 매니폴드의 해저시설 구성과 파이프라인과 엄빌리컬 라인의 경로가 결정되면 구체적인 설계기준을 도출할 수 있다.

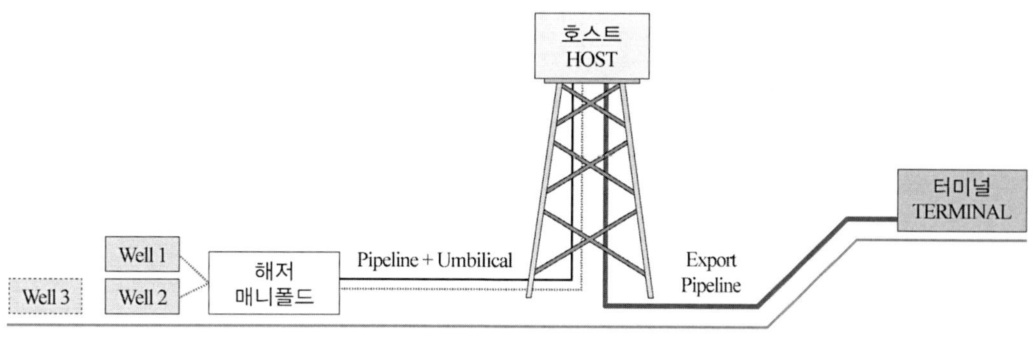

그림 6.1 해저생산 시스템 및 필드 개발계획

6.3 수심 및 경로 조사(Route Survey)

개발지점과 연결되는 호스트 역할을 하는 해양플랫폼이 결정되면 해당 지역에 대한 파이프라인의 경로 조사가 필요하다.

파이프라인 경로 조사는 환경영향평가Environmental Statement(ES) or Environmental Impact Assesment(EIA)와 자유경간/프리스팬Free Span 해석 및 파이프라인 경로를 구체적으로 결정하기 위해 진행된다. 따라서 예상되는 모든 경로에 대해 콘 관입 시험Cone Penetrometer Test(CPT), 코어 채취Vibrocore, 사이드 스캔 소나Side Scan Sonar(SSS) 및 다중빔 음향 측심기Multibeam Echo Sounder 등을 통해 파이프라인 경로설정과 설계기준결정을 위한 자료를 취득할 수 있다.

구체적인 개발개념이 결정되지 않아 여러 옵션을 고려 중에 있더라도 해저지형조사는 필요한 파이프라인의 모든 예상경로에 대해 조사하여 어떤 호스트 해양플랫폼으로 결정되든지 재조사가 필요 없도록 하여 조사시간을 단축하는 것도 고려된다. 또한 파이프라인 경로에 장애물을 사전에 조사하여 옵션결정 시 반영하기 위해서도 예상되는 모든 경로에 대한 조사가 필요하다.

실질적으로 조사비용은 이동Mobilization(Mob) 및 철수Demob의 비용을 고려하면 여러 경로를 조사하더라도 호스트 결정변경에 따라 재조사하는 것과 비용적인 측면에서도 큰 차이가 없으며, 특히 프로젝트 결정 과정에서 예비안으로 고려된 옵션의 결정가능성이 높아지는 경우에도 추가조사에 필요한 시간만큼 프로젝트가 중단되는 경우를 사전에 예방할 수 있다.

해저지형 조사를 통해 장애물, 기존 파이프라인 경로, 파랑과 조류 등에 의한 흐름으로 발생되는 샌드 웨이브Sand Wave의 위치를 파악하여 미리 경로설정기준에 고려해야 한다.

6.4 운영조건자료(Operational Data)

6.4.1 생산유체 특성

해저플랜트 주요 시설인 엄빌리컬, 라이저, 플로우라인은 SURF Subsea Umbilical Riser and Flowline 으로 줄여서 명칭하며 이 SURF의 설계기준 결정을 위해서는 아래와 같은 생산유체 특성이 주요 설계 요소로 고려된다. 유체 성분을 고려하여 부식 제어 방법이나 하이드레이트 생성 방지 등 유동성 확보에 필요한 케미컬(예: 메탄올) 또는 다른 목적의 케미컬 주입을 고려하여 필요한 엄빌리컬 라인 구성과 플로우라인/파이프라인의 설계조건이 결정된다.

- 생산유체 조성 Composition 및 성분
- 생산 및 압력 프로파일
- 저류층 조건

6.4.2 온도 및 압력 특성

생산되는 유체의 온도와 압력 특성은 주요 해저시설인 해저트리, 플로우라인/파이프라인 설계에서 중요한 요소로 다음 항목은 온도 및 압력이 설계에 필요한 예이다.

- 파이프라인 설계 최대/최소 온도 및 압력 프로파일
- 가스파이프라인의 하이드레이트 방지를 위한 메탄올 주입압력
- 웻트리 타이인스풀 Tie-in Spool 최대/최소 설계온도
- 매니폴드 최대/최소 설계온도
- 매니폴드 및 파이프라인 타이인 스풀 최대/최소 설계온도

다음 표 6.1은 생산기간과 파이프라인 시작 및 끝단에서의 압력과 온도의 예를 나타낸다.

표 6.1 파이프라인 온도 및 압력 프로파일(예)

생산연도	생산 시작	생산 시작 1년	생산 시작 2년	3년~종료 시
웻트리에서의 압력(CITHP: Closed-In Tubing Head Pressure)(Bar)	250	180	130	70

표 6.1 파이프라인 온도 및 압력 프로파일(예) (계속)

파이프라인 위치	온도(°C)
파이프라인 입구	50
파이프라인 출구	20

6.4.3 설계수명(Design Life)

설계수명은 파이프라인 부식설계, 재료결정 등에 영향을 미치는 요소로 생산 예정기간보다 초과 운영이 가능하도록 설계수명을 결정한다. 생산필드의 특성에 따라 다르지만 10년간 생산 예정인 경우라도 파이프라인의 수명을 생산 예정기간인 10년에 맞추어 설계기준을 정하지 않고 그 이상을 고려하여 보수적으로 결정한다. 그 이유는 설계수명을 생산 예정기간보다 길게 고려하여 해저시설 규격이 증가되는 경우보다 파이프라인 설치에 필요한 중량, 해저면 안정해석On-bottom Stability Analysis에서 필요한 요구조건이 규격결정에 더 많은 영향을 미친다. 또한 예상하지 못한 추가 개발로 생산 종료 이후 계속 기존 해저시설을 사용하는 경우 등의 불특정한 요소와 개발지역의 생산 기간 외에 주변 개발 계획 및 해저시설의 안정적 설계조건을 고려하여 보수적으로 결정한다. 일반적으로 강관 파이프라인의 경우 20~25년으로 설계수명이 결정된다.

6.5 해양환경자료(Metaocean Data)

해양플랜트 설계요소 중 가장 영향을 미치는 것은 해양환경 조건이다. 고정식 또는 부유식 해양플랜트를 제작, 설치하는 경우에는 해저시설설치에 비해 해양환경 조건이 설계에 더 많은 영향을 미치지만, 해저시설을 설치하는 경우와 운영 중에도 해양환경 영향은 지속적으로 작용하게 된다. 다음은 해양플랜트 설계를 위한 풍속과 파랑빈도를 산정한 결과로 북해지역(예)의 해양환경조건이다.

6.5.1 설계파고(Wave Height) 및 파주기(Wave Period)

설계파랑을 산정하는 방법은 기상자료를 이용하여 추산하는 방법과 실제관측기록을 비교하여 설계파랑을 산정한다.

설계파랑에서 사용되는 용어는 불규칙파의 통계적인 특성으로 정의된다. 특정한 한 점에서 측정한 파고기록은 높낮이가 각각 다른 불규칙한 형태를 나타내며 기록된 파형의 평균을 기준선으로 정하여 개개의 파랑을 일정시간 동안 관측한 기간의 대표파랑을 아래와 같이 정의한다.

- 최대파Maximum wave height(Hmax): 일정한 시점 동안 관측한 파고자료 중에 최대의 파고와 주기
- 유의파Significant wave height(Hs): 일정한 시점 동안 관측한 파고자료 중에 파고가 큰 것으로부터 전체 파랑 개수의 1/3까지의 파고를 평균한 파고와 주기
- 1/10 파: 파고가 큰 것으로부터 전체 파랑 개수의 1/10까지의 파고를 평균한 파고와 주기
- 평균파: 파고, 주기의 평균값

일반적으로 바람자료에서 파고 또는 주기를 추산할 때는 유의파를 산출하게 되므로 국내 설계기준에서는 아래의 상관관계를 이용해서 최대파고 등을 산정하여 적용하기도 한다.[2]

$$H_{1/10} = 1.27H_{1/3},\ H_{1/3} = 1.60\overline{H},\ H_{\max} = (1.6 \sim 2.0)H_{1/3}$$

기상자료를 이용하여 설계파랑을 추산하는 방법은 크게 스펙트럼법(에너지 평형방정식에 기초한 파의 스펙트럼의 발달, 감쇠로 추산하는 방법)과 유의파법(유의파의 개념을 적용한 추산법으로 S-M-B 방법 등)으로 구분하고 추산된 유의파는 검블Gumble 분포, 와이블Weibul 분포 방법 등을 이용한 통계분석으로 발생확률을 추정하여 재현기간에 상응하는 설계파고를 결정한다.

1) 설계파고(북해 지역)

파고	1년 빈도	10년 빈도	50년 빈도	100년 빈도
H_s(m)	6.4	8.2	9.2	9.6
$H_{\max}$(m)	11.9	14.7	16.5	17.2

2 항만 및 어항 설계기준 해설, 해양수산부, 2017.

2) 설계파주기(북해 지역)

유의파주기	1년 빈도	10년 빈도	50년 빈도	100년 빈도
Ts(sec)	7.5	8.3	8.8	8.9

6.5.2 유속, 조석, 해수면 온도(북해 지역)

유속은 수면에서 해저면까지의 유속분포를 빈도 분석하여 산정하며 조석 및 해수면 온도의 북해 지역 조사 예는 표 6.2와 같다.

표 6.2 해수면 온도의 북해 지역 조사(예)

유속프로파일(m/s)	1년 빈도	10년 빈도	50년 빈도	100년 빈도
표면	1.33	1.43	1.51	1.54
수심의 75%	1.33	1.43	1.51	1.54
수심의 50%	1.33	1.43	1.51	1.54
수심의 20%	1.16	1.25	1.32	1.35
수심의 5%	0.95	1.03	1.08	1.10
수심의 0.01%	0.76	0.82	0.86	0.88

온도	100년 빈도(°C)	설계조건반영(°C)
공기 중 최대 온도	27	25.0
공기 중 최소 온도	−8	−6.0
해수면 최대 온도	23	14.5
해수면 최소 온도	0	5
해저면 최대 온도	17	14.0
해저면 최소 온도	0	5.5

6.5.3 해양(부착생물) 성장(Marine Growth)

해저에서 웻트리와 플로우라인을 연결하는 서브시 타이백 방식으로 라이저가 고정식 플랫폼에 연결되는 경우 일정 수심(30m) 이하는 해양부착생물의 영향이 적지만, 그 이상의 경우 부착생물로 인한 영향을 설계에 고려할 필요가 있다.

영국 북해 지역의 수심변화에 따른 해양생물 부착두께의 설계기준은 표 6.3과 같다.

표 6.3 북해 지역 해양생물 부착두께(ISO guidance notes ISO 19901-1:2005)

수심(m)	해양생물 부착두께(m)		
	성장성 형태		
	딱딱한 형태	부드러운 형태	조류/해초
0~15	0.2	0.07	3.0
15~30	0.2	0.3	Unknown
30~해저면	0.01	0.3	No Growth

CHAPTER

07

파랑이론(Wave Theory)[3]

해수면 아래부터 해저면까지, 즉 서브시Subsea에 위치한 해저플랜트 시설과 고정식 또는 부유식 해양플랫폼은 파랑의 의해 직접적으로 구조물에 작용하는 파력과 해양플랫폼의 수면운동에 영향을 받는다.

파랑에 의한 구조물의 운동과 파력을 해석하기 위해 적용되는 여러 파랑이론이 있지만 수심, 파고, 주기의 조건에 따라 적용성에 차이가 있으므로 해당 지역의 해양환경 조건을 고려하여 적용할 필요가 있다. 결론적으로 그림 7.1과 같은 조건에서 여러 파랑이론의 적용성이 고려된다.

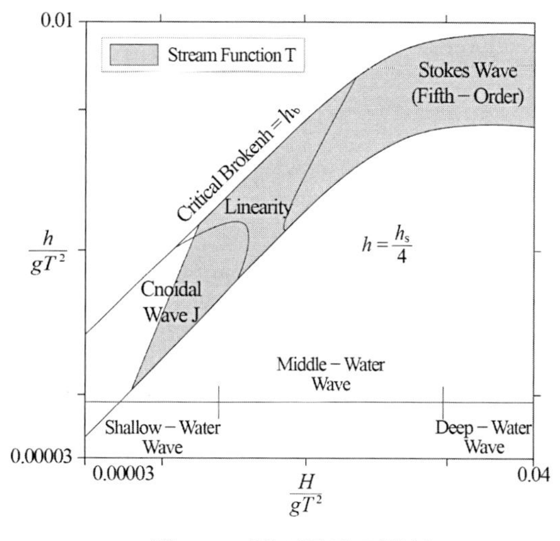

그림 7.1 파랑이론의 적용성

---

3 Dean, R.G. and R.A. Dalrymple, Water Wave Mechanics for Engineers and Scientists, 1984.

크노이드Cnoidal 파랑이론은 천해역에서 적용성이 있고, 심해역에서는 스톡스Stokes의 고차해 파랑이론이 더 적용성이 높은 것을 알 수 있다. 또한 중간 수심역에서는 선형 파랑이론의 적용성이 높다. 흐름 함수법Stream Function을 사용하면 심해역에서 천해역까지 가장 적용성이 좋은 결과를 얻을 수 있으나 고차항을 고려해야 하는 단점이 있다.

스톡스Stokes 파랑이론은 상대수심 h/L이 1/10보다 큰 경우 적용하고 상대수심이 1/50에서 1/10 사이에서는 크노이드 파랑이론, 1/50 이하에서는 고립Solitary 파랑이론을 적용하는 것이 일반적이다.

7.1 선형 파랑이론(Linearity Wave Theory)

선형 파랑이론에 따른 파랑운동은 속도포텐셜(ϕ)로 나타내고 운동방정식은 라플라스 방정식Laplace Equation($\nabla^2\phi = 0$)과 아래의 경계조건을 만족하는 가정으로 도출된다.

1) 운동학적 경계조건(KBC: Kinematic Boundary Condition)

해저면과 같이 고정된 경계이든 해수면과 같이 외력에 의해 자유롭게 변형하는 경계이든 모든 경계에서는 정해진 물리적 조건인 경계면을 통한 흐름은 없다는 조건(경계면을 통한 수립자의 운동은 없다)을 운동학적 경계조건이라 한다.

2) 해저면 경계조건(KBBC: Kinematic Bottom Boundary Condition)

해저면 경계조건은 해저면이 시간에 따라 변하지 않고 불투과성(해저면을 통한 흐름은 없다)을 가정한 조건이다.

3) 역학적 자유수면 경계조건(DFSBC: Dynamic Free Surface Boundary Condition)

베르누이 방정식에서 자유수면을 따라 압력이 일정하다는 가정에서 도출된다. 파랑이론에서 하나의 문제는 자유수면의 위치를 정확히 모르기 때문에 비선형적 현상을 동반하는 고정도 파랑이론 해석이 필요하게 된다.

라플라스 방정식을 지배방정식으로 하여 상기의 경계조건을 고려하고, 수심에 따라 근사하여 정리하면 결론적으로 표 7.1과 같이 천해역, 천이해역 및 심해에서 파랑방정식이 산출된다.

표 7.1 천해, 천이, 심해역에서의 선형파랑이론 특성

상대수심/ 파랑인자	천해(Shallow)	천이(Transient)	심해(Deep)
수면파형	$\eta=\frac{H}{2}\cos\left[\frac{2\pi x}{L}-\frac{2\pi t}{T}\right]$	$\eta=\frac{H}{2}\cos\left[\frac{2\pi x}{L}-\frac{2\pi t}{T}\right]$	$\eta=\frac{H}{2}\cos\left[\frac{2\pi x}{L}-\frac{2\pi t}{T}\right]$
파속	$C=\frac{L}{T}=\sqrt{gh}$	$C=\frac{L}{T}=\frac{gT}{2\pi}\tanh\frac{2\pi h}{L}$	$C=C_o=\frac{L}{T}=\frac{gT}{2\pi}$
파장	$L=T\sqrt{gh}=CT$	$L=\frac{gT^2}{2\pi}\tanh\frac{2\pi h}{L}$	$L=L_o=\frac{gT^2}{2\pi}=C_oT$
군속도	$C_g=C=\sqrt{gh}$	$C_g=nC$ $=\frac{1}{2}\left[1+\frac{4pth/L}{\sinh(4\pi d/L)}\right]C$	$C_g=\frac{1}{2}C=\frac{gT}{4\pi}$
수평입자속도	$u=\frac{H}{2}\sqrt{\frac{g}{h}}\cos\theta$	$u=\frac{H}{2}\frac{gT}{L}\frac{\cosh[2\pi(z+h)/L]}{\cosh(2\pi h/L)}\cos\theta$	$u=\frac{\pi H}{T}e^{\frac{2\pi z}{L}}\cos\theta$
수직입자속도	$w=\frac{H\pi}{T}\left(1+\frac{z}{h}\right)\sin\theta$	$w=\frac{H}{2}\frac{gT}{L}\frac{\sinh[2\pi(z+h)/L]}{\cosh(2\pi h/L)}\sin\theta$	$w=\frac{\pi H}{T}e^{\frac{2\pi z}{L}}\sin\theta$
수평입자가속도	$a_x=\frac{H\pi}{T}\sqrt{\frac{g}{h}}\sin\theta$	$a_x=\frac{g\pi H}{L}\frac{\cosh[2\pi(z+h)/L]}{\cosh(2\pi h/L)}\sin\theta$	$a_x=2H\left(\frac{\pi}{T}\right)^2e^{\frac{2\pi z}{L}}\sin\theta$
수직입자가속도	$a_z=-2H\left(\frac{\pi}{T}\right)^2\left(1+\frac{z}{h}\right)\cos\theta$	$a_z=\frac{g\pi H}{L}\frac{\sinh[2\pi(z+h)/L]}{\cosh(2\pi h/L)}\cos\theta$	$a_z=-2H\left(\frac{\pi}{T}\right)^2e^{\frac{2\pi z}{L}}\cos\theta$
수평입자변위	$\xi=-\frac{HT}{4\pi}\sqrt{\frac{g}{h}}\sin\theta$	$\xi=-\frac{H}{2}\frac{\cosh[2\pi(z+h)/L]}{\sinh(2\pi h/L)}\sin\theta$	$\xi=-\frac{H}{2}e^{\frac{2\pi z}{L}}\sin\theta$
수직입자변위	$\zeta=\frac{H}{2i}\left(1+\frac{z}{h}\right)\cos\theta$	$\zeta=\frac{H}{2}\frac{\sinh[2\pi(z+h)/L]}{\sinh(2\pi h/L)}\cos\theta$	$\zeta=\frac{H}{2}e^{\frac{2\pi z}{L}}\cos\theta$
표면압력	$p=\rho g(\eta-z)$	$p=\rho gh\frac{\cosh[2\pi(z+h)/L]}{\cosh(2\pi h/L)}-\rho gh$	$p=\rho g\eta e^{\frac{2\pi z}{L}}-\rho gh$

7.2 비선형 파랑이론(Nonlinear Wave Theory)

파랑이론의 경계조건의 적용한계로 심해에서는 스톡스 파랑이론이 높은 적용성을 보여준다. 실제 심해 또는 심해에 가까운 천이해역에서 해양플랜트의 설치가 많이 이루어지고 있는 것을 고려하면 비선형 파랑이론을 적용하는 것이 합리적이다.

비선형 파랑이론은 선형 파랑이론의 유도과정에서 미소량인 제곱승수 이상을 무시하지 않고 선형파의 함수를 평균수면에 대해 테일러 급수전개Taylor Series와 섭동법Perturbation Method을 적용하여 수식을 전개하면 각 파랑성분에 대해 고차항의 성분으로 확장 전개할 수 있으며

이때 5승수까지 전개한 것을 스톡스파 5차 오더라고 정의한다.

표 7.2는 수면파형에 있어서 3차 오더까지 급수 전개(스톡스파 3차 오더)하여 정리한 수식을 나타낸다.

표 7.2 스톡스 파랑이론 3차 오더 수면파형

파랑인자	스톡스 파랑이론 3차 오더(Stokes Wave Theory 3rd-Order)	
수면파형 (η)	1차 오더	$\eta = \frac{H_1}{2}\cos(kx - \sigma t)$
	2차 오더	$\eta = \frac{H_1}{2}\cos(kx - \sigma t) + \frac{H_1^2 k}{16}\frac{\cosh kh}{\sinh^3 kh}(2 + \cosh 2kh)\cos 2(kx - \sigma t)$
	3차 오더	$\eta = \frac{H_1}{2}\cos(kx - \sigma t) + \frac{H_1^2 k}{16}\frac{\cosh kh}{\sinh^3 kh}(2 + \cosh 2kh)\cos 2(kx - \sigma t) + \frac{3a^3k^2}{64}\frac{8(\cosh kh)^6 + 1)}{(\sinh kh)^6}\cos 3(kx - \sigma t)$

그림 7.2는 스톡스 2차 오더의 수면파형을 나타낸 것으로 1차 오더의 선형 파랑이론 파형과 2차 오더의 잔류항의 합으로 나타낸 2차 오더의 수면파형이다. 스톡스 2차 오더 비선형 파랑이론에 의한 수면파형은 파봉Crest은 선형 파랑이론보다 높고 파곡Though은 낮은 형태를 보여준다.

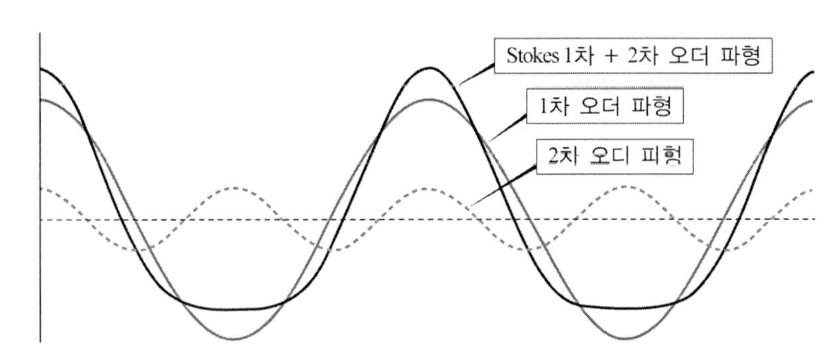

그림 7.2 스톡스 2차 오더(Order) 수면파형

참고문헌

CHAPTER 01

[1] www.drillers.com, Antical, Shallow mid to deepwater definition, 2018.4.

[2] en.wikipedia.org/wiki/North_Sea

[3] www.marineregions.org, Bathymetry source data: EMODnet

[4] Dean, R. G. and R. A. Dalrymple, Water Wave Mechanics for Engineers and Scientists, 1984.

[5] Garrison, T.S.: Oceanography: An Invitation to Marine Science, 7th edn. Brooks/Cole, Belmont, USA, 2010.

[6] www.noaa.gov, National Oceanic and Atmospheric Administration.

[7] Deepwater Technologies & Solution For Concept Selection, offshore mazine.com, 2019.

[8] Huacan Fang and Menglan Duan, Offshore Operation Facilities Equipment and Procedures 2014, Elsevier.

[9] T. McCardle, Subsea Systems and Field Development Considerations, SUT Subsea Awareness Course, 2008.

CHAPTER 02

[1] www.oedigital.com/news/452137-wet-tree-vs-dry-tree-criteria

[2] 2020 WORLDWIDE SURVEY OF SUBSEA PROCESSING, Offshore Magazine, 2020.

[3] Worldwide Survey, Offshore Magazine Poster, 2019.

CHAPTER 03

[1] Pipeline Riser System Design and Application Guide, PR-178-622, PRCI (Pipeline Research Council International, Inc.), 1987.

[2] Ruxin Song and Paul Stanton, "Deepwater Tie-back SCR: Unique Design Challenges and Solutions," OTC 18524, 2007.

[3] API RP-2RD, Design of Risers for Floating Production Systems (FPSs) and Tension-Leg Platforms (TLPs), 1998.

[4] DNV OS-F201, Dynamic Risers, 2001.

[5] Brian McShane and Chris Keevill, "Getting the Risers Right for Deepwater Field Developments," Deepwater Pipeline and Riser Technology Conference, 2000.

[6] K.Z. Huang, "Composite TTR Design for an Ultradeepwater TLP," OTC Paper #17159, 2005.

[7] A.C. Walker and P. Davies, "A Design Basis for the J-Tube Method of Riser Installation," Journal of Energy Resources Technology, Sept. 1983.

[8] Dag Fergestad, Handbook on Design and Operation of Flexible pipes, SINTEF Ocean, 4Subsea, 2017.

PART II

파이프라인/라이저 설계

CHAPTER
01

파이프라인/라이저 설계 과정[1]

1.1 설계 단계(Design Phase)

일반적으로 오일·가스 필드 개발을 위해서는 여러 프로젝트 단계(PART I 그림 5.2)를 거쳐 진행된다. 각 분야 엔지니어링 인력의 참여 수준을 고려하면 기본적으로는 3단계의 주요 설계 단계인 '선정Select 단계(개념설계) – 구체화Define 단계(기본설계) – 실행Execute 단계(상세설계)'를 통해 파이프라인/라이저와 해저시설의 세부적인 엔지니어링 과정을 거치면서 프로젝트 실행이 구체화되고 실행 단계에서 상세설계와 병행하면서 구매, 제작 및 실치가 이루어진다.

설계측면에서 설계 대상을 구분하면 해저트리, 엄빌리컬, 라이저 및 플로우라인SURF + 해양플랫폼 + 파이프라인 + 최종생산물 처리시설이 있는 육상터미널로 구분할 수 있다. 파이프라인과 라이저는 해저트리, 해양플랫폼 및 육상터미널의 연결매체로 상호 연관되어 해저시설의 가장 중요한 부분을 차지하며 해양플랫폼과 육상터미널의 공정처리과정 등 여러 요소를 반영하여 설계된다.

해양·해저플랜트 프로젝트에서 각 단계별 주요 검토 내용은 표 1.1과 같다.

선정 단계에서는 개발 옵션을 결정하기 위한 하나의 방법으로 위험–가치 평가검토Risk–Value Assessment Study 과정을 통해 각 옵션별 장점, 위험 및 가치를 상대적으로 평가하게 된다.

---

1 설계 부분은 파이프라인과 플로우라인을 통칭하여 파이프라인으로 사용한다.

표 1.1 프로젝트 단계별 검토내용

개념설계(Conceptual Study, Pre-FEED): 선정 단계
전체적인 필드 개발을 위한 주요 설계조건 및 개발옵션 결정 • 개발필드 주변 인프라 현황, 기존 설치된 파이프라인 조사, 호스트플랫폼 조사 • 설계수명, 생산 종료 시점, 인근필드 개발계획 • 생산물 처리를 위한 신규 해양플랫폼 제작 여부 결정 또는 기존 운영 중인 호스트플랫폼 결정 • 고정식 또는 부유식 해양플랫폼 구조 형식 결정(신규 제작 결정 시) • 호스트플랫폼과 육상 처리 터미널 결정(기존 시설 이용 시) • 신규 해양플랫폼 연결 또는 기존 설치된 해양플랫폼 연결 방법 결정 • 해저시설물 연결 방법, 라이저 종류 및 설치 방법 결정 • 웻트리(Wet Tree) 또는 드라이트리(Dry Tree) 결정 • 해양환경조건 및 해저지형 조사 • 고려되는 여러 옵션별 개략비용 및 개발 스케줄 산정

기본설계(Preliminary Design, FEED: Front End Engineering Design): 구체화 단계
선정된 개발개념(Development Concept)의 구체화 • 설계 기본조건 결정(개념설계 단계의 설계기준 확장 및 구체화) • 선정된 개발옵션으로 구체화된 프로젝트 비용 및 스케줄 산정 • 입찰을 위한 구제척인 입찰패키지 작성 • 파이프라인/라이저 종류, 직경, 트리 종류 등 설계 대상 항목의 구체화 • 장기납기자재(Long Lead Items) 항목 구체화 • 계약방법 결정, 분야별 또는 전체 입찰 시행 • 환경영향평가(ES: Environmental Statement) 등 프로젝트 진행에 필요한 인허가(Permit) 작업

상세설계(Detail engineering): 실행 단계
프로젝트 실행을 위한 구체화 • 입찰결과 계약자 선정(상세설계, 구매, 제작, 설치) 선정 • 기본설계를 바탕으로 상세실계 수행 • 구매, 제작 및 설치, 시운전작업 수행 • 프로젝트 완료 및 최종 프로젝트 보고서 작성(예: 레슨앤런(Lesson and Learn) 보고서, 시공결과도서(As-Built) 작성 등)

위험-가치평가 검토에서는 비용Cost, 스케줄Schedule, 확장성Expandability, 신뢰성Reliability, 시공성Constructablity, 운영의 용이성Flexibility of Operation, 안전성Safety, 위험Risk 등을 고려하여 그림 1.1과 같이 각 옵션에 대한 위험-가치평가의 그래프가 작성된다.

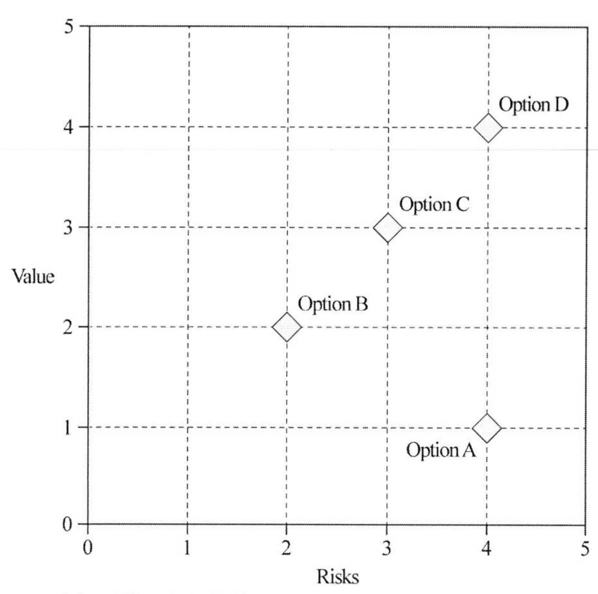

(a) 위험-가치평가(Risk-Value Assessment)(예)

Consequence	Safety	Environment	Cost (million Euro)	Very low Failure is not expected	Low Never heard of in the industry	Medium An accident Has been has occurred in the industry	High Has been has experienced by most operators	Very high Occurs several times per year
	Multiple fatalities	Massive effect Large damage area >100 BBL	> 10	M	H	VH	VH	VH
	Single fatality or permanent disability	Major effect Significant spill response <100 BBL	1 – 10	L	M	H	VH	VH
	Major injury, long term absence	Localized effect Spill response <50 BBL	0.1 – 1	VL	L	M	H	VH
	Slight injury, a few lost days	Minor effect Non – compliance <5 BBL	0.01 – 0.1	VL	VL	L	M	H
	No or superficial injuries	Slight effect on the environment <1 BBL	< 0.01	VL	VL	VL	L	M

Legend: Risk and risk acceptance criterion

Very low Acceptable	low Acceptable	Medium Acceptable	High Unacceptable	Very high Unacceptable

(b) 세부 위험평가(DNV-RP-F116, 2009)

그림 1.1 위험-가치평가 및 세부 위험평가

[참고] 그림 1.1(b)의 위험(Risk) 분류

• 안전측면 위험결과(Safety Consequence)

No or Superficial Jnjuries	Slight Injury, a Few Lost Days	Major Injury, Long Term Aabsence	Single Fatality or Permanent Disability	Multiple Fatalities
부상이 없거나 경미	가벼운 부상 수일간 작업 불가	심각한 부상 장기적 작업 불가	1인 사망 또는 영구재해	다수 사망

• 환경측면 위험결과(Environment Consequence)

Slight Effect on the Environmental <1BBL	Minor Effect Non-Compliance <5BBL	Localized Effect Spill Response <50BBL	Major Effect Significant Spill Response <100BBL	Massive Effect Large Damage Area >100BBL
매우 경미한 환경영향 (1배럴 이하)	경미한 환경영향 (5배럴 이하)	지역적 영향과 유출 대응 (50배럴 이하)	중요한 환경영향과 유출 대응 (100배럴 이하)	심각한 환경영향 및 피해 (100배럴 이상)

* 위험의 심각성은 추정비용으로 환산하여 정량적 수치로 상호 비교할 수 있으며, 추정비용은 프로젝트의 수익성, 피해복구비용 등 여러 비용적 요소를 고려하여 산정

• 가능성(Likelihood)

Very Low	Low	Medium	High	Very High
매우 낮음 발생 가능성 없음	낮음 보고된 사례 없음	발생 가능성 있음 주기적인 발생	높음 대부분의 운영사에서 발생	매우 높음 연간 수회 발생

한 예로, 그림 1.1(a)의 옵션 D는 높은 경제적 가치를 가지고 있지만 정량적인 위험평가 결과가 높은 경우로 해양사고로 인한 인명 및 환경피해와 피해 수준을 고려하면 프로젝트의 경제적 가치보다 단순히 경제적 가치로 평가하기 어려운 안전 및 기업 이미지 등의 영향을 고려하여 개발옵션으로 선정 여부가 검토된다. 옵션 D로 진행하기 위해서는 위험을 낮추는 여러 방안이 필요하며 위험 완화 대책과 병행하는 경우 해당 옵션으로 결정되어 진행될 가능성이 높다.

옵션 A의 경우는 다른 옵션에 비해 상대적으로 높은 위험과 낮은 가치를 가지고 있으므로 선정되기 어렵고, 옵션 B와 C는 위험과 가치수준이 유사하게 평가되므로 선정에 우선 고려될 수 있으나 위험 발생 가능성과 경제적 가치를 복합적으로 비교하여 옵션 B 또는 C로 결정할 필요가 있다.

실제 프로젝트에 있어 선정 단계에서 저위험L~VL Risk -고가치H~VH Value의 명확한 하나의 옵션이 있다면 비교적 쉽게 해당 옵션이 선정될 수 있지만 기존에 많은 인프라가 구성된 개발

지역에서는 하나의 명확한 옵션으로 구분되기 어렵고 하나의 옵션이 선정 단계에서 명확하다 하더라도 구체화 단계에서 세부적인 시설처리용량, 생산 종료 기간, 상업적 협약 등의 검토에 들어가면 예상하지 못한 제약사항이 발생하여 다른 옵션으로 변경되기도 한다.

따라서 옵션 결정은 프로젝트 진행과정에 있어 가장 중요한 사항으로 옵션에 대한 위험을 최대한 낮추면서 가치를 높이기 위한 여러 방향의 설계검토가 필요하고 옵션 결정조건이 유사한 경우에는 각 옵션별 세부 검토기간이 실제 프로젝트 진행과정보다 더 길게 소요되기도 한다.

이처럼 실제 프로젝트에서 최적의 옵션을 결정하기 위해서는 어떤 한계조건, 즉 위험을 낮추거나 제약사항을 극복할 수 있는 엔지니어링 기술이 있다면 옵션 결정에 큰 영향을 미칠 수 있다. 따라서 이런 진행과정을 통해서 보면 결국에 통찰력을 가진 우수한 엔지니어와 한계를 극복하는 기술이 프로젝트의 가치를 높이고 위험을 낮추게 되어 프로젝트의 경제성을 높이는 해결책이 될 수도 있다.

그림 1.1(b)의 위험을 결정하는 데 세부적으로 고려되는 사항으로 고위험인 H~VH High~Very High 구간에 걸친 옵션의 선택가능성은 낮다. 일반적으로 리스크는 경제성을 고려하여도 보통Medium 이하로 평가되어야 채택이 고려된다. 물론 위험이 정량화되어 여러 옵션의 차이가 명확하다면 결정에 문제가 없지만 위험은 실제 여러 가지가 복합적으로 연관되어 예측 불가능한 발생가능성도 있으므로 결국에는 보수적으로 개발옵션을 결정하게 될 가능성이 높다.

위험-가치평가로 상대적인 옵션 간의 비교는 가능하지만, 불특정한 위험요소로 인한 해양사고 발생 시 이에 대한 손실비용이 자본적 지출CAPEX에 비해 비교할 수 없을 정도로 크므로 프로젝트 비용이 높음(저가치)에도 불구하고 안전성이 확보되는 옵션으로 결정할 수도 있다.

또한 장기개발계획을 고려하여 계속적인 추가개발로 개발 시설의 활용성이나 확장성이 우선적으로 고려되면 비록 현재 단계에서 고비용(저가치)이지만 해당옵션의 선정을 우선적으로 고려할 수 있다. 그러나 일반적인 개발계획이 구체화되기 위해서는 최소 몇 년 간의 장기 계획이 필요하므로 여러 변동요소를 고려하여 공격적 또는 보수적인 투자결정을 할 수도 있어 개발 옵션 결정은 위험-가치평가 검토결과와 더불어 운영사의 전략적인 요소를 포함하여 결정된다고 볼 수 있다.

1.2 설계 과정(Design Process)

파이프라인의 설계 과정은 기본설계나 상세설계 크게 구분이 되지 않지만 상세 설계 단계에서는 파이프라인 경로확정 등 여러 가지 설계조건이 구체화되어 기본설계 결과의 보완과 반복과정을 거치게 된다. 그림 1.2~1.4는 파이프라인의 주요 설계 과정과 항목을 플로우차트Flowchart로 나타낸 것으로 우선적으로 과업의 범위와 설계조건의 결정 후 각각의 항목에 대한 설계 과정을 거치게 된다. 각 항목은 여러 다른 설계항목과 서로 연계되므로 각각의 모든 설계 항목을 만족할 때까지 반복적으로 설계하는 과정을 거친다.

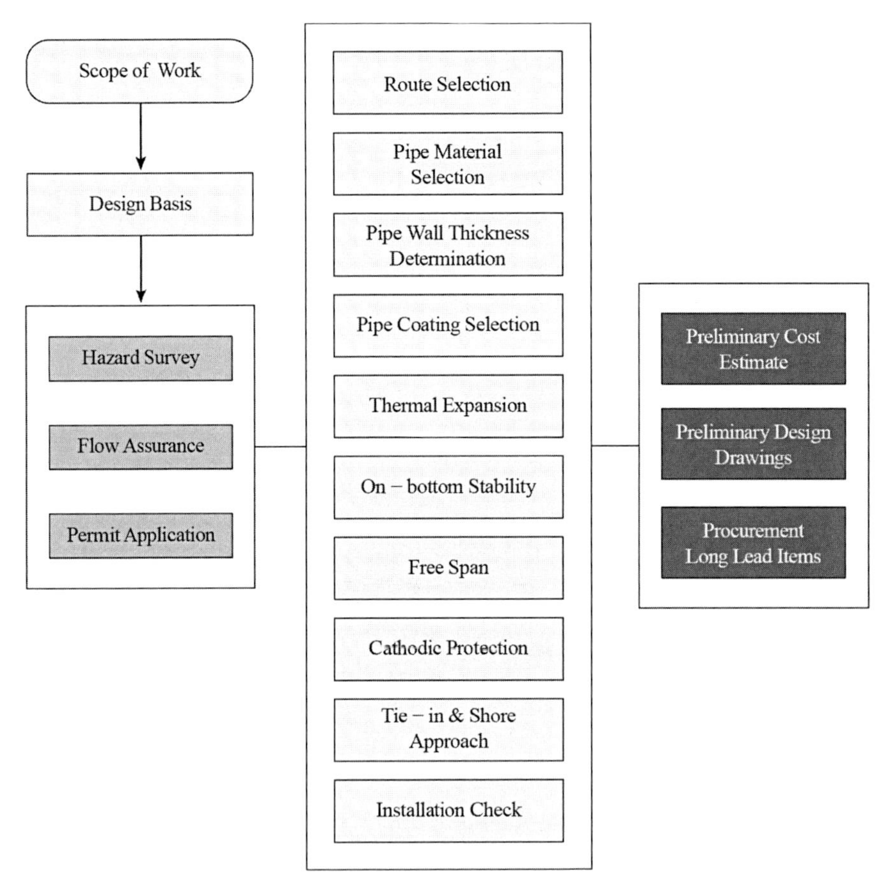

그림 1.2 일반적 파이프라인 기본설계(FEED) 단계 플로우차트

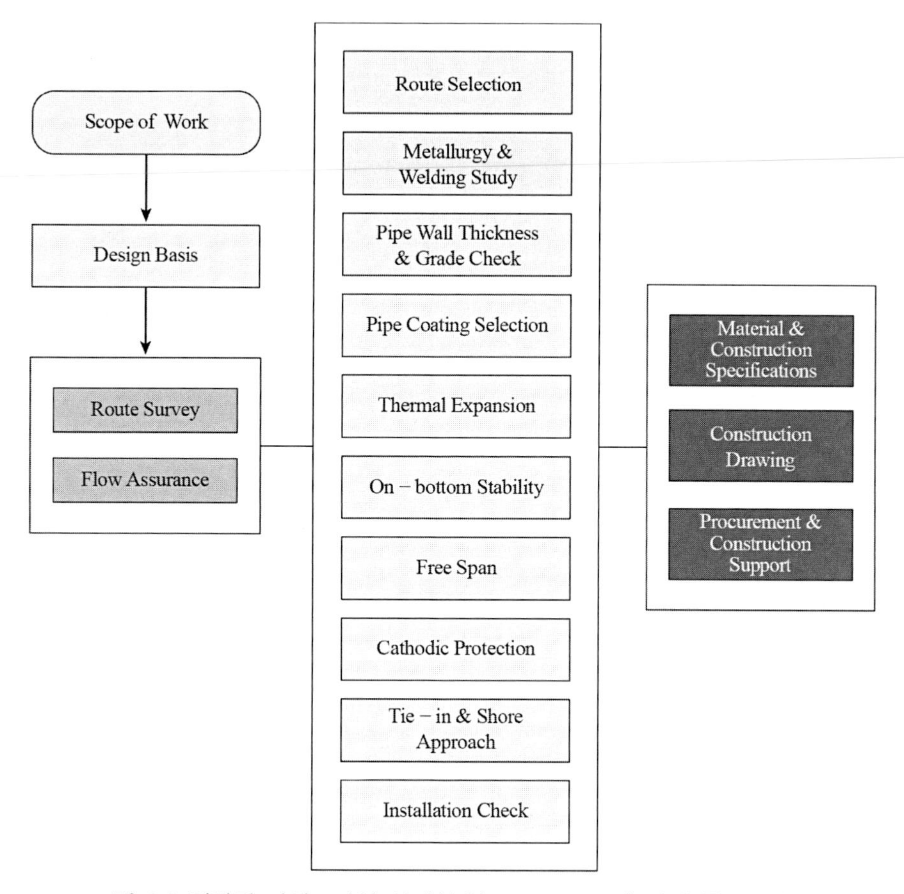

그림 1.3 일반적 파이프라인 상세설계(Detail Design) 단계 플로우차트

세부적으로는 아래 항목을 기본으로 각 단계에 해당하는 설계항목 간의 상호영향을 반복 검토하면서 최적설계 결과를 도출한다. 예로, 내부압력과 수심을 고려하여 파이프 두께를 결정하였지만 해저면 안전성검토에서 불안정한 것으로 결과가 도출되면 파이프 두께를 증가시키는 등의 다른 방법을 통해 해저면 안정성을 확보하는 방향으로 반복 검토된다.

- 개발지역의 필드 레이아웃Field Layout
- 자본적 지출, 운영비용 및 철거/복구비용
- 설계수명
- 생산량 프로파일(증가감소 곡선)
- 생산유체(오일·가스) 특성Fluid Property
- 파이프 사이즈Pipe Size

• 웰헤드~해양플랫폼~터미널에서 설계압력 및 온도
• 최대/최소 수심
• 부식 허용 정도
• 적용설계코드(ASME, API, DNV 등)
• 파이프라인 설치 방법(S-Lay, J-Lay, Reel-Lay, Towing 등)
• 해양환경조건: 파랑, 조류, 풍속 등
• 지질/지형 정보Geophysical/Geotechnical data, 파이프라인 교차Crossing 등

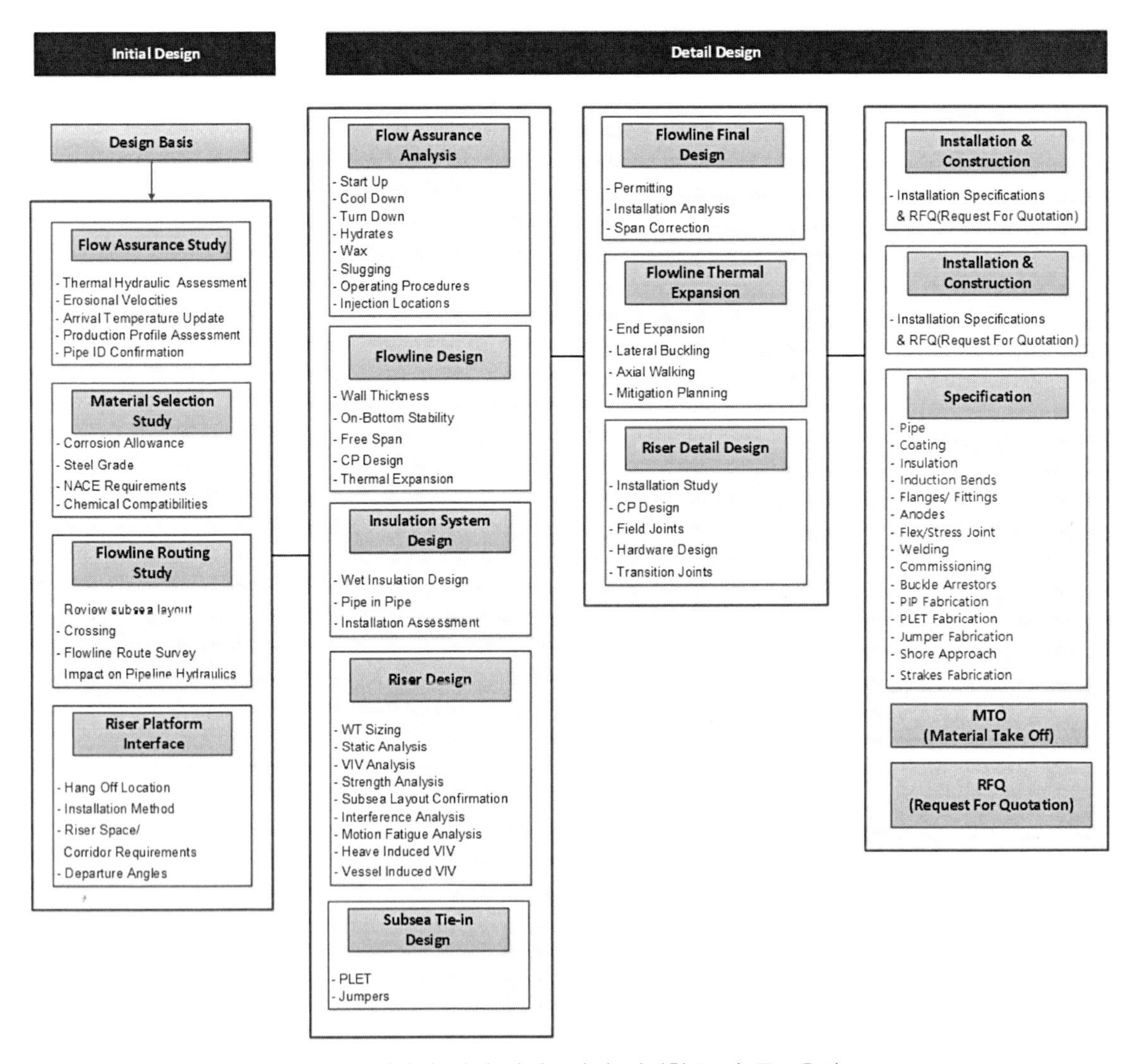

그림 1.4 일반적 심해 파이프라인 설계항목 및 플로우차트

1) 파이프라인 경로결정(Pipeline Route Selection)

파이프라인 경로결정에 있어서 가장 우선시되는 경로는 최단거리인 직선거리로 설치하는 것이다. 최단거리는 설치시간 및 파이프라인 소요길이가 단축되어 경제적인 측면에서 유리하지만 해저지형과 해양환경적인 특성, 기존 설치 배관과의 교차Crossing 여부, 개발지역의 필드 레이아웃Field Layout 및 향후 주변 개발계획 등을 고려하여 최종적으로 결정하게 된다.

2) 파이프라인 재료결정(Material Selection)

파이프라인 재료와 등급 선정에 고려되는 사항은 설치 가능성, 용접성, 부식성, 연성 및 강도 등이며 설치, 운영 및 보수의 용이성을 고려하여 결정한다. 생산유체에 부식 성분인 이산화탄소(CO_2) 또는 황(H_2S) 성분이 포함되는 경우는 사워 서비스Sour Service로 정의(부식 성분이 없는 경우는 스위트 서비스Sweet Service)하며 이런 부식 성분의 포함 여부는 파이프라인의 재료와 등급 선정에 중요한 영향을 미친다.

3) 파이프 벽두께 결정(Pipe Wall Thickness Determination)

파이프 내경Inside Diameter(ID)은 생산유체의 유량, 유입 및 유출 압력과 파이프라인의 온도분포를 고려한 유동성 확보해석을 통하여 결정되며 파이프 벽두께 결정은 다음과 같은 요소를 고려한다.

- 파이프 내외부압력에 의한 후프응력Hoop Stress
- 인장/압축력과 내외부압력에 의한 복합응력Combined Stress
- 설치 시 외부압력으로 인한 파괴Collapse
- 수압테스트 및 운영조건
- 굽힘과 외부압력으로 인한 좌굴Buckling
- 내부부식 허용치
- 설치응력
- 해저면 파이프라인 안정성
- 프리스팬으로 인한 응력
- 열팽창 하중

4) 코팅 및 단열/인슐레이션 설계(Coating/Insulation Design)

일반적으로 단열 시스템, 코팅, 이중관Pipe in Pipe(PIP)은 수심, 온도요구사항 및 설치단계에서 굽힘응력을 충분히 지지하여 손상되지 않도록 설계된다. 심해 파이프라인의 경우 인슐레이션 시스템 결정이 비용에 미치는 영향이 크며 재료비용 외에 파이프라인 설치에 요구되는 설치 선박의 규격변경으로 인한 추가적인 비용증가(감소)를 사전에 고려할 필요가 있다.

5) 열팽창 설계(Thermal Expansion Design)

해저파이프라인은 내외부의 온도와 압력에 따라 종축Axial 또는 횡축Lateral 방향으로 팽창한다. 온도와 압력의 차이 변화에 따른 열팽창(수축)은 각 파이프라인 끝단에 연결된 구조물에 하중을 가하거나 끝이 고정되어 있지 않은 경우에는 파이프라인 끝단에 변위를 발생시킨다. 파이프라인 종축변위가 제한된 경우에는 횡축방향인 수평 또는 수직방향으로 변위가 발생한다.

열팽창 해석은 주로 웰헤드와 플랫폼을 연결하는 플로우라인에 많이 적용되며 내외부의 온도 및 압력 차이로 발생되는 팽창 또는 수축은 운영 시, 수압시험 시, 생산 중단 시 등 각 경우 파이프라인의 영향과 파이프라인과 해저면의 마찰저항을 산정하기 위한 해석을 수행한다.

가열과 냉각주기를 고려한 열팽창 해석을 통해서 파이프라인의 끝단과 연결되는 파이프라인 끝단연결장치PLET, 점퍼 및 라이저 연결지점의 영향을 해석하고 결과를 만족하는 PLET, 점퍼 및 라이저를 선정하게 된다.

열팽창 또는 수축해석의 정확도를 높이기 위해 유한요소해석Finite Element Analysis(FEA)을 이용한 열해석, 수평 또는 수직방향 변위해석 좌굴해석Buckling Analysis을 수행할 수 있다.

6) 해저면 안정해석(On-Bottom Stability Analysis)

해저면에 놓인 파이프라인은 지속적인 파랑과 해수의 밀도차에 기인한 밀도류 또는 조류 등의 흐름으로 인한 외부하중의 영향을 받으므로 해저면에 놓인 파이프라인은 설치 시 또는 운영 시 외부하중에 대해 허용변위를 초과하지 않는 충분한 안정성을 유지해야 한다.

해저면에서 파이프라인이 허용 범위 내에서 변위를 유지하기 위한 방법으로 트렌칭Trenching 후 파이프라인을 매설하거나 파이프라인 두께를 증가시켜 무게를 증가시키는 방법 등으로 해저면에 안정적으로 안착될 수 있도록 해석한다.

7) 자유경간/프리스팬 평가(Free Span Assessment)

해저면은 여러 원인에 기인한 해류의 흐름이나 지각변동으로 인해 해저지형이 변화되므로 파이프라인은 일정 수준의 굴곡된 지반 위에 위치할 수 있다.

해저면에서 지지가 되지 않는 파이프라인 길이 부분을 자유경간/프리스팬이라고 하며 해저지형조사를 통해 프리스팬의 위치, 길이 및 높이와 해저면 토질특성을 고려하여 지지점에서의 파이프라인 지지응력을 해석한다. 해설결과를 통해 파이프라인 경로에 위치한 굴곡/러프Rough의 허용수준을 결정하거나 프리스팬이 최소화되는 경로를 선택할 수 있다.

설치시점에 평탄한 해저면에 설치된 파이프라인도 운영기간 중에 해저면 지형 변화로 인해 프리스팬이 발생할 수 있으며 설치 시에는 해저지형조사를 바탕으로 운영 중에는 주기적인 모니터링을 통해 프리스팬을 확인한다.

설계 허용치를 초과한 프리스팬이 존재하는 경우 파이프라인 지지력보강을 위한 작업을 해야 하며 상세설계를 통해 해저면에서의 흐름과 파이프라인 주변에 발생되는 와류유도진동VIV으로 인한 피로해석을 수행하여야 한다.

8) 음극방식 설계(Cathodic Protection Design)

파이프라인을 설계수명만큼 유지하고 운영하기 위한 건전성Integrity에 가장 중요한 요소 중 하나는 파이프라인의 부식을 방지하는 것이다. 일반적으로 파이프라인 외부에는 부식 방지 코팅을 하지만 코팅 손상 등으로 인한 부식 방지를 위해 아노드Anode를 파이프 외벽에 부착한다.

기본원리는 강관의 철 성분보다 양극성을 가진 알루미늄 또는 아연으로 희생양극/아노드를 파이프라인 외벽에 부착하여 음극인 파이프가 부식되기 전에 양극인 아노드가 먼저 부식되는 전위차의 특성을 이용하는 것으로 음극방식 설계를 통해 희생양극인 아노드 간격과 크기 및 총 소요수량을 결정하게 된다.

9) 유동성 확보설계(Flow Assurance Design)

파이프라인의 설계에 있어서 파이프라인 내의 유동성 확보는 매우 중요한 문제이다. 유동성 확보설계의 최종목적은 운송하는 오일·가스가 적정한 압력과 온도를 유지하면서 최종위치에 도달할 수 있도록 하는 것이다. 이 중 가장 우선 고려되는 것은 파이프라인 내경으로 내경크기 변화에 따라 유동성 확보 여부에 큰 영향을 미치게 된다.

내경이 작은 경우에는 유속이 증가하여 온도강하에 미치는 영향이 적은 반면 내벽손상 가능성이 증가된다. 반면 내경이 상대적으로 큰 경우에는 유속은 감소하여 내벽손상의 가능성은 낮아지지만 온도강하로 인한 왁스나 하이드레이트의 발생 가능성이 높아진다.

이와 같이 내경크기, 유속 및 압력 등 여러 가지 원인으로 파이프라인 내부의 유체 유동성에 문제가 생기는 것을 사전에 방지하기 위해 다음과 같은 여러 상황을 고려한 설계를 수행한다.

- 슬러깅Slugging 평가: 파이프라인의 굴곡으로 인해 유체가 고여 흐름을 막거나 막힌 유체가 동시에 유입되어 후속공정처리에 영향을 미치게 되는 슬러깅 현상에 대한 평가
- 셧다운Shutdown 해석: 생산 중단 시 온도와 압력변화로 인한 유동성 확보해석
- 재생산시작Re-Start 해석: 생산 중단 후 재생산 시 온도와 압력변화로 인한 유동성 확보해석

10) 파이프라인 설치 해석(Installation Analysis)[2]

해상에서 파이프라인은 에스레이S-Lay, 제이레이J-Lay 및 릴레이Reel-Lay 방식으로 설치전용 선박을 이용하여 설치되며 설치 선박으로부터 해저면에 이르기까지 설치되는 과정에서 작용하는 하중을 해석한다.

설치 선박에서 파이프라인이 해수면 아래로 설치되는 과정에서 선박의 운동, 파랑 및 해수면 아래의 유체 유동으로 외부하중에 의한 굽힘응력Bending Stress이 발생하게 된다. 설치 해석을 통하여 각각의 설치 방법이 파이프라인이 설치에 충분한 응력을 가지고 있는지, 어느 정도의 해상조건에서 설치가 가능한지, 어떤 설치 방법이 적절한지를 판별하여 설치 선박, 설치 방법, 파이프 재질 및 해양환경조건 등의 기준을 결정하게 된다.

11) 파이프라인 보호(Protection)

파이프라인은 외부충격, 부력, 온도변화로 인한 유동성 확보 등의 여러 요소를 고려하여 보호 방법을 결정하게 된다. 콘크리트 코팅이나 트렌칭Trenching과 매설Burial 또는 사석포설/락덤핑Rock Dumping, 콘크리트 매트리스Concrete Mattress와 같은 여러 가지 방법으로 파이프라인을 보호하고 파이프라인 변위를 제한하는 방법으로 사용한다.

---

2 이하는 Part III 파이프라인/라이저 설치에 기술함

12) 파이프라인 연안접근(Shore Approach)

파이프라인은 연안지역을 통해 육상 터미널과 연결되며 일반적인 연안접근 방법은 1) 해저면 견인Bottom Pulling 후 매설, 2) 수평방향시추Horizontal Directional Drilling(HDD), 3) 터널링Tunneling 방법 등으로 해안지역에 설치한다. 특히 해안지역은 쇄파와 연안류로 인해 침식과 퇴적이 주기적으로 발생하므로 운영 예상기간의 해안지형 변화를 추정하여 연안 접근 방법을 선정하고, 특히, 양식장이나 환경보호구역에서의 연안 접근 방법은 환경영향을 최소화할 수 있는 방법으로 결정하여야 한다.

1.3 설계기준서(Design Code and Specification)

파이프라인과 라이저 설계를 위한 국제적으로 통용되는 설계기준은 부록 A에 별도로 기술하였다.

CHAPTER
02

파이프라인 경로 선정 및 조사

2.1 경로 선정(Route Selection)

파이프라인 경로 선정에 앞서 전체적인 개발개념 및 해저시설물의 배치와 구성Architecture에 연계하여 아래의 사항을 고려하여 경로를 선정한다.

- 필드 개발 관련규정과 설계기준
- 향후 추가적인 필드 개발계획
- 해양 작업계획, 구조물 설치 방법 및 설치 선박 가용 여부
- 파이프라인 설치 용이성Installability(1st end initiation and 2nd end termination)
- 전체 프로젝트 비용
- 다른 해저 구조물 간의 영향, 기존 파이프라인과의 교차, 지장물(좌초 선박, 해양폐기물 등)
- 인허가절차 단순화(국경 간 설치문제, 파이프라인 교차협약, 생산물 처리협약 등)
- 최단거리 선정으로 파이프라인 제작비용 및 기간 최소화
- 해저면 지형 특성Seafloor Topography: 단층Faults, 암석노출Outcrops, 해저면 경사Slopes, 포크마크Pockmarks(해저에서 분출되는 액체 또는 가스에 의해 발생하는 오목한 분화구 모양의 지형)
- 해양생물 서식지, 양식장, 산호초 지역 등 환경영향이 예상되는 지역
- 선박통항, 어업 등 해양활동의 지장 유무
- 요구되는 파이프라인 경로의 곡률반경Curvature Radius
- 해상플랫폼 라이저 연결 행오프Riser Hang-off 위치

• 기존 라이저와의 영향Riser Corridor/Clashing Issues

• 해저연결 방법Subsea Tie-in Method

파이프라인 경로선정에 있어서 자주 발생하는 문제는 기존에 설치된 해저구조물인 웰헤드, 매니폴드, 해양플랫폼 간에 규정한 안전거리를 유지해야 하는 것으로 관련 규정은 국가, 지역 및 운영필드의 특성에 따라 다소 차이가 있지만 영국의 경우 최소 500m(1,640ft)를 기존에 위치한 구조물과 거리를 유지하여야 한다.[1]

파이프라인은 경로 결정 후 설치 시 허용오차를 고려하여 파이프라인 설치 중심선에서 ±7.62m(±25ft)까지의 오차범위 내 설치는 일반적으로 허용된다. 미국의 경우 허가된 파이프라인 경로는 중심선으로부터 ±30.5m(±100ft)까지로 미 내무부Department of the Interior(DOI) 규정에 정의되어 있으며[2] 허용범위를 벗어나서 설치되는 경우 리포팅이 요구된다. 신설되는 파이프라인은 최소 69m(225ft) 이상으로 기존 설치된 파이프라인과 거리를 유지하는 것을 요구하고 있다. 만약 기존 설치된 파이프라인과 교차해야 하는 경우 교차면적을 최소화하기 위해 상호교차 각도를 30° 이상 유지하는 것이 필요하다(그림 2.1).

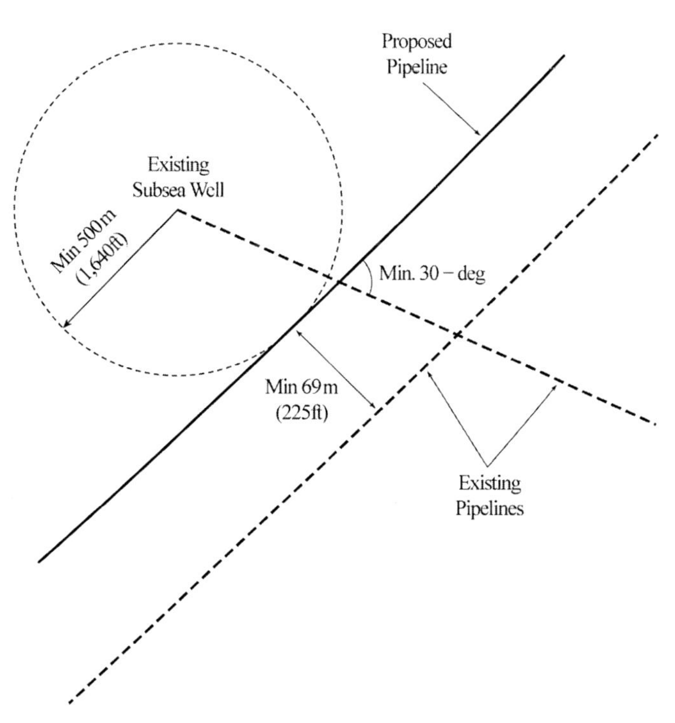

그림 2.1 기존 파이프라인과 안전거리 유지조건

해저면에서 설치 후에 파이프라인의 커브로 인한 설치위치로부터의 이동을 방지하기 위해서는 파이프라인 설치 시 최소 곡률반경Curve Radius(RS)을 유지하여야 하며 요구되는 곡률반경은 그림 2.2와 다음 식으로 산정할 수 있다.[3]

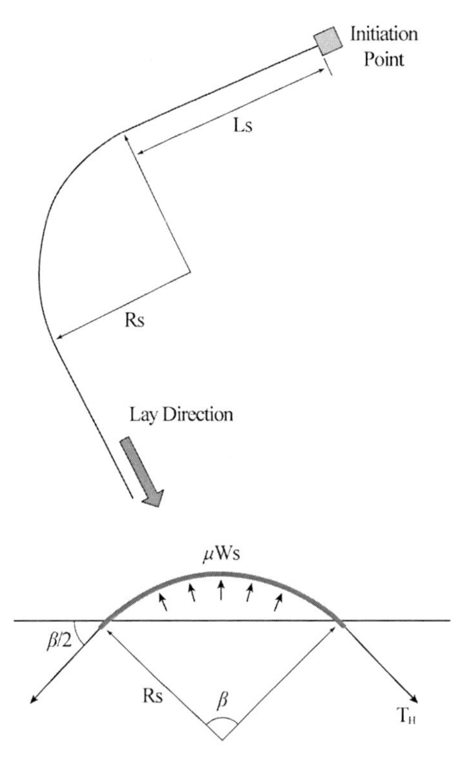

그림 2.2 파이프라인 곡률반경 산정(Pipeline Route Curvature Radius Estimate)

파이프라인 커브가 시작되는 지점 이전에 최소 파이프라인 직선길이(L_s)가 파이프라인의 커브형태를 유지하기 위해서 요구된다. 만일 파이프라인 직선길이(L_s)가 충분하지 않거나 파이프라인과 해저지반과의 마찰저항이 적다면 설치된 파이프라인은 직선 형태로 돌아가려는 현상이 발생하게 되어 예상설치경로를 벗어나게 된다. 따라서 안정적인 설치를 위해서는 파이프라인 직선길이(L_s)는 미끄럼 방지 최소 곡률반경(R_s) 이상 유지되어야 한다.

$$\mu W_s 2R_s \sin\frac{\beta}{2} = 2T_H \sin\frac{\beta}{2}$$

$$R_s = \frac{FT_H}{\mu W_s} < L_s$$

여기서, R_s : 미끄럼 방지 최소 곡률반경Non-Slippage minimum curvature radius

L_s : 미끄럼 방지 최소 파이프라인 직선거리Non-Slippage minimum straight pipeline length

F : 안전율Safety Factor: 탄소강관=2.0, 플렉서블 파이프=1.0

T_H : 해저면 수평인장력Horizontal bottom Tension 또는 잔류인장력Residual Tension

W_s : 파이프 수중중량Pipe Submerged Weight

μ : 파이프-토양 수평토질저항계수Lateral pipe-soil friction factor

(정의된 수치가 없는 경우 보수적으로 0.5로 가정)

DNV-RP-F109Sec4.3(Curved Laying)[3]에서는 해저지반의 수동 마찰저항계수(F_R)Passive Soil-Resistance를 추가하여 파이프라인의 저항력을 증가시키는 것을 아래 식과 같이 제시하고 있다.

$$FT_H \le R_s(\mu W_s + F_R)$$

또한 커브의 곡률반경(R_E)으로 인한 파이프가 허용 굽힘응력을 초과하는지 검토한다.

$$R_E = \frac{ED}{2\sigma_b}$$

여기서, R_E : 최소허용 탄성굽힘 곡률반경Minimum allowable elastic bending radius

E : 탄성계수

D : 파이프 외경Outside diameter

σ_b : 허용 탄성굽힘응력Allowable elastic bending stress: 20% SMYS(일반적 사용)

따라서 최종적으로 선정할 최소 곡률반경은 R_s, R_E 중 비교하여 큰 값을 사용하고 설치선박 제원에 따라 제한이 있을 수 있으므로 설치 업체와 선정된 곡률반경으로 설치 가능 여부를 사전협의할 필요가 있다. 일반적으로 파이프 외경(")의 2,000배의 곡률반경까지 설치가 가능하다(24" 파이프의 경우 2,000×24"/12" = 4,000ft = 1,220m 곡률반경 이상).

파이프라인 곡률반경을 일정하게 유지할 수 없을 정도의 포크마크(해저에서 분출되는 액체 또는 가스에 의해 발생하는 오목한 분화구 모양의 지형)나 좌초 선박 등의 해저면 장애물을 피해야 하는 경우에는 파이프라인을 설치하기 전에 해저면에 턴닝 볼라드Turning Bollard를 설치하여 일정 곡률반경을 유지하는 방법을 사용할 수 있다.

턴닝 볼라드는 콘크리트를 이용한 실린더 모양으로 바닥은 본체보다 큰 반경을 가진 스커트Skirt 형태로 설치 시 해저면에 정착할 수 있는 형태를 가진다.

그림 2.3은 수심 300m의 노르웨이 대륙붕 지역의 프로젝트에서 사용된 경우이다.

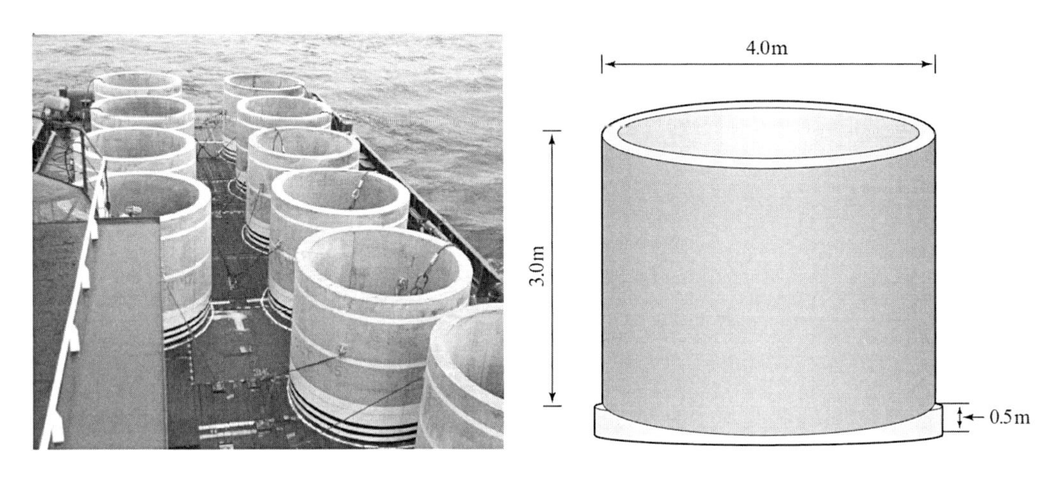

[제원]

외경	벽두께	높이	수중 무게	스커트벽 두께	스커트 길이
4.0m	0.3m	3.0m	28Ton	12mm	0.5m

그림 2.3 턴닝 볼라드(Turning Bollard) 규격(예)

가능한 많은 조사정보를 이용하여 최종 파이프라인 설치경로를 선정하고 선정된 경로는 상세 설계 단계에서 아래의 사항을 결정하여 설치작업을 시작한다.

- 파이프라인 프로파일
- 파이프라인 벽두께, 재질, 외경 및 강도
- 부식 방지 코팅, 콘크리트 코팅, 인슐레이션 코팅 재질 및 두께
- 버클 어레스터Buckle Arrestor 간격, 아노드Anode 크기와 간격
- 프리스팬 시점과 종점
- 파이프라인 교차지점 및 교차 각도

2.2 경로 조사(Route Survey)

생산정의 위치와 파이프라인을 통해 연결되는 호스트 또는 신규 해양플랫폼의 위치가 결정되면 파이프라인 경로결정을 위해 수심, 해저면 특성, 해저토질속성, 지형학적 장애물 및 기존 해양구조물 위치정보 등의 해저지형 조사를 한다.

미국의 경우 경로 조사 시점까지 해저지형조사가 수행되지 않은 경우에는 NOAANational Oceanic and Atmospheric Administration[4] 및 BOEMBereau of Ocean Energy Management[5]에서 공유되는 자료를 이용하여 분석할 수 있으며 영국의 경우 UK Hydrographic Office에서 제공하는 Marine Data Portal[6]에서 수심자료를 활용할 수 있다.

설치경로가 사전자료 검토로 결정되면 확인을 위한 실제 파이프라인 경로 조사와 해양환경 데이터를 포함한 세부 정보를 얻기 위한 현장조사를 한다.

일반적으로 해저지형조사에서 발견되는 해저면의 높이가 불규칙한 경우는 아래와 같은 이유로 발생한다.

- 단층: 외부의 힘을 받아서 지층이 끊어져 어긋난 지질구조
- 샌드 웨이브Sand wave 또는 메가리플Megaripple: 파랑, 조류 등의 흐름에 의해 해저면 토사이동으로 빌생한 파도모양의 해저지형
- 암석 노출Outcrops: 해저기반암이 해저면 상부로 노출된 부분
- 포크마크Pockmark: 해저 속의 가스가 새어나와 형성된 해서구넝이로 직경은 ~수백 미터, 깊이는 ~수십 미터의 다양한 크기로 형성

현장 조사는 크게 2가지 형태의 조사로 지구 물리학적인 조사Geophysical Survey와 지반공학적 조사Geotechnical Survey로 이루어진다.

지구물리학적 조사는 음향 측심기Echo Sounder를 이용한 수심측량, 사이드 스캔 소나Side Scan Sonar, 천부지층 탐사기Sub-Bottom profile, 해저자기 탐사기Magnetometer 등의 장비를 사용하여 조사한다.

지반공학적 조사는 해저토질의 속성을 파악하기 위한 것으로 보링Boring, 피조콘 관입시험Piezocone Penetration Test(PCPT), 피스톤 코어Piston Core, 박스 코어Box Core 등의 장비로 해저지반의 토사를 채취하거나 코어를 채취하여 분석하게 된다.

지구물리학적 조사방법인 다중빔 음향 측심기는 고해상도 수심측량 장비로 조사선박 하

부에 설치되어 다중의 음파를 방출하고 수신기로 돌아오는 시간을 이용해서 수심과 해저면의 굴곡 형태를 파악하는 방식으로 해저면 형태를 파악할 수 있다(그림 2.4).

출처: NOAA

그림 2.4 다중빔 음향 측심기(Multibeam Echo Sounder)

그림 2.5는 다중빔 음향 측심기를 이용한 해저지형 조사결과의 한 예로 높이 1~2m로 형성되는 샌드 웨이브의 형태와 샌드 웨이브보다 큰 규모로 형성되는 메가리플의 형태를 보여주며(a) 조사데이터를 분석하여 3차원 해저지형 형태의 결과로도 도출이 가능하다(b).

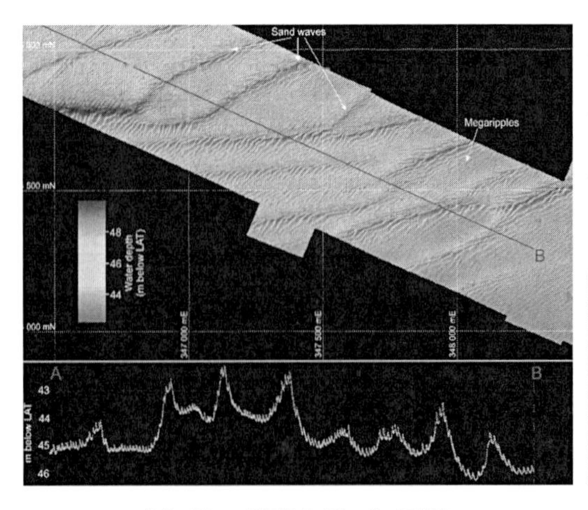

(a) 샌드 웨이브 및 메가리플

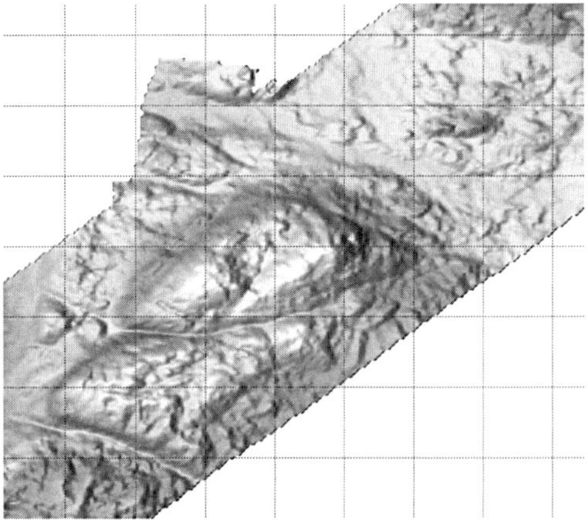

(b) 3차원 해저지형 조사 결과

그림 2.5 다중빔 음향 측심기 조사(예)

다른 해저지형 조사장비로 사이드 스캔 소나가 있으며 일반적으로 조사선박의 하부가 아닌 조사선박의 후단에 견인되어 이동하면서 해저지형을 조사한다. 해저면의 굴곡을 조사하는 다중빔 음향 측심기와의 차이는 해저면의 재질 파악이 가능하며 장비의 구성은 기록장치, 해저면 감지장치 및 연결케이블로 구성되어 해저면에 위치한 장애물, 단층, 포크마크, 가스벤트Gas Vent와 기존에 설치된 구조물 유무 및 크기를 파악할 수 있다(일반적으로 1m 이상 크기의 물체는 정확한 위치와 크기가 파악됨).

그림 2.6은 사이드 스캔 소나를 사용한 조사 결과를 나타낸 것으로 파손된 선박Wreck, 잔해Debri 및 메가리플을 처리된 영상을 통해 확인할 수 있다. 가운데의 경로는 사이드 스캔 소나가 조사음향을 측면으로 발생함에 따라 선박의 이동경로 아래Ship Path는 조사되지 않기 때문에 발생되지만 최종 조사결과에는 조사되지 않는 부분이 없도록 경로를 반복이동하면서 조사한다.

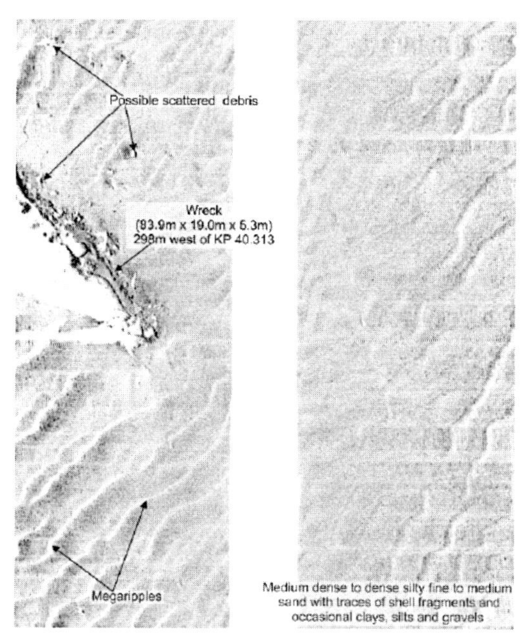

그림 2.6 사이드 스캔 소나(Side Scan Sonar) 조사 결과 해석

천부지층 탐사기는 해저면 아래의 물리적 특성파악과 지질정보를 이미지화하고 특성화하는 데 사용된다. 이 방법은 사이드 스캔 소나를 이용해서 수심을 연속적으로 기록하는 방법으로 수심측량 방식과 유사하지만 천부지층 탐사기에서는 발신된 음파 펄스가 더 낮은 저주

파로 해저면 아래로 투과할 수 있다.

해저면 아래의 지층 경계면들에서는 음향 임피던스의 차이로 음파가 반사되는데, 이때 반사되어 돌아오는 펄스들을 기록하여 지층 경계단면의 형태로서 해저면 아래의 지층구조를 얻을 수 있다. 파이프라인이나 해저구조물의 조사를 위해 수심 약 ~30m까지의 단층, 퇴적층 두께 등의 지질특성을 파악한다.

그림 2.7은 천부지층 탐사기의 구성을 나타낸다.

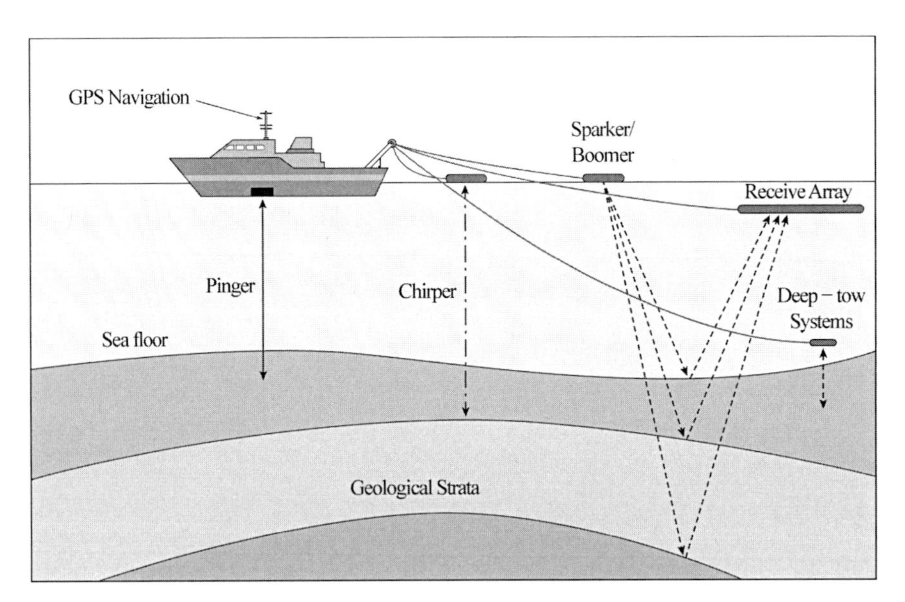

그림 2.7 천부지층 탐사기(Sub-Bottom Profiler) 시스템[7]

표 2.1과 같이 천부지층 탐사기는 시스템에 따라 주파수 범위와 해저면 아래 투과깊이가 다르므로 이미 조사된 해당지역의 특성 또는 해당 프로젝트에서 요구하는 조사범위에 따라 시스템 구성 특성을 결정하여 조사한다.

표 2.1 천부지층탐사기(Sub Bottom Profiler) 시스템 특성[8]

천부지층탐사기 시스템	주파수 범위	투과깊이
Parametric	~100kHz	<100m, vertical resolution, <0.05m
Chirper	3~40kHz	<100m, vertical resolution, ~0.05m
Pinger	3.5~7kHz	10~50m, vertical resolution, 0.2m
Boomer	500Hz~5kHz	30~100m, vertical resolution, 0.3~1m
Sparker	50Hz~4kHz	~1,000m vertical resolution, >2m

그림 2.8은 수심 100m까지 조사가능하고 수직으로는 약 0.05m 수준의 해상도를 가진 처퍼Chirper 시스템을 이용한 해저면 조사결과로 생산정 위치와 플랫폼 설치위치를 표기하여 파이프라인 예상경로에 따라 해저면 형태와 특성을 파악하게 된다.

조사결과에는 수심 약 3m 아래 경계층은 평균밀도 모래에서 고밀도 점토층과의 경계층을 나타내고 있다. 경계층의 파악이 필요한 주요 이유로는 파이프라인 해저면 안정성 또는 유동성 확보해석 결과를 통해 트렌칭이 필요한 경우 요구되는 장비의 특성 또는 트렌칭 깊이를 결정하는 참고자료로 사용되기 때문이다.

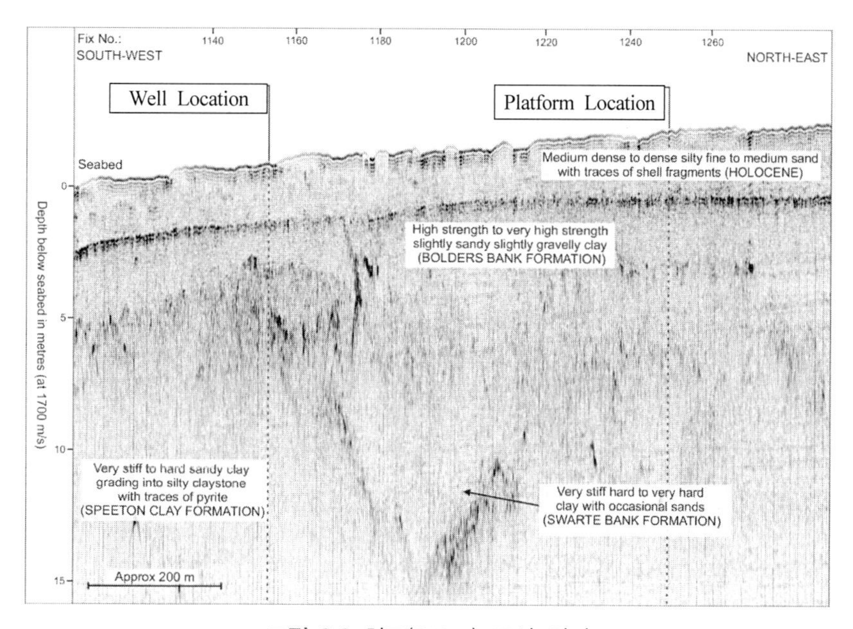

그림 2.8 처프(Chirp) 조사 결과

그림 2.9와 같이 해저자기 탐지기는 해저면 아래의 강한 자성을 가진 물질Ferro-Magnetic을 감지하며 특히 매설된 케이블, 파이프라인, 체인 등 파이프라인 설치에 장애가 되는 물질을 사전에 발견하는 용도로 사용한다.

해저지반의 시료채취는 흙의 무게, 비배수 전단강도 및 파이프와 지반과의 마찰저항계수 등 지반의 특성을 정량적으로 평가하기 위해 필요하며 흙의 샘플링은 보링, 중력낙하 코어, 피스톤 코어링 박스 등으로 채

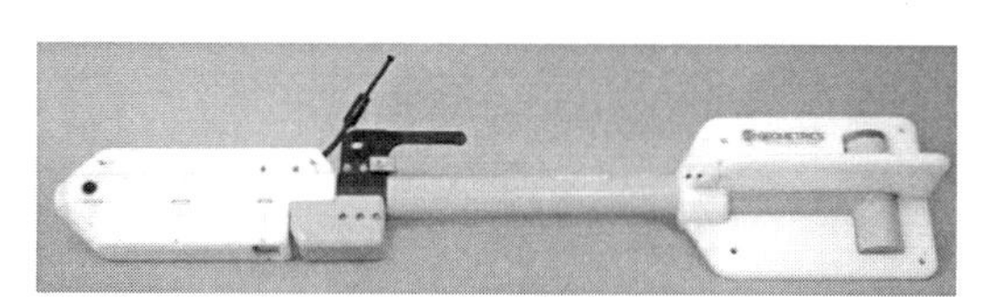

출처: www.geometrics.com

그림 2.9 해저자기 탐지기(Magnetometer)

취한다.

그림 2.10은 중력식 낙하 피스톤 코어Gravity Drop Piston Core 장비로 약 3~6m 길이의 배럴Barrel에 180~360kg(400~800lb) 정도의 하중의 무게 추Weight Triggering로 구성되며 조사선박에서 자유 낙하하여 해저면 샘플을 채취한다. 피스톤은 약 1~6m 범위의 해저지반 채취가 가능하며 채취 후 코어 캐쳐Core Catcher에 의해 조사선박으로 회수된다.

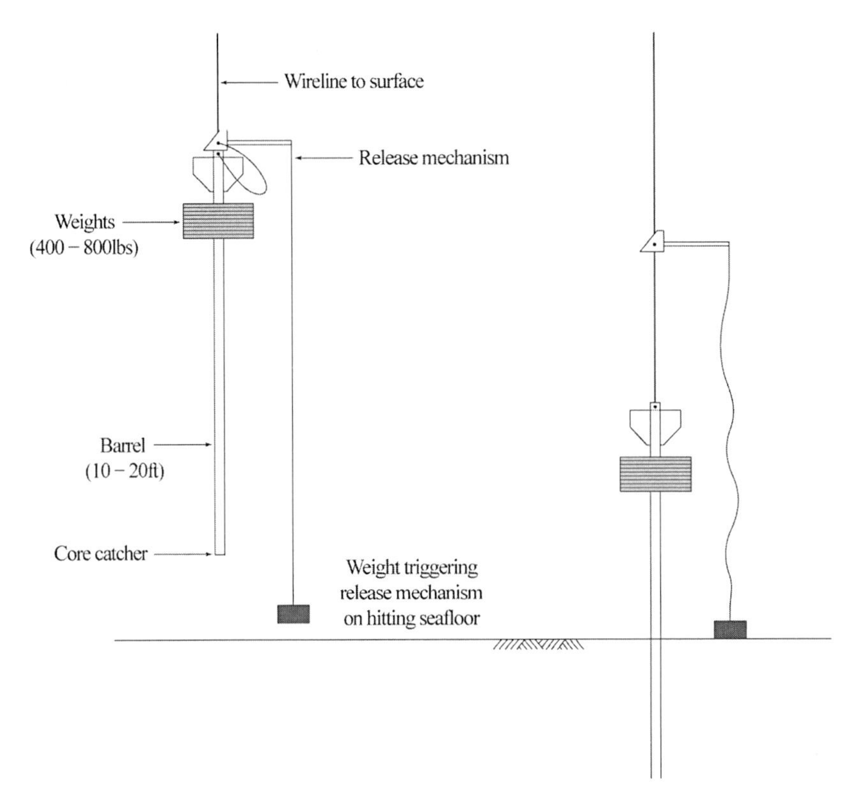

그림 2.10 중력식 낙하 코어(Gravity Drop Piston Corer)[9]

피스톤 코어는 시추기와 연결된 무게추가 먼저 해저면에 도달하게 되면 조정간Trigger arm이 풀리면서 코어 배럴이 일정 거리를 자유 낙하하여 퇴적물을 채취한다. 이와 같은 채취 방법의 특성으로 퇴적구조가 교란되지 않고 비교적 긴 주상시료[3]를 채취할 수 있기 때문에 퇴적층 깊이에 따른 퇴적물의 특성이나 퇴적구조를 조사하기에 적정하다.

일반적으로 해저면에서 폭 10m의 파이프라인 끝단연결장치PLET의 머드매트 설계를 한다

3 해저퇴적물을 표층으로부터 아래로 연속되게 채취한 퇴적물의 수직 시료

면 해저지반 샘플링은 구조물 기초 폭의 두 배 정도의 수심까지 지반조사를 하여 설계에 반영할 필요가 있으므로 약 20~25m 깊이의 시료채취가 필요하다. 이 경우 점보 피스톤 코어를 사용하여 시료를 채취할 수 있다.

박스 코어링(1×1×1m)은 다른 방법에 비해 저비용이나 채취시료는 교란되기 때문에 해저토사(1m^3)의 특성을 파악하기 위해 사용된다.

지반공학적 특성을 파악하기 위해서는 피조콘 관입 시험PCPT을 통해 특성을 파악할 수 있다. 피조콘 관입 시험은 원추모양의 콘 형태의 끝 모양을 가진 장비를 해저지반에 관입하면서 발생하는 저항력을 측정하여 지반의 특성을 조사하는 장치이다. 일반적으로 해저지반의 토질특성에 따라 다르지만 약 5m 깊이까지 관입이 가능하다(그림 2.11).

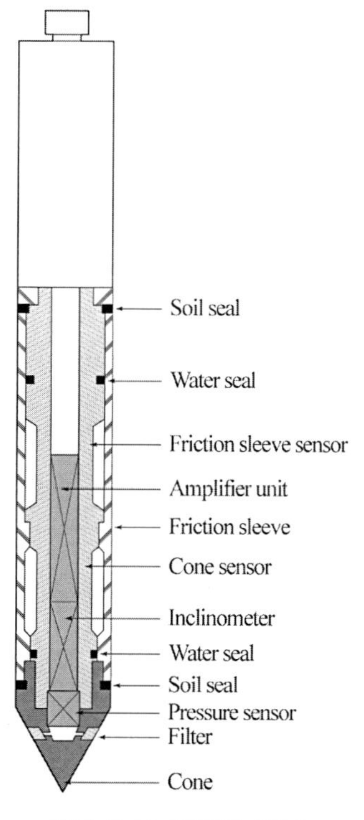

그림 2.11 피조콘 내부

구조물의 기초설계 등의 목적으로 20~120m 범위의 해저지반 보링자료가 필요한 경우에는 잭업 리그Jack-Up Rig 등의 선박을 이용하여 해저지반을 시추하거나 20m~수심에서는 지반조사 시추선박을 사용하여 조사한다(그림 2.12).

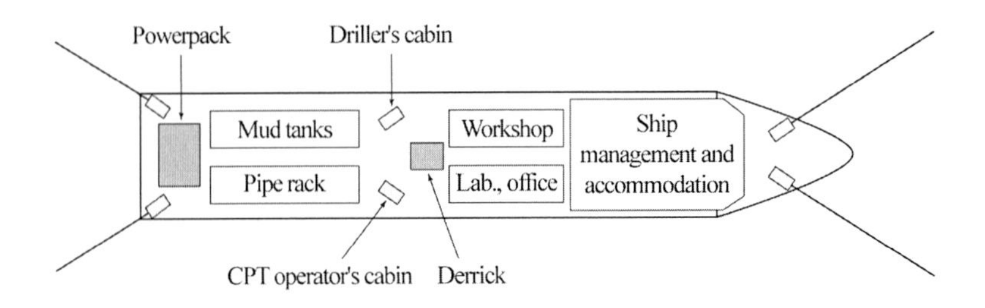

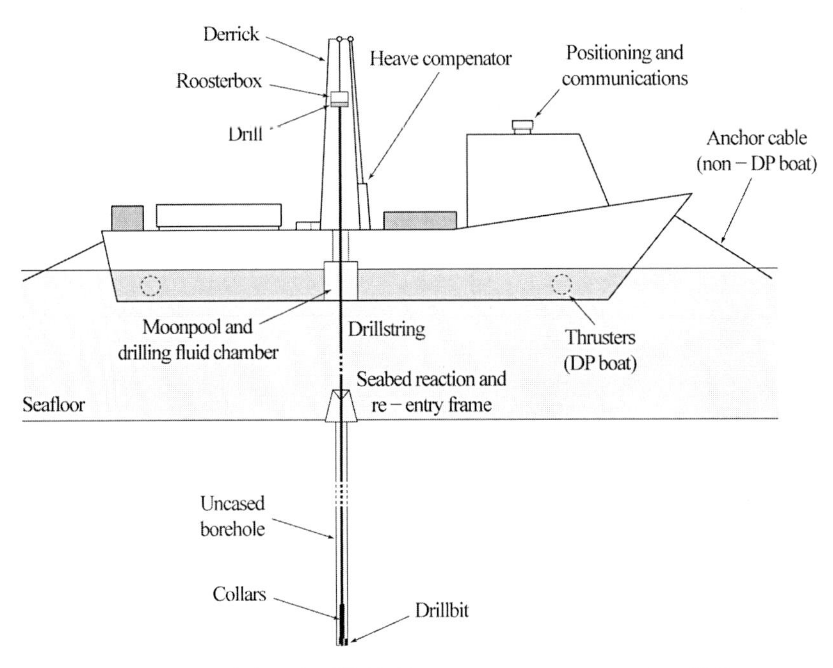

그림 2.12 지반조사 시추선박(Geotechnical Drilling Ship)[10]

다른 방법으로 그림 2.13~2.14와 같이 자동 수중 항행장치인 AUVAutomomous Underwater Vehicles를 이용한 조사가 있다.

AUV는 다중 음향 측심기, 천부지층 탐사기, 사이드 스캔 소나, 자기 탐지기, 전도도, 온도, 수심측정이 가능한 CTDConductivity Temperature Depth 및 카메라를 부착한 장비를 이용하여 조사하는 것으로 최대 수심 ~6,000m까지 4knot의 속도로 100시간 작업이 가능하다.[11]

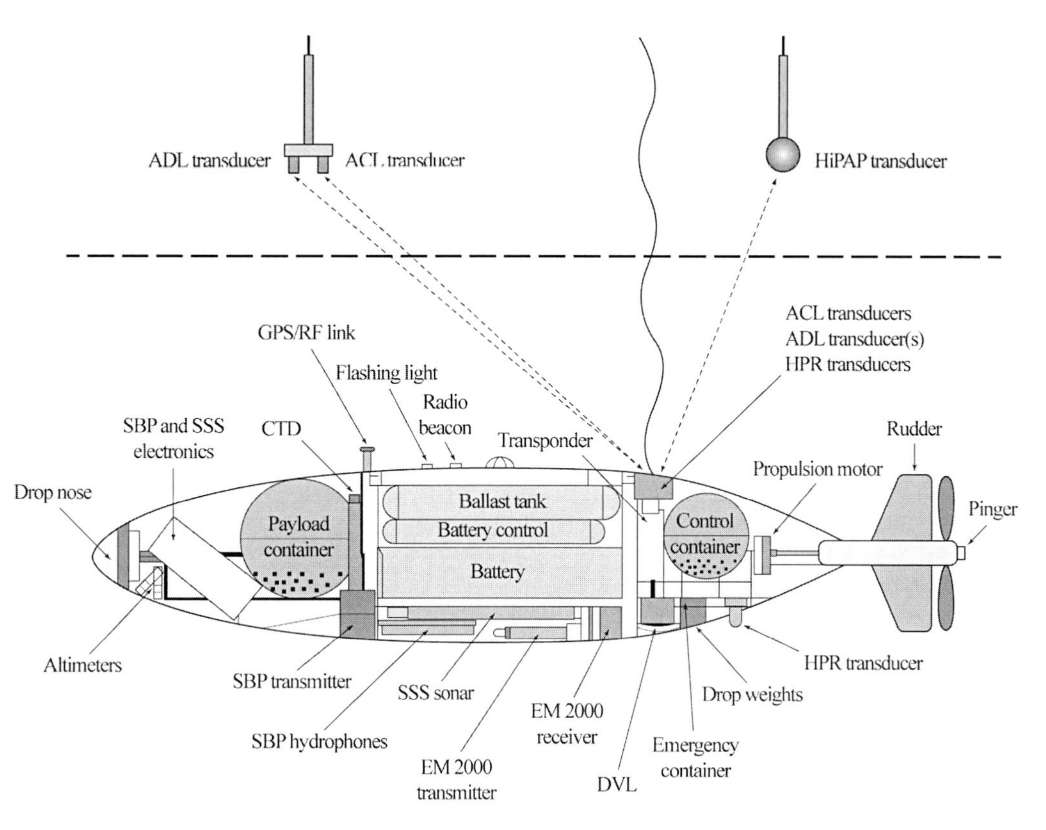

주) • ACL: Acoustic Correlation Log
• ADL: Acoustic Doppler Log
• CTD: Conductivity Temperature Depth
• DVL: Doppler Velocity Log
• EM 2000: Multi Beam Echo Sounder
• SBP: Sub Bottom Profiler
• SSS: Side Scan Sonar
• HPR: Hydro acoustic Positioning Reference
• HiPAP: High Precision Acoustic Positioning system

(a)

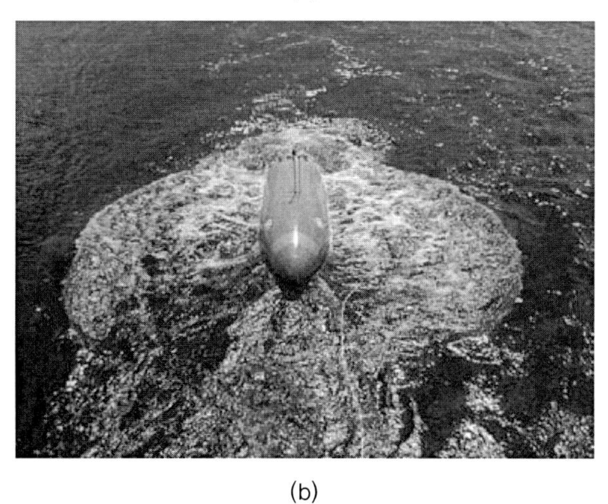

(b)

그림 2.13 자동 수중 항행장치(AUV) 구성[11]

그림 2.14 자동 수중 항행장치(AUV) 이용 조사결과[11]

CHAPTER
03

파이프 재질 선정(Material Selection)

파이프라인 재질 선정은 설계요소 중 비용과 운영적인 측면을 고려하면 해저시설 설계에서 높은 비중을 차지한다. 파이프라인 재질은 아래의 여러 요소를 고려하여 가장 큰 분류인 강성 또는 유연/플렉서블 파이프 재질로 결정된다.

파이프라인 재질 결정 시 고려요소

- 생산기간 또는 설계수명
- 사용목적에 따른 정적 또는 동적하중
- 파이프라인을 통해 이송되는 유체특성(비부식성Sweet 또는 부식성Sour 여부) 및 온도특성
- 파이프 재료비
- 설치비용 및 설치 방법
- 운영비용(부식 방지제 등 케미컬 비용, 유지보수 비용)

다음은 일반적인 오일·가스 이송에 사용되는 재질에 따른 파이프 종류이다.

- 저탄소강 파이프Low Carbon Steel Pipe
- 부식저항합금 파이프Corrosion Resistant Alloy Pipe(CRA)
- 클래드 파이프Clad Pipe
- 복합재료 파이프Composite Material Pipe
- 플렉서블 파이프Flexible Pipe

3.1 저탄소강 파이프(Low Carbon Steel Pipe)

저탄소강(탄소함량 0.29% 이하) 파이프는 상대적으로 저인장 강도의 특성을 가진 재질이다. 중간 또는 고탄소강(탄소함유성분 0.3% 이상)은 강한 내마모성을 가지고 있어 단조Forging, 차량, 스프링, 와이어 제작에 사용된다.

탄소 당량Carbon Equivalent(CE)은 강재의 화학구성을 기본으로 한 최대 경도 및 강재 용접성을 구분하는 의미로 사용된다. 높은 탄소(C) 및 망간(Mn), 크롬(Cr), 몰리브덴(Mo), 바나듐(V), 니켈(Ni), 구리(Cu) 등과 같은 알로이Alloy 원소는 경도를 증가시키지만 용접성은 감소시키는 경향이 있다. 탄소 당량은 총 구성성분의 0.43% 이하가 되어야 한다(API 5L[1] Section 6.2.1, 2007).

$$CE = C + \frac{Mn}{6} + \frac{Cr + Mo + V}{5} + \frac{Ni + Cu}{15} \leq 0.43\%$$

파이프는 인장특성에 따라 등급이 결정되며 Grade X-65의 경우 특정최소 항복강도Specified Minimum Yield Strength(SMYS)가 65,300psi(표 3.1)임을 의미한다. API-5L에서 파이프 사양

표 3.1 파이프 인장특성(API-5L PSL2 파이프)[1]

등급 (Grade)	항복강도(Yield Strength)				인장강도(Tensile Strength)			
	최소(Minimum)		최대(Maximum)		최소(Minimum)		최대(Maximum)	
	psi	MPa	psi	MPa	psi	MPa	psi	MPa
B	35,500	245	65,300	450	60,200	415	110,200	760
X42	42,100	290	71,800	495	60,200	415	110,200	760
X46	46,400	320	76,100	525	63,100	435	110,200	760
X52	52,200	360	76,900	530	66,700	460	110,200	760
X56	56,600	390	79,000	545	71,100	490	110,200	760
X60	60,200	415	81,900	565	75,400	520	110,200	760
X65	65,300	450	87,000	600	77,600	535	110,200	760
X70	70,300	485	92,100	635	82,700	570	110,200	760
X80	80,500	555	102,300	705	90,600	625	119,700	825
X90	90,600	625	112,400	775	100,800	695	132,700	915
X100	100,100	690	121,800	840	110,200	760	143,600	990
X120	120,400	830	152,300	1,050	132,700	915	166,100	1,145

은 2개의 다른 제품 사양으로 각각 PSL1 및 PSL2로 정의되며, PSL2는 일반적으로 용접이음 연결부에 사용된다.

API-5L[1]에서 강관의 SMYS는 0.5%의 연신Elongation이 발생할 때의 인장응력으로 정의되고 DNV-OS-F101,[2] 2007, Section 5, C505에서도 항복응력을 총 변형률이 0.5%인 응력으로 정의한다.

탄성 영역에서는 인장하중이 제거되면 파이프가 원래의 모양으로 돌아가지만 하중이 탄성한계를 초과하면 하중이 제거되더라도 파이프가 원래의 형태로 돌아오지 않는다. 하중이 감소하면 응력이 탄성계수와 동일한 기울기로 감소하지만 하중이 제로가 되어도 파이프는 어느 정도의 변형이 생긴다. 이것을 잔류(영구 또는 소성)변형이라고 한다(그림 3.1).

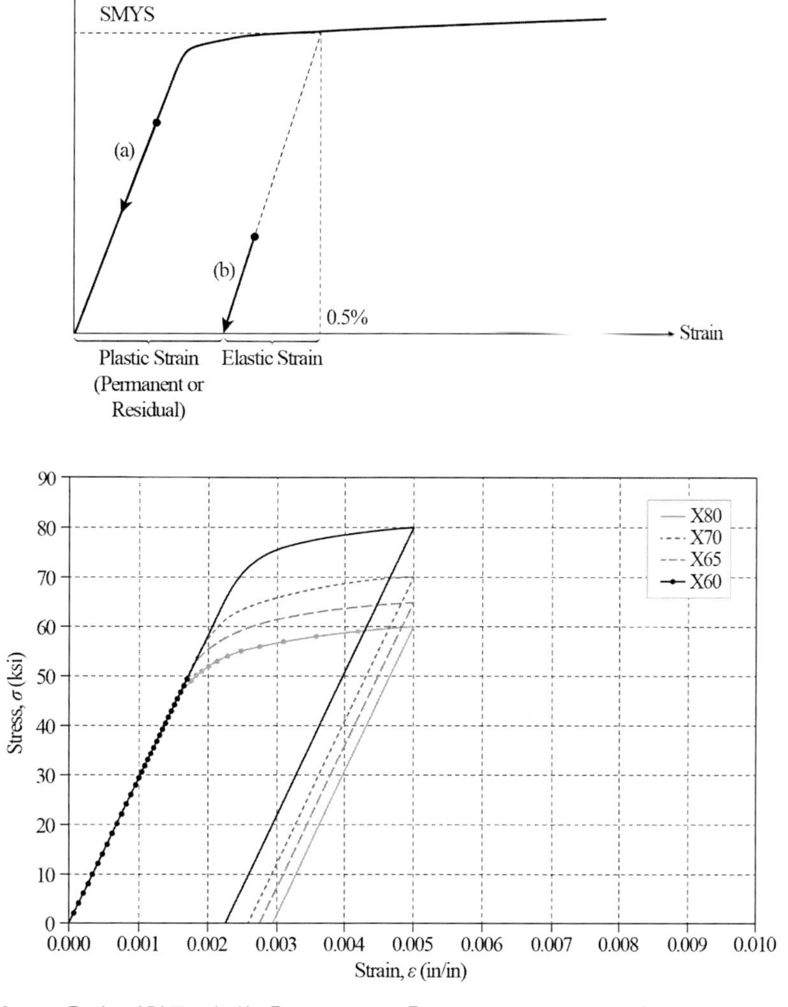

그림 3.1 응력-변형률 관계(Y축: Stress, X축: Strain Relationship) API-5L 파이프

잔류변형Residual Strain은 변형률의 0.2~0.3% 범위에 속하며 파이프 등급이 증가할수록 잔류 변형은 감소한다. 항복강도Yield Strength(YS)는 0.5% 총 변형률 또는 0.2%의 잔류 변형률에서의 오프셋Offset응력으로 정의한다. 0.2% 오프셋에 해당하는 총 변형률은 낮은 등급의 경우 0.5% 미만이고 높은 등급의 경우 0.5%보다 높은 경향을 나타낸다. 0.2% 오프셋 방법은 더 높은 등급의 항복강도 측정에 더 적합한 것으로 간주되며, API-5L[1] 2007에서는 X-90보다 높은 파이프 등급에 대해 0.2% 오프셋응력을 항복강도로 사용할 것을 권장한다.

파이프 제원은 일반적으로 공칭 파이프 사이즈Nominal Pipe Size(NPS) 및 스케줄Schedule(SCH)로 정의된다. 가장 일반적으로 사용되는 스케줄은 40(STD), 80(XS)와 160(XXS)이며 비표준 파이프 사이즈의 외경 및 벽두께를 사용할 경우 연관 장비의 활용성 문제로 비용증가가 예상되므로 표준 파이프 사용을 권장한다(표 3.2).

표 3.2 공칭 파이프 사이즈(NPS) 및 스케줄(SCH)[1]

NPS (in)	OD	API 5l Pipe Schedule												
	(in)	SCH 10	SCH 20	SCH 30	SCH STD	SCH 40	SCH 60	SCH XS	SCH 80	SCH 100	SCH 120	SCH 140	SCH 160	SCH XXS
		Wall Thickness (in)												
10	10.750		0.250	0.307	0.365	0.365	0.500	0.500	0.594	0.719	0.844	1.000	1.125	1.000
12	12.750		0.250	0.330	0.375	0.406	0.562	0.500	0.688	0.844	1.000	1.125	1.312	1.000
14	14.000	0.250	0.312	0.375	0.375	0.438	0.594	0.500	0.750	0.938	1.094	1.250	1.406	
16	16.000	0.250	0.312	0.375	0.375	0.500	0.656	0.500	0.844	1.031	1.219	1.438	1.594	
18	18.000	0.250	0.312	0.438	0.375	0.562	0.750	0.500	0.938	1.156	1.375	1.562	1.781	
20	20.000	0.250	0.375	0.500	0.375	0.594	0.812	0.500	1.031	1.281	1.500	1.750	1.969	
22	22.000	0.250	0.375	0.500	0.375		0.875	0.500	1.125	1.375	1.625	1.875	2.125	
24	24.000	0.250	0.375	0.562	0.375	0.688	0.969	0.500	1.219	1.531	1.812	2.062	2.344	
30	30.000	0.312	0.500	0.625	0.375			0.500						
32	32.000	0.312	0.500	0.625	0.375	0.688								

파이프는 파이프 제조공정에 따라 축방향의 용접이음이 없는 심리스Seamless(SMLS) 파이프와 용접파이프의 2가지 유형으로 나눌 수 있다.

- 심리스 파이프(이음부Seam 용접 없음) → 제작 범위 2.54(1")~71.12cm(28")

• 용접 파이프

(이중) 서브머지드 아크용접(Double) Submerged Arc Welding(SAW/DSAW)

→ 제작 범위 40.64(16")~203.2cm(80")

전기저항용접Electric Resistance Welding(ERW) 또는 고주파 유도 용접High Frequency Induced Welding(HFIW)

→ 제작 범위 8.89(3.5")~66.04cm(26")

심리스Seamless 파이프는 축방향의 용접 이음부 없이 만들어지는 제작 방식으로 가장 고비용이다. 일반적으로 작은 직경의 파이프라인, 심해 해상환경, 운영 시의 내부유체의 압력 또는 온도변화의 영향으로 인해 동적 변위 발생이 예상되는 곳에 사용된다.

(이중) 서브머지드 아크용접DSAW 파이프는 프레스Press, 롤 벤딩Roll Bending 또는 나선형 벤딩Spiral Bending 공정으로 생산한다. UOE 파이프는 'U'형의 프레스, 'O'형의 프레스 및 최종 외경 치수를 얻기 위한 확장Expansion 방식으로 강철 패널을 접어서 제작한다.

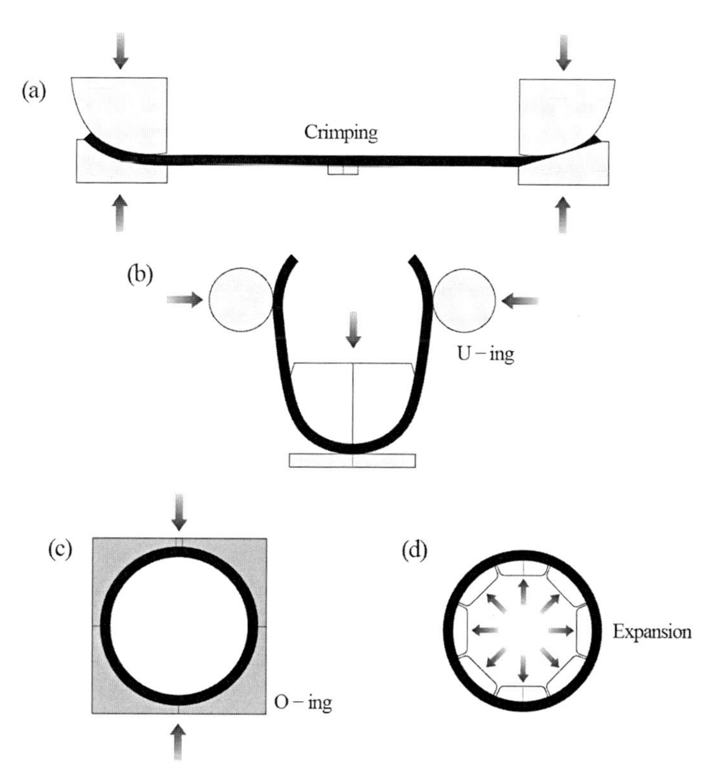

그림 3.2 UOE 파이프 제작 방식[3]

UOE 파이프는 40.64(16")~203.2cm(80") 범위의 외경크기와 6.35(0.25")~38.1mm(1.5") 범위의 벽두께로 생산된다. 공정과정의 문제로 16" 미만의 크기는 제조가 불가능하고 파이프 크기가 91.44cm(36")보다 크면 두 개의 플레이트를 축방향으로 용접하여 제작할 수 있다. 축방향 이음새는 일반적으로 파이프 벽의 내부와 외부에서 이중으로 용접되므로 이중 서브머지드 아크용접DSAW라고 하며 축방향 용접 대신 나선형 벤딩으로 서브머지드 아크용접SAW 파이프를 제작할 수 있다.

나선형 벤딩 용접파이프는 제작 초기에 낮은 치수 정확도와 파이프 끝부분의 원형성Roundness 유지 문제로 초기 활용성은 낮았지만 이후 제작 방식의 개선과 품질관리 향상으로 활용성이 증가되었다.

전기저항용접 파이프는 전기 저항에 의해 생성된 자기장으로 코일 가장자리를 가열하고 압착하여 제작하므로 필러재료로 용접할 필요가 없다. 전기저항용접 파이프는 심리스 또는 이중 서브머지드 아크용접 파이프보다 저렴하지만 외경과 벽두께에 제한이 있어 고압이나 부식 유발성분(H_2S, CO_2)이 포함된 오일·가스의 이송목적으로는 일반적으로 사용되지 않는다.

고주파 유도 용접HFIW은 전기저항 용접보다 더 나은 품질의 전기용접 파이프를 생산할 수 있으며 심리스 파이프보다 제작오차가 작고 높은 인성 및 강도로 인해 릴링Reeling 방식의 파이프라인 설치에도 고려되고 있다.

3.2 부식저항합금 파이프(Corrosion Resistant Alloy Pipe)

파이프라인 이송유체가 부식 유발 성분을 포함하고 있으면 파이프 내부 부식을 설계에 반영한다. 이 경우 부식저항합금CRA 파이프를 사용하며 합금 함량에 따라 다음과 같이 구분하며 각 재료의 주요 특성은 표 3.3과 같다.

- 스테인리스 스틸: 316L, 625, 825, 904L 등
- 크롬(Cr) 기반합금: 13Cr, 22Cr, 25Cr, 듀플렉스Duplex, 슈퍼듀플렉스 등
- 니켈(Ni)계 합금: LNG(액화천연가스) 운송용 또는 극저온(−160°C)용 36Ni
- 티타늄(Ti): 경량(강재의 56%), 고강도(최대 1,378Mpa(200ksi) 인장), 높은 부식저항성, 낮은 탄성계수, 낮은 열팽창, 높은 비용(강재의 약 10배), 라이저 터치다운 영역이나

응력 조인트 등과 같은 피로도가 높은 영역에 적합

• 알루미늄: 경량(강재의 30%), 낮은 탄성계수(강재의 30%), 높은 부식저항성, 낮은 강도(최대 620.53Mpa(90ksi) 인장), 드릴링 케이싱, 에어캔 및 라이저에 사용

표 3.3 부식저항합금 파이프(CRAP) 재료 특성

특성	탄소강 (Carbon Steel)	스테인리스 강 (Stainless Steel)	티타늄 (Titanium)	알루미늄 (Aluminum)
비중 (Specific Gravity)	7.85	8.03	4.50	2.70
탄성계수 (Elastic Modulus) (93.2°C/200°F)	29,000ksi (200,000Mpa)	28,000ksi (193,000Mpa)	15,000ksi (104,000Mpa)	10,000ksi (69,000Mpa)
열전도 (Thermal Conductivity) (125°C)	51W/m-°C (30Btu/hr.ft.°F)	17W/m-°C (10Btu/hr.ft.°F)	20W/m-°C (12Btu/hr.ft.°F)	255W/m-°C (147Btu/hr.ft.°F)
열팽창계수 (Thermal Expansion Coefficient)	11.7×10^{-6}/°C (6.5×10^{-6}/°F)	16.0×10^{-6}/°C (8.9×10^{-6}/°F)	8.6×10^{-6}/°C (4.8×10^{-6}/°F)	23.1×10^{-6}/°C (12.8×10^{-6}/°F)

주) 1ksi=6.8948Mpa, 1Btu/(hr.ft°F)=1.731W/(m.°C)

3.3 클래드 파이프(Clad Pipe)

파이프라인 부식 방지를 위해 전체 파이프를 부식저항합금CRA 파이프로 제작하면 비경제적일 수 있다. 특히 파이프라인이 길어질수록 프로젝트 비용에서 파이프라인 재료비가 차지하는 비중이 더욱 커지므로 내부에만 부식저항합금 파이프를 사용하고 외부에 탄소강으로 구성된, 즉 내외부를 다른 재질로 제조하는 파이프를 클래드 파이프라고 한다(그림 3.3). 클래드 파이프는 초기 제작비용은 높지만 생산기간 동안 발생되는 부식 영향으로 벽두께 감소, 부식 방지 케미컬 비용 등을 고려하면 운영비용은 상대적으로 낮아질 수 있으므로 경제성 및 운영조건과 운영기간을 고려하여 파이프 재질을 결정한다.

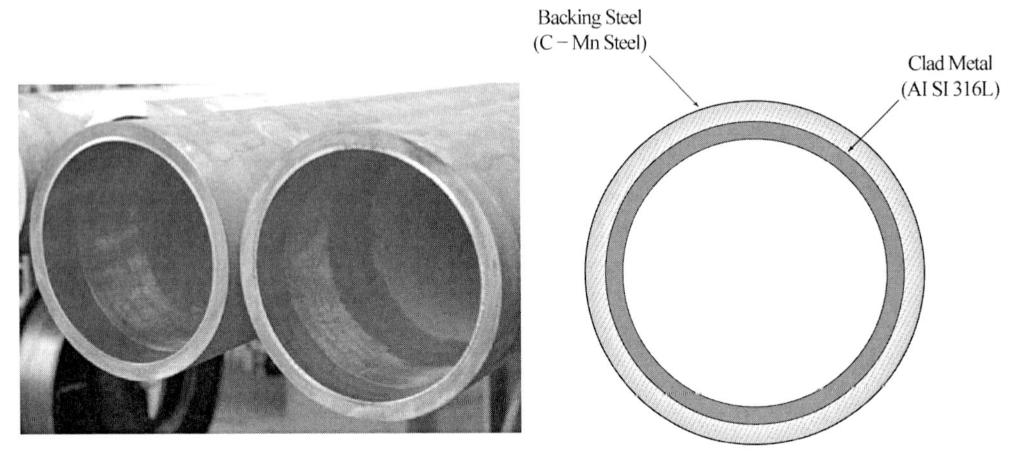

출처: www.butting.de

그림 3.3 클래드 파이프(Clad Pipe)

클래드 파이프 제작 방식은 크게 금속 결합 방식과 기계적 결합 방식의 2가지로 구분된다.

1) 금속 결합 방식(Metallurgical Bonding)

• 핫롤링 프로세스(Hot Rolling Process)

클래드 플레이트Clad Plate를 롤링 후 용접하는 방식으로 결합력은 우수하나 높은 제작비용이 소요된다(그림 3.4).

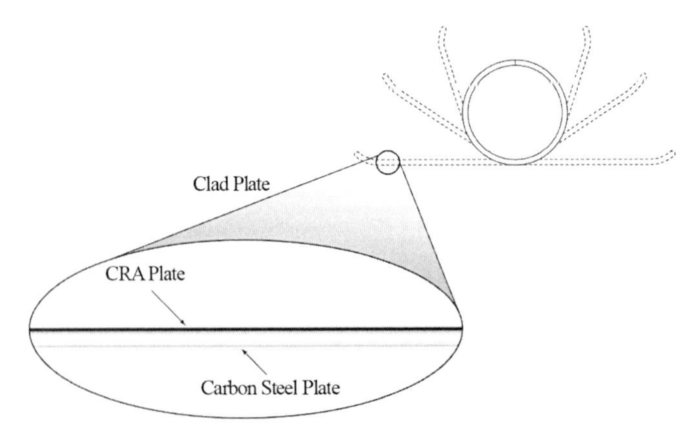

그림 3.4 핫롤링 프로세스(Hot Rolling Process)

• 용접코팅(Weld Overlay)

파이프 내벽에 내식성이 높은 인코넬Inconel 재료 등을 용접으로 녹여 부착시키는 방식으로 우수한 결합력으로 소량의 파이프나 스풀 및 점퍼 등을 일체로 연결하기에는 적합하지만 높은 제작비용과 내부면에 용접흠이 발생된다(그림 3.5).

용접코팅 방식은 다른 재료로 용접Dissimilar Material Welding(DMW)할 경우 용접과정에서 수소가 침입하여 확산되는 수소유도균열Hydrogen Induced Cracking(HIC)이 발생할 수 있으므로 용접과정에서 특별한 주의가 필요하다.

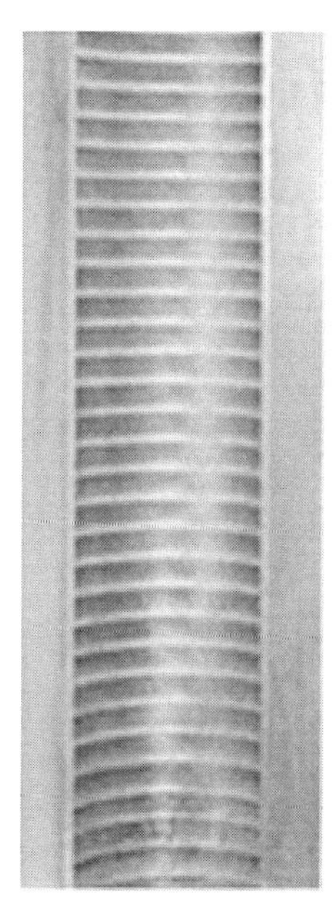

그림 3.5 용접코팅 방식(Weld Overlay Method)

2) 기계적 결합 방식(Mechanical Bonding)

• 열-수압 접합 방식(Thermo-Hydraulic Fit Method)

가열 후 팽창된 외부 파이프에 내부 파이프(라이너튜브Liner Tube)를 관입하고 수압에 의해 확장 후 수축하여 접합하는 방식으로 결합력은 낮아 릴링 설치 방식에는 제한이 있으나 제작비용이 낮다. 따라서 프로젝트의 설계조건에 따라 초기 재료비용이 적게 들지만 금속결합보다 유지비용이 높은 플라스틱 라이너 튜브를 클래드로 사용하는 열-수압 접합 방식으로 제작하는 방식을 고려할 수 있다(그림 3.6).

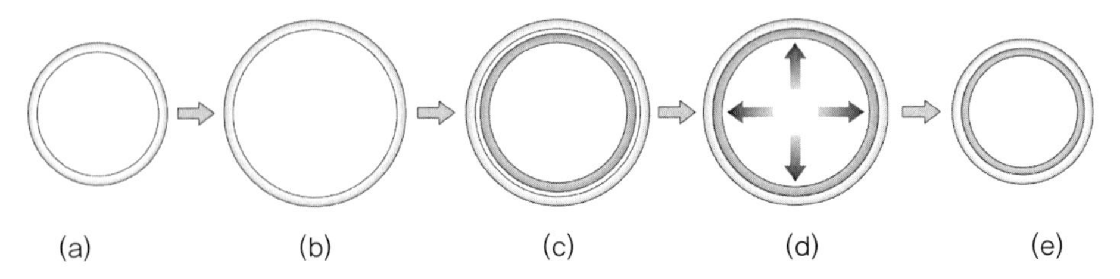

(a) 외부파이프 → (b) 열팽창 → (c) 라이너튜브 삽입 → (d) 수압팽창 → (e) 냉각 및 수축

그림 3.6 열-수압 접합 방식(Thermo-Hydraulic Fit Method)

3.4 복합재료 파이프(Composite Material Pipe)

탄소섬유 강화폴리머Carbon Fiber-Reinforced Polymer(CFRP) 또는 폴리에테르 케톤Polyether Ketone과 같은 열가소성 복합재료Thermoplastic composite는 대부분 해양플랫폼 상부 배관 및 육상 파이프라인을 위해 개발되고 이후 해양 파이프라인 산업 분야로 확대되었다. 복합재료 파이프는 높은 가격과 제작 크기에 제한이 있지만 강관 또는 플렉서블 파이프에 비해 다음과 같은 장점을 가진다.

- 강관 강도의 10배 이하, 최소 굽힘 반경Minimum Bending Radius(MBR)은 8배 이하로 움직임이 자유로워 라이저가 해저면과 닿는 터치다운 지점에서의 피로문제 해결방법으로 적용 가능하다.
- 강관, 플렉서블 파이프보다 가벼운 무게로 부유식 해양플랫폼에 작용하중을 감소시킨다.
- 파이프 내부면이 강관보다 매끄러워 이송유체와의 마찰로 인한 압력저하를 감소시킨다.
- 단열성이 강관보다 우수하여 추가 단열코팅의 필요성이 낮다.
- 플렉서블 파이프와 달리 하나의 레이어로 구성되어 레이어 간 마찰영향이 없다.

(a) 복합재료 파이프

(b) 엔드피팅(End Fitting)

그림 3.7 복합재료 파이프(Composite Material Pipe)

3.5 유연/플렉서블 파이프(Flexible Pipe)

플렉서블 파이프는 강철로 이루어진 레이어와 플라스틱으로 이루어진 레이어로 구성된다. 각각의 레이어는 결합되지 않고Unbonded 분리되어 서로 자유롭게 움직이는 유연성으로 동적하중에 대한 높은 저항성을 가지고 있으므로 해양플랫폼의 운동과 파랑의 영향을 받는 라이저로 주로 사용된다.

플렉서블 파이프는 강관과 달리 프로젝트에서 요구되는 내경 크기가 주어지면 설계조건에 따라 제조사에 의해 필요한 층과 두께가 정해져서 외경 크기가 결정된다. 파이프 압력 정도에 따라 생산한계가 있으므로 선정 전 프로젝트 목적에 부합하는 파이프의 생산 가능 여부를 제조사와 확인해야 한다.

그림 3.8(a)는 해양에 설치된 플렉서블 파이프의 수심에 따른 파이프 내경 분포를 나타낸 것으로 플렉서블 파이프가 설치된 가장 깊은 수심은 19.05cm(7.5") 직경으로 1,900m에 설치된 사례가 있으며 40.64cm(16")인 경우에는 수심 400m 미만에 설치된 것을 알 수 있다. 전 수심에 걸쳐서는 10.16(4")~25.4cm(10")가 사용되었다.

그림 3.8(b)는 설계압력에 따른 플렉서블 파이프의 설치 사례로 압력(psi)×내경(inch)=80,000psi-inch까지 설치되었다. 따라서 10"의 내경의 경우 8,000psi의 설계압력까지 생산 및 설치가 가능하고 10.16cm(4")~25.4cm(10") 범위의 내경 크기가 전체 압력범위에 걸쳐 광범위하게 사용되고 있음을 알 수 있다.

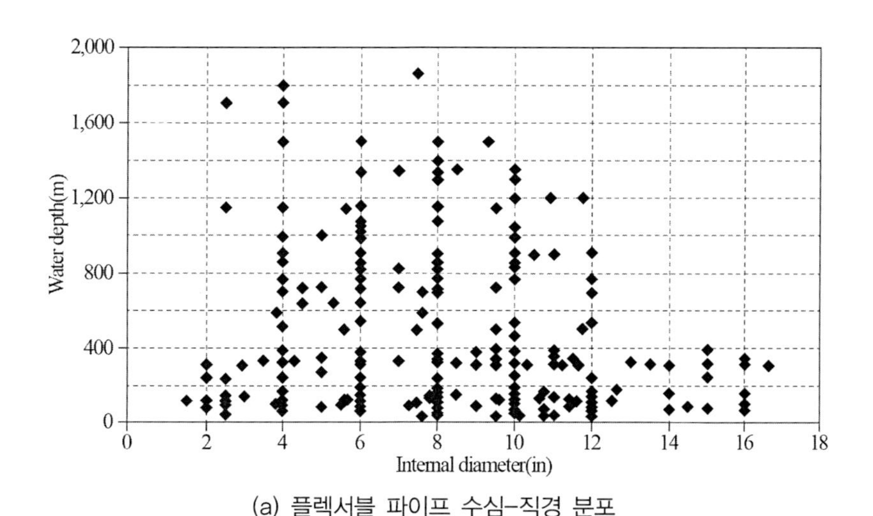

(a) 플렉서블 파이프 수심-직경 분포

그림 3.8 수심(a)과 설계압력(b)에 따른 플렉서블 파이프 내경[4]

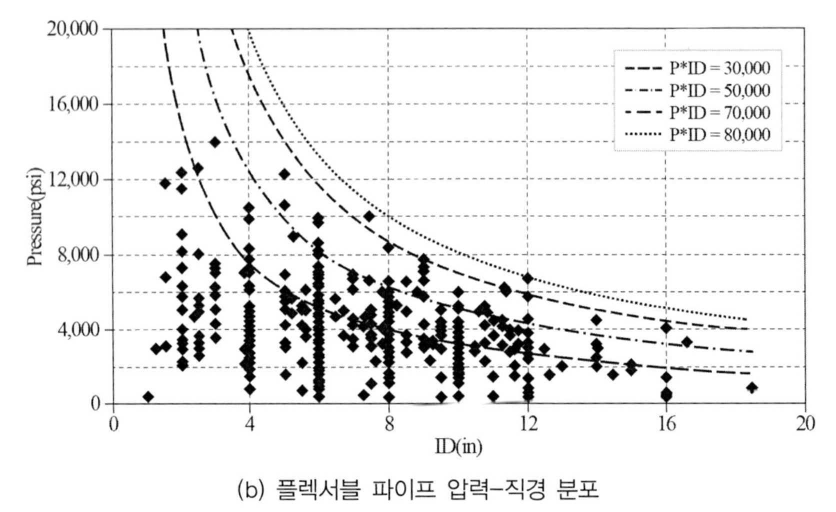

(b) 플렉서블 파이프 압력-직경 분포

그림 3.8 수심(a)과 설계압력(b)에 따른 플렉서블 파이프 내경[4] (계속)

3.5.1 플렉서블 파이프 레이어(Flexible Pipe Layer)

그림 3.9와 같이 몇 개의 층으로 이루어진 플렉서블 파이프는 내부에 일정 간격의 홈이 있는 강철 카커스Carcass를 사용하는 러프 보어와 내부면이 일정한 열가소성Thermoplastic 튜브를 이용한 스무스 보어로 구분된다.

러프 보어는 이송유체에 가스가 포함되어 흐르는 경우 급격한 내부압력의 변화로 인한 파손을 방지하기 위해 주로 사용되며, 스무스 보어의 경우는 저류층에 물을 주입하여 오일 및 가스의 생산을 증가시키기 위한 목적으로 사용되는 수주입라인 또는 케미컬 주입라인으로 사용된다. 또한 러프 보어에 카커스가 있는 경우는 내부강도를 증가시키지만 높은 유속에서 소음과 진동을 유발할 수 있는 단점이 있다.

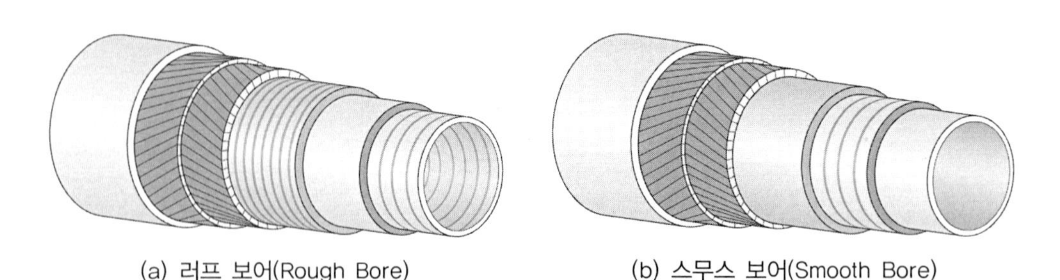

(a) 러프 보어(Rough Bore) (b) 스무스 보어(Smooth Bore)

그림 3.9 러프 보어 및 스무스 보어[5]

그림 3.10은 카커스가 있는 러프 보어 플렉서블 파이프의 내부 단면층을 나타낸 것으로 각 레이어의 특성은 다음과 같다.

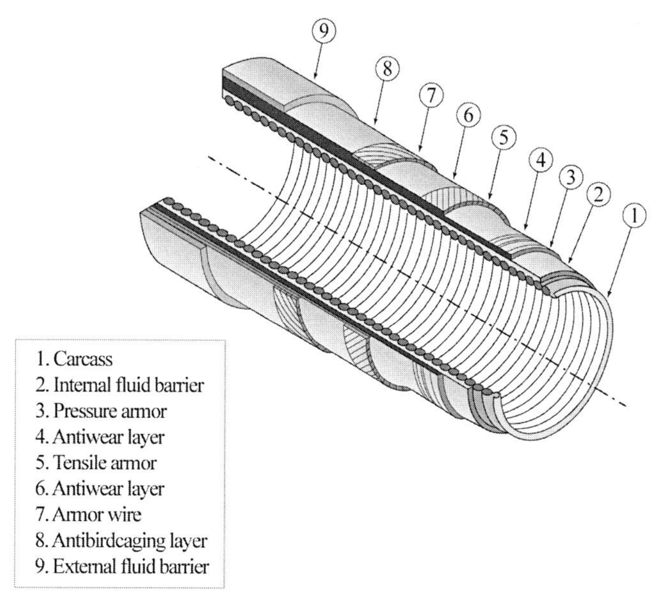

그림 3.10 플렉서블 파이프 레이어 구성[5]

1) 카커스 레이어(Carcass Layer)

내부공간에 응축된 가스로 발생되는 내부하중과 외부하중에 저항역할을 하도록 그림 3.11과 같이 고리로 상호고정Interlock Profile된 형태를 가진다. 유체특성에 따라 재질은 선택되며 부식저항성이 요구된다.

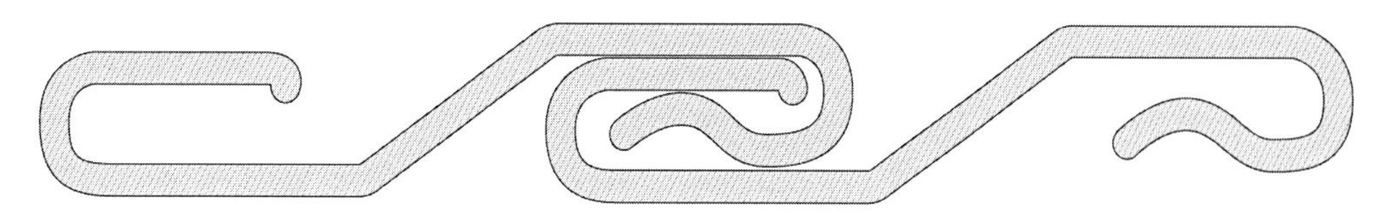

그림 3.11 카커스 상호고정 형태(Carcass Interlock Profile)[5]

주로 사용되는 재질은 아연도금스틸Galvanized Steel, AISI 304, AISI 304L, AISI 316, AISI 316L, 듀플렉스 등이다.

2) 내부 폴리머 레이어(Internal Polymer Layer)

카커스층에서 누출되는 가스 또는 유체의 누출 및 부식 방지 역할을 한다. 주로 사용되는 재료는 폴리아미트Polyamide, 고밀도 폴리에틸렌High Density PolyEthylene(HDPE)으로 최대 65°C의 적용 온도와 허용 변형률은 7%이며, 폴리에틸렌PolyEthylene과 폴리비닐리덴 플루오라이드Polyvinylidene Fluoride(PVDF)는 고밀도 폴리에틸렌보다 더 높은 온도인 130°C에 적용 가능하며 허용 변형률은 3.5%이다.

3) 방호 레이어(Armor Layer)

방호 레이어는 압력에 대한 보호역할을 하는 레이어와 인장에 저항하는 레이어로 구성된다.

압력 방호 레이어는 보어 내 유체압력으로 인한 파이프 벽에 작용하는 후프응력에 저항하는 레이어로 내부는 폴리머와 외부는 그림 3.12와 같은 Z, C, T 형태의 상호고정된 금속 와이어로 구성된다.

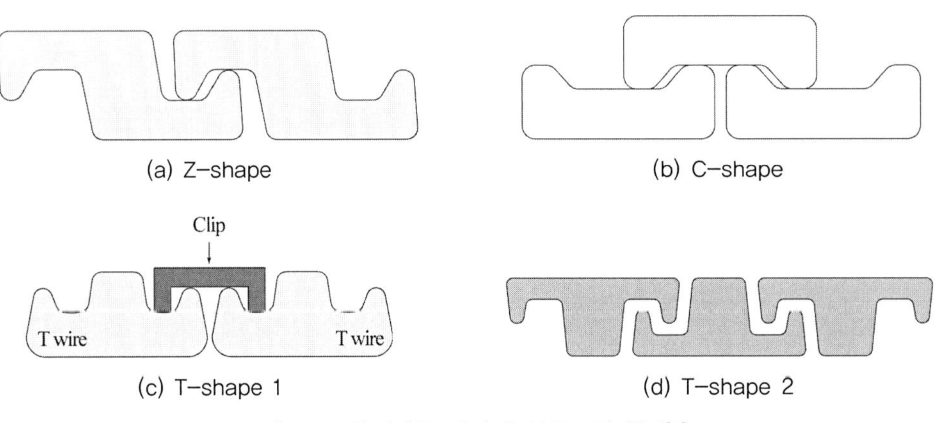

그림 3.12 압력방호 레이어 상호고정 형태[5]

압력방호 레이어에 사용되는 재료는 일반적으로 고강도 탄소강이며, 유체 내의 부식 성분의 포함 여부를 고려하여 결정된다. 플렉서블 파이프에 사용되는 방호 레이어의 최대 인장강도는 1,400Mpa이나 고강도 와이어는 수소유도균열HIC과 황화물응력균열Sulfide Stress Cracking(SSC)에 취약하므로 황과 같은 부식성분이 포함된 파이프Sour Pipe의 경우 최대인장강도를 750Mpa로 제한하고 추가 강철 레이어를 사용하는 방법도 고려된다.

인장방호 레이어는 인장하중, 비틀림 및 굽힘 모멘트에 저항하는 목적으로 사용되며 그림

3.13과 같은 직사각형의 와이어로 세로축을 기준으로 30~55°의 각도로 배열된다. 인장방호 레이어는 다른 레이어의 하중을 감당하게 설계되며 이 하중을 끝단연결End Fitting 구조물에 전달하는 역할을 한다. 재료는 방호 레이어와 동일한 고강도 탄소강으로 강도는 압력방호 레이어와 동일하게 고려된다.

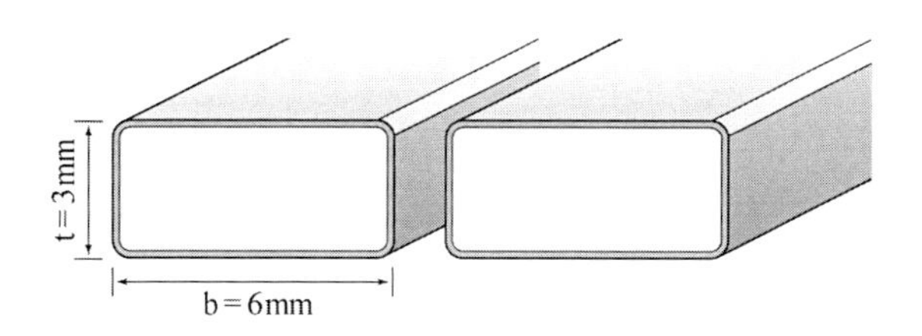

그림 3.13 인장방호 레이어의 일반적 형태[5]

4) 외부 폴리머 피복층(External Polymer Sheath)

가장 외측의 폴리머 레이어는 내부 폴리머 레이어와 동일한 재료로 만들 수 있으며 외부로부터 해수침입을 방지하는 역할과 외측방호 와이어의 보호역할을 한다.

기본적인 4개의 레이어 외에 필요에 따라 보조 레이어로 각 레이어 간의 마찰로 인한 마모 방지를 위해 마모 방지 레이어를 추가로 피복할 수 있으며, 정수압으로 인해 발생하는 축방향 하중에 의해 변형되는 버드케이징Birdcaging 현상을 방지하기 위한 안티 버드케이징 레이어도 구성할 수 있다.

표 3.4는 각각의 레이어가 고정되지 않은Unbonded 플렉서블 파이프 레이어의 주요 기능을 나타낸다.

표 3.4 일반적 플렉서블 파이프 구성[5]

레이어	레이어 주요 기능	스무스 보어 파이프	러프 보어 파이프	러프 보어, 강화파이프
1	붕괴 방지 (Prevent Collapse)	압력방호 레이어 (Pressure Armour Layer(s))	카커스 (Carcass)	
2	내부유체 유출 방지 (Internal Fluid Integrity)	내부압력 피복층 (Internal Pressure Sheath)		
3	후프응력저항 (Hoop Stress Resistance)	압력방호 레이어 (Pressure Armour Layer(s))	–	압력방호 레이어 (Pressure Armour Layer(s))

표 3.4 일반적 플렉서블 파이프 구성[5] (계속)

레이어	레이어 주요 기능	스무스 보어 파이프	러프 보어 파이프	러프 보어, 강화파이프
4	외부유체 유입방지 (External Fluid Integrity)	중간 피복층 (Intermediate Sheath)	–	
5	인장응력저항 (Tensile Stress Resistance)	교차연결 인장방호 (Cross Wound Tensile Armours)		
6	외부유체 유입방지 (External Fluid Integrity)	외부피복층 (Outer Sheath)		

3.5.2 플렉서블 파이프 보조구성요소

1) 끝단연결부/엔드피팅(End Fitting)

그림 3.14와 같이 라이저로 사용되는 플렉서블 파이프의 끝단연결부인 엔드피팅은 플렉서블 파이프를 서로 연결하거나 해저나 해양플랫폼에 플렉서블 파이프의 끝단을 연결하는 장치이다. 강관과 달리 플렉서블 파이프는 생산 시 파이프 끝단연결을 위한 엔드피팅이 파이프에 부착되어 조달되며 엔드피팅은 굽힘 방지를 위한 벤드 스티프너, 연결부인 터미네이션과 커넥터로 해양플랫폼과 연결된다.

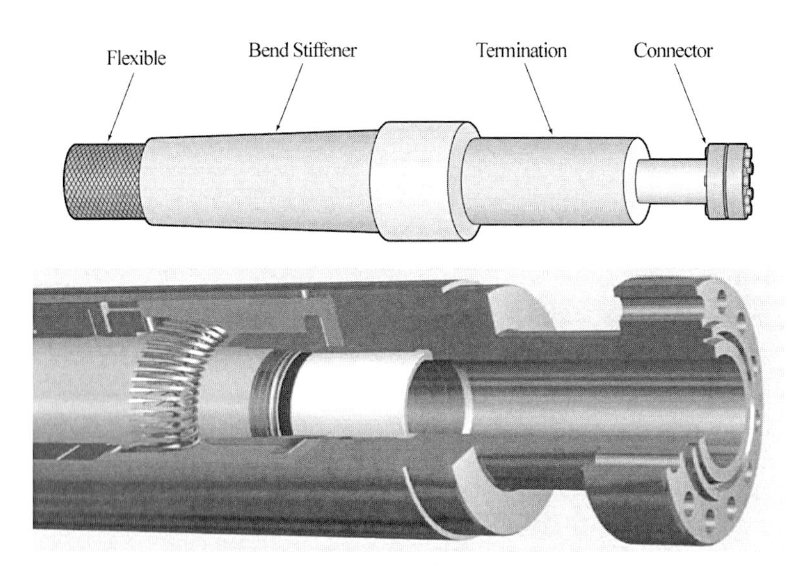

출처: NKTflexibles.com

그림 3.14 플렉서블 파이프 엔드피팅(End Fitting)

엔드피팅은 플렉서블 라이저의 변위로 인한 하중을 견디기 위해 파열과 인장강도가 연결된 라이저보다 강하여야 하고 파이프 내 유체의 기밀성을 유지해야 한다. 일반적으로 재료는 AISI 4130 저합금강을 사용하고 부식 방지를 위한 코팅으로는 니켈도금 또는 엑포시 코팅이 사용된다.

2) 밴드 리미터(Bend Limiter)

그림 3.15와 같이 플렉서블 파이프의 굽힘을 방지하기 위한 장치로는 엔드피팅과 연결되는 벤드 스티프너와 벨마우스가 있다. 두 개의 장치 모두 일정 반경 이상의 변위를 방지하는 역할과 동시에 일정 수준의 변위를 허용하여 내부 및 외부하중에 의한 동적인 대응으로 파이프에 작용하는 하중을 낮추는 역할을 한다.

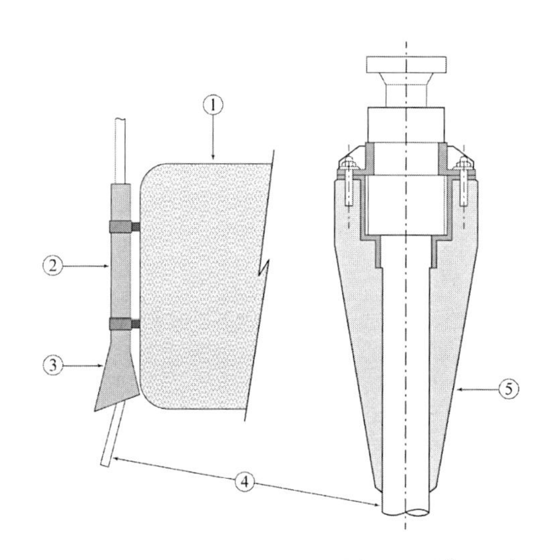

① Ponton(부유식 해양플랫폼)
② I-Tube : I 형태로 라이저를 윈치(Winch)를 통해 플랫폼 탑사이드와 연결 및 외부하중에 대한 보호역할
③ 벨마우스(Bellmouth)
④ 플렉서블 라이저(Flexible Riser)
⑤ 벤드 스티프너(Bend Stiffener)

그림 3.15 밴드 리미터(Bend Limiter)[5]

3) 굽힘 제한장치/벤드 리스트릭터(Bend Restrictor)

벤드 리스트릭터는 벤드 리미터와 마찬가지로 플렉서블 파이프가 일정반경 이상의 변위가 발생하지 않도록 하는 장치로 라이저의 하단 및 상단의 연결부에 설치된다.

구조는 파이프 주위에 반원모양의 원통Half Shell을 마주보는 방향으로 서로 연결Interlocking되는 형태로 제한된 반경에 도달할 때까지는 파이프의 유연성에 영향을 주지 않는 구조이다. 재료는 엘라스토머Elastomers 또는 유리섬유 강화플라스틱Glass Fiber Reinforced Plastic으로 제작된다.

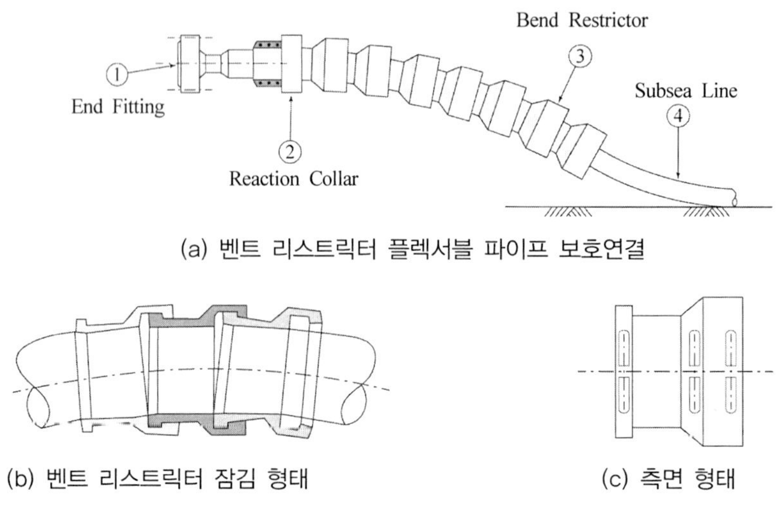

(a) 벤트 리스트릭터 플렉서블 파이프 보호연결

(b) 벤트 리스트릭터 잠김 형태

(c) 측면 형태

그림 3.16 벤드 리스트릭터(Bend Restrictor)[5]

3.6 플렉서블 호스(Flexible Hose)

플렉서블 호스는 여러 플라스틱 및 강철 레이어로 구성된 플렉서블 파이프와 달리 일체형 고무결합구조Vulcanized Rubber로 곡률반경이 작고 뛰어난 유연성과 피로저항성을 가진다. 플렉서블 호스는 파이프라인 끝단 매니폴드PLEM에서 단일지점계류Single Point Mooring(SPM) 브이와 연결되는 라이저와 하역호스의 목적으로 사용된다(그림 3.17).

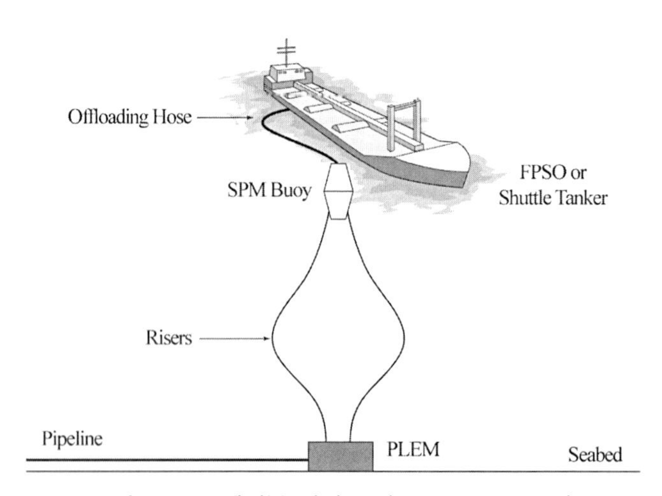

그림 3.17 플렉서블 하역호스(Offloading Hose)

출처: www.dunlop-oil-marine.co.uk

그림 3.18 플렉서블 호스 적용(예)

CHAPTER
04

파이프라인 벽두께 설계(WT Design)

파이프의 벽두께Wall Thickness(WT) 설계는 적용하는 설계코드에 따라 차이가 있으므로 지역 또는 해당 프로젝트의 특성에 따라 요구되는 설계코드를 적용한다. 다음의 설계코드는 파이프라인 설계 및 시공을 위해 오일·가스 프로젝트에서 일반적으로 사용되는 설계코드이다.

표 4.1 오일·가스 프로젝트에서 일반적으로 사용되는 설계코드

설계코드	설명
ASME B31.4[1]	Pipeline Transportation Systems for Liquid Hydrocarbons and Other Liquids 북미의 모든 오일 파이프라인 적용
ASME B31.8[2]	Gas Transmission and Distribution Piping Systems 북미의 모든 가스 파이프라인 적용
API RP-1111[3]	Design, Construction, Operation, and Maintenance of Offshore Hydrocarbon Pipelines(Limit State Design) 북미의 오일 및 가스 파이프라인 모두 적용
DNV-OS-F101[4]	Offshore Standard-Submarine Pipeline Systems 북해의 플로우라인을 포함한 오일 및 가스 파이프라인 적용
ISO 13623[5]	International Organization of Standardization, Petroleum and Natural Gas Industries. Pipeline Transportation Systems
BS PD 8010-3[6]	British Standard, Code of Practice for Pipelines, Part 3: Pipelines Subsea: Design, Construction and Installation
CSA Z662[7]	Canadian Standard, Oil and Gas Pipeline System
ABS[8]	American Bureau of Shipbuilding, Guide for Building and Classing for Subsea Pipeline Systems
30 CFR 250[9] (DOI Regulation)	Code of Federal Regulation, 30 Part 250 Oil and Gas and Sulphur Operation in the Outer Continental Shelf 미국의 플로우라인에 적용

표 4.1 오일·가스 프로젝트에서 일반적으로 사용되는 설계코드(계속)

설계코드	설명
49 CFR 192[10][11] (DOT Regulation)	Code of Federal Regulation, 49 Part 192 Transportation of Natural and Other Gas by Pipeline : Minimum Federal Safety Standards 미국의 가스 파이프라인에 적용
49 CFR 195[12][13] (DOT Regulation)	Code of Federal Regulation, 49 Part 195 Transportation of Hazardous Liquids by Pipeline 미국의 오일 파이프라인에 적용

파이프라인 벽두께WT를 결정하기 전 유동성 확보해석을 통해 필요한 파이프 내경을 결정한다. 벽두께는 파이프라인 내외부에 작용하는 압력에 저항하고 설치 시 또는 운영 시에 발생하는 아래의 여러 하중에 대한 안정성과 필요한 설계조건을 만족하여야 한다.

- 내부압력(파열)Internal Pressure(Burst)
- 외부압력(붕괴/버클전파)External Pressure(Collapse/Buckle propagation)
- 굽힘 좌굴bending Buckling
- 종방향하중Longitudinal Load
- 복합하중Combined Load

1) 직경/두께(D: Diameter/T: Thickness) 비

두꺼운 벽과 얇은 벽Thick-walled vs Thin-walled의 구분에 따라 적용되는 수식의 차이가 있으며 결정기준은 직경(D)/두께(t)의 비에 따라 달라진다. API코드에서는 다른 수식이 적용되는 D/t의 임곗값은 15이며 ASME B31.8에서의 임곗값은 30으로 정의된다.

설계기준에 명확하게 정의되어 있지 않는 경우 일반적인 얇은 벽 파이프와 두꺼운 벽 파이프를 구분하는 기준 임곗값은 $D/t=20$으로 적용한다. 즉, $D/t>20$인 파이프는 얇은 벽 파이프, 그 이하는 두꺼운 벽 파이프로 구분할 수 있다.

2) 부식 허용치(Corrosion Allowance)

일반적으로 드라이가스(오일과 물을 공정처리과정에서 제거한 가스) 및 비부식성으로 간주되는 기타 유체의 경우 내부부식 허용치는 기본적으로는 고려할 필요가 없지만, DNV-OS-F101,

Sec. 6 D203에서는 오일 생산 시 물이 포함되어 생산되는 경우는 중간 및 높은 안전등급을 적용하여 탄소-망간(C-Mn) 재질 파이프라인의 경우 최소 3mm의 내부 부식허용치가 권장된다.

부식성이 있는 황(H_2S) 또는 많은 이산화탄소(CO_2)를 포함하는 가스를 수송하는 파이프라인의 경우 더 심한 부식을 감안하여 추가적인 부식 허용치를 고려해야 하므로 설계 시 추가 부식 허용치를 적용하거나 또는 다른 파이프 재료를 채택할 수 있는 설계기준을 적용한다.

3) 설치 방법 및 설치 용이성

파이프 벽두께를 결정하기 전에 에스레이S-lay, 제이레이J-lay, 릴레이Reel-lay 또는 예인Towing과 같은 각각의 설치 방법에 따른 사용 가능한 설치 선박을 먼저 고려한다. 파이프라인 설치업체에 따라 프로젝트 위치에서의 해양환경조건과 보유하고 있는 설치 선박의 작업능력을 고려하여 중량을 증가시킨(낮은 직경/두께비) 파이프를 요구할 수 있다.

기상조건의 제약을 많이 받는 파이프라인 설치작업의 특성상 해상환경이 좋은 일정 기간에 여러 프로젝트에서 동시에 파이프라인을 설치하는 경우가 빈번히 발생하고, 특히 최종처리터미널의 정기 유지보수기간 동안 연결된 여러 해양플랫폼에서 파이프라인 교체작업이 동시에 진행되는 경우가 많으므로 프로젝트 기간 내에 설치 선박의 가용 유무는 해당 지역의 시장조건에 따라 중요한 파이프라인의 설계변수로 고려될 수도 있다.

설계 엔지니어는 파이프라인의 최소 벽두께 및 기타 제조요구사항을 설치업체와 사전 협의하고 설계 시 파이프가 허용굽힘응력 범위 내에서 해저면에 설치될 수 있도록 설치 해석을 한다. 파이프라인을 감을 때(릴레이 방식)에도 파이프 굽힘 변형률이 임계좌굴 변형률을 초과하지 않는지 검토하는 것도 중요한 사항이다.

4) 해저면 안정성(On-bottom Stability)

해저면에 설치된 파이프라인은 해저 흐름에 의한 유체역학적인 힘에 의해 부양(+Y축 방향) 또는 이동(±X축 방향)이 발생하지 않도록 추가 중량이 필요한 경우 벽두께를 증가시키는 경우와 콘크리트 중량코팅을 비교하여 경제성 및 운영과 설치에 유리한 방법으로 결정한다. 또한 설치 시에도 파이프라인이 파도나 조류에 안정을 유지하도록 일반적으로 수중 파이프라인의 비중은 천이~심해역Open Water에서 1.15 이상, 해안 접근지역(천해지역)에서 1.3 이상이 요구된다.

5) 프리스팬 및 와류유도진동으로 인한 피로손상

해저면의 불규칙성 또는 설치경로의 해저지형 특성으로 프리스팬이 불가피한 경우 파이프 벽두께를 증가시켜 프리스팬 구간에 파이프라인 경간 지지력을 유지하고 와류유도진동VIV으로 인한 피로손상에 대한 저항력을 증가시킬 수 있다.

4.1 내부압력 파열검토(Internal Pressure Burst Check)

파이프는 내부유체의 압력으로 인하여 내부가 파열되지 않고 안전하게 오일·가스를 이송해야 한다. 파열압력에 따른 허용후프응력은 이송유체의 종류(오일·가스)와 파이프라인 또는 라이저에 따라 다르게 적용된다.

생산정에서 연결되어 고정식 또는 부유식 해양플랫폼에 연결된 라이저의 파손은 해양플랫폼의 구조안정성과 인명 피해에 직접적인 영향을 미치므로 파이프라인보다 더 강화된 설계조건을 적용한다. 특히 가스라이저의 경우 가스의 압축성으로 인해 파손 시 오일라이저보다 위험성이 높으므로 더 낮은 허용후프응력으로 설계된다.

미국 내 프로젝트에서 내부압력 설계의 경우 CFR 코드의 후프응력식을 적용한다. 오일 및 가스 파이프라인에 대한 미국 규정은 다음 표 4.2와 같다.

표 4.2 내부압력설계 규정(미국)

Lines	Codes	Equation	Design Factor, F	
			F/L or P/L	Riser
플로우라인 (Flowline)	30 CFR 250.1002(a)	$P=\frac{2t}{D}SFET$	0.72	0.60
	API RP-1111,[3] 2009	$P_i-P_o=0.45(S+U)\ln\left(\frac{D}{D-2t}\right)FET$ $D/t<15$ $P_i-P_o=0.9(S+U)\frac{t}{D-t}FET$ $D/t\geq 15$	0.72	0.60
오일 파이프라인 (Oil Pipeline)	49 CFR 195.106[12]	$P=\frac{2t}{D}SFE$	0.72	0.60
	ASME B31.4,[1] 2012	$P_i-P_o=\frac{2t}{D-t}SF,\ D/t<30$ $P_i-P_o=\frac{2t}{D}SF,\ D/t\geq 30$	0.72	0.60

표 4.2 내부압력설계 규정(미국) (계속)

Lines	Codes	Equation	Design Factor, F	
			F/L or P/L	Riser
가스 파이프라인 (Gas Pipeline)	49 CFR 192.105[10]	$P=\frac{2t}{D}SFET$	0.72	0.50
	ASME B31.8,[2] 2014	$P_i - P_o = \frac{2t}{D-t}SF \quad D/t < 30$ $P_i - P_o = \frac{2t}{D}SFT, \quad D/t \geq 30$	0.72	0.50

주) • P=내부압력(N/mm²)=P_i • P_o=외부압력(N/mm²) • S=최소 항복응력(N/mm²)
• U=최소 인장응력(N/mm²) • D=외경(mm) • t=벽두께(mm)
• F=설계인자(Design Factor)
• E=종축연결계수
1.00: 심리스, 전기저항용접 및 이중 서버머지드아크용접
0.80: 용광로 랩용접
0.60: 용광로 버트용접
• T=온도감소계수
1.000 경우 T < 121°C(250°F) 0.967 경우 121°C(250°F) < T ≤ 149°C(300°F)
0.933 경우 149°C(300°F) < T ≤ 177°C(350°F) 0.900 경우 177°C(350°F) < T ≤ 204°C(400°F)
0.867 경우 204°C(400°F) < T ≤ 232°C(450°F)

해양 파이프라인의 경우 표 4.3에 표시된 계수에 최대허용 운영압력MAOP을 곱하여 적용할 수압시험압력을 구할 수 있다. 결과적으로 후프응력은 최대허용 운영압력과 수합시험압력에서 제시된 허용응력 이내에 있어야 한다.

표 4.3 최소 수압시험 요구압력(Minimum Hydrotest Pressure Requirement)

Lines	Codes	Factor multiplied to MAOP		Allowable Hoop Stress (%SMYS)
		F/L or P/L	Riser	
플로우라인	30 CFR Part 250.152[9]	1.25	1.25	95
오일 파이프라인	49 CFR Part 195.304[13]**	1.25	1.25	100*
	ASME B31.4[1]	1.25	1.25	100*
가스 파이프라인	49 CFR Part 192.505[11]***	1.25	1.25	100*
	ASME B31.8[2]	1.25	1.25(SCR) or 1.50****	100*
플로우라인/파이프라인	DNV-OS-F101[4]	1.155	1.155	96

* 100% 특정최소 항복응력(SMYS: Specified Minimun Yield Stress)이 사용됨
** 4시간 이상 수압시험
*** 6시간 이상 수압시험
**** 스틸 카테너리 라이저 이외의 가스라이저의 경우 ASME B31.8(2014) 섹션 A847.2에는 수압 테스트 압력의 1.5배의 최대허용 운영압력(MAOP)이 필요하다. 그러나 파이프라인~라이저 시스템에서 파이프라인에 연결하기 전에 라이저가 사전 테스트된 경우에는 1.25배 최대허용 운영압력(MAOP)에서 테스트할 수 있다.

4.1.1 얇은 벽 파이프 공식(Thin Wall Pipe Formula)

내부에 압력이 가해지면 파이프의 원주방향으로 후프응력이 발생한다. 파이프 벽두께가 얇다고 가정하면($D/t>15$) 그림 4.1과 같이 후프방향의 힘은 내부압력의 Y축 방향 힘과 평형을 이루는 가정으로 아래와 같이 도출된다.

$$2\sigma_h t = \int_0^{\pi}(PR_i \sin\phi)d\phi = -PR_i|\cos\ \phi|_0^{\pi} = 2PR_i = PD \Rightarrow \sigma_h = \frac{PD}{2t}$$

여기서, P_i : 내부압력

D : 외경

t : 벽두께

위의 방정식은 다음과 같은 가정으로부터 도출된다.

- 얇은 벽 파이프의 방사형 응력Radial Stress을 무시
- 파이프 벽두께에 걸쳐 균일한 후프응력을 가정
- 외부압력이 존재하지 않음

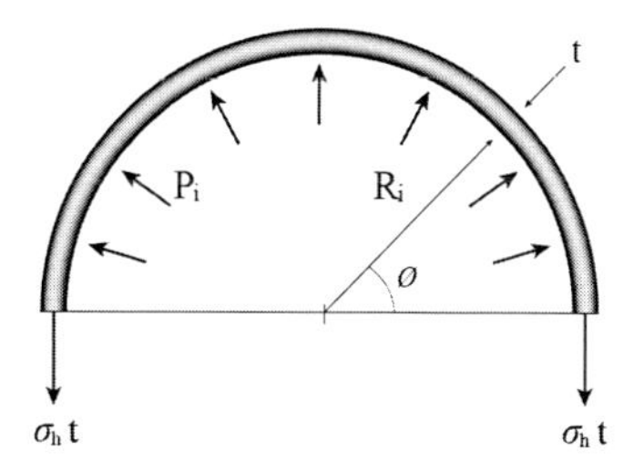

그림 4.1 얇은 벽 파이프응력 다이어그램(Thin Wall Pipe Stress Diagram)

심해의 경우 외부 정수압은 무시할 수 없으며 위 공식에서 외부압력 P_o를 고려하여 다음과 같이 나타낸다.

$$\sigma_h = \frac{(P_i - P_o)D}{2t}$$

앞의 식은 파이프 내외부의 압력 차이(ΔP)가 파이프 외벽에 작용하는 것으로 가정한 것으로 실제 내부압력은 내벽에 외부압력은 외벽에 작용하므로 위의 식으로는 벽두께에 따라 후프응력의 차이가 발생하게 된다. 따라서 ASME B31.8[2](2014)에는 D/t 비율의 기준을 30으로 하여 다음의 2가지 공식을 제안한다.

두꺼운 벽두께의 경우($D/t < 30$) 압력이 외벽(D)에 작용하는 것이 아니라 벽 가운데 ($D-t$)에 작용하는 것으로 가정하여 좀 더 정확한 후프응력값을 산정한다.

$$\sigma_h = \frac{(P_i - P_o)D}{2t}, \quad D/t > 30$$

$$\sigma_h = \frac{(P_i - P_o)(D-t)}{2t}, \quad D/t < 30$$

4.1.2 두꺼운 벽 파이프 공식(Thick Wall Pipe Formula)

얇은 벽 파이프 공식은 내외부압력 차이가 파이프 외벽에 작용하고 파이프 두께에 걸쳐 어느 지점이든 균일한 후프응력을 발생한다고 가정하므로 보수적인 결과로 높은 후프응력값을 제공한다. 실제로 후프응력은 벽두께의 반경 방향을 따라 균일하지 않고 내부 표면에서 최댓값 외부표면에서 최솟값을 나타낸다. 따라서 보다 정확한 후프응력이 필요한 경우 두꺼운 벽 파이프 공식을 사용해야 한다.[15]

$$\sigma_h = \frac{P_i a^2 - P_o b^2 + a^2 b^2 (P_i - P_o)/r^2}{(b^2 - a^2)}$$

여기서, a : 파이프 내부 벽두께 반경 $= D_i/2$

b : 파이프 외부 벽두께 반경 $= D/2$

r : 임의지점에서의 파이프 반경

r을 a로 바꾸면 파이프 내부벽(최댓값)의 후프응력을 다음과 같이 나타낸다.

$$\sigma_h = (P_i - P_o)\frac{(D^2 + D_i^2)}{(D^2 - D_i^2)} - P_o$$

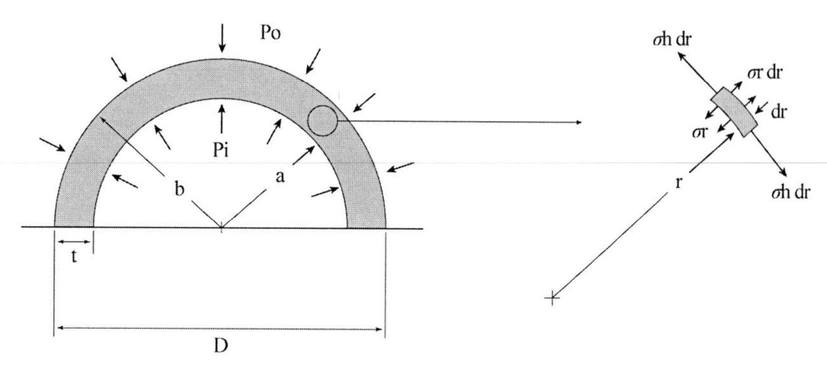

그림 4.2 두꺼운 벽 파이프응력 다이어그램(Thick Wall Pipe Stress Diagram)

위의 공식은 두꺼운 벽두께를 포함하여 모든 두께의 파이프에 적용되며 정확한 후프응력 값을 제공하지만 분모와 분자에 파이프 벽두께(t)가 포함되어 있으므로 허용 후프응력을 만족하는 벽두께를 구하기 어려운 단점이 있다(ASME B31.8[2] 2007 이후 삭제되어 수식 유도 과정의 참고로만 사용).

그림 4.3은 얇은 벽과 두꺼운 벽의 수식 적용 시 벽두께에 따른 응력 분포를 나타낸다. 얇은 벽 공식의 후프응력은 벽두께를 따라 일정한 반면 두꺼운 벽 공식의 후프응력은 벽두께를 따라 내벽에서 최대치, 외벽에서 최소치를 나타낸다. 두꺼운 벽 후프응력의 최대치는 얇은 벽 후프응력값보다 작으며 두 공식의 차이는 D/t 비율이 낮을수록(벽두께가 클수록), 외부압력이 클수록 차이가 커진다.[17]

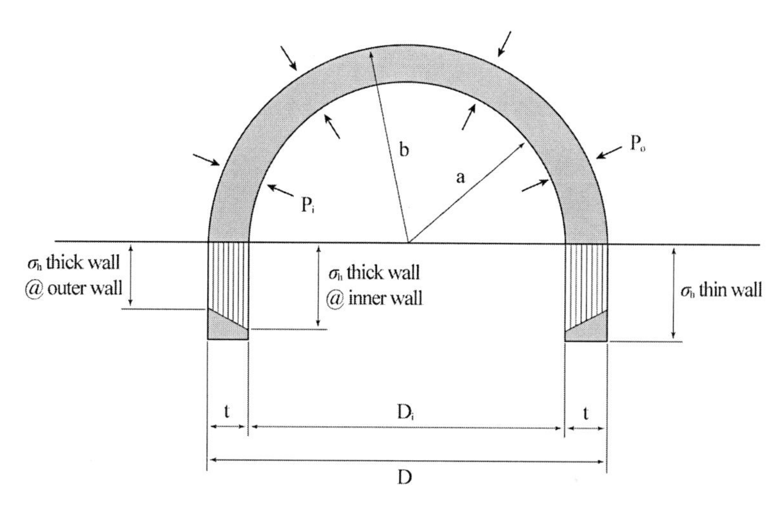

그림 4.3 파이프 후프응력(Hoop Stress) 비교(얇은 벽 두꺼운 벽 공식 비교)

1) API RP-1111 공식[3]

API RP-1111 파열 설계공식은 한계상태 설계법Limit State Design을 기반으로 하며 광범위한 파이프 등급, 직경 및 벽두께를 포함하는 실제 파이프 250개 이상의 표본 파열테스트를 통해 검증되었다. 두꺼운 벽 파이프공식보다 보수적인 결과를 제공하지만 얇은 벽 후프응력 공식보다는 낮은 결과를 제공한다.

$$\frac{P_d}{0.80} \leq P \leq f_d \quad P_b \;\Rightarrow\; P_b \geq \frac{P_d}{(0.80\ f_d)}$$

여기서, P_d : 설계압력(psi)

P_t : 수압테스트압력(psi)

P_b : 파열압력(psi)

f_d : 0.90(플로우라인), 0.75(라이저)

$$\therefore\ P_b \geq \frac{P_d}{0.72}\text{(Flowline)}, \quad P_b \geq \frac{P_d}{0.60}\text{(Riser)}$$

상기 식에서 산정한 최소파열압력을 아래 식에 대입하여 파열에 저항할 수 있는 파이프 벽두께를 결정할 수 있다.

$$P_b = 0.90(S+U)\frac{t}{(D-t)},\ \text{for } D/t > 15 \text{ or}$$

$$P_b = 0.45(S+U)\ln\frac{t}{(D-t)},\ \text{for all } D/t \text{ ratios}$$

$$t = D/2 - \frac{D}{2 \times exp\left(\frac{P_d}{0.45\ (S\ +\ U)\ 0.80 \times\ f_d}\right)}$$

여기서, S : 특정최소 항복응력(psi)

U : 극한 인장응력(psi)

앞의 식은 외부압력을 고려하지 않고 내부설계압력을 사용하므로 심해에서는 보수적인 설계를 하게 된다. 따라서 설계압력 대신 내외부의 압력차($\Delta P = P_o - P_i$)를 사용하기도 하지만 허가서 제출 시 페티션Petition을 첨부해야 한다.

2) DNV-OS-F101[4] 공식

DNV-OS-F101은 하중저항계수 설계법Load and Resistance Factor Design(LRFD)을 적용한다. 하중 및 저항계수는 파열 정도의 안전 등급에 따라 달라지며 제시하는 후프응력식은 다음과 같다.

$$\sigma_h = (P_{li} - P_e)\frac{D - t_1}{2t_1} \leq \mathrm{Min}\left|(SMYS - f_{y,temp}),\ \left(\frac{SMTS}{1.15} - f_{u,temp}\right)\right| \frac{2}{\sqrt{3}} \frac{1}{\gamma_m \gamma_{sc}}$$

여기서, P_{li} : 최대 수심에서의 국부압력$=1.1 \times P_i + \gamma_c \times g \times \Delta h$

Δh : 최대 수심에서의 수두차

t_1 : 최소 파이프 벽두께

t : 공칭 파이프 벽두께$= t_1 + t_{fab} + t_{corr} = (t_1 + t_{corr})/(1 - t_{fab})$

t_{fab} : 제작오차, 심리스 파이프의 경우 12.5%

t_{corr} : 부식허용치

SMYS : 특정최소 항복응력

SMTS : 특정최소 인장응력

$f_{y,temp}$: 온도에 따른 항복강도 감소값

$f_{u,temp}$: 온도에 따른 인장강도 감소값

γ_m : 재료 저항계수(1.15: 파이프라인 및 라이저)

γ_{sc} : 안전등급 저항계수(1.138: 파이프라인, 1.308: 라이저)

예로 P_i=5,000psi, P_o=1,000psi, 406.4mm(16") 외경 심리스 파이프에 대한 DNV-OS-F101에서 필요한 파이프 벽두께를 계산하면 17.53mm(0.690")이다.

$$(1.1 \times 5{,}000 - 1{,}000)\frac{16 - t_1}{2t_1} \leq \text{Min}\left|(65{,}000 - 0),\ \left(\frac{77{,}000}{1.15} - 0\right)\right| \frac{2}{\sqrt{3}} \frac{1}{1.15 \times 1.138}$$

$$(5{,}500 - 1{,}000)(16 - t_1)/(2t_1) \leq 57{,}351$$

$$\therefore\ t_1 = 0.604$$

$$\therefore\ t = (0.604 + 0)/(1 - 0.125) = 0.690''$$

표 4.4는 동일한 조건으로 각각의 공식을 적용한 값으로 해당 예시 조건의 경우 DNV-OS-F101에서 가장 보수적인 값을 제시하고 있지만 각 설계조건에 따라서 결과가 달라질 수 있다.

표 4.4 각 공식의 적용(예)

설계기준	벽두께
ASME B31.8,[2] 2007	t = 16.36mm(0.644")(100%)
ASME B31.8,[2] 2014	t = 16.66mm(0.656")(102%)
API RP-2RD[14]	t = 15.70mm(0.618")(96%)
API RP-1111[3]	t = 16.92mm(0.666")(103%)
DNV-OS-F101[4]	t = 17.53mm(0.690")(107%)

4.2 외부압력 붕괴/좌굴전달 검토(External Pressure Collapse/Buckle Propagation Check)

파이프라인의 벽두께나 강도가 부족하면 외부수압에 의해 파이프가 붕괴되거나 좌굴이 발생하게 된다. 일반적으로 파이프가 붕괴되는 수압보다 좌굴전달이 시작되는 수압이 더 낮다. 따라서 좌굴 방지를 위해 파이프 벽두께를 증가시키는 것이 비경제적인 경우에는 좌굴 전달을 방지하는 버클 어레스터Buckle Arrestor를 일정간격으로 설치한다.

좌굴은 주로 파이프라인 설치 시 발생하며 좌굴을 방지하기 위해 수심에 해당하는 길이마다 버클 어레스터를 부착하여 파이프라인을 설치한다.

ASME 코드는 붕괴압력을 산정하는 공식을 제시하지 않으므로 API RP-1111[3]이 일반적으로 사용된다.

$$P_o - P_i \le f_o P_c, \quad P_c = \frac{(P_y P_e)}{\sqrt{(P_y^2 + P_e^2)}},$$

$$P_y = 2S(t/D), \quad P_e = \frac{2E(t/D)^3}{(1-\nu^2)}$$

여기서, P_o : 외부압력(psi)

P_i : 내부압력(psi)

f_o : 붕괴 계수 0.7(심리스), 0.6(DSAW, ERW)

P_c : 붕괴압력(psi)

P_y : 항복붕괴압력(psi)

P_e : 탄성붕괴압력(psi)

E : 탄성계수(psi)

n : 푸아송비 0.3(강재)

좌굴전파압력 P_p은 API RP-1111에 따라 아래의 식으로 산정된다.

$$P_p = 24S\left[\frac{t}{D}\right]^{2.4}$$

여기서, S : 특정최소 항복응력(SMYS), X-65파이프의 경우 65,300psi

파이프 내외부 간의 압력차가 좌굴전달 압력의 80% 이상일 경우 좌굴이 전달된다고 볼 수 있다. 따라서 $(P_o - P_i) \ge 0.8P_p$ 경우 좌굴전달 방지를 위해 버클 어레스터를 설치할 필요가 있다.

사용 가능한 버클 어레스터는 슬립온링Slip-on Ring, 일체형Integral 및 클램프온Clamp-On 형태가 있다(그림 4.4). 클램프온 형태는 파이프라인 릴링 작업 중에 버클 어레스터를 부착할 수 있으므로 릴레이 방식에 선호되는 옵션이다. 이 외에 파이프라인 설치 시 버클 어레스터가 필요한 구간에 두꺼운 벽 파이프 조인트(예: 12.2m(40ft) 간격)를 사용하면 충분히 버클 어레스터 역할로도 사용할 수 있다.

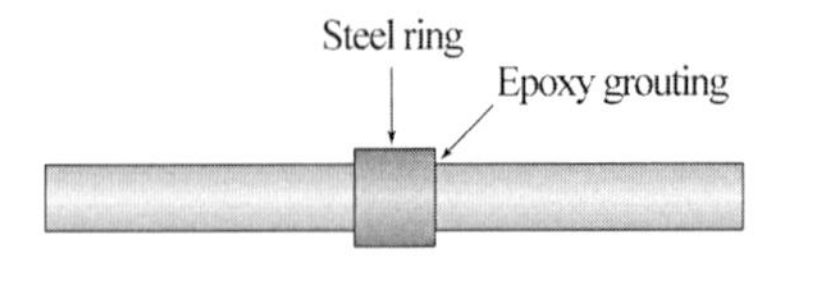

(a) 슬립온링형(Slip-on Ring Type)

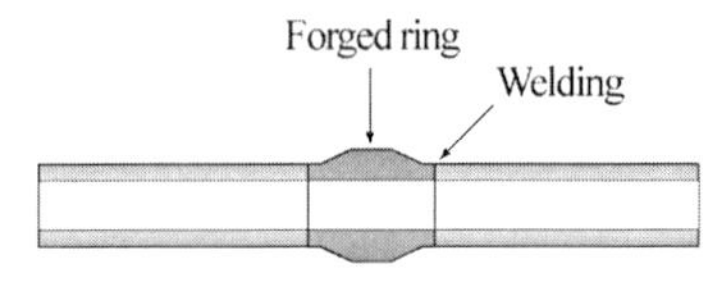

(b) 일체형(Integral Type)

(c) 클램프온 유형(Clamp-on Type)

그림 4.4 버클 어레스터(Buckle Arrestor)

4.3 굽힘 좌굴 검토(Bending Buckling Check)

설치 및 운영 중에 파이프 굽힘에 의해 좌굴이 발생할 수 있으며 API RP-1111[3]에 따라 굽힘 좌굴에 저항하는 파이프 벽두께를 산정할 수 있다.

$$\frac{\epsilon}{\epsilon_b} + \frac{(P_o - P_i)}{f_c P_c} \le g(\delta)$$

여기서, ϵ : 굽힘 변형률Bending Strain 0.005(설치 시), 0.003(운영 시)

ϵ_b : $\frac{t}{2D}$ = 임계굽힘 변형률Critical Pure Bending Strain

f_c : 붕괴계수 0.7(심리스), 0.6(DSAW)

$g(\delta)$: $\frac{1}{(1+20\delta)}$ = 붕괴감소계수Collapse Reduction Factor

δ : $\frac{(D_{\max} - D_{\min})}{(D_{\max} + D_{\min})}$ = API 난형도Ovality

운영 시에는 임계굽힘 변형률(ϵ_b) 및 붕괴압력(P_c) 계산 시 부식허용치를 포함하여 산정한다.

파이프가 릴레이 방식으로 설치되는 경우, 파이프 벽두께는 설치 선박의 릴에서 풀고 감는 과정인 릴링Reeling 과정 중에 좌굴 발생 가능성 여부와 프로젝트 초기단계에서 고려된 파이프 사이즈의 설치 가능 여부를 사전에 확인하는 것이 필요하다.

릴 드럼Reel Drum 반경(R)에 따른 릴링이 가능한 최소 파이프 벽두께는 일반적으로 적용되는 안전계수(1.25)를 고려하면 다음과 같이 추정할 수 있으며 유도과정은 그림 4.5와 같다.

$$t = 1.25\frac{D^2}{R}$$

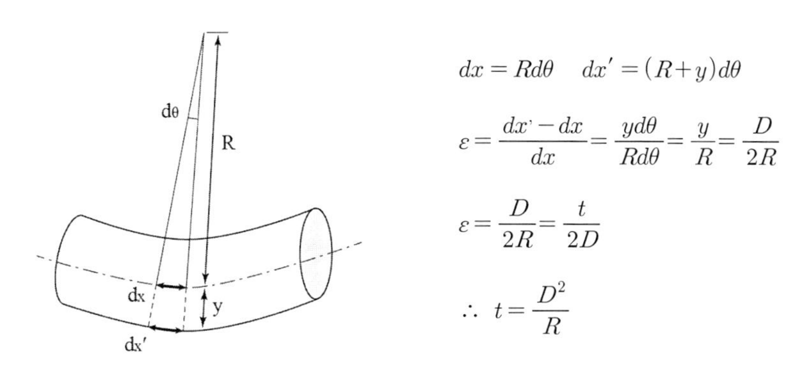

$$dx = Rd\theta \quad dx' = (R+y)d\theta$$

$$\varepsilon = \frac{dx' - dx}{dx} = \frac{yd\theta}{Rd\theta} = \frac{y}{R} = \frac{D}{2R}$$

$$\varepsilon = \frac{D}{2R} = \frac{t}{2D}$$

$$\therefore \ t = \frac{D^2}{R}$$

그림 4.5 최소 파이프 벽두께 유도과정

유효 축하중과 내외부압력을 고려한 복합하중이 작용하는 파이프라인의 좌굴검토는 DNV-OS-F101,[4] Section 5, D600에 따라 검토된다.

4.4 축방향 복합하중 검토(Longitudinal and Combined Load Check)

축방향응력은 설치 시 설치경로에 따른 곡률영향과 프리스팬, 열팽창 등으로 인한 장력 및 굽힘 하중에 의해 생긴다. 파이프라인이 해저에 설치되는 경우 유효인장력은 잔류저면 설치인장력Residual Bottom Lay Tension과 동일하다. 파이프라인 끝단이 완전히 구속된 상태(자유단의 영향을 받지 않는 위치에서 파이프-해저면 간 마찰저항에 의해 파이프라인 변위가 제한됨)에서 유효 인장력(T_{eff})은 다음과 같이 주어진다(DNV-OS-F101,[4] 2013 Sec, 4 D411).

$$T_{eff} = T_{lay} - (1-2\nu)\Delta P_i \ A_i - AE\alpha\Delta T$$

여기서, T_{eff} : 유효 인장력Effective Tension

T_{lay} : 잔류저면 설치인장력

ΔP_i : 설치 이후 내부압력 변화

E : 탄성계수

α : 열팽창계수

ΔT : 설치 이후 온도 변화

ν : 푸아송비Poisson Ratio

API RP-1111[3]에 따라 유효 인장력은 아래 수식에 의해 산정된 값을 초과하지 않도록 고려하여야 한다.

$$T_{eff} = \sigma_a A_s - \ P_i A_i + P_o A_o \le (0.60 \times S \times A_s)$$

여기서, σ_a : 파이프 축방향응력

A_s : 횡단면적

A_i : 내부 횡단면적

A_o : 외부 횡단면적

S : 특정최소 항복응력(SMYS)

종방향하중(정적 및 동적)과 압력차이로 인한 하중을 고려한 복합하중은 각각 운영 시, 극한조건 및 수압 테스트 시의 하중을 초과하지 않아야 한다.

$$\sqrt{\left(\frac{P_i - P_o}{P_b}\right)^2 + \left(\frac{T_{eff}}{T_y}\right)^2} \le \begin{vmatrix} 0.90 \\ 0.96 \\ 0.90 \end{vmatrix} \quad \begin{matrix} \text{운영하중} \\ \text{극한하중} \\ \text{수압테스트하중} \end{matrix}$$

여기서, P_b : 파열압력

T_y : 항복인장력 $= S \times A_s$

ASME B31.8[2]에 따라 종방향응력은 다음을 충족해야 한다.

$$\sigma_L \leq F_2 \times S$$

여기서, F_2 : 1.0(설치 및 수압테스트 조건), 0.8(운영조건)

DNV-OS-F101,[4] Section 5, F202에서는 허용 종방향응력은 다음과 같다.

$$\sigma_L < F_2 \times (S - f_{y,temp})\alpha_U$$

여기서, α_U : 재료강도계수(0.96)

$f_{y,temp}$: 온도감소계수

F_2 : 1.0(설치 및 수압테스트 조건), 0.8 또는 0.9(운영조건)

복합응력은 ASME B31.8[2]에 따라 운영 중에는 90%의 특정최소 항복응력SMYS을 초과하지 않고 수압테스트의 경우 최대 복합응력의 제한은 없지만 100% 또는 95%의 SMYS를 사용할 수 있다.

ASME B31.8 Table A842.2.2-1에서는 파이프라인의 경우 후프응력, 축방향응력, 복합응력의 설계계수를 0.72, 0.80, 0.90으로, 라이저는 0.50, 0.80, 0.90으로 고려한다.

표 4.5 해양파이프라인, 플랫폼 파이프 및 라이저에 대한 설계요소(Table A842.2.2-1)

Location	Hoop Stress F_1	Longitudinal Stress F_2	Combined Stress F_3
Pipeline	0.72	0.80	0.90
Platform Piping and Risers	0.50	0.80	0.90

복합응력은 다음과 같이 Von Mises 공식을 사용하여 계산할 수 있다. 여기서는 비틀림(접선)응력Torsional or Tangential Stress을 생략하였다.

$$\text{Combined Von Mises Stress} = \sqrt{\sigma_h^2 - \sigma_L\sigma_h + \sigma_L^2}) \leq F_3(\text{SMYS})$$

그림 4.6과 같이 최대허용 Von Mises 응력곡선은 트레스카Tresca 응력선보다 넓은 안전지대를 보여주며 계산된 Von Mises 응력이 곡선 내부에 있으면 파이프는 복합하중응력 측면에서 안전한 것으로 고려될 수 있다. A와 B점의 절대치는 같으나 A점(인장측, $+\sigma_L$)은 안전하나, B점(압축측, σ_L)은 안전하지 않음을 나타낸다.

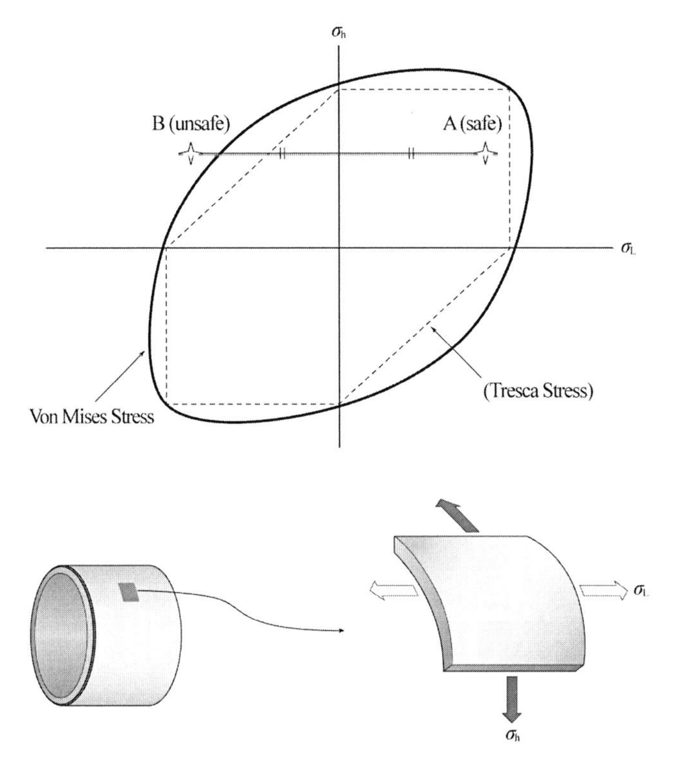

그림 4.6 Von Mises Stress Curve[15]

4.5 최대허용 운영압력의 정의

파이프라인 및 라이저 시스템의 벽두께 결정에 있어서 적정한 설계압력을 사용해야 하며 일반적으로 설계압력으로 최대허용 운영압력MAOP을 사용하거나 외부압력과 배관 내 유체의 자중을 고려한 최대허용 운영압력 차이MADOP를 고려하여 설계한다.

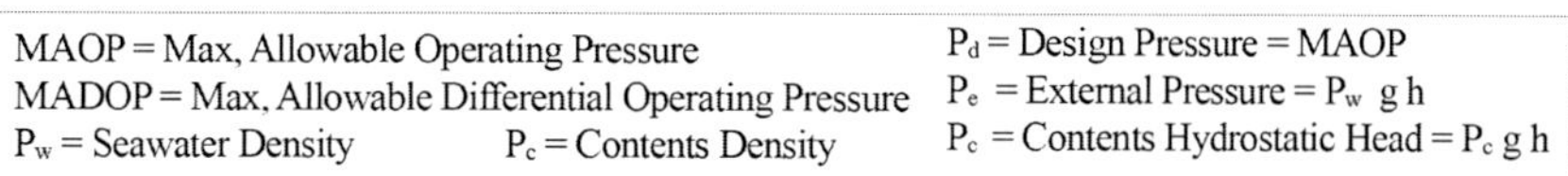

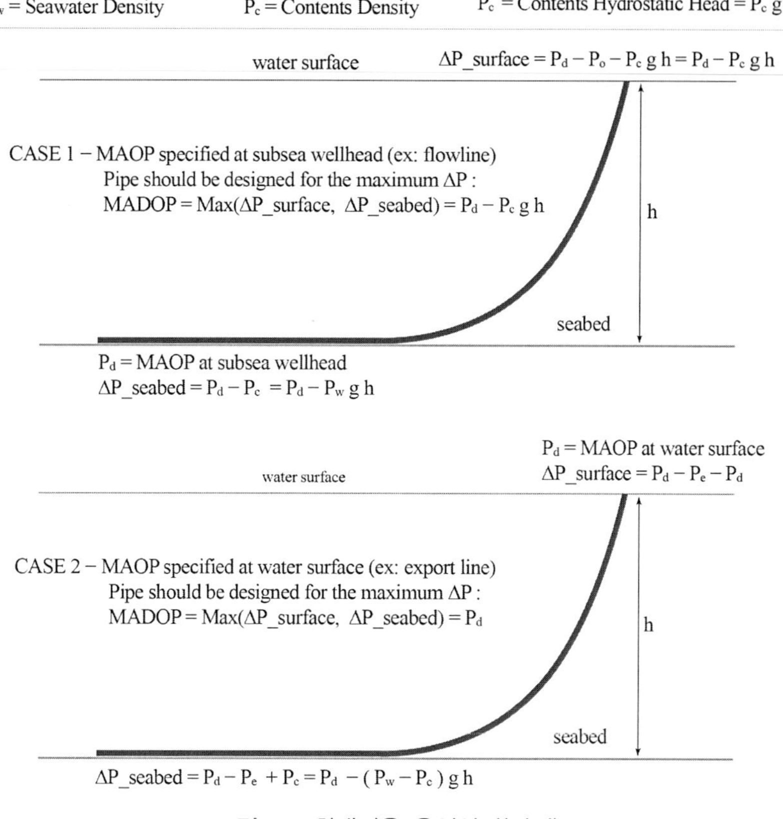

그림 4.7 최대허용 운영압력(차이)

천해의 가스 파이프라인의 경우에는 외부압력과 배관 내 유체무게의 영향이 작아 최대허용 운영압력과 최대허용 운영압력 차이 사이에 큰 차이가 없지만 심해의 오일 파이프라인의 경우 큰 차이가 발생한다.

예를 들어, 1,030m 수심(1,500psi 외부압력에 해당)에 위치한 생산정에서 5,000psi 최대허용 운영압력으로 플로우라인을 설계해야 하는 경우 3,500psi의 최대허용 운영압력 차이를 사용하여 플로우라인 파손을 방지하는 파이프 벽두께를 결정할 수 있다. 하지만 라이저 상단에 작용하는 최대허용 운영압력 차이는 5,000~1,275psi(0.85 유체 비중 가정 시 라이저 내부 유체압력)=3,725psi로 플로우라인의 3,500psi보다 높다. 따라서 플로우라인과 라이저를 일체로 설치하는 경우 3,725psi를 사용하여 전 구간에 적용하여 설계한다. 그러나 플로우라인과 라이저 연결부에 해저차단밸브Subsea Isolation Valve(SSIV)가 설치되는 경우에는 라이저는 3,725psi, 플로우라인은 3,500psi로 각각 적용하여 설계할 수 있다.

4.6 굽힘/벤딩(Bending)으로 인한 파이프 벽두께 감소

스풀 또는 점퍼는 파이프-파이프와 파이프-구조물 간 연결을 위해 사용되는 짧은 길이의 파이프로 배관 파이프의 엘보우와 같이 파이프라인에서도 작은 반경으로 파이프의 벤딩이 필요하다.

벤딩 반경에 따라 제작방법의 차이가 있으며 큰 벤딩 반경으로 굽히는 방법으로는 램Ram, 롤러Roller 또는 맨드릴Mandrel을 사용한 콜드 벤딩Cold Bending이 가능하다. 반면에 작은 벤딩 반경으로 굽히는 경우 파이프에 열을 가하면서 굽힘을 주는 인덕션 벤딩Induction Bending이 가장 일반적인 파이프라인 벤딩 방법이다(그림 4.8).

그림 4.8 인덕션 파이프 벤딩[16]

벤딩 과정에서 파이프 벤딩 방향의 외부 벽두께Extrados WT는 얇아지고 벤딩 방향의 내부 벽두께Intrados WT는 두꺼워진다. 따라서 파이프 벤딩 방향의 외부 벽두께의 감소에 따른 안정성을 설계 시 반영하여야 한다. 파이프 외경의 4배(4D) 반경으로 벤딩하는 경우 그림 4.9와 같이 약 10.0% 얇아지는 것을 알 수 있다. 따라서 파이프 제작허용오차 외 파이프 벤딩작업으로 벽두께가 얇아지는 경우를 고려해야 한다. 예로, 외경 25.4cm(10") 파이프의 제작허용오차가 ±3mm(0.125")로 파이프 외경의 8.5%에 해당한다. 따라서 완성된 파이프가 0%의 오차를 가지고 있다 하더라도 벤딩 시 벽두께가 10% 감소되므로 이는 8.5%의 제작허용오차를 벗어나게 된다. 이런 경우를 고려하여 인덕션 벤딩에 사용할 파이프는 완성된 파이프 중 가장 두꺼운 파이프를 사용하게 된다. 위 예의 경우 제작오차 +1.5% 이상인 두꺼운 파이프를 사용하게 되면 벤딩 시 두께가 −10% 감소하더라도 최종 두께는 −8.5%로 허용오차 범위 안에 들게 된다.

위의 파이프 설계공식은 파이프의 제조허용오차를 고려한 것이지만 인덕션 벤딩으로 인한 두께 감소는 고려하지 않았으므로 벤딩 영향을 고려해서 적용하여야 한다.

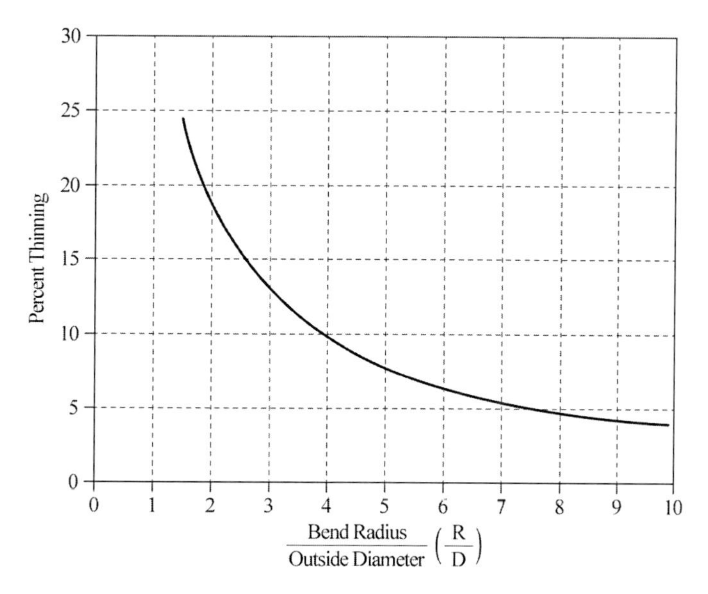

그림 4.9 벤딩 반경에 따른 벽두께 감소[16]

CHAPTER
05

파이프 코팅 선정(Pipe Coating Selection)

5.1 부식 방지 코팅(Corrosion Protection Coating)

파이프 내부코팅은 용접으로 파이프를 연결하여 설치할 경우 내부코팅의 파손가능성, 손상 시 유지보수의 어려움 및 운영 시 내부코팅이 마모되면서 발생되는 물질이 관내에 축적됨으로 인해 또 다른 유동성 확보 또는 생산유체의 공정 처리과정에서의 문제가 발생할 수 있으므로 일반적으로 내부코팅은 하지 않는다. 그러나 이송유체의 부식유발 성분 등 여러 요인으로 인해 코팅이 필요한 경우 퓨전에폭시Fusion Bonded Epoxy(FBE) 코팅 또는 플라스틱 라이너를 이용하여 파이프 내부코팅 방법으로 적용될 수 있다.

탄소강 파이프의 외부표면 코팅재료, 적정두께 및 온도제한은 다음과 같다.

- 퓨전에폭시Fusion Bounded Epoxy: 0.4~0.5mm, 93°C(200°F)
- 폴리에틸렌Polyethylene: 3~4mm, 66°C(150°F)
- 폴리프로플렌Polypropylene: 3~4mm, 104°C(220°F)
- 네오프렌Neoprene: 3~5mm, 104°C(220°F)

폴리프로필렌PP 코팅은 내마찰성이 우수하며 폴리에틸렌PE에 비해 고온 환경에서 선호되며 저온 환경에서는 폴리에틸렌 코팅이 선호된다(표 5.1). 3-레이어 폴리프로필렌3-LPP, 3-레이어 폴리에틸렌3-LPE 코팅은 파이프라인을 감거나 푸는 릴링 과정에서 내마모성을 제공하기 위해 사용된다.

3-LLP, 3-LPE 코팅(그림 5.1(a))은 퓨전에폭시FBE 코팅에 비해 내구성은 낮지만 해양설치 시 손상부위의 수리가 쉽고 아노드 설치간격이 코팅파괴 계수가 높은 퓨전에폭시FBE 코팅 파이프의 3~4배 간격으로 아노드 설치가 가능하므로 설치시간이 단축되어 설치비용을 절감할 수 있는 장점이 있다.

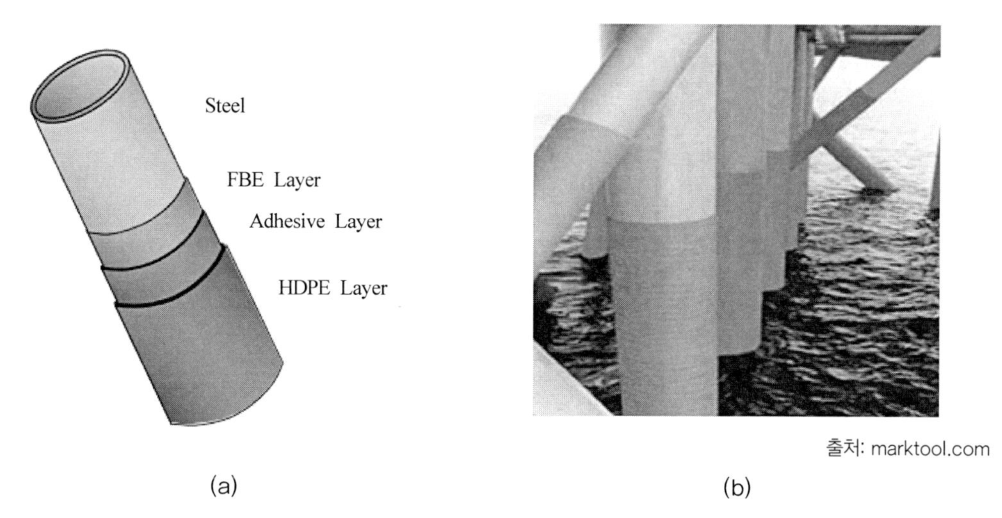

그림 5.1 3-LPE 코팅(a) 및 스플래쉬 존(Splash Zone)의 경화네오프렌 코팅(b)

열 스프레이 알루미늄Thermally Sprayed Aluminum(TSA) 코팅은 와류유도진동VIV을 억제하기 위해 라이저에 스트레이크Strake가 부착되면 캐소딕 방식CP으로 아노드 부착이 어려운 경우에 사용할 수 있다. 내마모성 오버레이ARO는 일반적으로 수평방향 드릴링HDD 파이프에 코팅방식으로 사용된다.

ISO 21809-1[1]에서 최소 요구되는 3-레이어 코팅두께와 가장 외부층 재료의 종류는 표 5.1과 같으며 DNV RP-F106[2]에는 최소 2.5mm의 3-LPP 또는 PE 코팅두께를 요구한다.

DIN(Deutsche Norm)30678[3]에서는 강관용 폴리프로필렌 코팅은 각 공칭파이프 크기NPS에 대해 다음과 같은 최소 폴리프로필렌 코팅 두께를 권장한다.

- 1.8mm: NPS~100mm(3.9")
- 2.0mm: NPS 125~250mm(4.9~9.8")
- 2.2mm: NPS 300~500mm(11.8~19.7")
- 2.5mm: NPS 600mm(23.6")~

표 5.1 3-레이어(layer) 코팅 종류 및 최소 두께[1]

Coating Class	A	B	C
최상단층재료 (Top Layer Material)	저밀도 폴리에틸렌 (LDPE)	중밀도/고밀도폴리에틸렌 (MDPE/HDPE)	폴리프로플렌(PP)
설계온도(°C)	−20°C~+60°C	−40°C~+80°C	−20°C~+110°C

M(kg/m)	코팅두께(mm)								
	A1	A2	A3	B1	B2	B3	C1	C2	C3
M ≤ 15	1.8	2.1	2.6	1.3	1.8	2.3	1.3	1.7	2.1
15 < M ≤ 50	2.0	2.4	3.0	1.5	2.1	2.7	1.5	1.9	2.4
50 < M ≤ 130	2.4	2.8	3.5	1.8	2.5	3.1	1.8	2.3	2.8
130 < M ≤ 300	2.6	3.2	3.9	2.2	2.8	3.5	2.2	2.5	3.2
300 < M	3.2	3.8	4.7	2.5	3.3	4.2	2.5	3.0	3.8

주)
Coating Class A1, B1, C1: light duty
Coating Class A2, B2, C2: moderate duty
Coating Class A3, B3, C3: heavy duty(rocky or clay soil)

스플래시 존Splash Zone(조석으로 인한 노출과 수면에서 파도의 영향을 받는 구간)에 위치한 라이저의 경우 열악한 해양 환경 조건(심한 부식), 해양 부착생물성장 및 자외선으로 인한 손상 가능성이 높다. 이 영역은 일반적으로 6.35(0.25")~25.4mm(1.0") 범위, 평균적으로 12.7mm(0.5") 정도의 경화네오프렌 코팅(밀도 1.55)(그림 5.1(b))으로 보호한다.

스플래시 존은 전 세계 지역에 따라 다르지만 멕시코만에서는 평균 해수면Mean Sea Level(MSL)을 기준으로 +5m~-3m가 일반적인 스플래시 존으로 간주되며, 영국의 경우 고조위로부터 50년 빈도 평균파고높이와 저조위 아래 3m의 범위까지 고려된다.[4]

5.2 단열/인슐레이션 코팅(Insulation Coating)

파이프라인을 통해 이송되는 유체(오일·가스)의 유동성을 확보하기 위해서는 일정온도 이상 유지할 필요가 있다. 온도가 떨어지면 가스에 포함된 수분이 고형화되는 하이드레이트가 형성되거나, 오일에 있어서도 점도 증가와 아스팔트 또는 왁스성분이 고형화되어 배관 내 유체의 유동성에 문제가 발생할 수 있다. 이런 조건들을 고려하여 유동성 확보해석에서는 유체이송에 문제가 생기지 않는 온도와 압력조건의 범위를 파악하고 이 범위 내에서 일정하게 온도와 압력을 유지하기 위한 방법이 세부적으로 수행된다.

일정하게 온도를 유지하는 방식으로는 직접적으로 일정온도 이상 히팅Heating하는 방식인 액티브Active 방식과 직접적 히팅없이 일정 온도를 유지하도록 하는 패시브Passive 방식이 있다.

패시브 방식에는 웻 인슐레이션, 이중관PIP, 매설, 사석포설 등이 있으며 액티브 방식에는 크게 온수순환HWC 방식과 전기히팅 방식으로 구분된다.

온수순환 방식으로는 이중관 내 온수배관을 설치하는 방식과 히팅배관을 포함하여 여러 필요한 파이프를 하나의 큰 직경의 파이프에 관입한 형태인 번들시스템Bundle System으로 구성된 방식을 사용한다. 전기히팅 방식으로는 직접 전기 히팅DEH과 간접방식인 전기 트레이스 히팅ETH을 사용한다(그림 5.2).

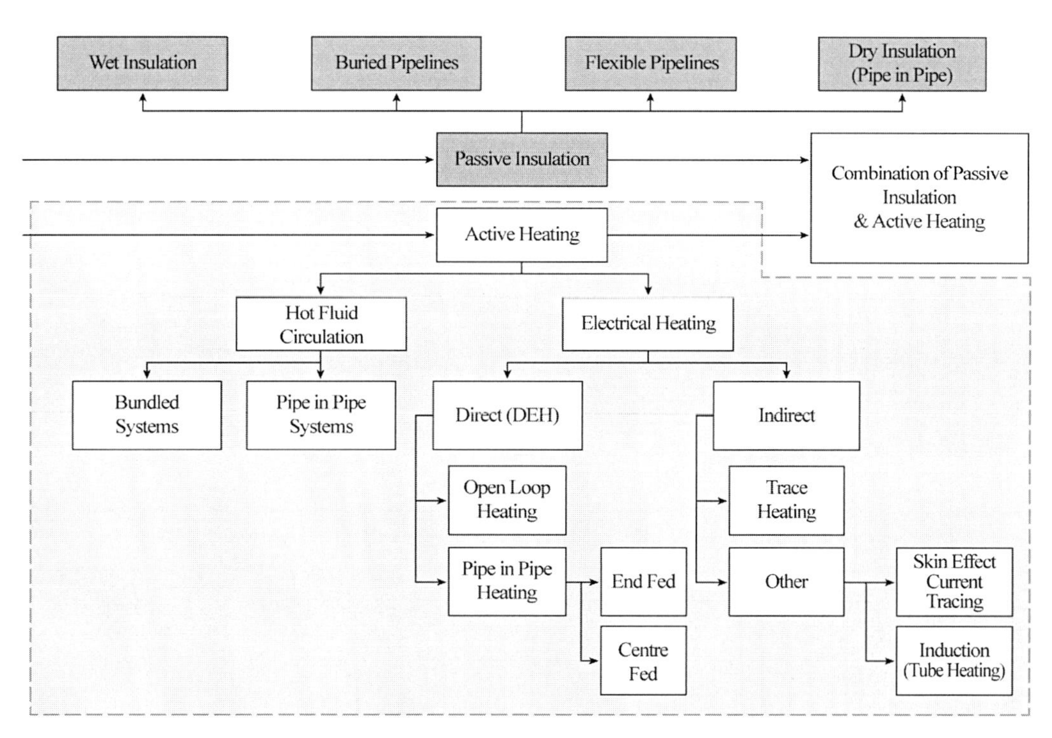

그림 5.2 해저파이프라인 시스템 단열방법[5]

- Passive Heating Method: Wet Insulation(Coating), Dry Insulation(PIP)
- Active Heating Method: Electrical Heating(DEH, ETH), Hot Water Circulating(HWC)

1) 인슐레이션 코팅(Insulation Coating)

강관 외부를 단열재/인슐레이션으로 코팅하는 방식은 파이프라인 설치 이후에 인슐레이션이 직접 물과 접촉하므로 웻 인슐레이션이라고 하며 파이프 내부에 다른 파이프를 관입하는 이중관PIP을 이용한 단열방식은 인슐레이션이 파이프 내부에 있어 물과 직접 접촉하지 않으므로 드라이 인슐레이션이라고 한다. 인슐레이션 코팅은 부식 방지를 위한 파이프 외부코팅(폴리프로플렌)이후 피복하는 방식으로 그림 5.3과 같이 구성된다.

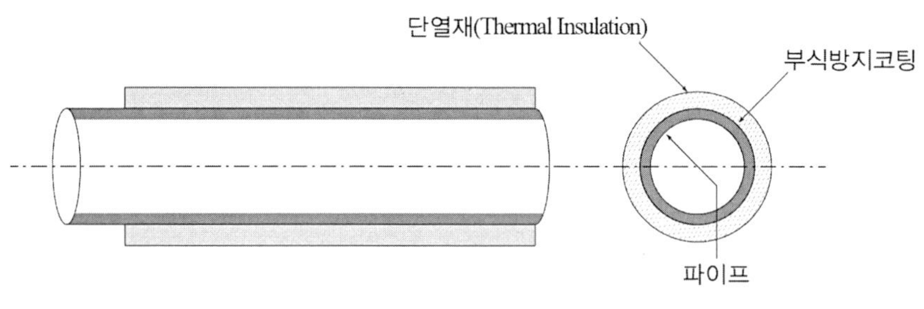

그림 5.3 피복코팅 방법

단열재의 종류로는 유리합성 폴리우레탄Glass syntactic polyurethane(GSPU), 폴리우레탄폼PU Foam, 고형 폴리프로플렌Solid Polypropylene, 폴리프로플렌 폼PP Foam, 합성Syntactic폴리프로플렌 및 폴리프로플렌PP이 일반적인 해저파이프라인의 인슐레이션 재료로 사용되며 특성은 표 5.2와 같다. 재킷 형식의 해양구조물에는 정수압과 파랑의 영향을 고려해 일부 구간에 고밀도 폴리에틸린HDPE을 인슐레이션 재료로 사용하기도 한다.

표 5.2 폴리우레탄 및 폴리프로플렌 피복방법 비교

구분	GSPU	PU Foam	Solid PP	Syntactic PP	PP Foam
OHTC/U-Value(W/m.°K)	0.15~0.17	0.07	0.22	0.16	0.17
적용수심(m)	1,400~2,800	100	3000	3000	500
최대 온도(°C)	100	100	110	130	120
최대 두께(mm)	+100	+40	60	+110	+90

주) 제조사에 따라 차이 있음

파이프라인의 열손실은 전도Conduction, 대류Convention 및 복사Radiation의 3가지 프로세스에 의해 발생된다.

(a) GSPU

(b) Solid PP(외부) + PP Foam(내부)

그림 5.4 유리합성 폴리우레탄(GSPU) 및 폴리프로플렌(PP)

전도는 내부 및 외부 유체와의 직접적인 접촉으로 인한 열전달 현상이고, 대류는 유체의 열이 직접적인 접촉 없이 확산 또는 이동으로 전달되는 현상이다. 복사는 열 이동의 매개체 없이 두 표면 사이의 열 교환이 이루어지는 현상이다. 따라서 효율이 좋은 단열 시스템은 앞서 전도, 대류, 복사의 열손실 과정을 최소화하는 것으로 전도는 재료 두께와 열전도율에 따라 다르며 대류의 열전달계수는 내부 및 외부 유체 레이놀드Reynold 및 프란델Prandtl 수에 따라 달라진다.

열전달계수Overall Heat Transfer Coefficient(OHTC)인 U값은 시스템의 단열기능을 나타내는 계수로서 U값이 낮을수록 단열성능이 높은 것을 나타낸다. 요구되는 U값이 2.5W/m^2°K(0.44Btu/hr ft^2°F) 미만인 경우는 높은 단열성능이 요구되며 이 조건을 만족시키기 위해서는 단열코팅 두께가 증가되어 비경제적일 수 있다. 이 경우 이중관PIP 단열시스템이 비용측면에서 효율적인 방법으로 고려할 수 있다.

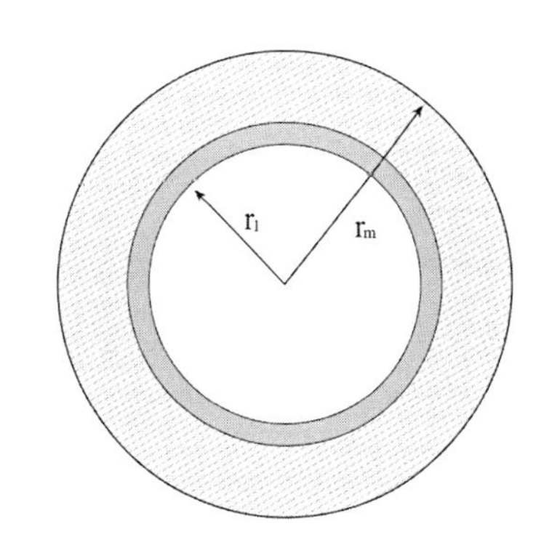

열전달계수OHTC인 U값은 다음의 공식으로 산정된다.

$$U=\frac{1}{\left(\frac{1}{h_1}+\frac{r_1}{K_1}\ln\left(\frac{r_2}{r_1}\right)+\frac{r_1}{K_2}\ln\left(\frac{r_3}{r_2}\right)+\cdots+\frac{r_1}{K_{(m-1)}}\ln\left(\frac{r_m}{r_{(m-1)}}\right)+\frac{r_1}{r_m}\frac{1}{h_m}\right)}$$

여기서, h_1 : 내부열전달계수Internal surface convective heat transfer coefficient

h_m : 외부열전달계수External surface convective heat transfer coefficient

r : 각 층의 반경Radius to each component surface

K : 각 층의 열전달계수Thermal conductivity of each component

2) 직접 전기 히팅(DEH: Direct Electrical Heating)

직접 전기 히팅DEH 방식은 전기열선을 넣은 금속 히팅튜브를 관 외부에 부착하여 전기열선에서 발생하는 열이 튜브를 거쳐 파이프로 전도되는 것을 이용한 방식이다.

히팅튜브는 스트립Strip을 이용하여 파이프와 부착되고 관 외부는 인슐레이션 코팅으로 구성된다(그림 5.5(a)).

3) 전기 트레이스 히팅(ETH: Electrical Trace Heating)

직류 또는 교류전류가 내부 파이프 주위를 순환하면서 가열하는 히팅방식으로 파이프를 따라 연결된 광섬유센서를 통해 실시간 온도분포를 파악할 수 있다(그림 5.5(b)).

4) 온수순환(HWC: Hot Water Circulating) 방식

상대적으로 높은 온도를 유지할 필요가 없는 경우 전기에 의한 가열 방식 대신 저비용의 방식으로 온수순환HWC 방식이 적용될 수 있다. 파이프라인 주변에 스트립으로 온수라인을 설치하고 온수라인으로 가열된 물을 통과시키면서 냉각된 물은 바다로 배출되는 방식이다. 파이프라인의 일정 구간에 설치하거나 하이브리드 라이저 타워 내부 생산라인에 추가적으로 설치하는 방법도 사용된다(그림 5.5(c), (c-1)).

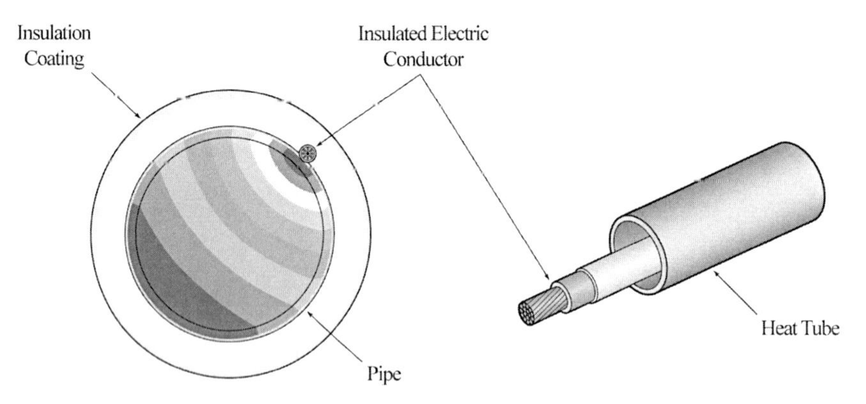

출처: TechnipFMC

(a) 직접 전기 히팅(Direct Electrical Heating)

그림 5.5 액티브 히팅방법(Active Heating Method)

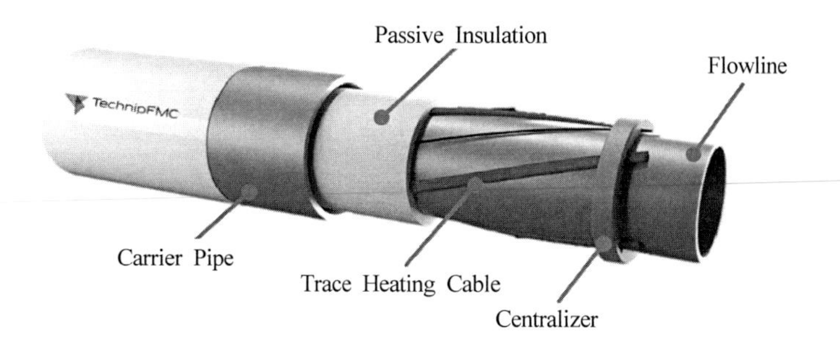

출처: TechnipFMC

(b) 전기 트레이스 히팅(Electrical Trace Heating)

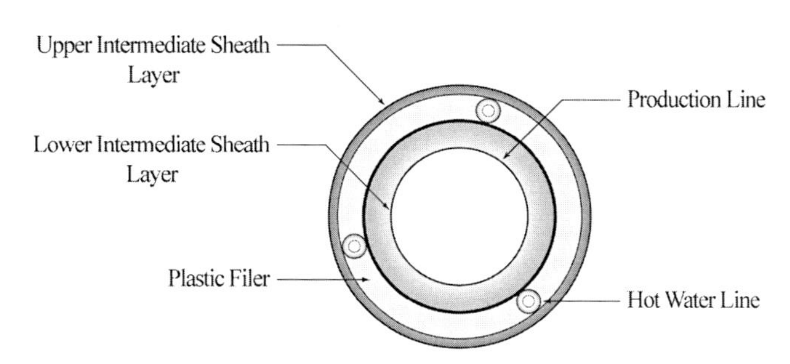

(c) 온수순환(Hot Water Circulating) 방식

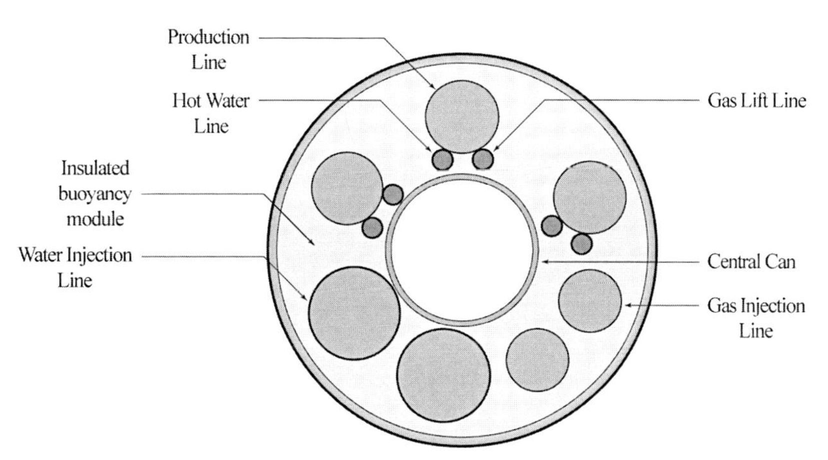

(c-1) 온수순환라인 및 하이브리드 라이저 타워(Hybrid Riser Tower) 내부

그림 5.5 액티브 히팅 방법(Active Heating Method) (계속)

참고로 표 5.3은 액티브 히팅 방법을 사용한 프로젝트의 현황(2020년 기준)을 나타낸다. 직접 전기 히팅DEH이 적용된 프로젝트는 19개로 가장 많이 활용되고 있고 다음으로는 온수순환HWC 방식이 10개, 그리고 전기 트레이스 히팅ETH 방식이 4개 순으로 적용되었음을 보여준다.

표 5.3 액티브 히팅 방법(Active Heating Method)[6]

Pipeline Active Heating Type	Proj No	Field/ Project	Pipe Size	Max. Flowline	Water Depth	U-Value	Cable Cross	DEH/ETH Cable	Power Demand	Year Installed	Region/ Basin	Installation Method
		Unit	inch	km	m	W/m²K	mm²	A/kV	MW	–	–	
Direct Electrical Heating(DEH) Wet Insulated Rigid Pipe	1	Aasgard	10	9	300	5	1,000	1,520/12	1.50	2000	North Sea	Reeling
	2	Alve	12.6	16	350	3	1,200	1,300/12	2.40	2009	North Sea	Reeling
	3	Goliat	12	2×7.5	330	4	1,200	1,300/6	2.40	2012	North Sea	Reeling
	4	Gullfaks South	6/8	6.2	150	4	630	980/12	1.10	2014	North Sea	Reeling
	5	Huldra	8	16	175	3.5	650	1,100/24	2.00	2002	North Sea	Reeling
	6	Kristin	10	7	370	8	1,200	1,500/12	1.60	2005	North Sea	Reeling
	7	Lianzi	12	43	1,050	3	1,400	1,400/24	9.00	2015	West Africa	Reeling
	8	Maria	14	26	370	3.5	1,000	1,350/12	4.00	2017	North Sea	Reeling
	9	Morvin	10.5	20	300	5	1,200	1,500/24	4.00	2008	North Sea	Reeling
	10	Norne Urd	12.6	9	390	4	1,200	1,450/12	2.30	2007	North Sea	Reeling
	11	Olowi	10	3×4	30	4.5	1,000	1,300/6	2.70	2010	West Africa	S-lay
	12	Ormen Lange	30	20	1,000	20	1,200	3,000/52	8.00	2006	North Sea	S-lay
	13	Shah Deniz Ph. II	14	18	500	4	1,000	1,300/24	2.50	2016	Caspian Sea	S-lay
	14	Skarv	12	12.8	375	3	1,200	1,400/12	2.20	2010	North Sea	Reeling
	15	Skuld	14	25	380	3.5	1,200	1,300/24	4.00	2012	North Sea	Reeling
	16	Tyrihans	18	28	330	4	1,200	1,600/52	10.00	2007	North Sea	S-lay
Direct Electrical Heating(DEH) Pipe in Pipe	17	Habanero	6/10	7	600	1.0	N/A	N/A	–	2003	GoM	J-Lay
	18	NaKika	10/16	13	1,900	1.1	N/A	N/A	1.00	2004	GoM	J-Lay
	19	Serrano/Oregano	6/10	12	1,000	1.0	N/A	N/A	1.00	2001	GoM	J-Lay

표 5.3 액티브 히팅 방법(Active Heating Method)[6] (계속)

Pipeline Active Heating Type	Proj No	Field/ Project	Pipe Size	Max. Flowline	Water Depth	U-Value	Cable Cross	DEH/ETH Cable	Power Demand	Year Installed	Region/Basin	Installation Method
		Unit	inch	km	m	W/m²K	mm²	A/kV	MW	–	–	
Electrical Trace Heating(ETH) Pipe-in-Pipe	20	Ærfugl	10×16 PiP	20.4	360-420	1.00	30×5	30/1.9	1.00	2020	North Sea	Reeling
	21	Fenja	12×18 PiP	37	325					2019	North Sea	Reeling
	22	Islay	6×12 PiP	6	120	1.00	4×8	0.6/1.0	0.18	2012	North Sea	Reeling
	23	King	8×12	27	1,625					2008	GoM	S-lay
Integrated Production Bundle(IPB) Flexible Pipe	24	Dalia	10.75	8×1.65	1,350	3.5	6×6	0.6/1.0	–	2004	West Africa	Reeling
	25	Papa-Terra	6	27	1,200	4.8	16×6	0.9/1.6	1.00	2014	Offshore Brazil	Reeling

Pipeline Active Heating Type	Proj No	Field/Project	Pipe Size	Max. Flowline Length	Water Depth	Carrier Size	Inner Sleeve Size	Year Installed	Region/Basin	Installation Method
		Unit	inch	km	m	inch	inch	–	–	–
Hot Water Heated	1	Asgard	10, 10, 3	3.8	320	42.5	28	1996	North Sea	Towed
	2	Britannia1	14, 12, 8, 3	15	150	37	N/A	1997	North Sea	Towed
	3	Gulfaks-GFS1 North	8, 6, 6, 8, 2	6.7	135	38.5	22	1996	North Sea	Towed
	4	Gulfaks-GFS1 South	6, 6, 8	3.4	135	34	22	1996	North Sea	Towed
	5	Asgard	10, 10, 10	6.8	320	40	28	1999	North Sea	Towed
	6	Gulfaks-GFS2 North	14, 14, 14, 98, 8, 3	6.9	216	49	22	2000	North Sea	Towed
	7	Gulfaks-GFS2 South	14, 14, 14, 98, 8, 3	6.9	136	49	22	2000	North Sea	Towed
	8	Skene	14, 8, 2	15	115	45.5	30	1999	North Sea	Towed
	9	Bacchus	6, 6, 4, 4, 4, 3, 2	6.7	89	40.5	20	2011	North Sea	Towed
	10	Callater	14, 8, 2	3.9	118	45.5	30	2017	North Sea	Towed

5.3 이중관(PIP: Pipe-In-Pipe)

파이프의 단열 방법 중 유체를 이송하는 파이프를 직경이 더 큰 외부 파이프 안에 관입한 이중의 파이프 구조(이중관PIP)를 이용한 방법이다(그림 5.6). 이중관 구조는 고온·고압의 환경에서 설치시간 단축, 외부충격으로부터 내부 파이프라인 보호 및 단열 목적으로 여러 개의 파이프를 큰 직경의 파이프 내부에 설치하는 번들Bundle 파이프라인 시스템과 더불어 많이 사용된다.

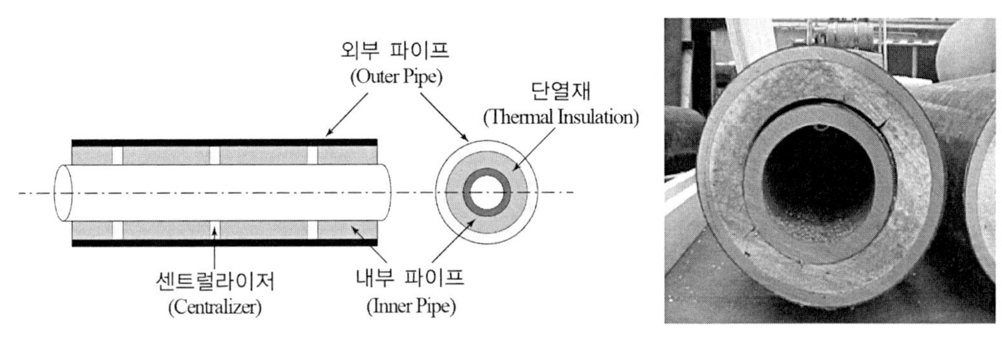

(a) S-Lay용 이중관(PIP) 구조(예)

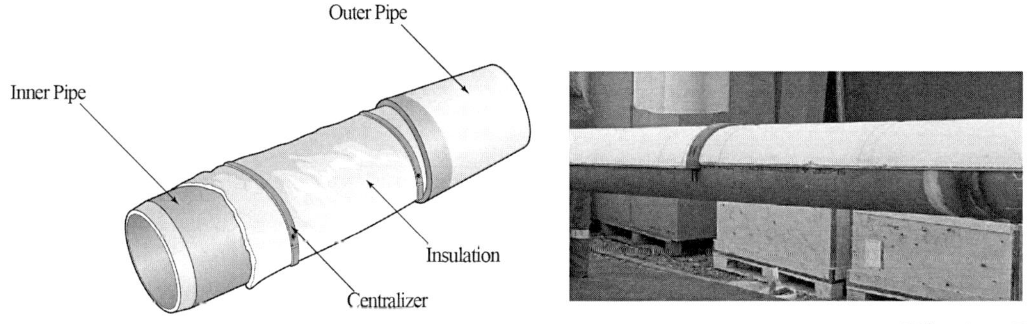

출처: Subsea 7

(b) Reel-Lay용 이중관(PIP) 구조(예)[11]

그림 5.6 이중관(PIP) 구조 및 적용(예)

이중관은 그림 5.6과 같이 내부 파이프, 외부 파이프라인 및 두 파이프 사이의 일정간격을 유지하기 위한 센트럴라이저Centralizer와 내외부 파이프 간격을 채우는 인슐레이션으로 구성된다.

생산되는 오일·가스를 이송하는 내부 파이프는 흐르는 유체의 압력 및 유량을 고려하여 설계된다. 외부 파이프는 정수압과 외부충격으로 인한 내부 파이프의 기계적인 손상을 1차적으로 방지하는 역할을 하며 해저면 안정성 해석을 통해 전체 무게를 고려하여 벽두께가 결정된다.

외부수압의 영향이 없는 내부 인슐레이션은 이중관 방식을 선택하는 가장 중요한 이유로 수압에 의해 내부 인슐레이션이 압축되거나 물이 스며들어 단열효과에 영향을 주지 않기 때문이다(Dry Insulation 방식). 따라서 인슐레이션 재료의 선택에도 육상 파이프라인에 사용되는 모든 재료를 사용할 수 있으며 에어로젤Aerogel, 왁커Wacker, 폴리우레탄 폼PUF, 미네랄 울Mineral Wool 등의 단열재로 제작한다.

에어로젤은 기포 크기가 10^{-9}m인 미세 다공성 재료로 단열 효율이 가장 우수한(가장 낮은) U값(50°C에서 0.0139W/m^2 °K)을 가진다. 릴에 파이프를 감으며 제작하는 공정인 릴링 공정을 위해 개발되어 많은 실제 적용사례가 있으며 2m 정도 간격으로 센트럴라이저 설치가 필요하다.

왁커/포렉스썸Porextherm은 기포 크기가 10^{-9}m인 미세다공성 재료로서 U값은 50°C에서 0.0195W/m °K이다. 릴링 공정을 위해 개발되어 많은 실제 적용사례가 있으며 에어로젤과 동일하게 2m 간격의 센트럴라이저 설치가 필요하다.

미네랄 울은 합성 미네랄 또는 금속 산화물로 만든 합성재료로 유리섬유, 세라믹섬유로 제작된다. 비용적인 면에서 유리하며 인슐레이션 재료 중 U값이 50°C에서 0.037~0.045W/m^2 °K로 단열효율은 낮으나 북해에서 광범위하게 사용된다. 히트 트레이싱Heat Tracing과 같은 다른 방식과 결합하지 않는 한 낮은 U값으로 단열에서는 비효율적일 수 있다.

폴리우레탄 폼은 폴리우레탄에 이산화탄소(CO_2), 질소(N_2) 또는 물을 추가하여 제작되며 가상 일반적으로 사용되는 인슐레이션 재료이다. U값 50°에서 0.029W/m^2 °K로 에스레이 또는 제이레이 방식으로 파이프라인을 설치하는 프로젝트에 광범위하게 사용되고 있으며 센트럴라이저가 필요 없는 장점이 있다. 릴링 중 압축과 균열로 인한 잠재적인 손상 가능성으로 릴레이 방식의 설치에서는 제한된다.

표 5.4는 각각의 인슐레이션 재료에 따른 이중관 크기 및 U값의 예를 나타낸다.

표 5.4 이중관 U값(단위: W/m^2 °K)(예)

단열재	15.24cm(6") × 25.40cm(10")	15.24cm(6") × 30.48cm(12")	20.32cm(8") × 30.48cm(12")	20.32cm(8") × 35.56cm(14")	25.40cm(10") × 40.64cm(16")
에어로졸(Aerogel)	0.70	0.48	0.76	0.57	0.67
왁커(Wacker)	0.91	0.62	1.02	0.75	0.89
미네랄 울(Mineral Wool)	1.44	0.99	1.62	1.20	1.41

주) 1.0W/m^2 °K=0.1761Btu/hr ft^2 °F

수심과 U값을 고려한 단열방법의 선택은 그림 5.7을 참조하여 결정할 수 있다. 이중관은 모든 U값에 사용할 수 있지만 고비용으로 2.0W/m^2 °K 미만의 U값에 권장된다. 2.0W/m^2 °K 보다 높은 U값에는 웻 인슐레이션Wet Insulation 피복코팅이 권장되지만 수심이 증가함에 따라 U값은 3.0W/m^2 °K 이상으로 증가하게 된다. 따라서 이중관 방식의 경제성과 심해에서 단열 코팅 방법 간의 U값 차이의 문제를 해결하기 위해 고품질 인슐레이션 재료 또는 액티브 방식을 고려하는 것이 필요하다.

번들 파이프라인 시스템은 수심 1,000m 이하의 모든 U값에 대해 적용이 가능한 방식으로 설치시간 단축과 설치과정에서 파이프라인 손상이 최소화되는 장점을 고려하여 결정할 수 있다.

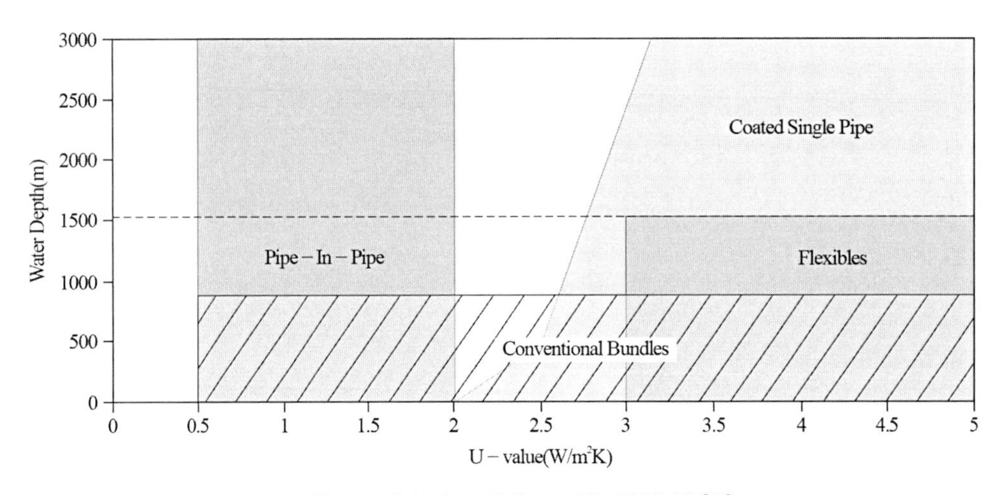

그림 5.7 수심과 U값을 고려한 단열방법[10]

이중관은 제조방법에 따라 벌크헤드Bulkhead, 워터스톱Water Stop 및 센트럴라이저Centralizer가 필요하다.

벌크헤드는 각 파이프라인 끝단에서 내부 파이프를 외부 파이프에 연결하도록 설계된 구조이다(그림 5.8). 중간 벌크헤드는 약 1km 간격으로 외부 파이프와 내부 파이프 사이에 축방향 이동을 제한하기 위해 설치된다. 파이프라인 설치작업 중 텐셔너Tensioner는 외부 파이프만 고정하는 역할을 하므로 내부 파이프는 자체 중량에 의해 축방향 이동이 발생하게 된다. 이를 방지하기 위한 중간 벌크헤드가 설치되며 없는 경우에는 해저면 인근의 처짐이 발생하는 영역인 새그벤드Sag Bend에서 좌굴 발생 가능성을 높인다.

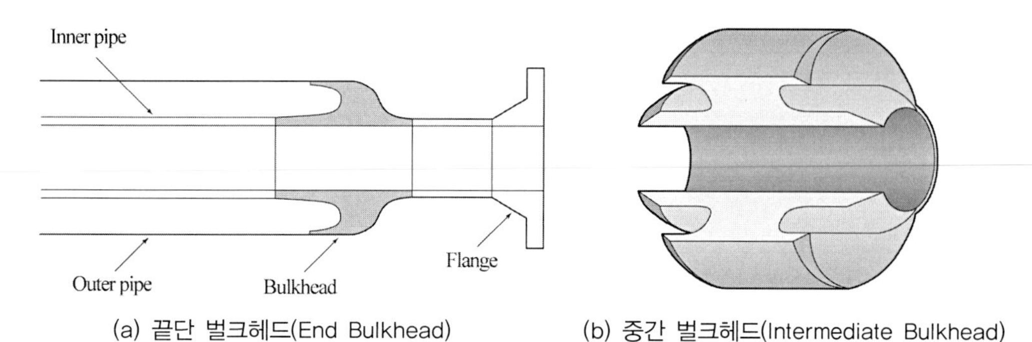

(a) 끝단 벌크헤드(End Bulkhead)　　(b) 중간 벌크헤드(Intermediate Bulkhead)

그림 5.8 끝단 및 중간 벌크헤드

외부 파이프라인에 충격, 부식 및 기타 파손으로 인해 내외부 파이프라인 공간이 침수되는 경우 손상된 파이프라인의 길이를 제한하기 위해 일정 간격으로 워터스톱 장치(그림 5.9)가 설치된다. 설치간격은 파이프라인 섹션단위의 허용되는 최대 열손실과 수리작업의 용이성, 인슐레이션 밀폐 등을 고려하여 하나의 스톡Stalk(파이프를 릴에 감기 전 야드에 보관하는 조립된 파이프라인 섹션으로 통상 1~3km)에 하나 또는 두 개의 워터스톱을 설치하거나 수심에 해당하는 간격으로 설치하는 것이 일반적이다.

워터스톱은 설계코드상의 필수 요구사항은 아니지만 침수된 파이프라인의 복구가 어려운 심해 프로젝트에는 설치가 권장된다. 이 장치는 침수 발생 시 워터스톱의 링에 정수압이 작용하면 링이 방사형으로 확장되어 물의 흐름을 차단하는 방식이며 양방향 차단을 위해 서로 마주보는 방향으로 설치된다(그림 5.9).

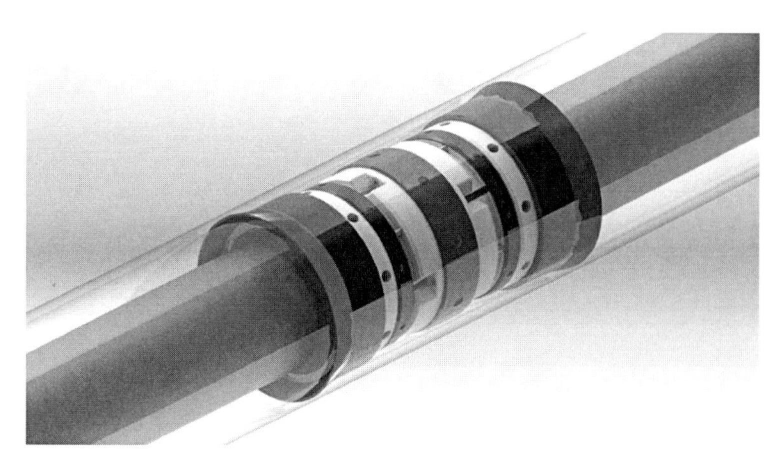

출처: www.subenesol.co.uk

그림 5.9 이중관 워터스톱(Water Stop)

센트럴라이저는 이중관의 내부 파이프에 고정되는 폴리머 링Polymeric Ring으로(그림 5.10) 내외부 파이프의 중심을 서로 일치Concentric시키며 내부 파이프를 외부 파이프에 설치하는 과정에서 인슐레이션의 마모 또는 손상 보호하고 릴링 과정에서 굽힘하중으로 인한 인슐레이션의 찌그러짐을 방지하고, 운영 중 내부 파이프의 온도차로 인한 변위로 인슐레이션 변형을 방지하는 역할 등을 한다.

출처: www.nylacast.com

그림 5.10 센트럴라이저(Centralizer)[7]

센트럴라이저는 일반적으로 2m 간격으로 설치되지만 주 재질인 폴리머는 높은 열전도율(~0.3 W/m^2 °K, 인슐레이션보다 10~20배 높음)을 가지고 있어 센트럴라이저를 통해 열손실 발생가능성이 높기 때문Heat Sink에 열손실 방지의 목적으로 설치간격을 늘리는 것도 고려할 수 있다. 또한 운영 및 설치 시의 설계조건을 고려하여 간격을 소설하거나 일부 구간에서는 제거하여 재료 및 제조비용을 낮추는 것도 고려된다.

센트럴라이저는 내외부 파이프의 간격 유지와 인슐레이션을 고정하는 목적 이외에도 그림 5.10(우)와 같이 전기 히트 트레이스Heat Trace로 단열하는 이중관에서 히트 트레이스를 고정하는 목적으로도 사용된다.

이중관은 액화석유가스LPG 및 액화천연가스LNG와 같은 냉각된 상태의 액체를 운송하는 경우에도 적용이 가능하다. LNG 파이프라인은 액화된 천연가스가 운송 중 기화되는 것을 방지하기 위해 특정온도 −160°C(−256°F) 이하 및 특정 압력 이상으로 유지하여야 한다. 또한 저온으로 인한 파이프라인 수축을 제어하기 위해 일부 구간에 확장루프Expansion Loop가 필요하다(그림 5.11(a)).

확장루프는 육상터미널과 파이프라인을 연결하기 위해 제티Jetty부두를 사용한 경우에는 필요하지만 해저에 매설하여 이중관 LNG 파이프라인을 설치하는 경우에는 필요 없어 부두 건설비용, 준설비용, 인슐레이션 손상 방지 등을 포함한 환경적인 요소와 안전적인 측면에서 많은 장점이 있다(그림 5.11(b)).

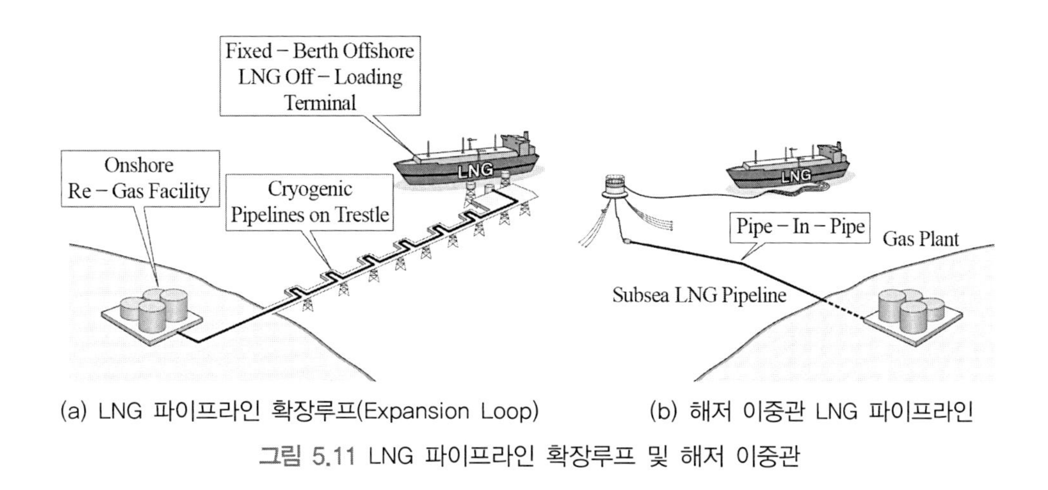

(a) LNG 파이프라인 확장루프(Expansion Loop) (b) 해저 이중관 LNG 파이프라인

그림 5.11 LNG 파이프라인 확장루프 및 해저 이중관

해저 극저온 파이프라인에서 과제는 효과적인 단열 시스템과 파이프 및 용접 소모재료를 위한 특수 극저온 재료의 신뢰성 문제이다. 36% 또는 9% 니켈합금은 일반적으로 극저온 LNG 파이프라인의 내부 파이프에 사용할 수 있고[8] LNG 수송을 위해 해저 삼중관PIPIP 시스템을 적용한 경우도 있다.[9]

5.4 콘트리트 중량코팅(CWC: Concrete Weight Coating)

파이프라인 해저면 안정성 해석결과 파이프라인에 추가적인 중량이 필요한 경우 파이프 벽두께를 증가시켜 중량을 늘리는 방법도 있지만, 경제성 측면에서는 파이프 외부에 콘크리트를 코팅하여 하중을 증가시키는 방법이 유리하다. 따라서 충분한 중량으로 해저면에 안정적으로 정착시키기 위한 방법으로 콘크리트 중량코팅CWC을 한다.

콘크리트 중량코팅은 압축 공정Compressed Process에 의해 1,800~3,050kg/m^3 단위중량으로 제작이 가능하고 충격 공정Impingement Process에 의해 최대 3,450kg/m^3 단위중량으로도 제작이 가능하다.

콘크리트 중량코팅은 제작비, 운송비용 및 제작한계 등을 고려하여 적용 여부를 결정하며 25.4mm(1") 미만의 중량코팅은 제작이 어렵고 최대 코팅두께는 압축 공정에서 152.4mm(6"), 충격 공정에서 228.6mm(9")이다.

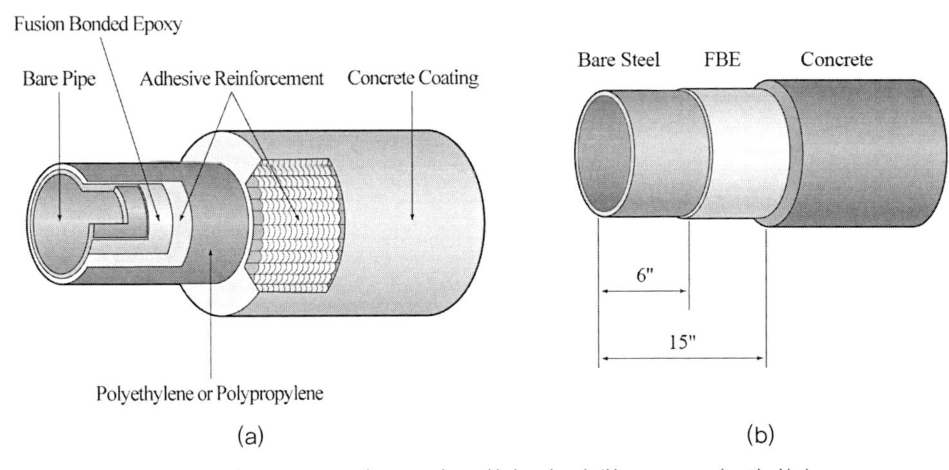

그림 5.12 콘크리트 중량코팅(a) 및 컷백(Cut-Back) 길이(b)

파이프(일반적으로 길이 약 12.2m)의 끝은 설치 시 용접 및 용접검사를 위해 약 38cm(15") 정도Cut-Back Length는 콘크리트가 굳기 전에 제거한다. 자동용접 및 자동초음파검사Automatic Ultrasonic Test(AUT)를 위해 파이프 끝단 일부는 코팅하지 않고 현장에서 용접 후에 피복하여 파이프라인이 균일한 외경과 재료의 일체성이 유지되도록 한다.

CHAPTER
06

열팽창 설계(Thermal Expansion Design)

6.1 자유끝단 변위

열팽창 해석은 내부유체의 온도와 압력으로 파이프라인 또는 플로우라인의 양쪽 끝단에 팽창 또는 수축으로 발생하는 축방향 하중과 변위에 대한 안전성을 평가하기 위한 것이다.

생산정에서 호스트플랫폼까지 연결되는 플로우라인은 플랫폼에서 터미널로 연결되는 파이프라인과는 달리 상대적으로 높은 압력과 온도의 유체(오일·가스·물)를 운반하기 때문에 열팽창과 수축에 대한 해석은 심해 플로우라인 설계에서 매우 중요하다.

파이프라인 끝단이 고정되어 있지 않고 자유롭게 움직인다고 가정하면Unrestrained Condition 압력과 열에 의해 팽창되어 파이프 끝단이 늘어나게 되며 이렇게 늘어난 파이프 길이를 수용하거나 영향을 고려하여 파이프라인 끝단연결장치PLET를 설계하여야 한다.

압력, 온도 및 파이프와 해저면 간의 마찰저항을 고려한 파이프라인 팽창으로 인한 파이프라인 변형률은 다음의 공식으로 산정할 수 있다.

$$\epsilon(x) = \epsilon_P + \epsilon_T - \epsilon_f = \frac{(P_i A_i - P_o A_o)(1-2\nu)}{EA_s} + \alpha \Delta T_x - \frac{\mu W_{sub}}{EA_s}(L_\alpha - x)$$

여기서, $\epsilon(x)$: 임의지점(x)에서 파이프 변형률

x : 가상앵커지점에서 임의지점(x)까지 거리

ϵ_P : 압력으로 인한 파이프 변형률

ϵ_T : 온도로 인한 파이프 변형률

ϵ_f : 해저면마찰로 인한 파이프 변형률

E : 파이프 탄성계수

A_s : 파이프 단면적

P_i : 내부압력

A_i : 내부단면적

P_0 : 외부압력

A_o : 외부단면적

ν : 푸아송비(=0.3)

α : 열팽창계수(11.7E-06°C 또는 6.5E-06°F)

ΔT_x : 파이프 설치 시와 운영 시 온도차

μ : 축방향 파이프-해저면 토질 마찰계수(모래 0.5, 점토 0.2)

W_{sub} : 파이프 수중무게

L_α : 끝단에서 가상앵커지점까지 거리

위의 공식은 파이프 끝단이 자유단(PLET 저항이 없음)으로 가정하고 플로우라인에 따라 압력변화가 없다는 가정에서 도출된다. 플로우라인은 각 끝단에서부터 팽창되는 경향이 있고 해저면의 마찰은 저항으로 작용하여 플로우라인의 팽창(축방향 이동)을 제한한다.

특정 지점에서 플로우라인의 팽창하는 힘과 해저면과의 마찰저항력이 같아지는 지점을 가상앵커지점Virtual Anchor Point(VAP)으로 정의하며 이 지점에서부터 플로우라인은 팽창으로 인한 변위는 발생하지 않는다. 따라서 해저면과의 마찰저항은 $x=0$(가상앵커지점)에서 최대이고 파이프 끝($x=L_a$)에서 0으로 된다.

가상앵커길이Virtual Anchor Length(L_a)는 가상앵커지점($x=0$)에서의 변형률을 0으로 가정하여 다음과 같이 추정할 수 있다.

$$L_a = \frac{(P_iA_i - P_oA_o)(1-2\nu) + \alpha\Delta T(EA_s)}{\mu W_{sub}}$$

계산된 앵커길이가 파이프라인 길이(L)의 절반을 초과하는 경우 파이프라인 길이의 절반을 앵커길이로 사용한다.

$$L_a = \mathrm{Min}(L_a,\ L/2)$$

온도 프로파일을 사용할 수 없는 경우에는 다음과 같이 플로우라인 길이를 따라 기하급수적으로 감소하는 것으로 간주할 수 있다.

$$\Delta T_x = \Delta T_{in} e^{(-x/\lambda)} \Rightarrow \lambda = \frac{-x}{ln\ \dfrac{(\Delta T_x)}{(\Delta T_{in})}}$$

여기서, ΔT_{in} : 인입부 온도차

λ : 온도감소길이

위의 식으로 대략적인 온도 감소를 고려하면 최대 파이프 끝단에서의 변위는 다음과 같이 앵커길이에 대한 총 변형을 구할 수 있다.

$$\begin{aligned}\Delta L &= \int_0^{(L_a)} \epsilon(x)dx \\ &= \int_0^{(L_a)} \left[\frac{(P_i A_i - P_o A_o)(1-2\nu)}{EA_s} + \alpha \Delta T_{in} e^{(-x/\lambda)} - \frac{\mu W_{sub}}{EA_s}(L_a - x) \right] dx \\ &= \frac{(P_i A_i - P_o A_o)(1-2\nu)}{EA_s} L_a + \lambda \alpha \Delta T_{in} (1 - e^{(-L_a/\lambda)}) - \frac{\mu W_{sub}}{2\ EA_s} L_a^2\end{aligned}$$

보수적으로 플로우라인 전 구간에 걸쳐 내부압력과 온도가 일정하다고 가정하면 위의 식에서 파이프라인 끝단에서의 최대 변위(앵커길이에 대한 총 변형)는 다음과 같이 산정된다.

$$\Delta L = \frac{(P_i A_i - P_o A_o)(1-2\nu)}{EA_s} L_a + \alpha \Delta T L_a - \frac{\mu W_{sub}}{2EA_s} L_a^2$$

그림 6.1은 압력, 온도 및 해저면 마찰로 인한 파이프라인 변화를 전 구간에 걸쳐 나타낸 것으로 플로우라인 하중을 고려한 변위는 구속Restrained 지점인 가상앵커 지점 이전에는 발생하지만 구속 지점을 지나서는 파이프가 완전히 구속되어 변위가 발생하지 않는다. 파이프라인의 각 끝은 완전히 구속되지 않고 두 가상앵커 지점 사이의 구간은 완전히 구속된 것으로 고려한다.

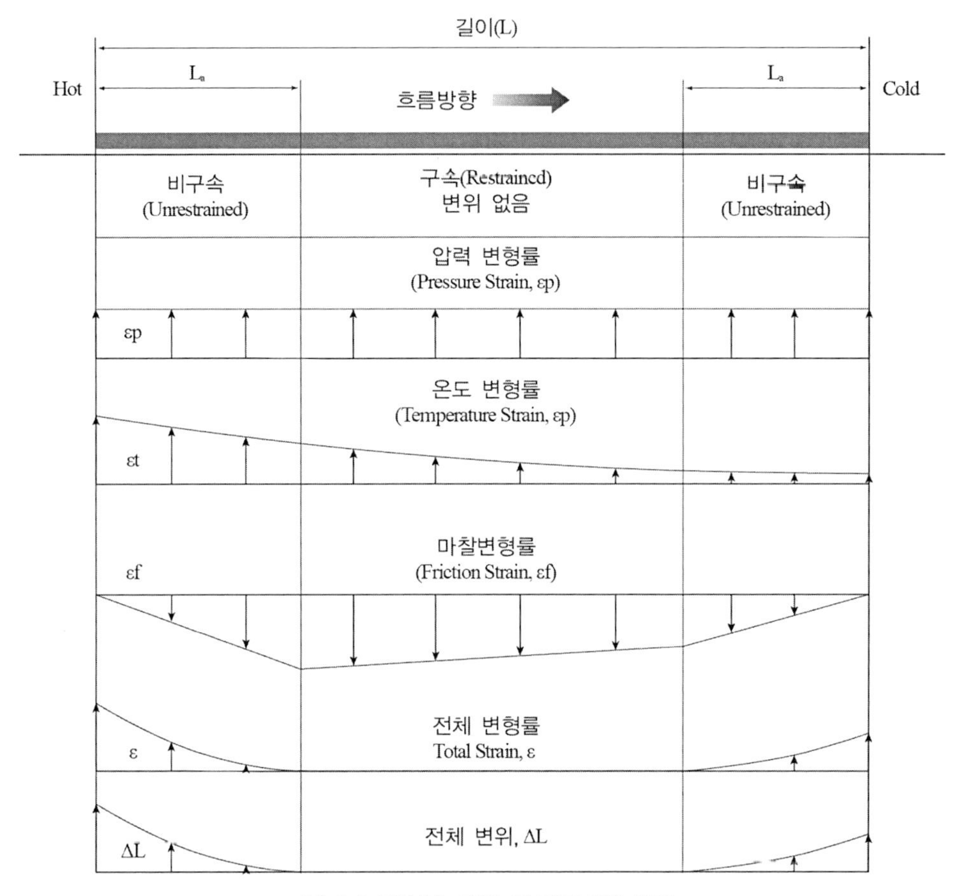

그림 6.1 길이에 따른 파이프라인 변위

6.2 고정끝단 변위 및 좌굴

파이프라인 끝단이 고정되어 있으면 끝단에 변위가 발생하는 대신 그 변위에 저항하는 힘이 작용한다. 이 하중은 가상 앵커길이에 대한 파이프라인 끝단의 실제 변형률로부터 다음과 같이 계산된다.

$$F = \epsilon E A_s = \frac{\Delta L}{L_a} E A_s$$

압력 및 온도 프로파일과 함께 해저면의 불규칙성과 플로우라인 경로에서 곡률을 고려해야 하는 경우 실제 플로우라인에 대한 팽창 현상은 복잡하게 발생되며 특히 심해에서의 고압 및 고온 열팽창 해석은 매우 복잡하여 정확한 산정을 위해 유한요소해석FEA 방법을 사용한다.

끝단이 고정되는 경우 고압-고온으로 인한 축방향 팽창하중이 파이프의 압축력으로 작용하며 이 압축력이 파이프의 임계좌굴 하중을 초과할 때 수평방향으로 측면좌굴, 스네이킹 또는 수직융기로 인한 좌굴UHB이 발생될 수 있다.

측면좌굴은 수직융기로 발생하는 좌굴보다 낮은 축방향 하중으로 발생하기 때문에 먼저 발생할 가능성이 높지만 파이프라인이 트렌칭되어 수평방향이동이 제한된 경우에는 수직융기좌굴이 먼저 발생한다.

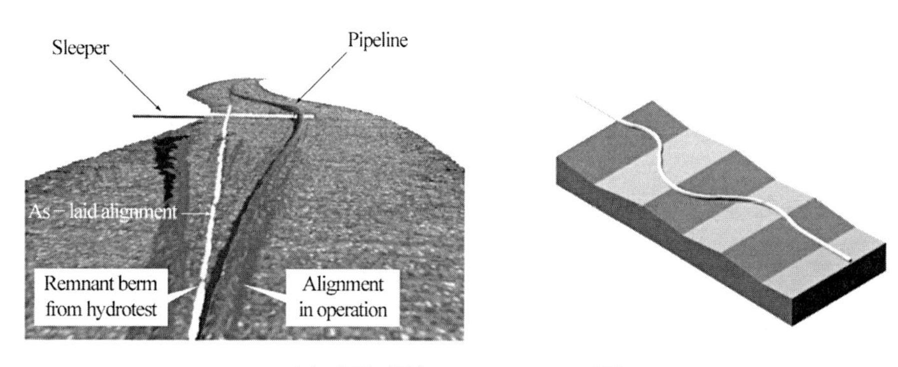

(a) 측면좌굴(Lateral Buckling)[5]

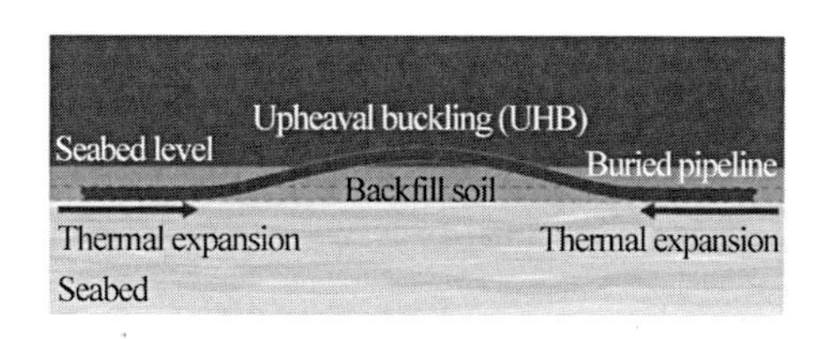

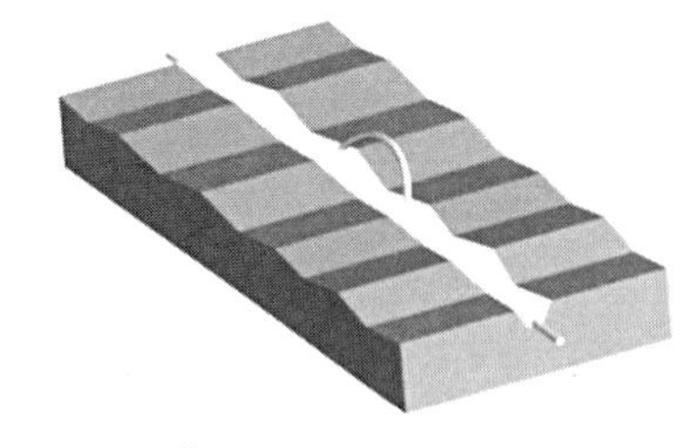

(b) 수직융기좌굴(Upheaval Buckling)

그림 6.2 측면 및 수직융기좌굴

파이프라인의 축방향 하중의 크기는 여러 요인에 따라 달라진다. 설치 후의 잔류장력과 설치 시와 운영 시의 압력 및 온도영향으로 인해 완전히 구속된 파이프라인에 작용하는 유효 압축력(S_{eff})은 다음과 같이 나타낸다(DNV-OS-F101,[1] 2013).

$$S_{eff} = F_{residual} - (\Delta P_i)A_i(1-2\nu) - EA_s\alpha(\Delta T_i)$$

여기서, S_{eff} : 유효압축력Effective Axial Force(압축 -, 인장 +)

ΔP_i : 내부압력차(설치 시와 운영 시)

ΔT_i : 온도차(설치 시와 운영 시)

A_i : 내부단면적

A_s : 전체단면적

E : 탄성계수

ν : 푸아송비

α : 열팽창계수

$F_{residual}$: 잔류장력(설치 후)

압축력이 발생하는 완전 구속된 파이프라인은 좌굴에 취약하며 좌굴에 견딜 수 있는 최대 압축력은 아래와 같이 오일러 기둥좌굴Euler Column Buckling이 발생되는 최소 압축력으로 정의된다(DNV-RP-F110,[2] 2007).

$$S_{eff} < 2.29\frac{EI}{L^2}, \quad L = \left[\frac{(EI)^3}{(f_L^{LB})^2 EA_s}\right]^{0.125}$$

여기서, f_L^{LB} : 해저면 마찰저항력(측면방향 마찰력 중 낮은 경계치 사용)

L : 좌굴이 발생하는 최소 파이프라인 길이

파이프라인 수직융기좌굴은 파이프라인 교차지점이나 평탄하지 않은 해저에서 발생하기 쉬우므로 해저면에 안정적으로 정착하기 위한 파이프 하중증가와 해저면과 파이프라인의 높이차를 최대허용 수직융기높이(δ)Imperfection Height 이내로 유지해야 한다. δ는 무차원 매개변수 Φ_w를 사용하여 다음과 같이 표현할 수 있다.[3]

$$\delta = \frac{(W_{sub} + q)EI}{\Phi_W S_{pb}^2}$$

여기서, δ : 파이프 수직융기높이(m), 해저면과 파이프 바닥높이

W_{sub} : 파이프 수중중량(N/m)

q : 추가 수중중량(N/m)

Φ_W : 무차원 하중계수(Φ_L에 따라 결정)

$\Phi_L L(S_{pb}/EI)^{1/2}$

$\Phi_L \leq 4.49 \quad \Phi_W = 0.0646$

$4.49 \leq \Phi_L \leq 8.06 \quad \Phi_W = 5.68\Phi_L^{-2} - 88.35\Phi_L^4$

$\Phi_L \geq 8.06 \quad \Phi_W = 9.6\Phi_L^{-2} - 343\Phi_L^4$

Φ_L : 무차원 융기높이

L : 융기된 길이/2(m)

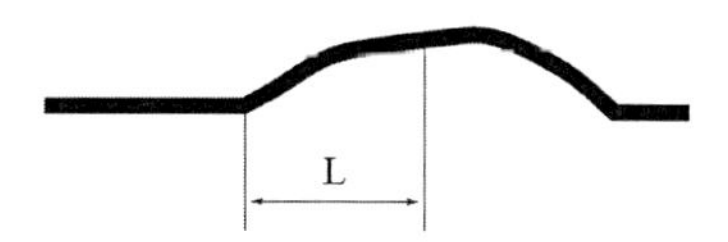

I : 관성모멘트(m^4)

S_{pb} : 좌굴발생 축방향하중(N)Pre-buckle axial force=유효 압축력(S_{eff})

6.3 열팽창 제어 방법

열팽창 문제를 완화하거나 제어하기 위해 다음과 같은 여러 방법을 채택할 수 있다(그림 6.3).

- 스네이크 레이
- 확장루프
- 유연점퍼, '∩' 또는 'M' 모양 고정점퍼
- 슬라이딩 PLET
- 좌굴 완화 및 억제 방법 : 슬리퍼, 부력 분배, 버클 어레스터, 사석포설, 매설, 앵커

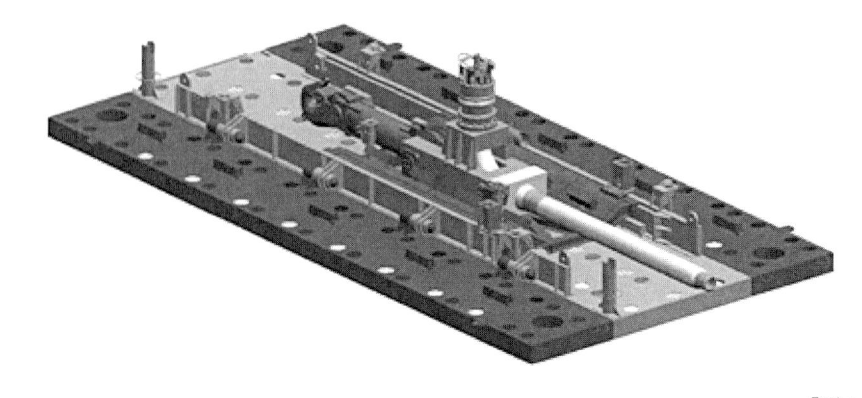

출처: bonaca.net

(a) 슬라이딩 파이프라인 끝단연결부(PLET)

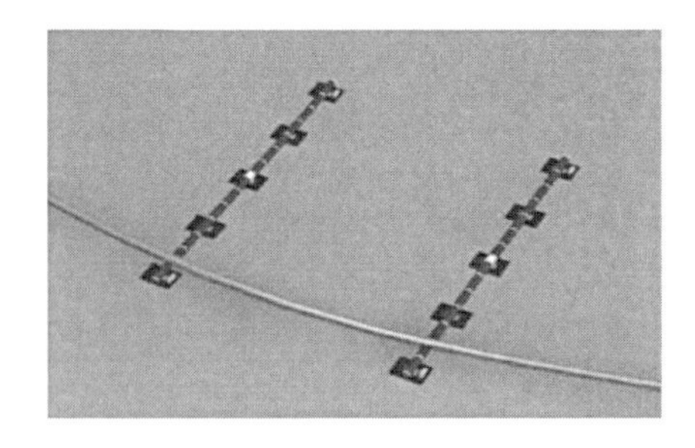

(b) 슬리퍼(Sleeper)[3]

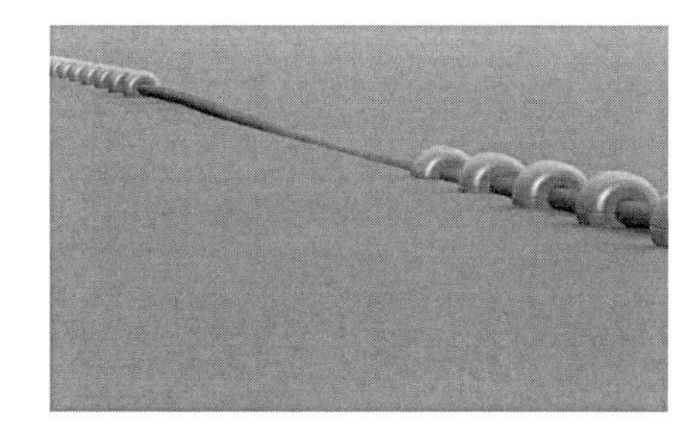

(c) 부력분배(Distributed Buoyance)[3]

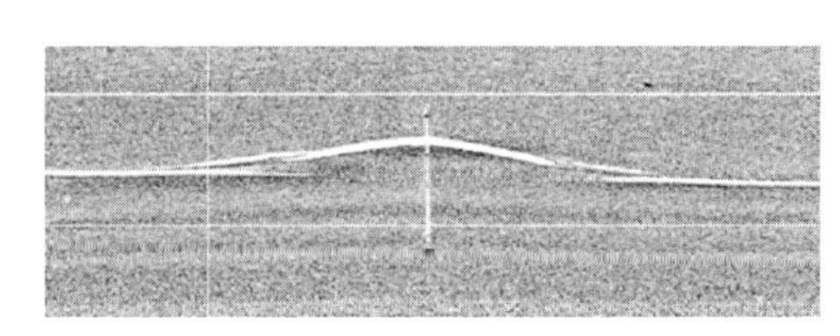

(b-1) 플로우라인 아래 슬리퍼

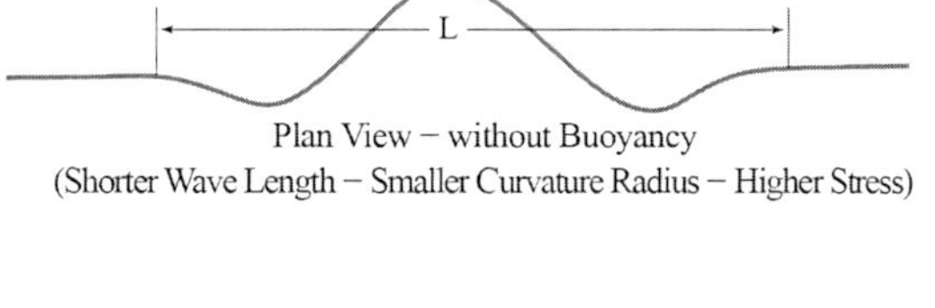

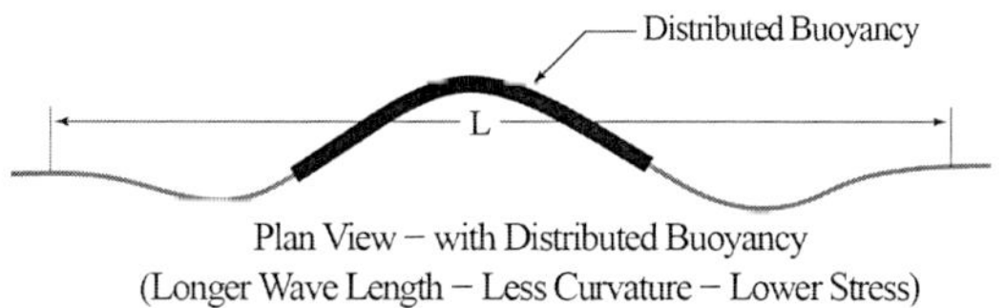

(c-1) 플로우라인 부력분배 형태변화

그림 6.3 열팽창 완화방법

PLET 설치 시 주요하게 고려해야 할 것으로 플로우라인 워킹Walking현상을 들 수 있다. 심해에서 고압-고온의 플로우라인 팽창현상은 운영 시 내부유체로 인해 온도가 상승할 때와 운전정지 시 내부유체의 유동이 없어 플로우라인이 냉각되는 사이에 발생되는 온도 차이로 인해 가상앵커지점이 이동할 수 있다(그림 6.4).

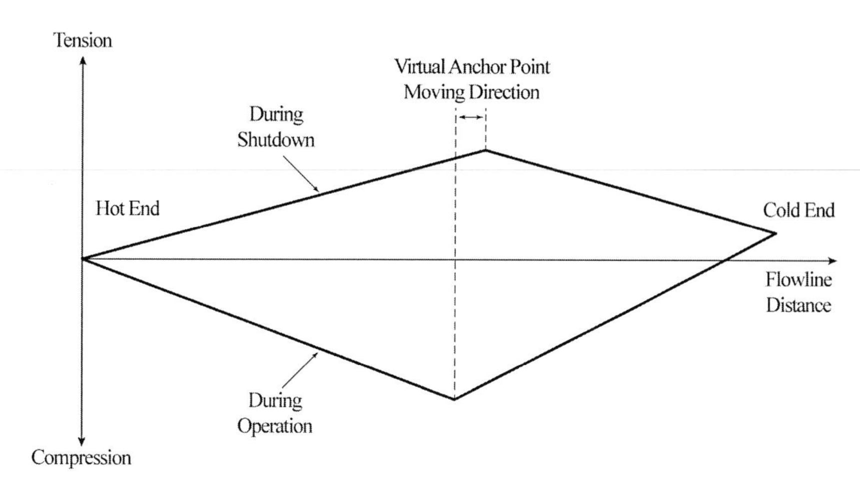

그림 6.4 플로우라인 워킹(Walking) 현상 다이어그램[4]

생산 중단Shutdown 및 생산 시작Start Up의 주기적 반복에 따라 플로우라인이 축방향으로 전진-후퇴를 반복하게 되면서 PLET도 같이 전진-후퇴의 이동을 반복하게 된다. 이런 현상이 지속적으로 반복되면 PLET가 원래 위치로 돌아오지 않고 이동하는 현상이 나타나며 이런 축방향 변위현상을 워킹이라고 한다. 이러한 PLET에 워킹현상이 반복되면 스틸 카테너리 라이저SCR가 해저면과 닿는 터치다운 부근의 곡률반경이 감소되고 파이프에 굽힘응력이 증가하여 좌굴이 발생할 수도 있다(그림 6.5).

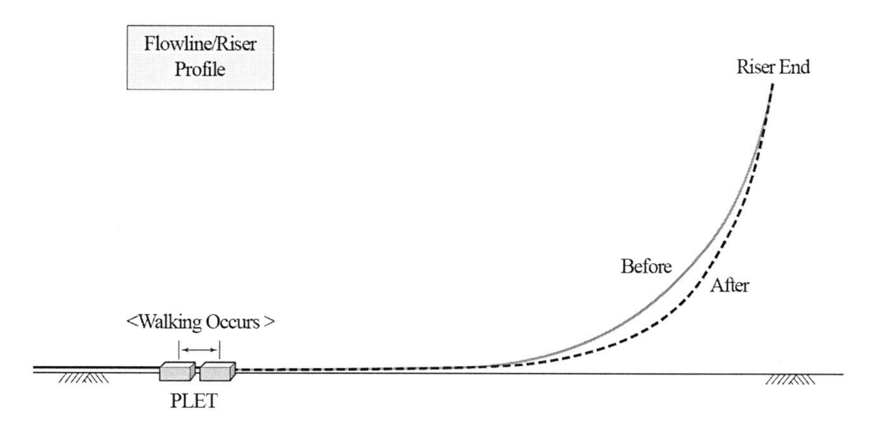

그림 6.5 플로우라인 워킹(Walking)

PLET의 축방향 이동현상인 워킹현상을 방지하기 위해서는 그림 6.6과 같이 앵커파일을 해저면에 관입 후 파일과 체인을 연결하여 PLET의 이동을 제한하는 방법과 파이프라인을 콘크리트 중량코팅으로 중량을 증가시키는 방법, 트렌칭하여 매설하는 방법, 일부 구간을 사석으로 포설하는 방법 또는 콘크리트 매트리스로 고정하는 방법을 사용할 수 있다.

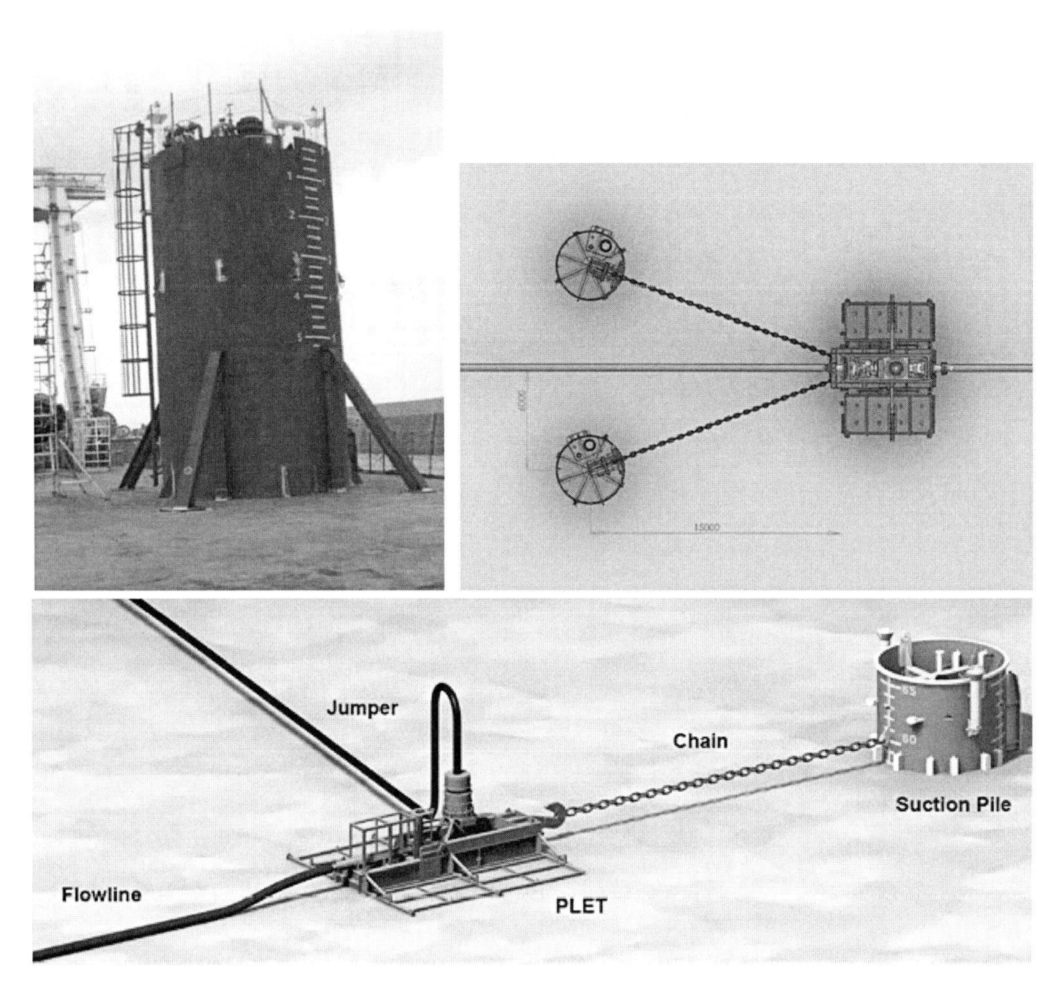

그림 6.6 체인앵커 PLET[3]

CHAPTER
07

해저면 안정성 설계(On-Bottom Stability)

7.1 해저면 안정성 검토 기준(On-Bottom Stability Check Criteria)

파이프라인은 설치 중, 설치 후 및 운영 시에 발생하는 모든 경우의 외력에 대하여 안정성을 유지하여야 한다. 설치 중에는 파이프중량이 요구되는 무게보다 적으면 파도, 해류 및 설치 선박의 움직임으로 인한 외부 환경외력의 작용으로 파이프라인의 제어 문제와 파이프라인에 과다한 응력이 발생할 가능성이 높다.

해저에 설치 후 유체를 이송하기 전까지 일정기간 동안 비어 있는 파이프라인의 조건을 고려하여 1~10년 빈도Year Return Period(YRP) 해양환경조건(파랑, 조류, 해저면 유속 등)으로 해저면 안정성 검토를 한다. 운영 중에 유체로 채워진 파이프라인은 100년 빈도YRP 해양환경조건으로 안전성 검토를 한다.

1) 설치단계

한정된 설치기간을 고려하고 파이프라인 내부는 비어 있는 상태를 가정하여 아래 조합을 적용한다.[2]

- 설치기간이 3일 이하인 경우 해당 작업기간의 예상 해양환경을 고려하여 적용한다.
- 설치기간이 3일 이상 1년 이하인 경우 10년 빈도파랑 + 1년 빈도유속 또는 10년 빈도유속 + 1년 빈도파랑 중 큰 하중 조건을 적용한다.

2) 운영단계

운영 중 단계에서는 파이프라인은 내부유체로 채워진 상태로 아래와 같은 파랑과 유속의 조합에서 큰 하중을 적용한다.[2]

- 100년 빈도파랑 + 10년 빈도유속
- 100년 빈도유속 + 10년 빈도파랑

파이프중량 및 파이프라인-해저면 간의 마찰로 인한 저항력Soil Resistance이 유체역학적으로 작용하는 힘Hydrodynamic Force보다 큰 경우 파이프라인은 해저면에서 안정적인 상태를 유지한다.

그림 7.1은 해저면의 파이프라인에 작용하는 힘의 요소를 나타내며 아래 식의 조건을 만족할 때 안정성을 유지한다. 이 식은 모리슨 공식Morrison Formula(물체에 작용하는 유체의 힘은 항력과 관성력의 합)을 기반으로 유도되는 정적 해석 방법이다.

$$\gamma(F_D - F_I) \geq \mu_L(W_s - F_L)$$

여기서, γ : 안전계수(1.1)

F_D : $\frac{1}{2}\rho_w D C_D V|V|$, 유체항력Hydrodynamic Drag Force

F_I : $\frac{\pi D^2}{4}\rho_w C_I\ a$, 유체관성력Hydrodynamic Inertia Force

μ_L : 마찰계수

W_s : 수중파이프라인 중량

F_L : $\frac{1}{2}\rho_w D C_L V|V|$, 부양력Hydrodynamic Lift Force

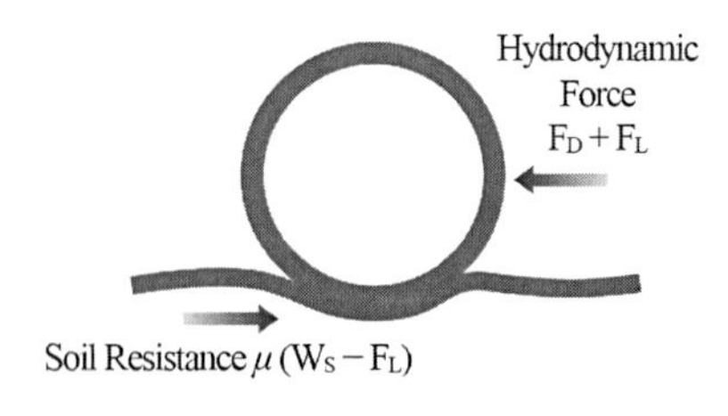

그림 7.1 파이프라인 해저면 안전성 검토

DNV-RP-F109[2]에 따른 마찰계수와 C_L, C_D, C_I는 다음과 같이 제시된다.

- 점토=0.2, 모래=0.6, 자갈=0.8
- 부양력계수(C_L)=0.9, 항력계수(C_D)=0.7, 관성력계수(C_I)=3.29

수직력에 대한 안정 기준으로 해저면에 놓인 파이프라인이 부유하지 않기 위해서는 파이프라인 수중무게와 부력이 아래의 식을 만족하여야 한다.

$$\gamma_w \times \frac{b}{W_s + b} \leq 1.00$$

여기서, γ_w : 안전율(1.1) W_s : 수중파이프라인 중량 b : 파이프라인 부력

7.2 해저면 흐름유속(Near-Bottom Current Velocity)

파이프라인 안정성해석을 위한 해저면 유속은 일반적으로 해저면에서 1~5m 정도 떨어진 지점에서 측정한 값으로 이 측정값을 파이프라인 상단높이에서의 유속으로 변환하여 사용한다. 파이프라인 상단에서 유속을 추정하는 가장 일반적인 방법은 DNV-RP-F109 또는 1/7 공식을 사용하는 것이다.

$$V_c = V_r \left[\frac{\left(1 + \frac{z_o}{D}\right) \ln\left(\frac{D}{z_o} + 1\right) - 1}{\ln\left(\frac{z_r}{z_o} + 1\right)} \right], \qquad V_c = V_r \left[\frac{D}{Z_r} \right]^{(1/7)} : 1/7 \text{ 공식}$$

여기서, V_c : 파이프 상단 유속

V_r : 일정높이(Z_r)에서의 유속

Z_o : 해저면 특성계수(표 7.1)

Z_r : 일정높이(일반적으로 해저면으로부터 1~5m)

표 7.1 해저면 특성에 따른 계수(Seabed Roughness, mm)[DNV-RP-F109, Table 3-1]

Silt/Clay	Fine Sand	Medium Sand	Coarse Sand	Gravel	Pebble	Cobble	Boulder
0.005	0.01	0.04	0.1	0.3	2	10	40

7.3 해저면 안정성 검토 방법(On-Bottom Stability Check Method)

파이프라인의 해저면 안정성 검토를 위한 가이드라인은 크게 두 가지로 나누어진다. 파이프라인 연구 국제협의회Pipeline Research Council International(PRCI)에서 발행한 PR-178-9731[3]과 DNV-RP-F109 가이드라인에 의한 방법이다. PRCI 방법은 미국가스협회American Gas Association(AGA)에서 개발한 것으로 AGA 방법으로도 알려져 있다. PR-178-9731에서는 3단계의 검토단계로 구분되어 있으며 포트란Frotran 기반 소프트웨어를 활용한다. 이 중 Level 2는 간단한 입력데이터와 합리적인 결과 그리고 빠른 응답 시간으로 가장 많이 사용되고 있다.

DNV-RP-F109에서도 3단계의 검토단계가 있으며 'Stable Lines'라는 비주얼 베이직 스프레드 시트를 활용한다. 'Stable Lines'는 1) 파이프라인의 이동이 없는 절대 안정성기준, 2) 파이프라인의 자중으로 인한 해저면 묻힘Embedment과 일정 변위의 횡적이동을 허용한 기준, 3) 유한요소해석FEA을 위한 입력데이터를 제공하는 3단계로 이루어져 있다.

두 가지 방법 모두 1~3단계별 분석모듈(표 7.2) 중에서 1단계는 너무 보수적인 결과를 보여주며 3단계의 복잡성과 소요 계산시간의 문제로 2단계 방법을 많이 사용하고 있다.

다음은 일반적인 파이프라인 해저면 안정성 검토단계이다.

1. 모리슨 방정식을 사용하여 파이프 자중에 의한 해저면 묻힘과 파이프라인 변위가 없는 조건으로 파랑과 해저면 유속이 모두 동일하게 파이프라인에 수평으로 작용한다는 가정으로 해석한다.
2. 1)의 결과가 불안정으로 나올 경우 파랑과 조류의 실제 방향을 고려하여 해석한다 (PRCI/DNV 1단계 계산).
3. 1단계의 결과가 불안정으로 나올 경우 비선형 파랑이론을 적용하고 파이프라인 자중으로 인한 묻힘과 허용범위 내 파이프 이동을 허용하는 준정적 해석 방법인 PRCI/DNV 2단계로 해석한다.

4. 2단계 이후에도 결과가 안정적이지 않은 경우에는 PRCI/DNV 3단계로 재계산하거나 3단계 검토 없이 보완방법으로 해저면 안정성 유지 방법을 검토한다.

표 7.2 파이프라인 해저면 안정성 검토 가이드라인

구분	PRCI PR-178-9731	DNV-RP-F109
Level 1(PRCI) 또는 Absolute Analysis(DNV)	파이프의 자중으로 인한 해저면 묻힘 현상을 고려하지 않고 파이프라인 변위가 없다는 가정하에 선형파동 이론과 모리슨 방정식에 기반을 둔 간단하고 보수적인 정적(Static) 분석방법	PRCI와 동일
Level 2(PRCI) 또는 Generalized Analysis(DNV)	준정적(Quasi-Static) 분석 방법으로 많은 3단계 모델시험 결과를 근거로 한 것으로 비교적 정확하며 가장 널리 사용되는 방법	PRCI 2단계와 유사하며 동적 분석(Dynamic Analysis) 시뮬레이션 데이터의 결과를 기반으로 함
Level 3(PRCI) 또는 Dynamic Analysis (DNV)	비선형 파랑이론을 사용한 동적 시간 영역(Dynamic Time Domain) 분석방법으로 파동 확산, 파이프라인 변위 및 자중에 익한 문힘 등을 고려한 것으로 정확하지만 복잡성과 계산시간이 소요	PRCI 3단계와 유사하며 어느 정도의 파이프라인 횡방향 변위를 허용하며 불규칙한 해저면 상태를 고려한 시간 영역 시뮬레이션(Time Domain Simulation)으로 유한요소해석을 위한 입력데이터만 제공하므로 별도의 유한요소 해석 작업이 필요함

7.4 해저면 안정성 유지 방법(On-Bottom Stability Mitigation Method)

외력으로 인한 파이프라인의 과도한 변위, 부양 및 국부좌굴 등으로 해저면 정착이 불안정할 경우 안정성을 유지하기 위해 다음과 같은 방법을 사용한다.

1) 콘크리트 중량코팅(CWC) 또는 파이프 벽두께(WT) 증가

콘크리트 중량코팅은 파이프라인의 측면유동 및 수직안정성을 유지하기 위해 해저파이프라인에 일반적으로 적용되는 방법이지만, 파이프라인의 단면적을 증가시켜 부력증가와 수평방향으로 작용하는 유체하중도 증가되는 것을 고려하여 적정한 코팅두께를 결정한다.

일반적으로 적용할 수 있는 최소 두께인 25.4mm(1") 이하 콘크리트 중량코팅이 필요한 경우에는 파이프 벽두께를 증가시키거나 다른 안정성 유지 방법을 고려하여야 한다. 사용되는 콘크리트 코팅밀도는 저밀도 콘크리트의 경우 2,040kg/m^3, 중밀도 콘크리트 2,540kg/m^3,

고밀도 콘크리트 3,040kg/m^3의 단위중량을 가지므로 코팅두께와 중량증가를 고려해서 콘크리트 코팅재료를 선정한다.

2) 트렌칭(Trenching) 및 토사채움(Backfill)

콘크리트 중량코팅이나 벽두께를 증가시키지 않고 트렌칭하여 매설하는 방법은 파이프라인의 변위 안정성 측면 이외에도 일정 온도를 유지하여 이송유체의 유동성 확보와 외부의 충격으로부터 보호하는 목적으로도 사용된다.

점토질 해저지반에서는 쟁기모양의 도구를 선박을 이용하여 트렌칭하고 동시에 파이프라인을 설치한 후 트렌치가 해저면 흐름에 의해 자연적으로 매립되도록 하거나, 주변의 토사를 뒤쪽의 날개모양 형태를 이용하여 되메우는 방법을 사용한다. 또는 해저면에 고압의 물을 분사하여 트렌칭하는 워터젯팅Water Jetting 방법이 적용 가능하지만 해저지반이 단단한 경우 준설선 등을 이용하여 사전에 굴착하는 방법 등을 사용한다.

3) 사설포설/락덤핑(Rock Dumping)

락덤핑은 비용적인 측면에서 파이프라인 전체경로에 포설하기보다는 일부 유속이 빠른 구간, 어업구간, 파이프라인 교차구간 등의 파이프라인 보호가 필요한 일부 구간에 포설한다. 특히 파이프라인이 교차하는 부분에서는 트렌칭하지 않고 기존 파이프라인 위로 설치하게 되므로 이 교차 부분은 수직융기좌굴UHB에 취약하며 이를 방지하기 위해 파이프라인 상단의 하중을 증가시키는 목적으로도 사용한다. 락덤핑은 사석의 크기(10cm 이내)를 고려하여 시공 시 파이프라인 손상 여부를 확인하면서 시공한다(그림 7.2(a)).

4) 콘크리트 매트리스(Concrete Mattress)/블록(Block)

소형 콘크리트 블록을 연결한 콘크리트 매트리스는 일반적으로 트렌칭이 어려운 경우, 해저트리 인근 연결지점 또는 해양플랫폼 접근구간과 보호해야 하는 일정 구간에 사용하는 방법이다(그림 7.2(b)). 콘크리트 매트리스 대신 콘크리트 블록을 일정 구간마다 설치하여 앵커링하는 방법도 사용되며 이 방법은 락덤핑을 위한 전용선박이 아닌 다이빙 지원선박DSV을 통해 설치가 가능하므로 설치비용이 락덤핑에 비해 유리하다.

출처: www.offshore-fleet.com

(a) 락덤핑

출처: www.pipeshield.com

(b) 콘크리트 매트리스

그림 7.2 파이프라인 해저안정성 유지 방법

7.5 파이프 자중-묻힘(Pipe Self-Embedment)

해저면에 놓인 파이프라인은 해저면 토질의 특성에 따라 파이프 자중에 의해 일정 부분이 헤저면에 묻힐 수 있으므로Self-Embedment 이를 해저면 안정해석에서 고려할 수 있다.

통일분류법Unified Soil Classification System에서는 토질의 입자크기로 구분(자갈 76.2~4.75mm, 모래 4.75~0.075mm, 실트 & 점토 < 0.075mm)하며 해저면 토질의 대부분을 구성하는 모래와 점토질 토사의 특징은 DNV-RP-105(2006)에 다음 표 7.3과 같이 정의된다.

표 7.3 토질 특성(Soil Properties)[4]

Soil Type	Submerged Weight (kN/m^3)	Angle of Friction (Degrees)	Shear Strength (kN/m^2)
Loose Sand	8.5~11.0	28~30	-
Medium Sand	9.0~12.5	30~36	-
Dense Sand	10.0~13.5	36~41	-
Very Soft Clay	4.0~7.0	-	< 12.5
Soft Clay	5.0~8.0	-	12.5~25
Firm Clay	6.0~11.0	-	25~50

표 7.3 토질 특성(Soil Properties)[4] (계속)

Soil Type	Submerged Weight (kN/m³)	Angle of Friction (Degrees)	Shear Strength (kN/m²)
Stiff Clay	7.0~12.0	–	50~100
Very Stiff Clay	10.0~13.0	–	100~200
Hard Clay	10.0~13.0	–	> 200

토질의 강성Stiffness 또는 스프링 상수Spring Constant는 파이프와 토질의 상호간섭 문제에서 폭넓게 사용되는 계수로 토질에 작용하는 각 하중으로부터 계산된다. 일반적으로 제시되는 정적수직강성계수(Kv)는 다음 표 7.4와 같이 제시된다.[4]

표 7.4 정적수직강성계수(Static Vertical Soil Stiffness)

Soil Type	Kv(kN/m/m)	Soil Type	Kv(kN/m/m)
Dense Sand	1350	Stiff Clay	1000~1600
Medium Sand	530	Firm Clay	500~800
Loose Sand	250	Soft Clay	160~260
Hard Clay	2600~4200	Very Soft Clay	50~100
Very stiff Clay	2000~3000		

Kv와 파이프 묻힘 깊이 Z(m)는 다음 식으로 산정된다.

$$K_v = \frac{W_s}{Z}, \quad Z = \frac{W_s^2}{49 D_o S_u^2}$$

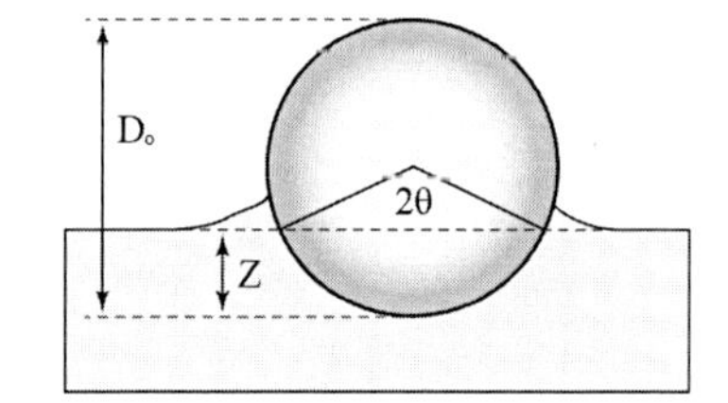

여기서, W_s : 파이프 수중무게(KN/m)

Z : 파이프 매설깊이(m)

D_o : 파이프 외경(m)

S_u : 비배수 전단강도(KN/m²)

모래질 토사의 경우 초기 매설깊이는 파이프자중, 외경 및 토질의 수중단위중량에 좌우되며 실험적인 방법으로 다음 식을 적용한다.[5]

$$Z = 0.037 D_o \left[\frac{W_s}{\gamma_{sub} D_o^2} \right]^{2/3}$$

여기서, γ_{sub} : 토질의 수중단위중량

파이프-토질마찰계수(μ)는 파이프 중량의 곱이 토질의 저항력과 같다는 가정으로 다음과 같이 도출되며 토질조사 자료가 없는 경우 모래 0.6, 점토 0.2를 파이프-토양마찰계수로 사용할 수 있다.

$$F = W_{sub} \times \mu, \ \mu = \frac{F}{W_{sub}} = \tan\delta$$

여기서, F : 단위길이당 토질저항력

W_{sub} : 파이프라인 수중중량

δ : 파이프-토질 마찰각(30° Medium Sand의 경우)

CHAPTER

08

프리스팬 해석(Free Span Analysis)

8.1 프리스팬 해석 방법(Free Span Analysis Method)

파이프라인의 프리스팬은 불규칙한 해저지형, 단층, 샌드웨이브, 다른 구조물과의 교차지점 또는 해저구조물의 끝에서 파이프라인을 지지하는 지점의 부재(끝단연결부의 높이차) 등으로 인해 발생한다.

파이프라인 설치경로 선정에 있어 가장 경제적인 방법은 직선의 단순한 파이프라인 경로를 선택하는 것이지만 실제 해저지형은 해류의 흐름과 또는 다른 여러 가지 원인으로 변화되므로 파이프라인 경로에 있어서 프리스팬의 문제는 항상 발생한다. 따라서 예상되는 프리스팬 길이에 대하여 정적 및 동적하중이 항복응력을 초과하는지, 흐름에 의해 파이프라인 후면에 발생되는 와류유도진동VIV으로 인한 피로손상 여부 등의 안전성 검토 후에 경로선정을 한다.

프리스팬의 문제는 그림 8.1과 같이 파이프라인이 불규칙한 해저지형을 지나면서 발생되는 스팬과 인접 스팬이 서로 영향을 미치는 상호영향스팬Multiple Interacting Span의 문제이거나 또는 스팬 간의 상호영향이 없는 독립스팬Isolated Single Span 문제일 수도 있다.

정적하중으로 인한 영향은 파이프라인을 지지하는 지점에서 가장 높게 나타나며(High 부분) 스팬의 중간 부분은 중간 정도(Medium 부분)이며 지지점과 중간 지점의 사이가 가장 낮게(Low 부분) 나타나는 경향이 있지만 해저면 토질 특성과 스팬길이 및 인접 스팬거리에 따라 다르게 나타낸다.

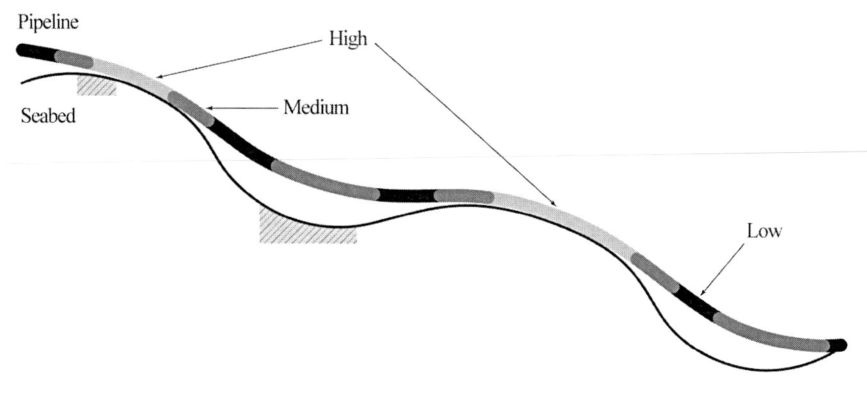

그림 8.1 불규칙한 해저면에서 정적하중 영향(예)

그림 8.2는 인근 해저면 토질조건 및 인접 스팬과의 거리를 고려하여 인접된 스팬의 영향이 없는 독립스팬Isolated Span 또는 인접 스팬과 연관되어 영향을 받는 상호영향스팬Interacting Span으로 고려해야 하는 지를 결정하는 기준을 나타낸다. 예로, 해저지반이 모래인 경우 L_{sh}/L (L_{sh}: 스팬이 없는 길이)가 0.3이고 인접한 스팬 길이 L_a와 L의 비(L_a/L)가 1 이상인 경우는 상호영향이 있는 스팬으로 고려된다.

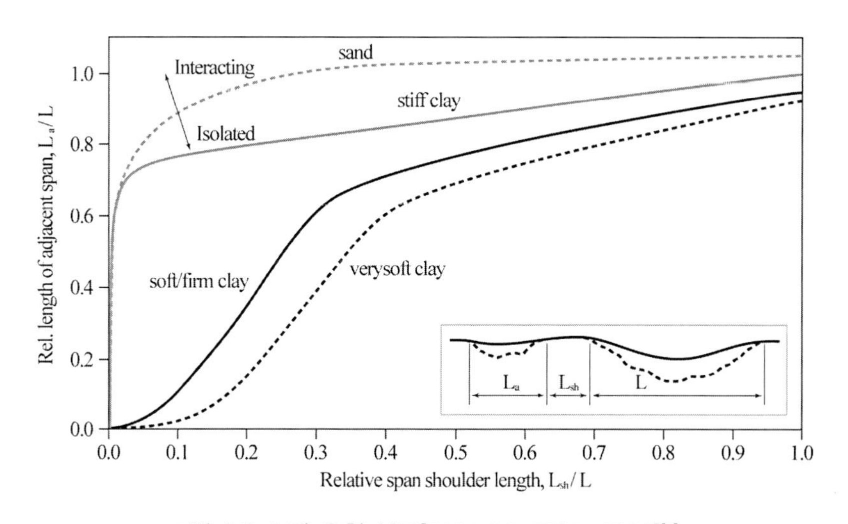

그림 8.2 스팬 유형 분류[DNV-RP-F105, 2006][1]

설치 및 운영 중에 발생되는 프리스팬은 파이프라인 안정성에 중요한 영향을 미친다. 설치기간에는 파이프라인 설치 선박에서 해저면까지의 프리스팬이 파랑, 유속 등의 해양환경 조건을 고려하여 검토되고, 운영 중에는 설치 전 해저지형조사에서 알려진 스팬 길이와 주기적인 지형조사를 통해 발생되는 스팬에 대한 검토가 필요하며 프리스팬 분석에 필요한 설계 데이터는 다음과 같다.

- 파이프 제원
- 해저 및 파이프라인 프로파일
- 파이프-해저면 토질마찰계수를 포함한 토질조사자료
- 설치 후 잔류인장력
- 압력/온도 프로파일을 포함한 운영 조건
- 파랑 및 해저면 유속 데이터(계절적 분포 및 방향성을 고려)
- 와류유도진동에 의한 피로검토 확인을 위한 S-N Curve 자료

파이프라인 스팬에 작용하는 정적 및 동적하중에 안전한 허용 가능한 파이프라인 스팬길이의 결정은 파이프라인의 운영 및 장기적인 안정성 확보를 위해 필요하다. 파이프라인 경로에 실제로 발생하는 프리스팬의 길이가 산정된 허용프리스팬 길이를 초과하면 보완책(지지대 설치 등)을 고려한다.

해저면과 파이프라인의 프로파일을 통하여 허용 프리스팬의 길이와 높이를 파악하기 위한 유한요소 해석 프로그램으로는 SPAN, OFFPIPE, SAGE 및 OrcaFlex 등이 있으며 이들 프로그램을 사용하여 프리스팬의 위치 및 형상을 비롯하여 정적하중조건에서 파이프라인에 작용하는 응력계산이 가능하지만 동적피로 해석기능은 제한되어 있다.

더 정교한 유한요소해석 소프트웨어 패키지 ABAQUS는 이중관 구조의 뛰어난 모델링기능으로 내외부 파이프의 상호작용을 해석하는 데 효과적인 프로그램이다. ABAQUS는 동적해석도 가능하지만 계산 시간이 소요되므로 엔지니어링 목적에 따라 계산되는 한 예는 SPAN, SAGE 프로그램을 이용하여 프리스팬의 형상을 파악하고 정적 및 동적 허용 프리스팬 길이는 프로그램화된 엑셀이나 DNV "Fat Free" 프로그램으로 산정 후 실제길이와 허용길이를 비교하여 프리스팬의 안정성을 판단한다. 이런 설계 과정을 해저면 굴곡평가On-Bottom Roughness Assessment라고 한다.

ASME 31.4,[2] ASME B31.8[3] 및 API RP-1111[4]은 정적분석에 적용되는 설계 코드이다. 동적하중을 고려한 스팬의 와류유도진동 분석에는 DNV-RP-F105[1]를 사용한다. DNV-RP-105

에 기반한 소프트웨어인 "FatFree"는 비주얼 베이직Visual Basic을 사용한 엑셀 시트Excel Sheet로서 단순화된 모델을 기반으로 동적피로수명Fatigue Life을 간단하지만 유한요소해석 결과와 근사하게 산정한다.

8.2 정적 프리스팬 해석(Static Free Span Analysis)

정적하중은 파이프 사하중, 파랑 및 흐름에 의한 유체역학적 하중을 포함한다. 파이프라인 프리스팬의 양쪽 끝단이 완전히 고정Fixed되거나 힌지로 고정된 단순빔Hinge Pinned Simple Beam이라고 가정하고 정적하중이 작용할 때 초과응력이 생기지 않는 최대허용 프리스팬 길이는 다음과 같이 추정할 수 있다.

$$M = \frac{wL^2}{K} \text{ and } \sigma_{allow} = \frac{MD_s}{2I} \Rightarrow L = \left(\frac{2KI\sigma_{allow}}{wD_s}\right)^{1/2}$$

여기서, M : 최대 굽힘모멘트

w : $\sqrt{w_{sub}^2 + (F_D + F_i)^2}$, 프리스팬 하중

L : 허용가능한 프리스팬 길이

K : 파이프 끝단 경계상수

=8: 핀-핀 지지

=12: 고정-고정 지지

=10: 핀-고정 지지(양단 평균)

D_s : 파이프 외경(코팅두께 제외)

I : 파이프 관성모멘트

σ_{allow} : 프리스팬의 허용 축방향응력

프리스팬의 허용 축방향응력을 구하기 위해 유효 축방향 하중(S_{eff})을 산정해야 하며, 프리스팬이 아닌 해저면에 놓인 파이프라인에 작용하는 잔류 인장력, 압력 및 온도로 인한 유효 축방향 하중은 다음의 공식으로 산정할 수 있다.

$$S_{eff} = H_{eff} - \Delta P_i \ A_i(1-2\nu) - A_s E \Delta T \ \alpha$$

유효 축방향 하중은 외부 및 내부압력 효과를 고려한 실제 파이프 벽인장력(N_{tr})과 동일하므로 벽인장력(N_{tr})은 다음의 식으로 나타낼 수 있다.

$$S_{eff} = N_{tr} - P_i A_i + P_o A_o \Rightarrow N_{tr} = S_{eff} + P_i A_i - P_o A_o$$

$$N_{tr} = H_{eff} - \Delta P_i A_i (1-2\nu) - A_s E \Delta T \alpha + P_i A_i - P_o A_o$$

여기서, H_{eff} : 유효설치 인장력Effective Lay Tension(=잔류저면 인장력(Residual Bottom Tension))

ΔP_i : 내부압력 변화(설치 시와 운영 시)

A_s : $A_o - A_i$, 파이프 벽두께 단면적

A_o : 파이프 외경에 포함되는 단면적

A_i : 파이프 내경에 포함되는 단면적

ΔT : 내부온도 변화(설치 시와 운영 시)

α : 열팽창계수

ν : 푸아송비

위의 식에서 산정된 실제 파이프 벽인장력(N_{tr})을 사용하여 파이프라인의 축방향응력은 다음과 같이 구할 수 있다.

설치 시 $$\sigma_L = \frac{N_{tr}}{A_s} = \frac{(H_{eff} + P_i \ A_i - P_o A_o)}{A_s}$$

수압테스트 시 $$\sigma_L = \frac{N_{tr}}{A_s} = \frac{(H_{eff} - \Delta P_i A(1-2\nu) + P_i A_i \ - P_o \ A_o)}{A_s}$$

운영 시 $$\sigma_L = \frac{N_{tr}}{A_s} = \frac{(H_{eff} - \Delta P_i A_i (1-2\nu) - A_s E \Delta T \alpha + P_i A_i - P_o A_o)}{A_s}$$

여기서 산정된 축방향응력(σ_L)은 프리스팬의 영향을 고려하지 않았으므로 실제 총 축방향응력은 위의 식으로 산출된 값에 프리스팬으로 인한 응력을 포함하여야 한다.

ASME 31.4/31.8[2][3]의 허용응력 기준은 다음 표 8.1과 같다.

표 8.1 허용응력 설계기준

구분	후프응력 (Hoop Stress) (%SMYS)	축방향응력 (Longitudinal Stress) (%SMYS)	복합응력 (Von Mises Combined Stress) (%SMYS)
운영	72	80	90
수압테스트	95	-	100

결론적으로 운영 시 축방향응력의 한계는 80%SMYS이므로 위에서 산출한 축방향응력(σ_L)에 프리스팬의 허용 축방향응력(σ_{allow})을 더한 값이 80%SMYS 이내로 산정하고 프리스팬의 허용 축방향응력(σ_{allow})을 이용하여 허용 프리스팬 길이를 산정할 수 있다.

위의 공식들은 구조역학에서 단순빔 이론을 기반으로 한 것으로 실제 해저면에 놓인 파이프라인은 연속빔의 형태가 대부분이므로 최대허용 프리스팬 길이는 상기 식으로 산정하면 보수적으로 산정될 가능성이 높으므로 사전 검토를 위해 사용되며 실제적인 파이프라인응력을 추정하기 위해서는 해저지형 변화(수심변화)를 고려한 파이프라인 프로파일을 사용하여 전체 경로에 대한 유한요소해석을 수행한다.

8.3 동적 프리스팬 해석(Dynamic Free Span Analysis)

해저면에서 조류, 파랑 등에 의한 흐름에 의해 프리스팬 상태의 파이프라인에 굽힘응력으로 작용하는 정적하중 이외 파이프라인 주변 흐름이 소용돌이 형태의 와류 형태로 분리되면서 발생되는 와류유도진동은 파이프라인의 진동을 유발하면서 동적하중으로 작용하게 된다(그림 8.3).

이러한 소용돌이형태의 흐름은 일정한 주파수를 가지며 파이프라인의 고유진동과 공진하면서 진동을 유도하게 된다. 즉, 와류주파수(f_s)가 파이프라인의 고유주파수(f_n)에 가까워지면 공진으로 와류유도진동이 발생한다.

감소속도Reduced Velocity(V_R)는 와류발산 진동수와 고유 진동수의 비율을 스트로할Strouhal(S_t)수로 나눈 값으로 와류유도진동에 대해 공진 발생 여부를 판단하는 무차원 매개변수Dimensionless

Parameter로 사용된다. 와류주파수와 고유주파수가 같은, 즉 $f_s = f_n$인 공진조건의 경우에는 1,000보다 큰 레이놀즈수일 때 St≈0.2이므로 감소속도는 약 5가 되고 감소속도가 약 5일 때에는 상당한 와류유도진동이 발생한다(그림 8.3).

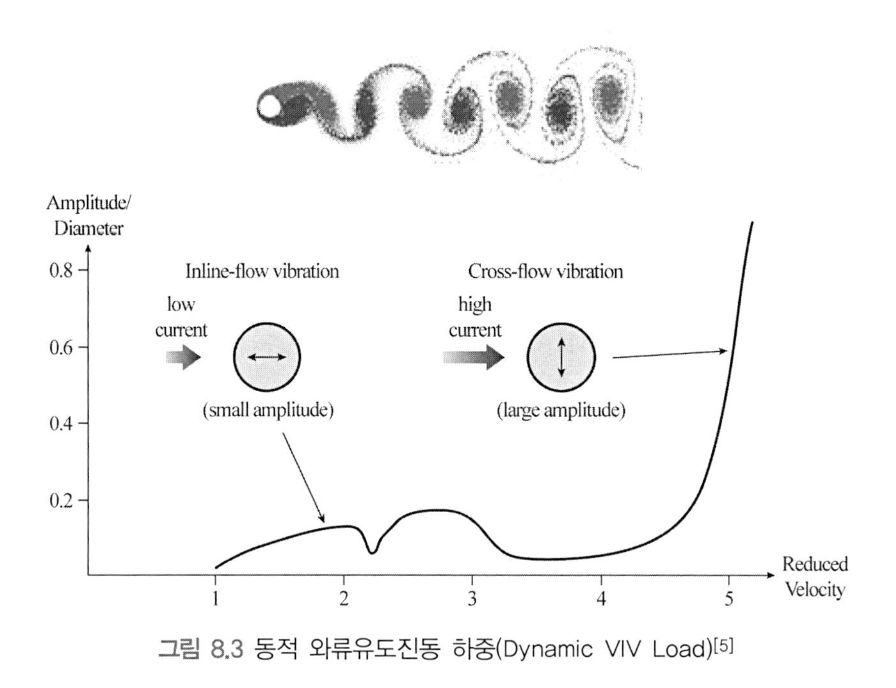

그림 8.3 동적 와류유도진동 하중(Dynamic VIV Load)[5]

해류의 흐름방향과 파이프 진동방향을 기준으로 파이프가 흐름방향과 같은 방향으로 진동하는 수평흐름진동Inline Flow Vibration은 $V_R > 1$에서 발생하며 흐름방향의 수직방향으로 진동하는 수직흐름진동Cross Flow Vibration은 $V_R > 2$에서 발생한다고 보고 있으며(DNV-RP-F1051[1]) 수직흐름진동은 수평흐름진동에 비해 진동 폭이 크고 유속이 빠른 곳에서 발생하므로 위험성이 높다.

$$f_s = \frac{S_t U}{D}, \quad \frac{f_s}{f_n} = \frac{S_t U}{f_n D} = S_t V_R, \quad V_R = \frac{1}{S_t}\frac{f_s}{f_n} = \frac{U_c + U_w}{f_n D}$$

여기서, f_s : 와류주파수Frequency of Vortices

f_n : 파이프라인 고유주파수Natural Frequency

S_t : 스트로할 수Strouhal Number

U : $U_c + U_W$, 파이프라인 주변유속

U_c : 파이프 수직방향 평균속도

U_W : 유의파로 인한 유속

D : 파이프라인 외경

V_R : 감소속도

와류 발생주파수(f_s)가 고유진동수(f_n)의 70%에 도달하기 전에 프리스팬이 진동한다는 가정하에 허용되는 동적 프리스팬 길이는 다음과 같이 정의할 수 있다.

$$f_s = 0.2\frac{U}{D} \quad Re > 1,000, \quad f_s = 0.7f_n$$

$$f_n = \frac{\pi}{2L^2}\frac{\sqrt{EI}}{m} = \frac{f_s}{0.7} = \frac{0.2U}{0.7D}$$

$$\therefore \ L^2 = \frac{0.7}{0.2}\frac{D}{U}\frac{\pi}{2}\sqrt{\frac{EI}{m}} \ \Rightarrow \ L = 2.345\left(\frac{D}{U}\right)^{1/2}\left(\frac{EI}{m}\right)^{1/4}$$

상기 식에서 산정된 허용 동적 프리스팬 길이도 정적프리스팬의 경우와 같이 보수적인 접근으로 사전에 개략적인 프리스팬 길이를 산정하는 목적으로 사용되고 실제적인 파이프라인의 동적운동(진동)을 추정하기 위해서는 실제 수심 변화를 고려한 파이프라인 프로파일을 사용하여 진체 경로에 대한 유한요소해석을 수행하여 산성한다. 그러나 정적 유한요소해석과 달리 시간영역에서 유한요소해석을 전 파이프라인 구간에 대해 수행하는 경우 많은 계산량으로 시간이 소요되므로 DNV에서 개발한 “FatFree”라는 비주얼 베이직 기반 엑셀프로그램을 사용한다.

DNV “FatFree” 프로그램은 DNV-RP-F105[1]를 적용한 것으로 프리스팬의 동적 피로해석에 사용된다. 먼저 프리스팬에 진동 발생 여부를 판단하는 스크리닝Screening 단계에서 임계 프리스팬 길이Critical Free Span Length($L_{screening}$)를 추정하는 데 사용되고 실제 프리스팬 길이가 임계 프리스팬 길이를 초과하는 경우 진동이 발생하게 되므로 피로한계상태Fatigue Limit State(FLS) 검토를 수행해야 한다. 마지막으로 프리스팬이 좌굴에 대해 안정적인지 확인하는 극한한계상태Ultimate Limit State(ULS)조건으로 검토하는 것을 제시한다(그림 8.4).

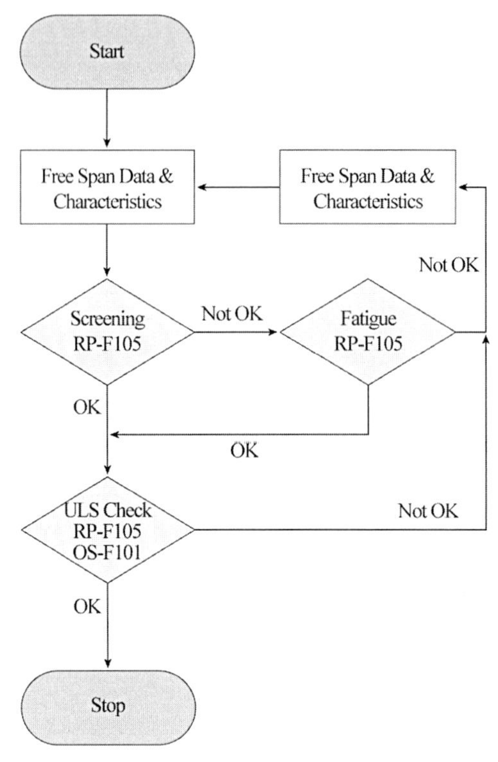

그림 8.4 프리스팬 해석 플로우차트[DnV RP-F105]

8.4 해저면 굴곡 평가(On-Bottom Roughness Assessment)

8.2~8.3장에서 설명한 바와 같이 정적 허용 프리스팬 길이는 프로그램화된 엑셀 시트 그리고 동적 허용 프리스팬은 DNV "FatFree" 프로그램으로 결정할 수 있다. 또한 프리스팬의 형상은 자중, 압력과 온도 그리고 해류 유속 등의 영향을 받으므로 아래와 같이 파이프라인의 설치 전후 모든 조건에 대하여 검토한다.

- 설치 후 비어 있는 상태
- 수압시험을 위하여 물로 채워진 상태(Option)
- 수압시험의 고압 상태
- 수압시험 후 물을 빼고 비어 있는 상태(Option)
- 정상 운영상태(정상 운영 조건 및 극한설계 조건 포함)

다음 표 8.2는 허용 프리스팬의 해석결과의 예로 허용프리스팬이 결정되면 실제로 프리스팬의 존재 여부, 길이, 해저면과 떨어진 높이 등의 물리적인 요소를 파악한다. 이를 위해 SPAN이나 SAGE 프로그램을 사용하여 해저면의 굴곡에 의한 파이프라인 경로의 프로파일을 얻고 따라서 실제 프리스팬 형상을 파악할 수 있다.

표 8.2 파이프라인 허용 프리스팬 해석결과(예)

Pipe Dia. (mm)	Pipe Wall Thk.(mm)	Design Conditions	Allowable Static Span(m)	Euler Bar Buckling Span(m)	Allowable Dynamic Span(m)	Recommended Span (m)
323.9	19.05	Installation	46.1	NA	33.2	33
		Flooded	41.6	NA	31.1	31
		Hydrotest	39.8	NA	20.6	20
		Operation	29.7	NA	18	18

이런 방식으로 허용 프리스팬의 길이와 실제 프리스팬 길이를 비교하여 실제 프리스팬이 안전한지, 혹은 보완이 필요한지를 검토하는 것을 해저면 굴곡 평가라고 한다. 참고로 프리스팬과 해저면과의 최대 이격간격이 300mm 이상이거나 파이프가 최대허용 복합응력을 초과하면 프리스팬 보정이 필요하지만 300mm 미만의 이격은 수압시험 결과 후에는 자연스럽게 없어질 가능성이 높으므로 일반적으로 보정을 고려하지 않는다. 표 8.3의 프로젝트 예의 경우 KP Kilometer Post along the pipeline route 7.332에만 프리스팬 보정을 고려하였다.

표 8.3 프리스팬 보정유무(예)

Start KP	실제 스팬 (m)	허용 스팬길이 (m)	최대 스팬 높이 (m)	최대 등가응력 (MPa)	스팬 보정 유무
6.244	15.12	11	0.201	59	N
7.332	**17.33**	**11**	**0.347**	**310**	**Y**
8.998	12.91	11	0.211	140	N
11.544	14.38	11	0.226	120	N
12.956	19.55	11	0.239	72	N
13.551	14.01	11	0.225	105	N

8.5 프리스팬 위험성 완화 방법(Free Span Mitigation Method)

프리스팬 안정성 검토 해석결과를 통해서 실제 프리스팬 길이가 최대허용 스팬길이를 초과하는 경우 아래의 여러 완화 방법을 고려하여 프리스팬 길이를 줄이거나 와류유도진동의 발생을 감소시킨다(그림 8.5~8.6).

- 준설장비 또는 굴착장비를 이용하여 높은 지대를 제거하거나 낮은 지대를 메우는 해저면의 평탄화 작업을 시행
- 콘크리트 매트리스, 모래시멘트 백 또는 그라우트 백을 이용한 프리스팬의 지지대 형성
- 프리스팬을 지지하는 기계적 지지대 설치
- 스트레이크 또는 페어링 부착으로 파이프라인 와류유도진동 억제

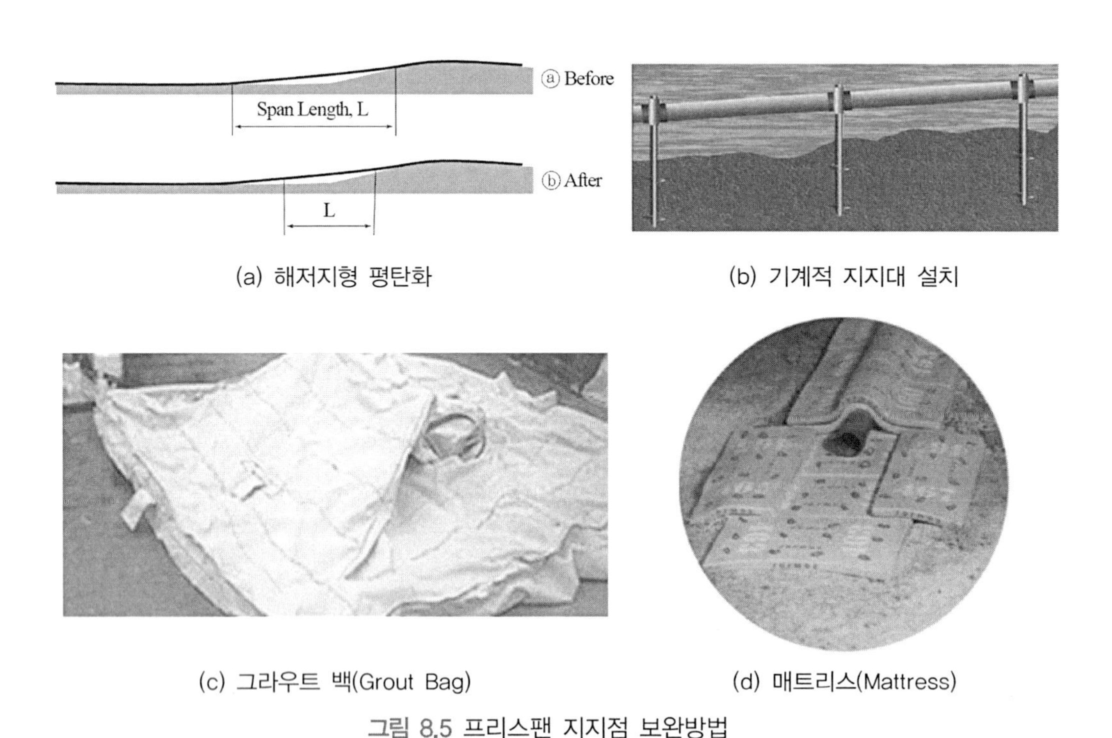

(a) 해저지형 평탄화 (b) 기계적 지지대 설치

(c) 그라우트 백(Grout Bag) (d) 매트리스(Mattress)

그림 8.5 프리스팬 지지점 보완방법

(a) 스트레이크(Strake) (b) 페어링(Fairing)

그림 8.6 와류유도진동 완화방법

다음 표 8.4는 실제 프로젝트에서 사용한 스팬 높이와 해저경사 완화를 위한 그라우트 백 및 기계적 지지대의 적용 예이다.

표 8.4 그라우트 백 및 기계적 지지대 적용 스팬 높이

해저면경사	스팬 높이(h)		
	$h < 1$m	1m $< h <$ 3m	$h > 3$m
0~3°	그라우트 백	그라우트 백	기계적 지지대
3~6°	그라우트 백	그라우트 백 또는 기계적 지지대	기계적 지지대
>6°	그라우트 백 또는 기계적 지지대	기계적 지지대	기계적 지지대

프리스팬은 해저면 굴곡으로 인한 것 외에도 기존에 설치된 파이프라인을 교차하여 설치하는 파이프라인에서도 발생한다(그림 8.7). 물리적 접촉으로 인한 파이프 및 파이프코팅 손상 방지와 음극방식 시스템에서 양극전류의 손실을 방지하기 위해 두 파이프라인 사이에 일정한 간격Separation을 유지해야 한다. DNV OS-F101(Section 5, A105)[6] 및 API RP 1111(Section 7.3.2.3)[4]에서는 각각 300mm(11.8") 및 305mm(12")의 최소 유지 간격을 요구하고 있다.

콘크리트 매트리스는 파이프라인 교차지점에서 기존 파이프라인과 일정간격을 유지하기 위한 방법으로 비용적인 측면과 간단한 시공성으로 널리 사용된다. 교차지점에서 최소한의 분리간격을 유지하기 위해 콘크리트 매트리스 설치 여부를 결정할 때 고려사항 중 하나는 운영 중 장기침하와 시공 중에 발생하는 단기침하로 콘크리트 매트리스 무게로 인한 장단기 침하와 기존파이프라인의 영향을 고려하여 결정하여야 한다.

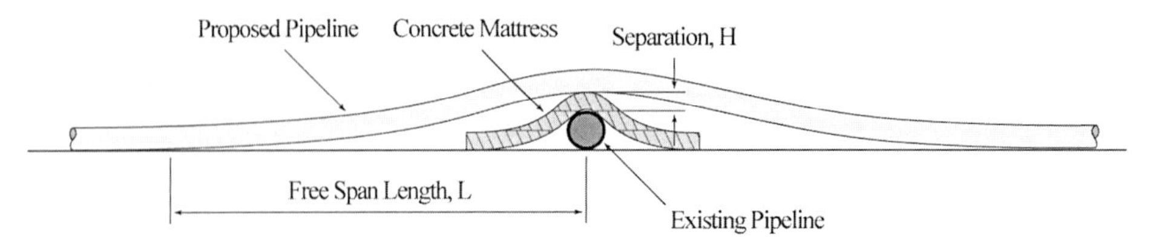

그림 8.7 기존 파이프라인과 교차하는 경우

파이프라인 교차로 인한 자유스팬길이(L)는 다음 공식으로 추정할 수 있다.

$$L = \sqrt[4]{\frac{72\ EI\ \delta}{W_s}} = 2.91\left(\frac{EI\ \delta}{W_s}\right)^{0.25}$$

여기서, δ : 해저면에서 기존 파이프라인과의 거리(H + 파이프라인외경)

W_s : 파이프 수중중량

EI : 파이프 탄성계수

파이프라인이 오픈트렌치를 가로지르는 경우 프리스팬 길이는 다음과 같이 추정할 수 있다.

$$L_1 = 2.68\left(\frac{EI\ \delta}{W_s}\right)^{0.25}$$

$$L_2 = 1.96\left(\frac{EI\ \delta}{W_s}\right)^{0.25}$$

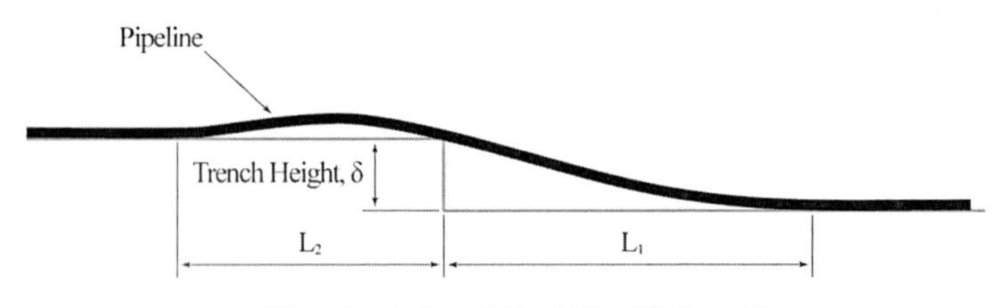

그림 8.8 파이프라인 오픈트렌치 교차

CHAPTER
09

음극방식 설계(Cathodic Protection Design)

부식은 금속의 산화작용으로 가공된 금속이 원래의 재료상태로 돌아가는 현상으로 DNV-RP-B401Cathodic Protection Design에서 음극방식CP의 정의는 '금속의 부식속도를 늦추기 위해 부식전위를 감소시키는 전기화학적 보호' 또는 '금속 표면을 전기화학적 음극으로 만들어 금속 표면의 부식을 감소시키는 기술'로 정의된다.

모든 금속은 서로 다른 전위를 가지고 있으며 전위가 다른 두 금속이 전해질(해수)에서 전위차로 인해 전자는 전위가 높은 금속에서 낮은 금속으로 이동하면서 전위가 높은 금속이 먼저 부식하게 된다. 따라서 파이프라인의 금속재질보다 높은 전위를 가진 금속인 양극/아노드Anode를 파이프라인에 부착하면 파이프라인은 상대적으로 낮은 전위를 가진 금속인 음극/캐소드Cathode가 되어 파이프가 부식되기 전에 파이프와 연결된 양극이 먼저 부식(희생양극Sacrificial Anode)되어 파이프의 부식을 지연시키게 된다.

부식을 방지하기 위한 코팅은 1차적인 부식제어 수단으로 파이프라인에 적용된다. 희생양극을 사용하는 음극방식법은 파이프의 운송, 설치 또는 운영 시 파이프라인 코팅이 손상된 경우 부식을 완화하기 위한 추가적인 부식 방지 방법으로 사용된다.

음극방식 시스템은 다음과 같은 구성요소가 서로 유기적으로 연관되어 구성된다(그림 9.1).

- 양극/아노드: 전자를 방출하면서 부식되는 활성금속Active Metal으로 상대적으로 높은 전위를 가짐(아연, 알루미늄, 마그네슘)
- 음극/캐소드: 전자를 받으면서 부식이 제어되는 금속Noble Metal으로 상대적으로 낮은 전위를 가짐(저탄소강 파이프)

• 전해질(이온경로): 전기전도성 유체(해수)
• 리턴회로: 전자가 양극에서 음극으로 이동하는 경로(양극과 파이프 간 연결선)

희생양극Sacrificial Anode은 아연, 알루미늄 및 마그네슘을 재료로 제작되며 철보다 전기화학적 에너지의 활성도가 높아서 희생양극으로 사용이 가능하다. 음극방식의 전류흐름은 양극과 음극 사이의 전기 화학적 전위차로 인해 발생하며 표 9.1은 금속의 부식전위를 나타내며 높을수록 부식이 발생되기 쉽다.

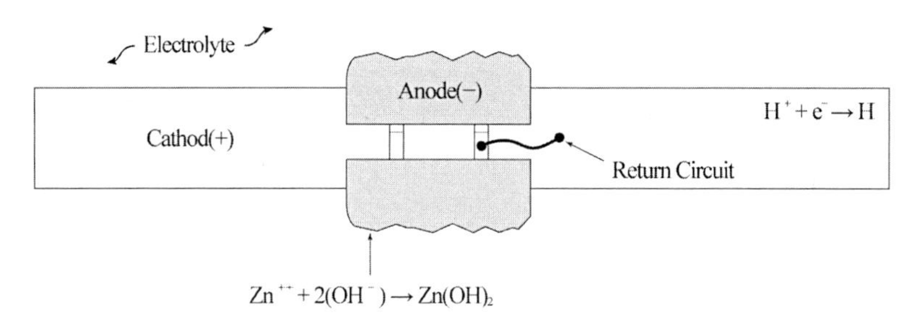

그림 9.1 파이프라인 음극방식(Cathodic Protection) 구성

표 9.1 해수에서의 금속의 부식전위(Corrosion Potential)

금속	부식전위(Corrosion Potential)
마그네슘(Magnesium)	높은 전위(높은 활성도)
아연(Zinc)	
알루미늄(Aluminum)	
저탄소강(Low Carbon Steel)	
주철(Cast Iron)	
구리(Copper)	
스테인레스 스틸(Stainless Steel)	
은(Silver)	
금(Gold)	
백금(Platinum)	낮은 전위(낮은 활성도)

표 9.1에서 알루미늄과 저탄소강이 접촉하게 되면 저탄소강이 음극이 되어 부식이 먼저 발생하지 않지만 구리와 접촉하게 되면 저탄소강이 양극으로 먼저 부식하게 된다. 양극을

파이프라인에 부착하는 방법으로 반원통 모양인 하프쉘Half-Shell Bracelet 형태로 제작된 코어금속판을 일정한 간격으로 용접하거나 볼트로 고정하는 방식을 적용한다.

그림 9.2와 같이 콘크리트 중량코팅CWC 파이프의 경우 용접이음을 위한 피복되지 않은 부분에 반원통 모양의 희생양극을 부착하거나 미리 설치공정에서 양극을 파이프 중간부위에 부착할 수도 있다. 콘크리트 중량코팅이 없는 경우 반원통 모양을 양쪽 또는 한쪽을 파이프라인에 직접 부착Tapered End Bracelet한다. 파이프라인에 양극을 일정 간격으로 부착하는 대신 파이프라인 끝단 연결부PLET에만 부착하는 경우 고정식 플랫폼에 사용하는 독립형 아노드Stand-Off Anode 형태의 희생양극을 사용할 수 있다.

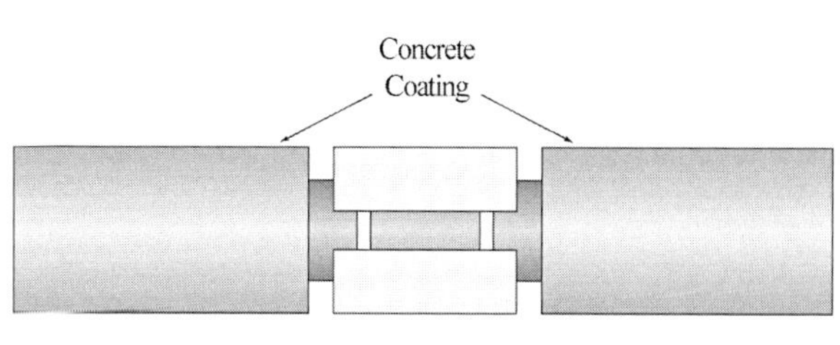

출처: www.houstonanodes.com

(a) 콘트리트 중량코팅 파이프 하프쉘(Half-Shell) 부착

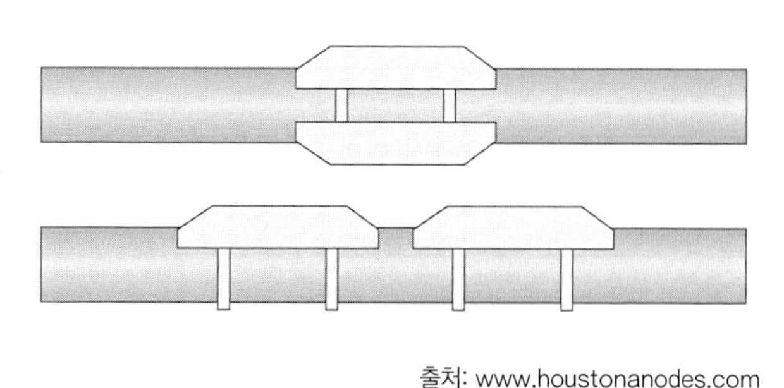

출처: www.houstonanodes.com

(b) 콘크리트 중량코팅이 아닌 경우 테이퍼엔드(Taper-End) 연결 형태

그림 9.2 파이프라인 음극방식의 아노드 형태

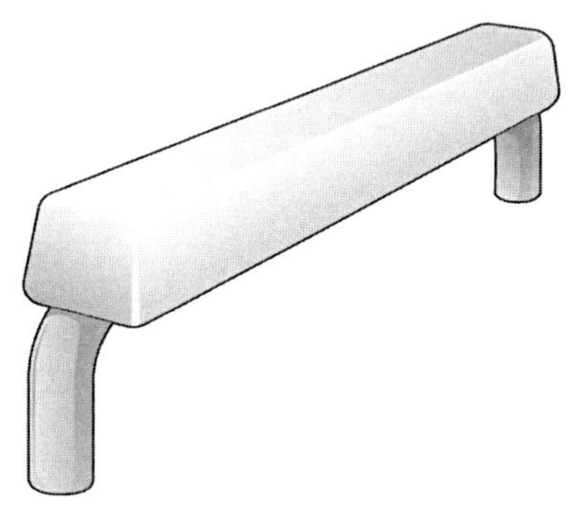

출처: www.houstonanodes.com

(c) 독립형 아노드(Stand-off Anode)

그림 9.2 파이프라인 음극방식의 아노드 형태(계속)

그림 9.3과 같이 콘크리트 매트리스로 파이프라인을 보호하는 목적과 음극방식의 두 가지 목적을 위해 콘크리트 블록과 희생양극이 통합 구성된 콘크리트 매트리스도 개발되어 사용된다.

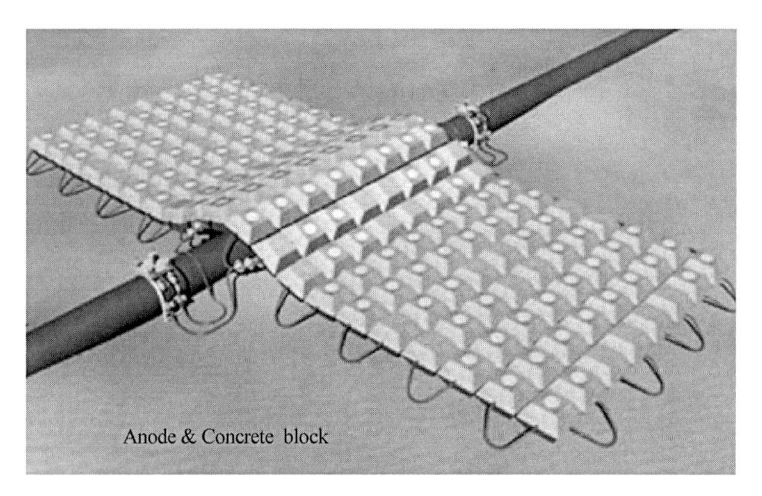

출처: www.stoprust.com

그림 9.3 음극방식 매트리스(CP Mattress)

CHAPTER
10

유동성 확보 설계(Flow Assurance Design)

10.1 유동성 확보 설계 고려사항

파이프라인 또는 플로우라인 내 유체흐름의 유동성 확보를 위한 설계는 저류층에서 생산정을 통해 생산되는 오일·가스가 호스트플랫폼 또는 최종 공정 처리 후 판매하는 터미널까지 원활한 흐름이 파이프 내 유지되도록 설계하는 것이다.

오일·가스·물과 같은 유체특성이 다른 유체가 파이프라인 내에 이송될 때에는 서로 혼합되어 다상흐름의 형태(그림 10.1)가 된다. 이런 다상흐름Multi-Phase Flow 상태에서는 위상이 다른 유체가 서로 다른 유속으로 이동하기 때문에 유체의 유동을 정확하게 해석하기는 어렵고 이와 같은 유체 흐름은 슬러그, 압력 저하로 인한 생산량 감소, 공정처리 문제 등의 다양한 현상의 발생 원인이 된다.

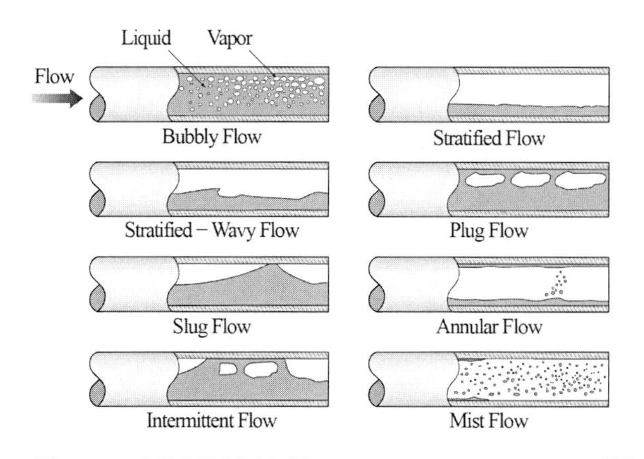

그림 10.1 다상흐름의 형태(Multi-phase Flow Patterns)[1]

생산유체는 호스트의 처리시설로 안정된 위상인 층류 상태로 흐르는 경우 공정처리과정이 효율적으로 진행될 수 있다. 만일 유체의 유동이 불안정하거나, 각각의 위상이 일정하게 구분되지 않고 다상흐름상태로 유입될 경우 공정처리 효율은 저하된다.

이러한 유동성 확보를 위해서는 아래와 같은 문제가 되는 사항들을 고려하여야 한다.

- 슬러깅: 발생원인의 한 예로, 오일·가스 흐름에서 빠르게 움직이는 가스 덩어리pocket에 의해 평균 유체 속도보다 빨라져 파이프 벽 침식과 진동을 유발하거나 손상을 가하는 현상(흐르는 유체의 충격이 야구배트로 강타하는 것과 비교하여 Slug란 표현을 사용)
- 파라핀Paraffin/왁스 침착Wax Deposition 및 아스팔틴 형성Asphaltene Formation: 오일에 포함된 왁스나 아스팔트 성분이 주로 해저면에서 결정화 온도(구름점Clould Point)보다 낮은 경우 파이프라인 내부에 침착
- 에멀젼Emulsion: 비혼합성의 두 유체가 혼합되어 있는 상태Oil in Water, Water in Oil
- 스케일 형성Scale Formation: 유체의 불순물이 파이프 벽에 침착하여 굳어진 형태
- 하이드레이트Hydrate: 가스 내 수분을 함유한 가스Wet Gas가 고압상태에서 압력이 떨어지면 부피가 팽창하면서 온도가 급격히 떨어지는 효과(줄-톰슨 효과Joule-Thomson Effect)로 수분이 고형화되어 발생
- 부식 및 침식Corrosion and Erosion: 유체의 부식 성분이나 빠른 유속으로 인한 파이프 벽의 손상
- 모래 침착Sand Deposition: 오일·가스에 포함되어 생산되는 모래의 침착

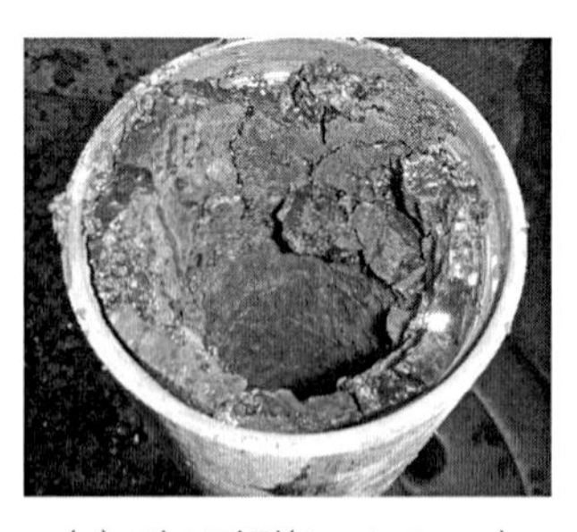
(a) 아스팔틴(Asphaltene)

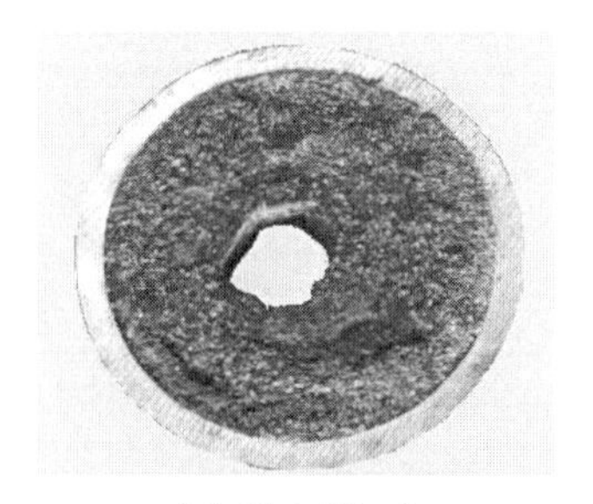
(b) 왁스(Wax)

(c) 하이드레이트(Hydrate)

출처: Chevron(c)

그림 10.2 플로우라인 유동성 문제

상기의 사항들을 고려하고 유동성 확보를 위한 작업계획이나 설계사항을 반영하여 아래의 내용을 구체화한다.

- 인슐레이션: 일정 온도를 유지하여 하이드레이트 또는 왁스 생성을 억제
- 케미컬 주입: 왁스 억제제Wax Inhibitor, 유동점 강하제Pour point Suppressant, 스케일 억제제Scale Inhibitor, 하이드레이트 억제제Dosage Hydrate Inhibitor(DHI)
- 히팅: 물리적인 가열을 통한 온도 유지 방법
- 피깅: 파이프라인 내 유동성 확보를 위해 물리적인 내부물질 제거 방법
- 중유회수기술Heavy Oil Recovery Technique: 웰에 스팀을 주입하여 중유의 흐름을 향상시키는 방법

1) 슬러그(Slug)

슬러깅은 a) 파이프 내의 불규칙한 유체운동으로 인한 유체동역학적 슬러깅Hydrodynamics Slugging, b) 파이프라인 곡률, 지형적 특성에 따른 불규칙한 흐름에 의한 슬러깅Terrain Slugging, c) 생산 시작과 중단 시의 불규칙한 흐름에 의한 슬러깅Start-Up, Blowdown Slugging의 원인으로 발생된다(Part I 그림 4.5).

슬러깅을 완화하기 위한 방법은 다음과 같다.

- **해저 세퍼레이션**

가스와 같이 생산되는 물은 파이프라인과 라이저로 이송 시 해저면 굴곡 형태의 지형학적 특성으로 인해 배관에 슬러깅이 발생할 수 있다. 이를 사전에 예방하기 위해 해저에서 세퍼레이터를 통해 물과 1차적으로 분리하여 송출하는 경우 슬러깅의 발생빈도를 낮출 수 있다.

- **탑사이드 초킹**Topside choking

라이저와 연결되는 밸브를 닫아 생산을 일시적으로 중단하고 파이프라인 내 생산가스의 압력을 증가시켜 파이프라인에 고여 있는 유체를 주기적으로 공정처리시설로 유입시켜 처리한다. 이를 통해 대량의 유체가 동시에 유입되어 공정처리과정에서 문제가 되는 것을 사전에 예방할 수 있다.

• **라이저~라이저 베이스 간 곡선유지**

라이저~라이저 베이스 간 유체가 고이는 형태를 최소화하는 곡률을 유지하여 슬러그를 완화한다.

• **슬러그 캐처Slug Catcher 설치**

슬러그를 사전에 예방하는 것이 어려운 경우에는 1차 세퍼레이터 역할을 하는 슬러그 캐처를 설치하여 후단에 위치한 세퍼레이터의 운영효율을 높일 수 있다. 슬러그 캐처는 탑사이드에도 설치할 수 있지만, 설치공간의 여유가 없는 경우 해저면에 설치하기도 한다.

2) 파라핀/왁스(Paraffin/Wax)

저류상태의 오일에 용해된 상태의 탄소 원소수 15 이상으로 이루어진 복합체로 결정화점Cloud Point 이하로 내려가는 경우 결정화되며 관내에 침착되는 것을 파라핀 또는 왁스 침착이라고 한다. 왁스가 침착되고 온도가 내려가서 오일의 흐름이 멈추는 온도를 유동점Pour Point이라 하고, 왁스가 녹아서 제거되는 온도를 용해점Melting Point으로 정의하며 구성성분에 따라 차이가 나지만 Soft Wax의 경우는 50~60°C, Harder Wax의 경우는 90°C 이상의 용해점을 가진다.

항복응력은 유동점 이하에서 생성된 왁스 결정구조를 파괴하는 데 필요한 힘으로, 펌프압력계산에 고려된다.

왁스 침착으로 인한 문제는 온도저하로 인한 왁스 형성뿐만 아니라 오일의 점도가 증가하여 파이프라인 내에 유동성 문제가 발생하고 생산압력 감소 또는 웰의 폐쇄가 발생할 수 있으므로 아래와 같은 완화방법으로 유동성을 확보한다.

• **기계적 제거방법**

주기적인 피깅을 통하여 왁스를 제거하는 방법이다. 피깅은 근본적인 제거방법이지만 피깅을 위해서는 생산을 중단하여야 하므로 검사주기를 고려하여 다른 방법도 고려해야 한다.

다른 방법으로 와이어라인 컷팅Wireline Cutting을 이용하여 관벽에 붙은 왁스를 제거하는 방법과 코일 튜빙Coiled Tubing을 이용한 물리적 제거 방법이 있다.

• **열을 이용한 방법**

Part II 5장에서 설명한 단열방법 중 액티브 히팅Active Heating 등의 열을 가하는 방법을 이용하여 오일의 점성을 낮추거나 왁스 생성온도 이상으로 유지하는 방법을 사용한다.

• **케미컬 처리방법**

용매제를 이용하여 왁스를 제거하는 방법으로 일반적으로 condensate, xylene, toluene, benzene, carbon tetrachloride 등을 사용한다. 비중이 가벼워서 웰저면에 주입하기는 한계가 있으며 왁스 결정 생성을 방지하는 케미컬도 사용하지만 특정 원유에만 적용이 가능하다.

3) 아스팔틴(Asphaltene)

아스팔틴은 오일을 구성하는 요소인 산소, 질소 황 분자를 포함하여 구성된 유기화합물인 아스팔트의 구성성분으로 아스팔트 입자가 응집하면서 저류층과 생산설비에 침착된다. 일정온도에서 압력 변화에 따라 아스팔틴이 생성되는 지점인 응집점Flocculation Point에서 레진Resin이 분리되어 아스팔틴이 집적된다.

아스팔틴은 왁스와 달리 열에 녹지 않으므로 단열방법으로는 생성방지 및 제거가 되지 않아 아스팔틴 제거제를 주입한다. 제거제는 아스팔틴과 유사한 구조를 가지는 레진 성분을 안정화시키는 케미컬을 주입하는 방법을 사용한다.

4) 에멀젼(Emulsion)

물과 오일의 비혼합성 유체가 불균질하게 섞여 있는 상태로 물에 오일 입자가 있는 상태W/O와 오일에 물 입자가 있는 상태O/W가 있다. 생산된 유체에 에멀젼 상태로 있는 성분은 세퍼레이터와 같은 유체 간의 비중을 이용하여 분리하는 방식으로는 충분히 제거되지 않고 케미컬 주입, 히팅 방법으로 제거한다. 에멀젼은 오일과 물의 분리를 방해하여 공정처리의 효율을 저하시키며 유체의 점도 증가와 생산압력의 감소를 가져올 수 있다.

5) 스케일(Scale)

저류층에서 생산되는 물의 미네랄 성분이 배관 내벽에 침적되는 것으로 형성 원인은 브라인Brine이 포함되어 생산되는 유체의 온도와 압력이 변화하면서 브라인의 용해도를 초과하게 되면 브라인에 용해된 소금성분이 침적되어 칼슘 또는 마그네슘 카보네이트 스케일Carbonate Scale

이 형성된다. 북해에서 자주 발생되는 스케일은 물에 용해된 이산화탄소와 황이 증기화되면서 pH가 높아지고 미네랄의 용해도가 낮아져 힐라이트Halite(Nacl)가 생성되기도 한다.

스케일 형성을 방지하는 방법으로는 케미컬을 주입하거나 일정 압력을 유지하는 방법을 사용한다.

6) 하이드레이트(Hydrate)

특정 온도와 압력조건에서 메탄, 에탄, 프로판 등과 같은 수소기체 입자가 물과 결합하여 생성된 얼음과 같은 고형물질이다.

일반적으로 오일/가스 필드에서 하이드레이트는 고압, 저온이라는 환경에서 생성되므로 하이드레이트 생성방지를 위해 아래의 방법을 사용한다.

- 생산유체 내 수분 제거
- 압력강하
- 온도저하 방지
- 생성방지 케미컬 사용

7) 부식(Corrosion)

부식은 일반적으로 생산유체에 포함된 이산화탄소(물과 반응하여 pH를 낮춤)와 황성분(물과 반응하여 아이론 설파이드Iron Sulfide를 생성하고 음극으로 작용하여 강관이 부식)으로 인해 발생하며, 파이프라인의 재질, 생산유체의 온도, 구성성분, 유속, 생물적 요소(박테리아) 등 다양한 조건의 영향을 받는다.

부식을 완화하기 위해 부식 방지제Corrosion Inhibitor를 주입하거나 부식저항 합금을 파이프라인 재질로 사용 또는 벽두께를 증가시켜 부식에 대한 충분한 여유치Corrosion Allowance를 가지는 방식을 고려할 수 있다.

부식저항 합금CRA은 탄소강보다 고가이므로 자본적 지출이 증가하고 부식 방지제는 운영비용이 증가하므로 전체 프로젝트 경제성 및 운영조건을 복합적으로 고려하여 결정한다.

부식 허용치는 예상되는 연간 부식치mm/year에 설계수명에 해당하는 연수를 곱하여 결정하거나 NORSOK M-506의 이산화탄소(CO_2) 부식률 모델을 사용할 수 있다. 프로젝트의 실제 사례로 보면 설계 과정에서 결정된 내경에 부식 허용치 6mm 이상을 파이프 벽두께에 추가로 반영하는 것은 제작, 운송 등의 문제로 한계가 있으므로 부식 방지제 또는 부식저항 합금 등의 다른 부식 방지 방법을 고려하여 결정한다.

8) 케미컬(Chemical)

위에서 언급한 1)~6)의 유동성 문제를 완화하기 위해 사용되는 케미컬 종류를 정리하면 그림 10.3과 같다.

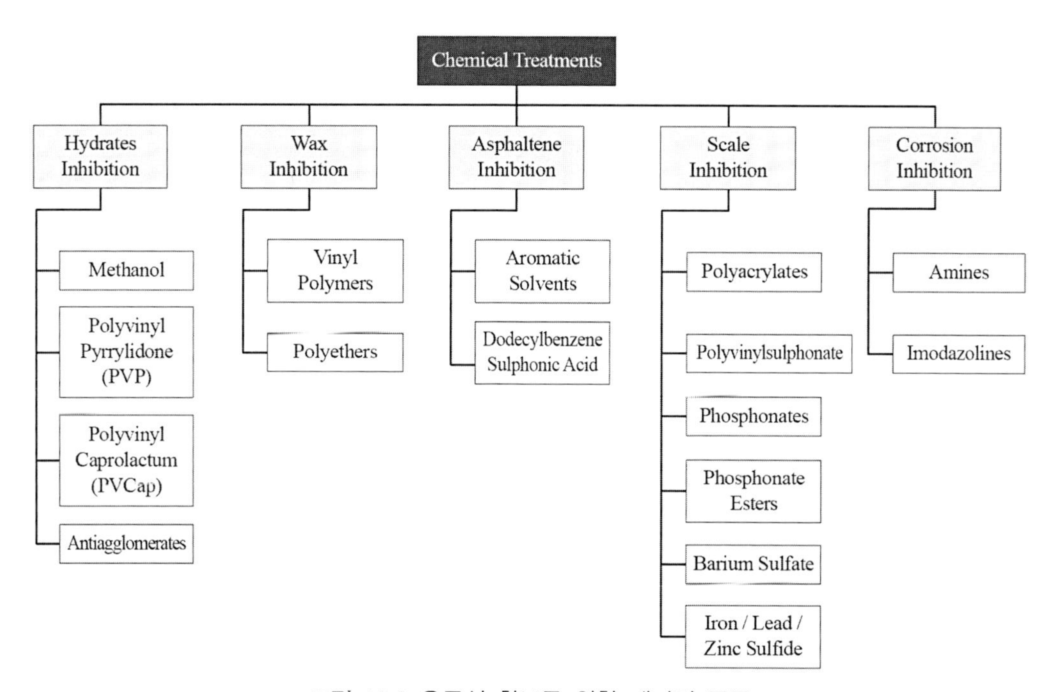

그림 10.3 유동성 확보를 위한 케미컬 종류

10.2 파이프 사이즈(Size) 결정

파이프라인 시점과 종점에서의 유동성 확보를 위한 검토 및 유량, 압력을 산정하는 생산시험 결과를 통해 플로우라인 또는 파이프라인의 사이즈가 결정된다.

파이프라인의 사이즈 결정 시 고려해야 되는 사항으로 파이프 내경이 필요 이상으로 크면 파이프라인의 도달압력과 온도가 감소되어 배관 내 생산유체는 설계에서 고려된 지점까지 도달하지 못하거나, 저온으로 인한 파이프라인 내부에 생성된 하이드레이트, 왁스 등에 의해 생산유체의 유동성 확보문제가 발생할 수 있다.

반대로 파이프 내경이 작은 경우에는 도달압력과 온도의 감소 영향은 적지만 이송할 수 있는 생산유체의 유량 제한과 빠른 유속으로 인해 배관 내벽에 침식이 발생하게 되므로 압력과 침식을 고려하여 파이프 벽두께를 증가시키는 것이 필요하다.

따라서 파이프 사이즈 결정은 배관 내 흐름과 연계되어 미치는 영향이 크므로 최적의 파이프 사이즈를 결정하는 것이 매우 중요하다. 따라서 침식이 발생되는 유속과 하이드레이트, 왁스 등의 생성 방지를 고려하여 반복적인 설계를 통해 결정하는 것이 필요하다.

한 프로젝트의 예로 그림 10.4는 어느 주어진 유량Fixed Flowrate으로 일정한 길이의 파이프라인에 발생하는 최대 압력과 최저 온도를 파이프 내경에 따라 비교한 것이다. 예로 주어준 유량을 8" 내경 파이프로 운송한다면 최대 230bar의 압력이 발생하지만 10" 내경을 사용하면 150bar로 압력과 유속이 감소되어 파이프 벽두께를 증가시킬 필요가 없지만 10" 내경의 경우, 도착지점에서의 유체온도는 8" 내경의 경우 보다 약 5℃ 낮아지므로 이 온도차로 인해 관 내부에 다른 물질이나 생산유체가 응집된다면 파이프라인을 단열하거나 히팅하여야 하므로 8" 사이즈가 경제적인 측면과 유동성 확보 측면에서 더 유리할 수 있다. 그러나 8" 내경을 결정하기 전에 빠른 유속으로 인한 파이프 내부의 침식 여부와 10" 내경보다 고압이 작용하게 되므로 벽두께 증가와 무게 증가를 고려해서 파이프 생산 및 설치가 가능한지 등을 확인하여야 한다.

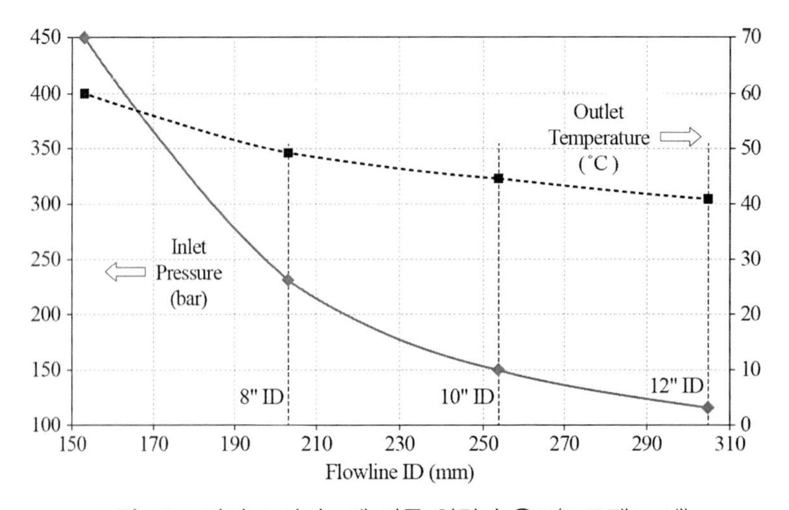

그림 10.4 파이프 사이즈에 따른 압력과 온도(프로젝트 예)

이와 같이 파이프 사이즈 결정은 파이프라인 내부 유체의 유동성과 연계되어 운영에 미치는 영향이 크므로 최적의 사이즈를 결정하는 것이 매우 중요하다. 침식을 방지하고 하이드레이트, 왁스 등의 침전을 방지하면서 주어진 유량을 운반할 수 있는 최적의 파이프 사이즈를 유동성 확보 설계를 통해 결정한다.

10.3 침식 및 부식 평가(Erosion & Corrosion Assessment)

다상유동Multi-Phase Flow 상태의 파이프라인은 여러 가지 원인으로 인해 내부 침식이 발생한다. 주요 원인은 1) 고형입자로 인한 침식, 2) 액체방울 충돌에 의한 침식(액적침식), 3) 침식 발생 부위의 부식으로 인한 침식 가속화 등의 주요 원인이 있으며 각각의 원인에 대해서는 다른 설계기준이 적용된다.

1) 고형입자로 인한 침식(Solid Particle Erosion)

모래 등 생산유체에 포함된 고형입자로 인한 침식은 파이프라인 내 유체와 함께 이송되는 고형입자의 특성과 이동형태에 따라 생산 시스템 내에서의 침식 속도가 결정된다.

생산정에서 생산유체에 포함된 고형입자(주로 모래)의 속도는 지질학적 요인의 복삽한 조합에 의해 결정되므로 단순하게 산정하기 어렵다. 일반적으로 모래의 생산량은 초기에는 증가하고 안정적인 생산 상태에서는 낮은 수준을 유지하다가 생산 종료시기가 가까워질수록 상대적으로 다시 증가하는 경향을 나타낸다.

가스 파이프라인의 경우 배관 내 흐름이 오일 파이프라인 보다 높은 유속(10m/s 이상)이므로 모래 입자로 인한 침식에 더욱 취약하고 수분을 포함한 가스Wet Gas에서는 물 입자에 모래 입자가 같이 이동될 수도 있다. 또한 파이프라인 내의 슬러깅은 배관 내의 유체흐름을 불안정하게 하고 유체의 유속을 증가시켜 모래입자 침식 가능성이 더욱 높아진다. 흐름이 불안정하여 모래(고형)입자가 배관 내 침적되는 경우에도 배관의 단면적 감소로 유속이 증가하게 되므로 고형입자로 인한 침식 가능성이 높아지는 다른 원인이 된다.

침식은 입자의 충돌속도에 비례하여 유속이 빠른 곳은 침식속도를 증가시키므로 고형입자가 충돌하는 파이프라인의 엘보우에서 더욱 심각한 침식발생 가능성이 높다.

침식속도에 관한 설계기준인 API-RP 14E[2]에서 침식속도는 다음과 같이 정의된다.

$$V_e = \frac{C}{\sqrt{\rho_M}}$$

여기서, V_e : 임계침식속도Critical Erosion Velocity

ρ_M : 유체혼합밀도Fluid Mixture Density

C : 파이프라인 재질에 따른 상수, 보수적인 값으로 122(SI 단위기준)

이 임계침식속도(V_e)의 상관관계는 파이프라인 유동해석 프로그램인 OLGA에서 침식속도비율Erosion Velocity Ratio(EVR)을 계산하는 데 사용된다. 침식속도비율은 혼합유체의 속도와 임계침식속도의 비율이며 비율이 1인 경우 침식이 발생하는 것으로 고려된다.

입자크기 또한 입자침식에 영향을 미치는 요소로 10마이크론(micron)보다 작은 경우에는 유체와 함께 이동되어 배관벽에 영향이 없으며, 10마이크론~1mm는 배관 내 유체와 이동하면서 침식에 영향을 미치고 그 이상의 입자크기는 배관 내 침적된다. 그림 10.5는 입자크기에 따른 엘보우 내의 입자흐름을 추적한 결과이다.

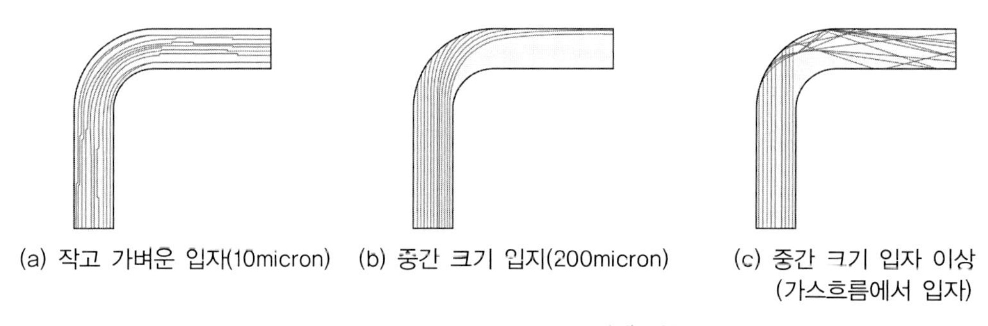

(a) 작고 가벼운 입자(10micron) (b) 중간 크기 입자(200micron) (c) 중간 크기 입자 이상 (가스흐름에서 입자)

그림 10.5 파이프 엘보우에서 입자크기에 따른 흐름경로[3]

2) 액체방울의 충돌에 의한 침식(액적침식)(Liquid Droplet Impingement Erosion)

액체방울의 충돌에 의한 침식인 액적침식LDI의 메커니즘을 정확히 구현하는 것은 한계가 있으며 액체가 포함된 가스 및 다상흐름 조건에서 발생한다.

침식속도는 액적의 크기, 충격속도, 밀도 및 여러 요소에 따라 달라지며 운영조건에 따라 다르기 때문에 액적침식 속도를 정확히 예측할 수 없고 현장 조건에 대한 실험실 결과를 추정하여 사용한다.

DNV-RP-0501[4]에서 제시하는 기준으로 보면 70~80m/s의 가스배관 내 흐름에서는 액체방울로 인한 침식이 발생하지 않는다. 다른 연구로는 Salama and Venkatesh(1983)[5]는 스틸에 대한 액적침식에 대한 임계침식 속도를 26~118m/s로 정의하며 탄소강 재료에 대해서는 33.5m/s(110ft/s)의 값이 제시되었다. Svedeman & Arnold(1993)[6]에서는 액적침식이 ~30m/s 미만의 속도에서는 발생하지 않는 것으로 되어 있다. 어느 수치를 적용하든 파이프라인은 운영주체의 기준에 따라 다르지만 보수적인 기준으로 ~30m/s를 적용하기도 한다.

3) 침식 및 부식 평가(Erosion & Corrosion Assessment)

침식 손상 및 부식 손상은 일반적으로 인텔리전트 피깅의 검사결과로 파악되며 검사 시 손상된 배관의 운영조건을 고려하여 침식으로 인한 손상인지 또는 유체 내의 부식성분(황, 이산화탄소)으로 인한 것인지 파악할 수 있다.

침식은 고형물질을 포함한 유체의 유속으로 인한 흠집Scratch같은 것으로 유속방향으로 길게 파인 홈의 패턴을 나타내며 부식은 스케일이나 녹으로 인하여 국부적으로 파인 형태로 분산되어 발생되므로 서로 구분이 가능하다. 침식 후에 발생되는 부식의 메커니즘은 운영조건에 따라 매우 차이가 있어 예측에 한계가 있으며 사전에 침식 또는 부식이 발생하지 않도록 하는 예방적 방법이 우선시된다.

상기의 조건들을 고려하여 파이프라인의 침식 또는 부식이 예상되는 경우 아래의 방법을 고려할 수 있다.

- 파이프 내경 증가
- 내부 파이프 코팅 적용
- 부식억제제 주입
- 부식 및 침식 손실량을 고려하여 설계 시 추가Allowance 파이프 벽두께 증가(파이프 벽두께 증가로 파이프 내경 감소됨)
- 부식 및 침식 모니터링 설비, 인텔리전트 피깅 주기적 시행(그림 10.6)

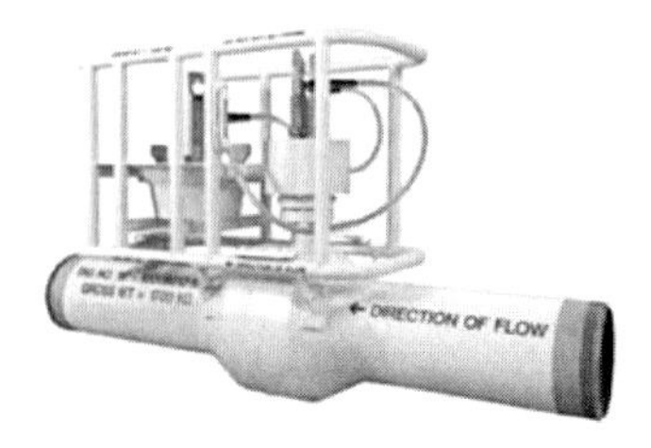

ClamOn CEM(Corrosion Erossion Monitoring) System　　Teledyne RPCM (Ring Pair Corrosion Monitoring)　　In-Line Inspection Tool: Smart Geometry Pig

그림 10.6 파이프라인 부식/침식 감시 및 검사장치

10.4 막힘 평가(Plug Assessment)

오일에 포함된 여러 가지 성분(왁스, 아스팔트, 가스, 물 등)이 온도와 압력변화에 따라 배관 내 응결되어 침적되면 점진적으로 관경이 좁아지면서 결국에는 막히게 된다. 따라서 아래와 같은 여러 가지 운영상황에 따른 온도와 압력 변화조건을 고려하여 배관의 막힘이 없도록 유동성 확보 설계를 한다.

1) 정상적 유체흐름 상태의 압력/온도 해석(Steady-State Hydraulic and Thermal Performance Analyses)

정상상태에서 플로우라인 내의 유동성 확보 검토를 위해 PIPESIM 또는 HYSYS 소프트웨어 모델을 사용하여 검토할 수 있으며 아래의 사항을 검토한다.

- 직경에 따른 최대 및 최소 유량에 따른 압력변화
- 온도 및 압력 프로파일을 통해 하이드레이트 생성영역에 해당되지 않는 온도/압력조건
- 파이프라인에 연결되는 장비의 유입속도 등 연관설비 검토

2) 변화되는 유체흐름 상태의 압력/온도 해석(Transient State Hydraulic and Thermal Performance Analyses)

유체의 흐름이 정상상태에서 다상으로 변화되는 조건에서의 유동성 확보 검토는 OLGA 또는 ProFES와 같은 소프트웨어를 이용하여 아래의 운영조건에 대해서 검토한다.

• 생산시작단계 및 생산중단단계
• 운영 중 긴급 중단
• 블로우다운Blowdown(하이드레이트 생성되는 온도/압력조건을 피하기 위한 서서히 압력강하) 및 웜업Warm-Up(생산압력/온도를 증가시키며 하이드레이드 생성 방지제 동시 주입)
• 생산 증가 또는 감소Ramp Up/Down
• 슬러깅

CHAPTER

11

라이저 설계(Riser Design)[4]

라이저 설계는 API-RP-2RD 설계코드에 따르며 API-RP-1111 및 DNV-OS-F201을 사용하여 API-RP-2RD에서 다루지 않는 시나리오를 검토하는 방향으로 진행한다. 스틸 카테너리 라이저SCR의 상세설계 및 과정은 그림 11.1과 같이 진행된다. 탑텐션 라이저TTR의 경우 인장계수Tension Factor(TF)의 결정은 매우 중요하며 호스트플랫폼의 응답진폭운영Response Amplitute Operator(RAO) 정도와 라이저의 특성에 따라 다르지만 일반적으로 걸프해역 지역에서는 1.5TF(부유체 플랫폼이 운동이 없는 경우를 기준 1.5배의 인장력)를 사용한다. 라이저가 압축모드인 플랫폼이 하향이동의 경우에도 인장계수는 1보다 커야 한다. 인장계수가 큰 경우 플랫폼의 상향이동 시 초과된 인장력이 라이저에 작용하므로 이를 고려해서 설계에 반영한다.

라이저 설계에는 다음과 같은 설계 과정과 검토 내용이 고려된다.

- 라이저 종류
- 재료선택 및 파이프 크기
- 응력분석
- 라이저 와류유도진동VIV, 부유체 히빙유도진동Heave VIV 및 부유체 와류유도운동Vortex Induced Motion(VIM)으로 인한 피로 해석
- 라이저 경로 및 계류간섭
- 라이저 상단 및 하단부 연결 설계

---

4 라이저의 종류 및 구성요소는 PART I의 3장 참조

- 라이저 연결 관련 개발개념 반영, 비용추정 및 향후 확장성을 고려한 설계기준 결정
- 해저지형 및 환경자료, 부유체 운동자료, 필드 레이아웃, 지반조사자료, 라이저 시스템 자료, 행오프 시스템 자료, 라이저 인터페이스 자료 등을 포함한 설계 데이터 검토
- 유체 특성(부식성, 용접성 등)과 관련된 특수 요구 사항을 포함하여 재료 결정
- API-RP-2RD, API-RP-1111 및 DNV-OS-F201에 따라 라이저 파이프 벽두께를 평가(설치 방법, 파이프 허용오차, 부식 허용치 등을 고려)
- 호스트플랫폼의 라이저 연결위치, 기존설비와 연결된 또는 신규 설치 시의 해저필드구성을 고려한 라이저 경로를 선택
- 경로선택 시에는 라이저 행오프 위치, 라이저와 부유체 인터페이스, 기존 라이저 간섭 및 라이저 설치 가능성의 고려와 와류유도진동 방지장치(스트레이크 또는 페어링)를 선택
- 라이저 진동의 장단기 분석 수행, 필요한 피로수명이 설계기준을 충족하지 않는 경우 와류유도진동 방지장치를 고려한 분석 수행
- 모든 설치 방법(S-lay, J-lay, Reel-lay)을 고려한 설치평가 및 라이서 연결, 이송 및 풀인 등 라이저 시스템을 설치할 수 있는 설치 선박 평가
- 행오프 시스템(플렉스조인트 또는 응력 조인트)과 부식 방지(코팅 및 희생양극) 설계
- 설계 성과품(도면, 리포트, 사양서) 작성

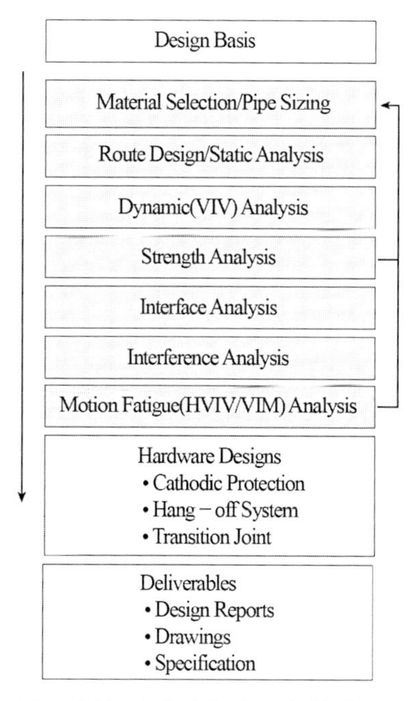

그림 11.1 스틸 카테너리 라이저 설계 프로세스

11.1 카테너리 라이저 구분(Catenary Riser Configuration)

스틸 라이저의 강성에 비해 길이가 매우 길어지면 탄성계수는 매우 작아진다. 따라서 스틸 라이저는 자연스러운 곡선을 유지하면서 카테너리(현수선)와 같은 구조를 가지게 되며 카테너리의 구조 여부는 다음 식으로 산정된다.

카테너리: $\frac{L}{C} > 5$

여기서, C : $\left(\frac{EI}{W_s}\right)^{1/3}$ (특성길이Characteristic length) W_s : 파이프 수중무게

예로, 3,000ft 수심에서 16"외경 ×0.684" 벽두께 파이프의 카테너리 구조 여부는 아래와 같이 판별할 수 있다.

$$C=\left(\frac{EI}{W_s}\right)^{1/3}=\left(\frac{29{,}000{,}000\times 967}{22.6/12}\right)^{1/3}=2{,}460\text{"}=205\text{ft}(62.5\text{m})$$

$$\frac{L}{C}=\frac{3{,}000}{205}=14.6>5$$

따라서 카테너리 구조로 볼 수 있으므로 곡선의 형태와 수심에 따른 수평 파이프 인장력은 상부수평 인장력의 수심에 따른 행오프 각도(수직) $\sin\alpha$를 곱하여 다음과 같이 산정된다.

$$Y=a\cosh\left(\frac{X}{a}\right)-a$$

여기서, a : $\frac{T_H}{W}$ (카테너리 상수)

T_H : 수평바닥인장력Horizontal Bottom Tension

W : 카테너리 파이프 무게

X, Y : 축 좌표

$T=T_H+W_sY=T\sin\alpha+W_sY=\left(\frac{W_sY}{1-\sin\alpha}\right)$ (상부인장력)

T_H : $T\sin\alpha$ (바닥인장력)

S : $Y\sqrt{1+2\frac{a}{Y}}$ (라이저 터치다운 지점까지 프리스팬 길이)

X : $a\sinh^{-1}\frac{S}{a}$ (라이저 터치다운 지점까지 수평길이)

이 수식은 J-lay 구성에서 상부 및 하부의 인장력과 터치다운 지점까지의 거리를 산정하는 데 사용된다. 터치다운 지점 인근에서 라이저는 플랫폼의 운동으로 인한 피로파괴의 가능성이 높다. 따라서 이 문제를 피하기 위해 다양한 라이저 설치 방법을 사용한다(PART I 참조).

11.2 카테너리 라이저 검증(Catenary Riser Verification)

걸프해역에 설치되는 스틸 또는 플렉서블 카테너리 라이저의 설계, 제작 및 설치는 30CFR 250 규정에 따라 인증된 3자 검증주체Certified Verification Authority(CVA)에 의해 검증되어야 한다.

- 설계검증: 파이프 내외부 강도, 좌굴해석, 피로해석 및 다른 구조물 간의 간섭
- 제작검증: 라이저 구성요소 설계 및 제작
- 설치검증: 라이저 파이프 및 구성요소의 운반, 설치 과정, 설치 해석

참고문헌

CHAPTER 02

[1] Safety zones around oil and gas installations in waters around the UK, hse.gov.uk/ pubns/indg189.pdf

[2] General Requirements for a Pipeline Right-of-Way Grant, Title 30 CFR-250.159 (2), Code of Federal Regulations, DOI (Department of the Interior), USA.

[3] DNV-RP-F109, On-Bottom Stability Design of Submarine Pipelines.

[4] NOAA Website, maps.ngdc.noaa.gov/viewers/wcs-client/

[5] BOEM Website, www.bocm.gov/Maps-and-GIS-Data/

[6] datahub.admiralty.co.uk

[7] Stoker, M.S., Pheasant, J.B., Josenhans, H. (1997), Seismic methods and interpretation. In T.A. Davies, T. Bell, A.K. Cooper, H. Josenhans, L., Polyak, A. Solheim, M.S. Stoker, J.A. Stravers (Eds.), Glaciated Continental margins: An Atlas of Acoustic Images. Chapman and Hall, London, 1997. p.315.

[8] www.ga.gov.au/scientific-topics/marine/survey-techniques/sonar/shallow-water-sub- bottom-data

[9] Submarine Pipeline On-bottom Stability Analysis and Design Guidelines, AGA, 1993.

[10] Mark Randolph et al., Offshore Geotechnical Engineering, Spon press, 2011.

[11] Roar Marthiniussen et al., HUGIN-AUV Concept and operational experiences to date and www. kongsberg.com

CHAPTER 03

[1] API-5L, Specification for Line Pipe, American Petroleum Institute.

[2] DNV-OS-F101, Submarine Pipeline Systems.

[3] G. Chatzopoulou, S.A. Karamanos, G. E. Varelis, Finite element analysis of UOE manufacturing process and its effecton mechanical behavior of offshore pipe, International Journal of Solids and Structures 83, 2016, 13-27.

[4] O'Brien P, et al. Outcomes from the SureFlex joint industry project-An international initiative on flexible pipe integrity assurance. Houston: OTC 21524, Offshore Technology Conference; 2011.

[5] API RP 17B. Recommended practice for flexible pipe, American Petroleum Institute.

CHAPTER 04

[1] ASME B31.4, Pipeline transportation systems for liquid hydrocarbons and other liquids.

[2] ASME B31.8, Gas Transmission and Distribution Piping Systems.

[3] API RP-1111 Design, Construction, Operation, and Maintenance of Offshore Hydrocarbon Pipelines (Limit State Design).

[4] DNV-OS-F101, Offshore Standard-Submarine Pipeline Systems.

[5] ISO 13623, International Organization of Standardization, Petroleum and Natural Gas Industries. Pipeline Transportation Systems.

[6] BS PD 8010-3, British Standard, Code of Practice for Pipelines, Part 3: Pipelines Subsea: Design, Construction and Installation.

[7] CSA Z662, Canadian Standard, Oil and Gas Pipeline System.

[8] ABS, American Bureau of Shipbuilding, Guide for Building and Classing for Subsea Pipeline Systems.

[9] 30 CFR § 250.152-Design requirements for DOI pipelines.

[10] 49 CFR § 192.105-Design formula for steel pipe.

[11] 49 CFR § 192.505-Strength test requirements for steel pipeline to operate at a hoop stress of 30 percent or more of SMYS.

[12] 49 CFR § 195.106-Internal design pressure.

[13] 49 CFR § 195.304-Test pressure.

[14] API RP 2RD, Design of Risers for Floating Production Systems (FPSs) and Tension-Leg Platforms (TLPs).

[15] Arthur P. Boresi, Richard J. Schmidt, and Omar M. Sidebottom, “Advanced Mechanics of Materials”, John Wiley & Sons, 1993.

[16] www.bendtec.com, Induction pipe bending

[17] Jaeyoung Lee, Modified thin wall pipe formula for deep water application, International Society of Offshore and Polar Engineering(ISOPE) conference, Canada, 1998

CHAPTER 05

[1] ISO 19802-1, Petroleum and natural gas industries-External coatings for buried or submerged pipelines used in pipeline transportation systems Part 1: Polyolefin coatings (3-layer PE and 3-layer PP).

[2] DNV-RP-106, Factory Applied External Pipeline Coatings for Corrosion Control.

[3] DIN (Deutsche Norm) 30678, Polypropylene Coatings for Steel Pipes.

[4] Offshore Technology Report 2001/011, www.hse.co.uk.

[5] Paul McDermott and Ratnam Sathananthan, "Active Heating for Life of Field Flow Assurance," OTC-25107, 2014.

[6] Worldwide Survey of Active Heating Projects (as of Feb 2019), offshore magazine.com, Intecsea.

[7] S. Manouchehri, CONSIDERATIONS IN DESIGN OF CENTRALIZERS FOR PIPE-IN-PIPE SYSTEMS, OMAE 2018-77535.

[8] Tom Phalen, C. Neal Prescott, Jeff Zhang, and Tony Findlay, "Update on Subsea LNG Pipeline Technology," OTC (Offshore Technology Conference) paper No. 18542, 2007.

[9] ITP website, http://www.itp-interpipe.com/

[10] Mark Dixon, Pipe-in-Pipe: Thermal Management for Effective Flow Assurance, OTC paper No. 24122, 2013.

[11] Manouchehri, S. et al., On determination of Acceptable Safety Class in, Design of Pipe-In-Pipe (PIP) Systems, Proceedings of 33rd International Conference on Ocean, Offshore and Arctic Engineering (OMAE2014-23911), San Francisco, California, USA. 2014.

CHAPTER 06

[1] DNV-OS-F101, Submarine Pipeline Systems.

[2] DNV-RP-F110, Global Buckling of Submarine Pipelines Structural Design due to High Temperature/High Pressure.

[3] CHARNAUX, C., PAUL, S. & ROBERTS, G. 2015. Increasing the efficiency of offshore rigid pipeline lateral buckling assessments using a dedicated GUI and Isight. In: SIMULIA (ed.) SIMULIA Community Conference.

[4] M. Carr, et. al., "Pipeline Walking-Understanding the Field Layout Challenges, and Analytical Solutions Developed for the SAFEBUCK JIP," OTC 17945, 2006.

[5] Jayson, D., Delaporte, P., Albert , J.-P., Prevost, M.E., Bruton, D.A.S. and Sinclair, F. (2008). 'Greater Plutonio Project–Subsea Flowline Design and Performance'. Offshore Pipeline Tech. Conf., Amsterdam, The Nertherlands.

CHAPTER 07

[1] DNV-RP-E305, On-bottom stability design of submarine pipelines, 1988.

[2] DNV-RP-F109, On-Bottom Stability Design of Submarine Pipelines, 2007.

[3] PR-178-9731, Submarine Pipeline On-bottom Stability Analysis and Design Guidelines, Pipeline Research Council International (PRCI), 1998.

[4] DNV-RP-F105, Free Spanning Pipelines, 2006.

[5] Verley, R.L.P. and Sotberg, T. A, "Soil Resistance Model Pipelines Placed in Sandy Soils," OMAE, 1992.

CHAPTER 08

[1] DnV-RP-F105, Free Spanning Pipelines.

[2] ASME 31.4, Pipeline Transportation Systems for Liquids and Slurries.

[3] ASME B31.8, Gas Transmission and Distribution Piping Systems.

[4] API RP-1111, Design, Construction, Operation, and Maintenance of Offshore Hydrocarbon Pipelines (Limit State Design).

[5] Richard Nielsen, "Spanning－Some Aspects of Statics and Dynamics," Offshore Oil and Gas Pipeline Technology, 1979 European Seminar, 1979.

[6] DNV-OS-F101, Offshore Standard-Submarine Pipeline Systems.

CHAPTER 10

[1] Experimental and analytical study of two-phase pressure drops during evaporation in horizontal tubes, Jesús Moreno Quibén, 2005.

[2] API-RP-14E, Recommended Practice for Design and Installation of Offshore Products Platform Piping Systems.

[3] Erosion in elbows in hydrocarbon production systems research report 115, 2003, HSE.go.uk.

[4] DNV-RP-0501, "Recommended Practice RP 0501: Erosive Wear in Piping Systems", 2007, V4.2.

[5] Salama, M.M. & Venkatesh, E.S., "Evaluation of API RP14E erosional velocity limitations for offshore gas,wells", OTC 4484, 1983.

[6] Svedeman, S.J. & Arnold, K.E., "Criteria for sizing multiphase flow lines for erosive/corrosive service", SPE 26569, 1993.

CHAPTER 11

[1] Pipeline Riser System Design and Application Guide, PR-178-622, PRCI (Pipeline Research Council International, Inc.), 1987.

[2] Ruxin Song and Paul Stanton, "Deepwater Tie-back SCR: Unique Design Challenges and Solutions," OTC 18524, 2007.

[3] API RP-2RD, Design of Risers for Floating Production Systems (FPSs) and Tension-Leg Platforms (TLPs), 1998.

[4] DNV OS-F201, Dynamic Risers, 2001.

[5] Brian McShane and Chris Keevill, "Getting the Risers Right for Deepwater Field Developments," Deepwater Pipeline and Riser Technology Conference, 2000.

[6] K.Z. Huang, "Composite TTR Design for an Ultra Ddeepwater TLP," OTC Paper #17159, 2005

[7] A.C. Walker and P. Davies, "A Design Basis for the J-Tube Method of Riser Installation," Journal of Energy Resources Technology, Sept. 1983.

[8] Mason Wu, "The Dynamics of Flexible Jumpers Connecting a Turret Moored FPSO to a Hybrid Riser Tower," Deep Offshore Technology (DOT) International Conference and Exhibition, 2006

[9] John Oliphant, "Catenary Riser – Soil Interaction," DOT 2006.

[10] D. R. Stephens and D. P. McConnell, "A Critical Comparison of Code Design Criteria for Offshore Pipeline Risers," International Conference on Offshore Mechanics and Arctic Engineering (OMAE), 1985.

PART III

파이프라인/라이저 설치

CHAPTER
01

파이프라인 설치(Pipeline Installation)

일반적으로 설치되는 해저파이프라인의 직경 범위는 76.2mm(3")에서 137.2cm(54")로 생산되는 오일·가스·물의 양을 고려하여 결정되며 필요에 따라 182.9cm(72")까지 설치되기도 한다. 76.2mm(3")의 파이프라인은 일반적으로 오일·가스의 특성에 따라 유동성 확보를 위한 케미컬 라인으로 사용되며 가스 파이프라인의 경우 하이드레이트를 방지하기 위한 메탄올MeOH 공급 라인으로 사용된다.

생산라인과 메탄올 공급라인이 동시에 필요한 경우 두 개의 파이프라인을 하나로 묶어 피기백Piggyback 방식으로 설치하기도 한다.

파이프라인에서는 미국석유산업API에서 유래된 규격 표시단위인 인치단위와 항복강도는 350~500Mpa(50,000~70,000psi) 범위로 사용되며 벽두께는 일반적으로 9.5~76.2mm (3/8~3")가 사용된다. 설치 시에는 파이프라인이 비어 있는 상태로 설치되기 때문에 벤딩과 정수압 및 축방향 인장력 등의 결합하중 조건하에서의 응력설계가 고려된다.

1.1 파이프라인 설치 방법(Pipeline Installation Method)

일반적으로 파이프라인의 설치는 설치 전용 선박의 텐셔너Tensioner를 통해 파이프라인을 해저면에 설치하는 방법이 사용된다. 설치 선박에서 해저면에 이르는 파이프라인의 설치 형태Profile에 따라 에스레이S-lay, 제이레이J-lay 설치 방법으로 분류한다. 다른 설치 방법으로 연안 인근에서 제작된 파이프라인을 릴Reel에 감고 릴에 감긴 파이프라인을 설치현장으로 운반하여 설치 선박의 릴에서 풀면서 해저면에 설치하는 릴레이Reel-lay 방법과 여러 개의 파이프를 하나의 직경이 큰 파이프 안에 관입하여 제작된 번들Buldle 파이프라인이나 하나의 파이프라인을 인양선으로 예인하여 설치하는 방법이 있다. 주로 사용되는 4가지 파이프라인 설치 방법 및 장단점은 그림 1.1, 표 1.1과 같다.

1) 예인(Towing) 방법

- 연안 근처에서 운반 가능한 파이프 제작
- 제작할 수 있는 길이 제한(연안작업장 제작공간) 및 예인 설치 길이 제한
- 에스레이, 제이레이, 릴레이 방법에 비해 요구되는 선박 크기는 작으나 여러 지원 선박 필요

2) 에스레이(S-LAY) 방법

- 파이프라인은 단일, 이중 또는 삼중의 연결지점으로 선박에서 연결
- 단일 섹션 또는 2~3섹션으로 설치가능하며 스팅거Stinger(파이프를 내려놓는 장치) 필요
- 수심이 깊을수록 스팅거의 길이는 증가되며 높은 인장력으로 인한 설치위험 증가
- 일반적인 설치 속도Lay Rate는 약 3~5km/Day 설치
- 설치 가능한 최대 파이프 크기는 152.4cm(60") 외경(All Seas Solitaire의 경우)

3) 제이레이(J-LAY) 방법

- 선박의 단일 제작 스테이션에서 용접되어 설치 속도가 느림
- 파이프의 설치각도는 거의 수직으로 파이프라인 설치장력이 적음
- 심해 설치에 적용
- 스팅거Stinger 불필요
- 일반적인 설치 속도는 약 1~1.5km/Day 설치
- 설치 가능한 최대 파이프 크기는 81.3cm(32") 외경(Saipem S-7000의 경우)

표 1.1 각 설치방법 비교

구분	에스레이(S-LAY)	제이레이(J-LAY)	릴레이(Reel-Lay)	예인(Towing)
설치 가능 수심	0~2,800m	500~3,000m	500~3,000m	최대 설치 수심 기록: 1,000m (1997년, 미국 멕시코만)
텐셔너 필요 여부	필요	선택사항	필요	필요 없음
용접스테이션	3~4	1	0	필요 없음
설치속도	3~5km/day	1~1.5km/day	12~24km/day	2.0~2.5m/sec
최대설치가능 파이프 외경	152.4cm(60")	81.3cm(32")	48.3cm(19")	–
장점	• 천해 및 심해 적용 가능 • 빠른 설치속도 • 동시 용접 가능	• 일부 천해 및 심해 적용 가능 • S-Lay보다 낮은 인장력	• 용접 불필요(육상 제작) • 낮은 인장력 • 가장 빠른 설치속도	• 고비용의 해양 파이프라인 설치선이 필요 없음 • 모든 용접이 육상에서 이루어지므로 용접품질 향상 • 여러 개의 파이프라인을 번들(Bundle)로 제작하여 한꺼번에 설치 가능 • 파이프라인의 단열이 필요한 경우 경제적인 방법일 수 있음
단점	• 스팅거 및 텐셔너 필요 • 심해 적용 한계 • J-Lay보다 높은 인장력	• 느린 설치 속도(1개소 용접) • 천해 적용 한계 • 선박의 수직 안전성 요구	• 릴 용량에 따른 파이프라인 길이 제한 • 콘크리트 코팅파이프 적용 불가 • 릴링 시 좌굴을 방지하기 위하여 파이프 두께 증가 가능성 • 릴을 연안에서 설치하는 경우 왕복이동으로 인한 설치시간 증가	• 연안작업장 및 예인 능력에 따른 파이프라인 길이의 제한 • 수 Km의 직선 파이프라인 제작이 가능한 연안작업장 필요

4) 릴레이(Reel-Lay) 방법

- 육상작업장에서 제작된 파이프를 연속으로 설치 선박의 릴에 감아서 이송
- 낮은 인장력으로 에스레이보다 설치 제어 용이
- 콘크리트 코팅 또는 딱딱한 단열 코팅 제한
- 부피 또는 무게에 따른 릴링 용량 제한
- 일반적인 설치 속도는 약 12~24km/Day 설치
- 설치 가능한 최대 파이프 크기는 48.3cm(19") 외경(Subsea 7 Skandi Navica의 경우)

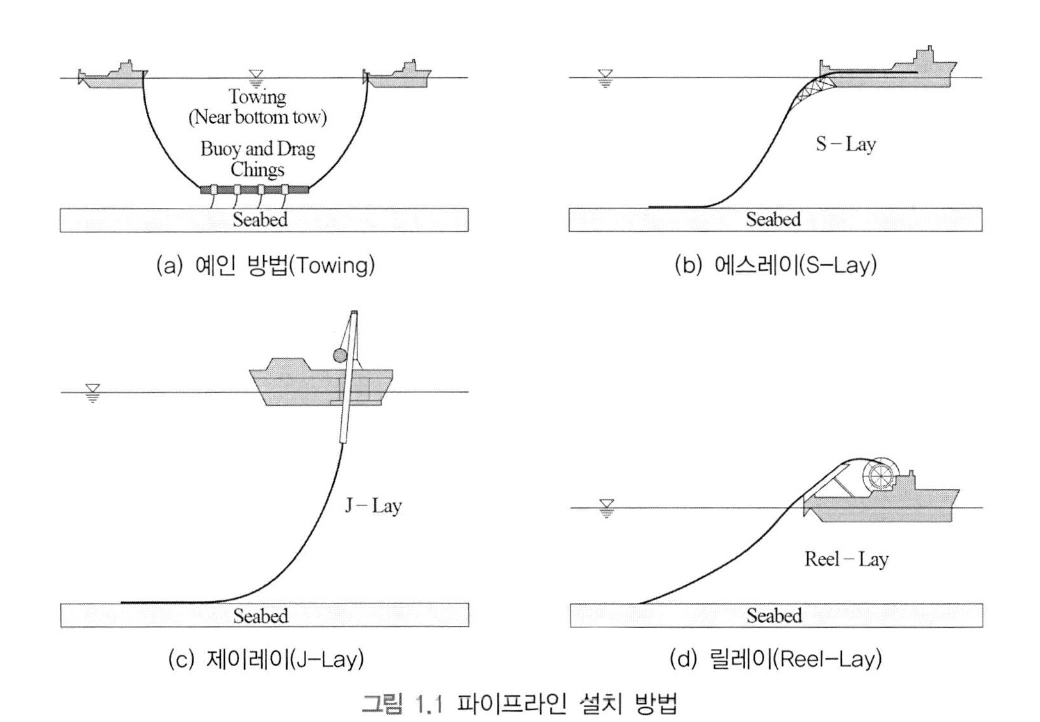

(a) 예인 방법(Towing) (b) 에스레이(S–Lay)

(c) 제이레이(J–Lay) (d) 릴레이(Reel–Lay)

그림 1.1 파이프라인 설치 방법

1.2 예인 방법(Towing Method)

파이프라인과 끝단연결부PLET를 포함하여 인근 해안에서 제작되고 예인선으로 예인하여 현장에 설치하는 방법이다. 한 번에 전체 파이프라인 길이를 예인하기 어려운 경우 여러 개의 파이프로 나누어 예인한 후 현장에서 해저 연결하는 방식을 사용한다. 예인 가능한 최대 파이프라인 길이는 예인방식, 예인선박, 수심 및 해양환경조건에 따라 다르지만 11.26km(BP Troika 프로젝트, 1997년) 길이로 설치된 사례가 있다.

예인 방법으로 설치하는 경우는 주로 하나의 큰 직경의 파이프에 여러 파이프를 관입하여 번들Bundle로 제작된 파이프라인을 설치하는 경우와 설치위치가 이동 가능한 거리(약 7.5km 이내)인 경우 설치시간을 단축시킬 수 있기 때문에 예인방식이 선호된다.

예인된 파이프라인의 설계절차는 예인 방법에 따라 다르며 예인력을 최소화하기 위해 파이프라인의 수중중량을 제어하는 동시에 파이프라인의 설계수명 동안 해저면 안정성을 가지기 위한 충분한 무게를 가져야 한다.

예인 방법은 그림 1.2와 같이 크게 4가지 방법으로 나누어진다.

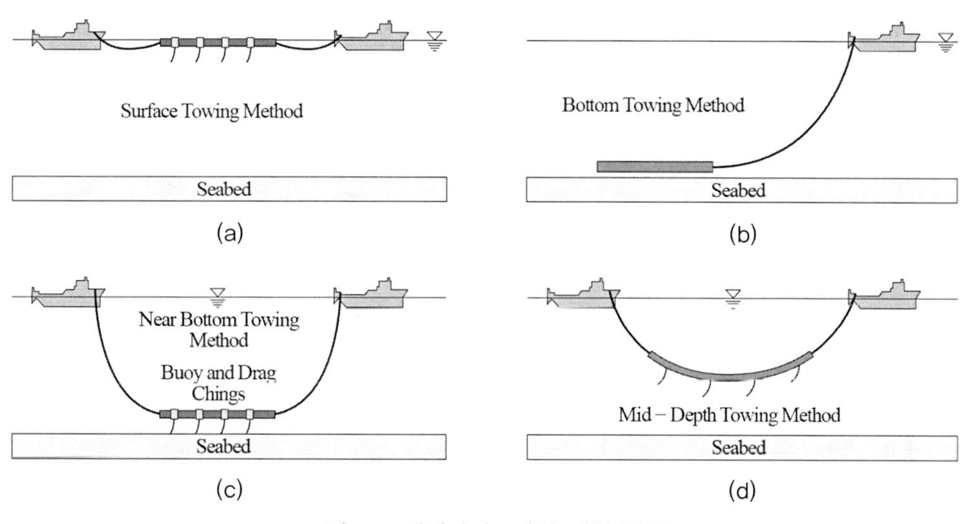

그림 1.2 해저파이프라인 예인 방법

1) 수면 예인 방법(Surface Towing Method)

수면 예인 방법은 부표를 이용하여 파이프라인의 부력을 조절하여 수면에서 파이프라인을 예인하는 방식이다. 이 방식은 상대적으로 잔잔한 해역에서 사용되며 파이프 크기, 해양환경조건 및 예인선 사양과 같은 요인에 의해 제한된다.

2) 해저면 예인 방법(Bottom Towing Method)

해저면 예인 방법은 파이프라인 세그먼트를 해저면에 놓은 채로 예인선에 의해 설치 장소까지 끌어서 이동시키는 방식이다. 이 방법은 해저지형 및 해저토질의 특성에 따라 제한되므로 상대적으로 평평한 해저에 주로 적용이 가능하다.

3) 해저면 인근 예인 방법(Near-bottom Towing Method)

해저면 인근 예인 방법은 부표와 드래그 체인Drag Chain을 이용하여 파이프라인을 해저면에서부터 일정높이를 유지하면서 예인하는 방법으로 수면에서의 파랑영향과 해저토질 및 해저지형의 영향이 감소하는 장점이 있지만 급격한 해저 경사가 있는 지역에는 제한이 있는 방식이다.

4) 중간 수심 예인 방법(Mid-depth Towing Method)

중간 수심 예인 방법은 수심의 중간 깊이에서 예인하므로 해저면 인근 예인 방법보다 빠른 예인속도와 해저면의 심한 경사나 암반 등으로 인한 영향이 없어 북해 지역에서 일반적으로 사용되는 방식이다.

그림 1.3은 예인 방법으로 설치되는 번들 파이프라인 구조의 한 예로 번들 파이프는 61.0cm(24") 케이싱 파이프로 내부에 몇 개의 파이프, 엄빌리컬, 수주입라인 등 여러 개의 라인을 하나의 번들로 케이싱 파이프에 관입 설치하여 개별적으로 각각의 파이프라인을 설치하는 것에 비해 해양에서의 설치시간과 비용을 절감하고 내부 파이프라인의 단열과 보호 목적으로도 사용한다.

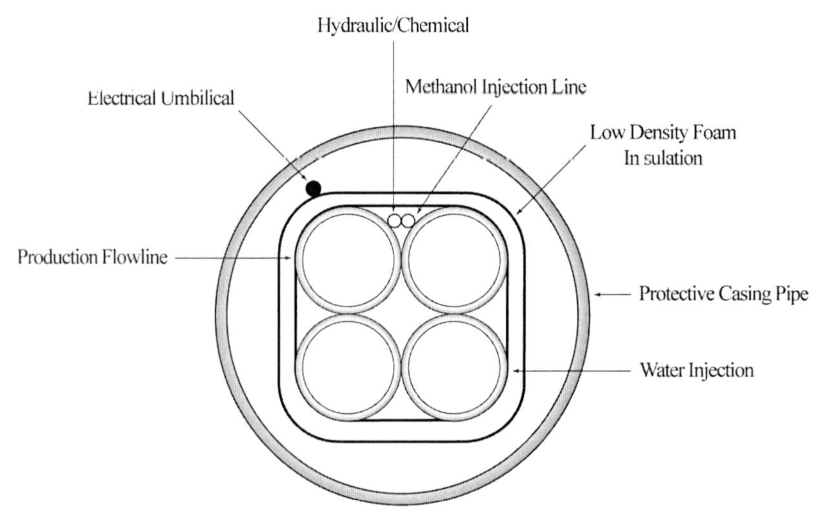

그림 1.3 번들(Bundle) 파이프라인 구성 예

1.3 에스레이(S-Lay) 방법

상대적으로 얕은 수심에 해저파이프라인을 설치하는 방법으로 에스레이로 명칭되는 이유는 스팅거를 사용하여 설치되는 파이프라인의 형태가 S자 모양을 형성하기 때문이다. 스팅거는 파이프라인이 해양에 설치되는 과정에서 파이프의 처짐제어, 인장력 감소 및 굽힘응력을 감소시키는 역할을 한다. 기술 및 장비의 발전으로 심해설치도 가능하며 2,774m 수심에 적용한 사례도 있다.

일반적인 에스레이 설치 선박은 그림 1.4와 같이 구성된다. 파이프라인은 바지선 또는 선박의 용접스테이션에서 용접한 후 텐셔너를 통해 설치 선박의 후면으로 이동시키고 스팅거를 거쳐 해저면에 설치된다.

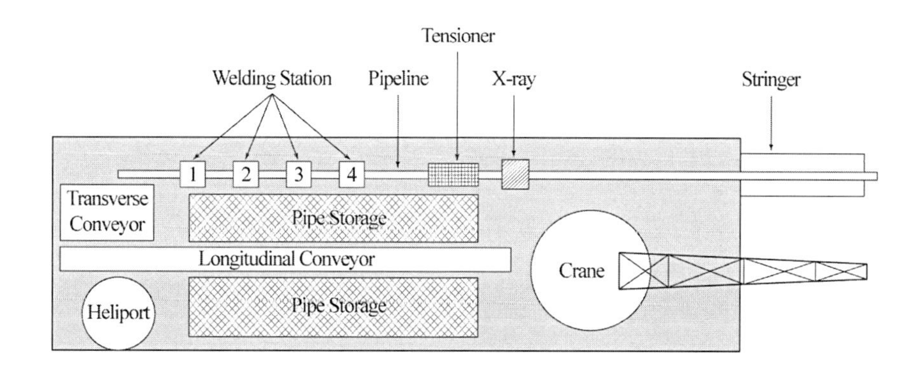

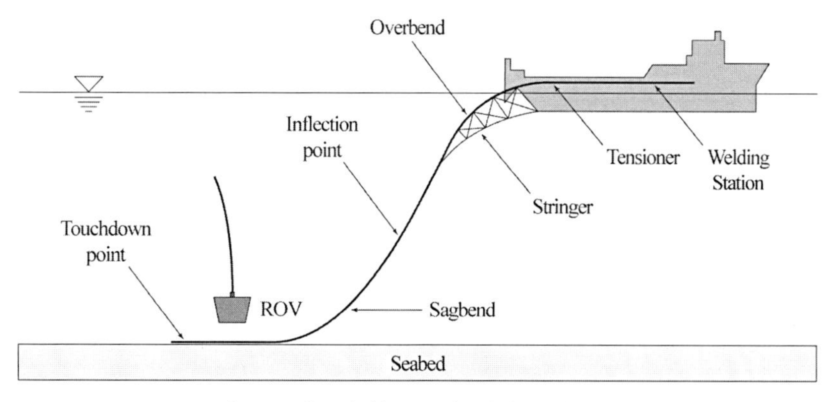

그림 1.4 에스레이(S-Lay) 설치 방법 및 구성

Automatic Welding

Tensioner

Stinger

Field Joint Coating

그림 1.4 에스레이(S-Lay) 설치 방법 및 구성(계속)

스팅커의 지지로 인하여 파이프상단에 인장응력이 발생하는 굽힘 부분을 오버벤드Overbend, 지지 없이 해저면 근처에서 도달한 파이프 하단에 인장응력이 발생하는 굽힘 부분을 세그벤드Sagbend로 명칭하고 중간의 오버벤드에서 세그벤드로 변하는 변곡점을 인플렉션Inflection이라고 한다. 파이프라인이 해저면에 닿는 부분은 터치다운 지점이라고 하며 ROV로 이 지점을 모니터링하며 경로에서 벗어나는지를 확인한다.

설치 선박은 조립단위Segment로 구성된 여러 개의 파이프를 선박에 적재하고 설치하는 파이프 길이, 크기 및 벽두께에 따라 여러 개의 용접스테이션을 갖추게 된다. 따라서 각 스테이션에서의 진행시간을 최적화하여 용접 및 설치시간을 적절히 조절하는 것이 필요하다. 예로, 하나의 스테이션에서 10분을 소비하고 다른 스테이션에서 5분을 소비하면 배관 설치효율이 일정하지 않아 전체 설치효율은 감소하게 된다. 각 스테이션이 하나의 파이프조인트 약 12.2m(40ft)를 연결하는 데 5분이 소요된다면, 다음과 같이 평균 설치 속도는 약 3.5km/일로 추정할 수 있다.

(24×60분/일)/(5분/12.2m)=3.5km/일

파이프는 선박의 갑판에서 수평으로 조립되기 때문에 파이프라인이 원만한 곡선을 그리며 해저면에 설치하기 위해서는 S자형 스팅커를 사용하여 파이프라인이 휘는 것을 최소화한다.

스팅거 끝단에서 파이프 이탈각도(수심 및 파이프 직경에 따라 수평에서 30~40° 범위)로 인해 에스레이 방식은 제이레이 방식보다 훨씬 더 높은 인장력이 필요하고 파이프의 잔류응력도 높은 편이다.

1.4 제이레이(J-Lay) 방법

제이레이 방법은 텐셔너가 제이레이 타워에서 파이프를 85~87°의 범위로 거의 수직에 가깝게 유지하므로 에스레이보다 파이프라인 상단의 인장력이 적고 파이프의 잔류응력도 낮아 심해설치에 더 적합한 방식이다.

그림 1.5와 같이 설치 과정에서 파이프라인이 거의 수직으로 설치되며 해저면에서 설치되는 파이프라인의 형태가 J모양이므로 제이레이 방식으로 불린다. 제이레이 설치 선박에는 파이프를 잡아주는 타워에 용접 스테이션이 하나만 있어 설치 속도가 느린 단점을 보완하기 위해 미리 여러 파이프를 동시에 용접(3~6조인트: 37~73m)하여 타워로 올리는 방식을 사용한다.

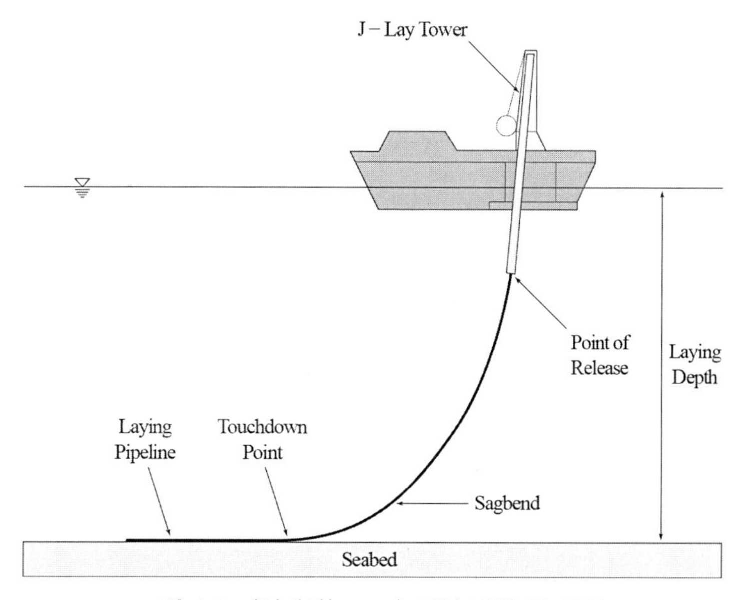

그림 1.5 제이레이(J-Lay) 설치 방법 및 구성

천해에서 제이레이 방법은 에스레이 방법보다 느린 설치 속도로 인한 비용 증가로 선호되지 않지만, 브라질의 수심 100~1,800m에 Petrobras PDET 45.7cm(18") 파이프라인 설치 프로젝트의 사례를 보면 제이레이가 천해에서도 적용될 수 있음을 보여준다.

1.5 릴레이(Reel-Lay) 방법

릴레이 방법은 파이프라인을 육상에서 제작하고 릴(예: 20m Flange dia.× 6m Drum dia.)에 감아서 릴레이 선박에 선적하거나, 설치 길이로 인해 몇 개의 릴이 필요한 경우 다른 선박으로 릴을 설치현장까지 이동하여 릴레이 선박에 이적하면서 연속적 설치가 이루어지게 한다.

최대 릴링(파이프라인을 감는 작업)이 가능한 파이프 크기는 설치 선박 텐셔너의 한계로 직경 약 40.6cm(16") 정도로 제한된다. 릴링 작업 중 파이프의 손상을 방지하기 위해 파이프라인의 특성에 따라 파이프 벽두께 또는 릴의 직경을 크게 해야 하는 경우 설치 인장력도 증가하게 되는 점을 고려해야 한다.

그림 1.6~1.7은 릴레이 선박의 파이프라인 설치과정을 나타낸다. 파이프라인 선박은 파이프라인이 감긴 릴과 설치 전 정렬 역할을 하는 얼라인너Aligner 및 릴링 과정에서 변형이 발생된 파이프라인을 바르게 펴주는 스트레이트너와 파이프라인을 고정하면서 일정하게 놓아주는 텐셔너로 구성된다.

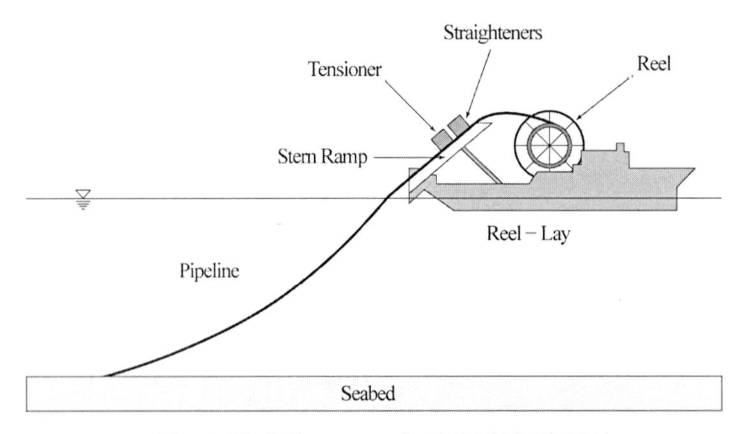

그림 1.6 릴레이(Reel-Lay) 설치 방법 및 구성

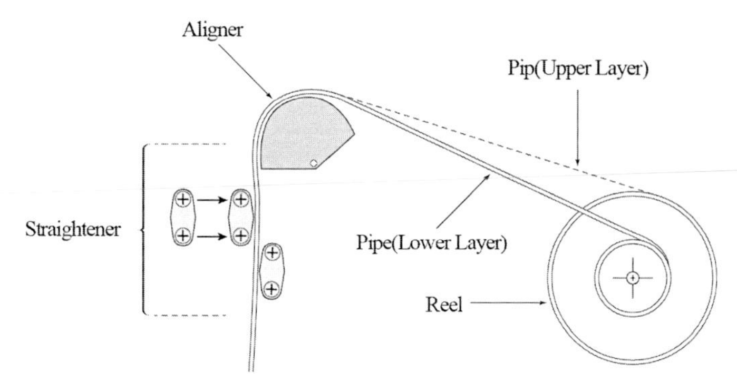

그림 1.7 스트레이트너(Straightener) 구성 원리

그림 1.8은 육상 스풀베이스에서 파이프가 제작되어 릴레이 선박의 릴에 감고 설치하는 과정을 보여준다. 주로 조립공장 내부에서 용접연결 및 조립하는 과정을 거친 파이프라인은 릴레이 선박이 당길 수 있는 길이인 스톡Stalk(약 1km)만큼 조립하여 야외에 보관하거나, 릴에 감아서 보관한다. 릴레이 선박이 도착하면 선박에 있는 릴에 각 스톡을 연결하면서 감거나 미리 릴에 감아 육상에 보관된 릴을 옮겨 싣는 방법으로 파이프라인을 설치 선박에 선적한다.

출처: www.Orkdalsregionen.no

출처: OTC Paper #20043, 2009

그림 1.8 스풀제작 및 릴 설치 선박

일반적으로 릴링 과정에서 복합응력으로 파이프라인에 최대 약 3~4% 정도의 변형률이 발생할 수 있으며 반면 파이프라인에 허용되는 최대 굽힘 변형률은 2.5% 정도이므로 릴레이용 파이프 벽두께는 릴링 시 좌굴이 발생하지 않도록 충분한 두께를 가지고 있어야 한다.

1.6 설치 선박(Installation Vessel)

전 세계적으로 많은 해양 파이프라인 설치 선박이 있으며 일반적으로 천해에서는 자체동력 없이 앵커를 옮겨가면서 이동하는 바지Barge선을 주로 사용하며, 심해에서는 자체 동력으로 운항하면서 앵커 없이 선박의 위치고정과 조정을 할 수 있는 동적 위치조정 시스템Dynamic Positioning System(DPS)이 있는 선박을 사용한다.

다음 표 1.2~1.3은 심해용(수심 1,000m 이상) 파이프라인 설치 선박과 릴레이 선박의 릴링 제원을 나타낸 것이다(2017년 기준). 이후 설치회사와 설치 선박에 변화가 있을 수 있으므로 개략적인 성능규격을 확인하는 참고목적으로 사용하기를 권장한다.

표 1.2 심해용(1,000m 이상 수심) 파이프라인 설치선 제원(예: 2017년 기준)

Contractor	Vessel	Tension Capacity (kips)	Max. Pipe OD (inch)	Max. Water Depth (ft)	Lay Method
Allseas	Lorelay	360	30	10000+	S
	Solitaire	1156	60(S)/18(Reel)	10000+	S
	Audacia	1155	44	10000+	S
Helix	Intrepid	268	12	8000	S/Reel
	Express	352	14	–	J/Reel
	Caesar	891	36	6560	S/J
Global	Hercules	1200	60(S)/18(Reel)	8000+	S/Reel
	Chickasaw	180	12	6000	S/Reel
Heerema	Balder	2800	32	10000	J
J. Ray McDermott	DB50	775(J) 100(Reel)	20	10000	J/Reel
	DB16	300(S/J) 100(Reel)	48(S/J)/ 10(Reel)	10000	S/J/Reel

표 1.2 심해용(1,000m 이상 수심) 파이프라인 설치선 제원(예: 2017년 기준) (계속)

Contractor	Vessel	Tension Capacity (kips)	Max. Pipe OD (inch)	Max. Water Depth (ft)	Lay Method
Saipem	S-7000	1160	32	10000	J
	FDS	881(J)	20	10000	J/Reel
		551(Reel)			
Acergy (Stolt)	Falcon	300	14	9840	J
	Kestrel	265	12	5000	J/Reel
	Polaris	529	60(S/J)/18(Reel)	7000	S/J/Reel
	Sapura 3000	528	60	6560	S/J
Technip	Deep Blue	1697(J)	28(J)/18(Reel)	10000	J/Reel
		1212(Reel)			
	Apache	440	16	5000	Reel
	Constructor	440	14	5000	J/Reel
Torch	Midnight Express	160	12	10000	S/J/Reel
Subsea 7	Skandi Navica	500	19	9500+	Reel
	Fennica	500	19	6500	Reel
	Seven Oceans	880	16	–	Reel

표 1.3 릴레이 설치선 제원(예: 2017년 기준)

Contractor	Helix	Global	Subsea 7	Technip	Technip
Vessel Name	Intrepid	Hercules	Skandi Navica	Deep Blue	Apache
Reel Flange Diameter(ft)	–	116	82	101.7	82
Reel Hub Diameter(ft)	–	59	54	64	54
Reel Width Between Flanges(ft)	–	23.5	22	17.06	21.3
Pipe Weight Capacity(short Ton)	1700	6500	2750	3080	2200
Number of Reels(ea)	1	1	1	2	1
Max. Installable Pipe OD(inch)	12	18	19	18	16

CHAPTER
02

파이프라인 설치 해석(Installation Analysis)

2.1 파이프라인 설치 설계기준(Pipeline Installation Design Criteria)

설계된 파이프가 현재 시장에서 사용 가능한 설치 선박에 의해 설치될 수 있는지 판단하기 위해 파이프를 주문하기 전에 설치 해석을 한다. 텐셔너 및 스팅거 제원 등과 같은 설치 선박의 한계는 파이프라인 설치 해석을 통하여 확인할 수 있다. 파이프라인 설치 시 파이프에 작용하는 응력을 파악하는 데 유한요소법을 이용한 프로그램을 사용하며 대표적으로 Orcaflex, Flexcom, Offpipe 등이 있다.

설치 중에 요구되는 파이프응력 한계는 DNV-OS-F101에 제시된 값을 사용하거나 API RP-1111, ASME B31.8의 응력조건을 적용할 수 있으나 일반적으로 실제 산업현장에서는 코드에서 제시된 설계기준보다 엄격한 기준으로 새그벤드에서 72%의 SMYS(Static)를 오버벤드에서는 85%의 SMYS(Static)를 적용한다.[1]

위치에 따라 다른 응력 한계를 적용하는 이유는 새그벤드에서는 스팅어를 사용하는 오버벤드와 달리 파이프를 제어하기 어렵기 때문에(위험성이 높으므로) 더 엄격한 응력 한계(낮은 응력 한계)가 적용된다. 동적 분석의 경우 해양 환경과 선박 운동을 고려하기 때문에 더 높은 응력 한계를 적용한다.

변형기준Strain Criteria이 사용되는 경우, 각각 0.15% 및 0.20% 변형률을 새그벤드 및 오버벤

1 동적해석기준은 코드에 명확히 언급되어 있지 않으므로 산업현장에서는 새그벤드에서는 96%의 SMYS(Dynamic), 오버벤드에서는 100%의 SMYS(Dynamic)를 적용하여 해석한다.

드에 적용한다. 표 2.1은 DNV-OS-F101의 오버벤드 및 새그벤드에 설치 시 허용응력 및 허용 변형률을 나타낸다.

표 2.1 설치 시 허용 변형률 및 허용응력(DNV-OS-F101)

DNV-OS-F101, Sec. 13, G300 Simplified Laying Criteria, Overbend				
	X70	X65	X60	X52
Static	0.270%	0.250%	0.230%	0.205%
Static+Dynamic	0.325%	0.305%	0.290%	0.260%

주) In the Sagbend and at Stinger Tip, σ_{eq} < 87% SMYS

2.2 파이프라인 설치 해석(Pipeline Installation Analysis)

파이프라인 설치 해석은 시작Initiation, 정상설치Normal Lay, 완료Termination 및 긴급 상황Contingency의 경우로 나누어 수행한다. 긴급 상황의 경우는 파이프라인에 문제가 발생하였거나 파이프라인이 설치 선박과 분리된 경우를 대비하여 설치포기 및 회수Abandonment & Recovery(A&R), 단일 지점 리프트Single Point Lift(SPL) 및 데빗 리프트Davit Lift 등에 대하여 해석을 하는 것이다.

그림 2.1은 에스레이 설치 방법의 경우 파이프라인 응력 분석결과의 한 예를 나타낸다.

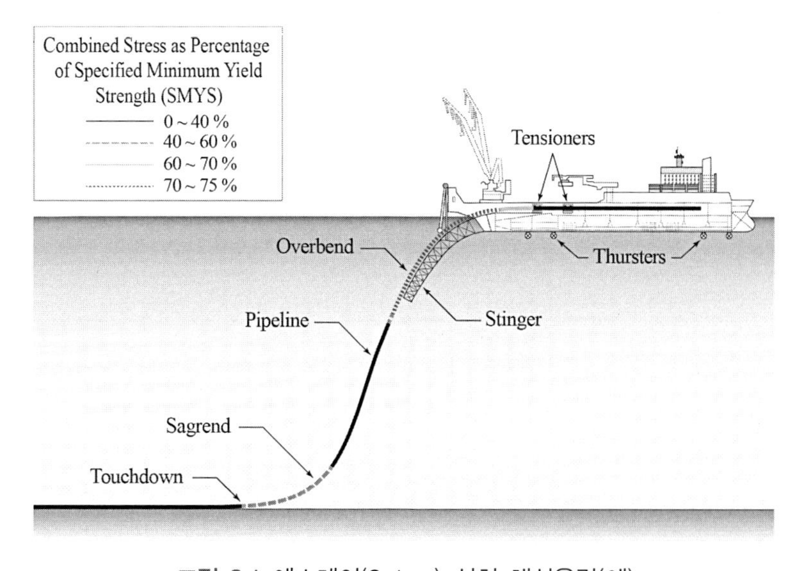

그림 2.1 에스레이(S-Lay) 설치 해석응력(예)

그림 2.2는 설치 시작 지점에서 앵커와 와이어를 사용한 파이프라인 시작 방법을 나타낸다. 시작점에서는 고정된 앵커와 와이어로 연결된 파이프라인을 설치 선박을 통해 계산된 설치곡선으로 해저면에 설치하며 설치 해석을 통해 앵커 사이즈, 와이어 길이와 소요 장력을 예측하게 된다. 설치 종료지점에서는 이와 반대로 파이프라인 끝단에 와이어를 연결하여 선박에서 해저면으로 내린다.

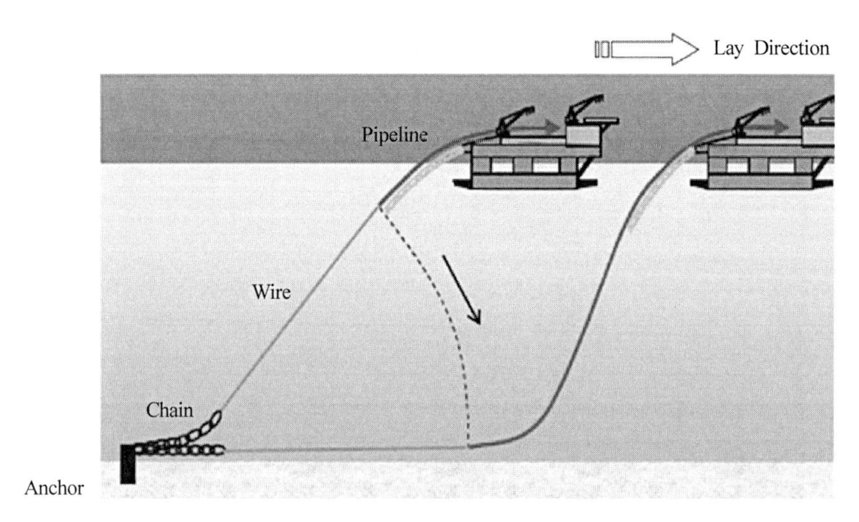

그림 2.2 파이프라인 설치 시작 방법(예)

파이프라인 설치 중 태풍이나 파이프 손상 또는 선박 이상 등의 긴급한 상황으로 파이프라인 끝단에 와이어를 연결하여 해저면에 내려놓고 현장에서 철수한 후 다시 설치를 시작하는 작업을 설치포기 및 회수Abandonment & Recovery(A&R)라고 한다.

파이프라인을 내려놓는 과정은 와이어에 연결된 파이프라인을 서서히 해저면으로 내리는 동시에 선박을 이동하여 파이프에 하중이 최소화되도록 한다. 그리고 와이어를 선박과 분리하기 전에 위치를 알 수 있도록 부표와 연결하여 해저면에 내려놓고 이후 파이프라인의 위치를 파악하여 회수하는 과정은 내려놓는 과정의 역순을 따른다(그림 2.3).

파이프라인을 회수하고자 할 때 그림 2.2의 반대 경우와 같이 스팅거를 통한 회수가 가능하지 않다면 단일 지점 리프트Single Point Lift(SPL)나 데빗 리프트Davit Lift 방식을 사용하여 선박의 측면에서 회수하게 된다. 하나의 와이어로 들어 올려도 파이프에 무리가 가지 않으면 단일 지점 리프트SPL 방식을 사용할 수 있고, 그림 2.4와 같이 여러 개의 데빗을 사용하여 파이프라인응력을 최소화할 수 있다.

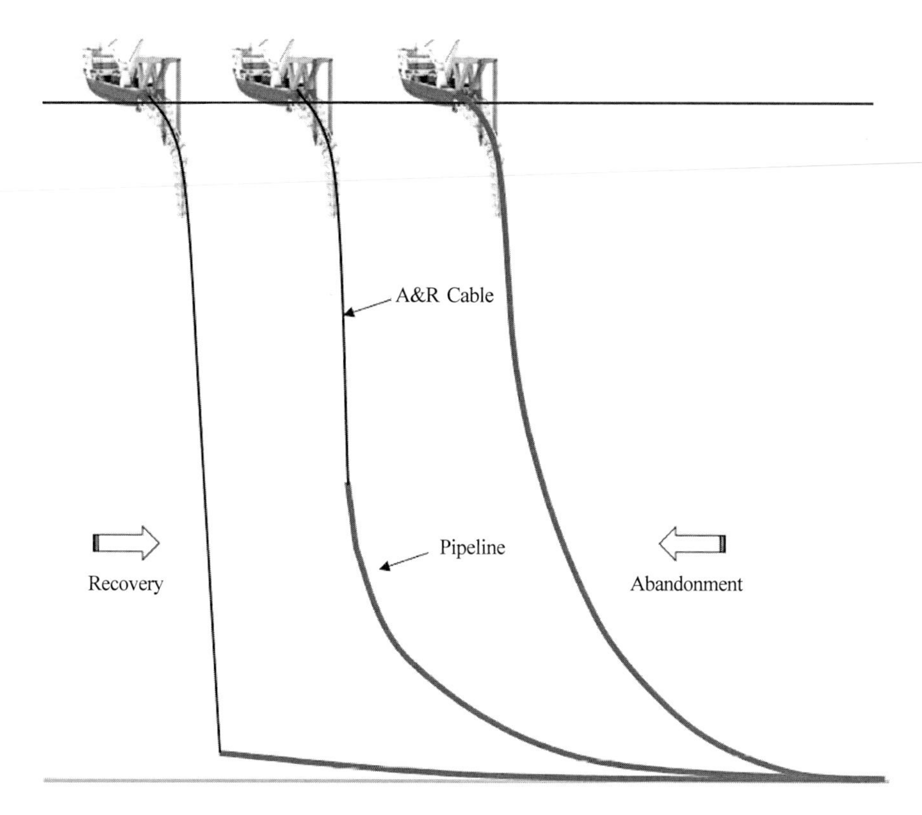

그림 2.3 긴급 상황 시 파이프라인 분리와 회수(Abandonment & Recovery) 과정

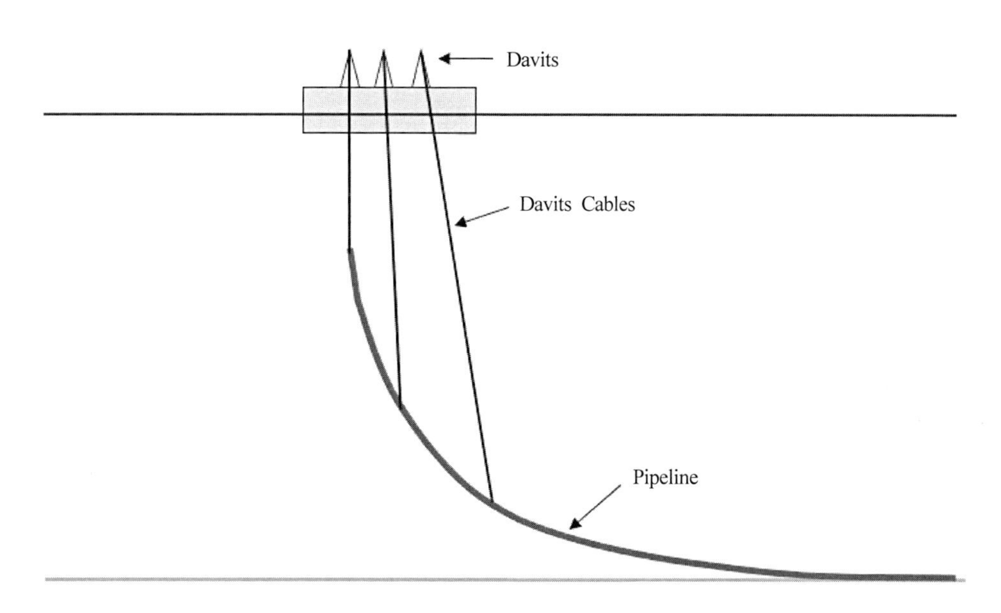

그림 2.4 데빗 리프트(Davit Lift) 파이프라인 회수

CHAPTER
03

파이프라인 보호 방법(Protection Method)

해저에 설치된 파이프라인이 파랑이나 해류 또는 외부충격으로 인해 불안정한 경우 일반적인 보호 방법은 설치 시에는 콘크리트 중량코팅 파이프를 사용하거나 설치 후에는 1) 콘크리트 매트 또는 락덤핑으로 파이프라인을 보호하는 방법, 2) 해저면을 트렌칭하고 자연적으로 주변토사가 쌓이도록 두는 방법Trench & natural sedimentation, 3) 트렌칭 후 매설Trench & burial하는 방법을 사용한다.

해저토질이 트렌칭하기에 충분하다면 프리스팬 길이를 최소화하는 측면과 일정 온도를 유지하여 유동성 확보의 측면까지 고려하면 트렌칭이 다른 파이프라인 보호 방법보다 장점이 많고 경제적이다. 또한 연안지역이나 천해에서는 파이프 상단에서 최소 약 1m 이상 깊이로 매설하거나 매설하기 어려운 경우 사석이나 콘크리트 매트리스 등으로 덮어 해양활동(어업, 정박 등) 및 외부 환경으로부터 파이프라인을 보호해야 한다(표 3.1).

표 3.1 천해 파이프라인 매립 깊이 혹은 커버링 두께 규정(미국 49CFR 195.248)

Location	Cover inches(mm)	
	For normal excavation	For rock excavation
Industrial, commercial, and residential areas	36 (914)	30 (762)
Crossing of inland bodies of water with a width of at least 100feet(30.5meters) from high water mark to high water mark	48 (1219)	18 (457)
Drainage ditches at public roads and railroads	36 (914)	36 (914)
Deepwater port safety zones	48 (1219)	24 (610)

표 3.1 천해 파이프라인 매립 깊이 혹은 커버링 두께 규정(미국 49CFR 195.248) (계속)

Location	Cover inches(millimeters)	
	For normal excavation	For rock excavation
Gulf of Mexico and its inlets in waters less than 15feet(4.6meters) deep as measured from mean low water	36 (914)	18 (457)
Other offshore areas under water less than 12ft(3.7meters) deep as measured from mean low water	36 (914)	18 (457)
Any other area	30 (762)	18 (457)

해저 토질조건에 따라서 트렌칭한 부분이 시간이 지나면서 주변토사의 자연적인 이동으로 메워지는 것을 고려하여 별도의 토사메움 작업을 하지 않는 오픈 트렌치Open Trench 방법도 사용된다.

외부하중에 대한 파이프라인 보호를 위해서는 선박앵커의 낙하깊이 또는 어업 작업의 트롤Trawl(저인망이 해저면에 닿도록 무게를 주는 철체 빔)끌기로부터 물리적 보호가 되어야 한다. 일반적인 10m 어선의 트롤 빔의 무게는 약 10톤이며 트롤링 속도는 약 5노트로 오픈 트렌치방법은 파이프라인 보호 및 단열목적을 위해서는 한계가 있으므로 트렌칭 후 되메우기 작업이 필요하다.

해저면 토질조건에 따라 다음의 트렌칭 장비가 사용된다(그림 3.1).

- 젯팅Jetting: 모래 또는 부드러운 점토(전단 강도 최대~50kPa)지반에 적용
- 플라우잉Ploughing: 쟁기모양의 장비를 선박이 끌면서 트렌칭하며 모래 및 점토(전단 강도 최대 400kPa)지반에 적용
- 기계적 절단: 암석 및 단단한 점토(전단 강도 400kPa 이상)지반의 경우 톱을 이용하여 파쇄하는 방법
- 준설: 모든 유형의 토질에 적용 가능한 방법으로 그랩Grap, 석션Suction, 버킷Bucket, 커터석션 준설Cutter Suction Dredger을 사용

(a) Water Jet Trencher

(b) Plough

(c) Mechanical Cutting Trencher

(d) Dredger

그림 3.1 트렌칭(Trenching) 장비

매립은 플라우Plough 장비의 후면 날개를 이용하여 주변에 트렌칭된 토사로 되메우기할 수도 있고, 젯팅Jetting 방식으로 트렌칭한 경우 트렌치의 각 측면(그림 3.2) 방향으로 젯팅하여 되메우기 방법으로 사용할 수 있다.

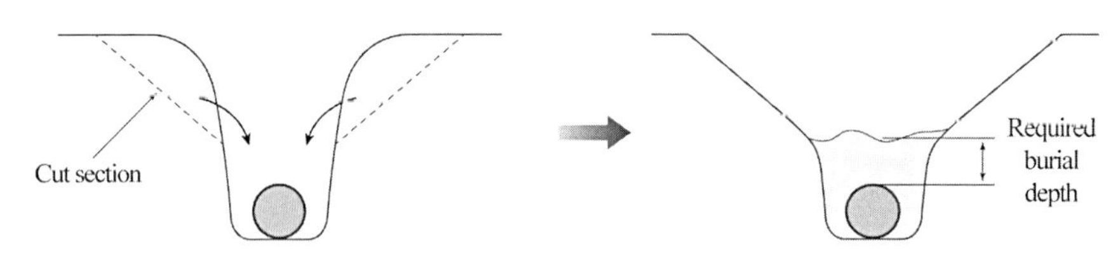

그림 3.2 측면 젯팅(Jetting) 되메우기 방법

매립하지 않는 경우 파이프라인의 상부를 사석이나 콘크리트 매트리스로 덮어서 파이프라인을 보호하는 방법도 사용된다(그림 3.3). 이 방법은 트렌칭이 어려운 단단한 암반의 해저토질에 파이프라인을 설치할 경우 적용하거나 또는 해저면 아래 다른 파이프라인이 설치되어 있는 경우 적용하는 방법이다.

출처: offshore-fleet.com

그림 3.3 락덤핑(Rock Dumping) 및 콘크리트 매트리스

CHAPTER
04

파이프라인 연안 접근 방법(Shore Approach)

파이프라인은 해저에서 생산된 오일·가스를 해양플랫폼에서 육상의 저장시설 또는 최종 공정처리 후 판매하는 터미널로 이송하거나 반대로 육상에서 생산된 오일·가스를 이송하기 위해 해상운송 탱커로 보내는 목적으로도 사용된다. 따라서 육상에서 해상, 해상에서 육상 어떤 경우이든 파이프라인은 육상과 해상의 연결지점인 해안지역을 통과해야 한다.

해안지역은 수심이 얕아짐에 따라 쇄파로 인한 파랑의 영향과 해빈류와 같은 연안에 발생하는 흐름의 영향으로 장기적으로 해안지역에 파이프라인을 설치하기 위해서는 침식으로 인한 해안선 또는 해저지형의 변화, 해안지역의 환경적 특성, 기존 설치된 파이프라인, 해안지역의 충분한 작업 공간 등을 고려하여야 한다. 실제로 영국의 동쪽 해안은 많은 지역이 절벽으로 이루어져 있으며 연간 수 미터에 달하는 침식이 발생하므로 운영기간과 해안침식 정도를 고려하여 파이프라인의 연안 접근 방법을 결정하여야 한다. 일반적인 연안 접근 방법은 1) 해저면 견인Bottom Pulling, 2) 수평방향시추Horizontal Directional Drilling, 3) 터널링Tunneling 방식으로 해안지역에 파이프라인을 설치하게 된다.

4.1 해저면 견인(Bottom Pull)

연안 접근 방법으로 일반적으로 많이 사용되는 해저면 견인방식은 육상에서 견인하는 육상견인방식인 온쇼어 풀Onshore Pull 방식과 해양의 선박에서 견인하는 해상 견인방식인 오프쇼어 풀Offshore Pull 방식으로 구분된다. 육상견인은 쉬트파일Sheet Pile을 이용한 코퍼댐Cofferdam 등의 가시설을 설치하고 준설 또는 트렌칭하는 오픈컷Open Cut 방식이 사용된다. 그러나 준설로 인한 부유사는 연안지역에 환경적 영향을 미치게 되므로 환경보호지역이라면 수평방향시추HDD 방식으로 환경영향을 최소화하는 방법을 고려할 필요가 있다.

4.1.1 육상 견인방식/온쇼어 풀(Onshore Pull)

그림 4.1은 해안에서부터 오픈컷 방법을 사용하여 해안의 일부를 트렌칭하고 파이프라인을 설치하는 육상견인 방식의 전체구성을 보여준다. 둘레를 쉬트파일로 설치하는 코퍼댐은 주변토사의 유입을 막으면서 트렌칭을 하기 위한 가시설로 파이프라인 경로의 양방향에 설치되며 파이프라인을 당겨서 설치하는 과정Pull-in Operation 중에 토사 붕괴방지 목적으로도 사용된다. 육상에서는 해상설치 선박으로부터 파이프라인을 견인하기 위해 윈치Pull-in Which를 설치한다. 견인 이후에는 파이프라인이 바로 터미널에 연결되기도 하지만 절벽이 있는 경우 추가적으로 터널을 시공하고 터널 내부로 파이프라인을 터미널과 연결하기 위한 추가적인 공사를 한다.

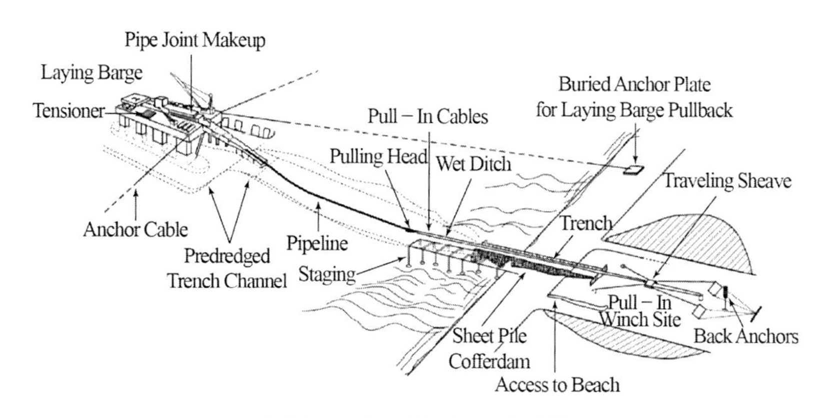

(a) Layout of Onshore Pull[1]

(b) 쉬트파일(Sheet Pile) 및 코퍼댐(Coffer Dam)

(c) 풀 헤드(Pull Head)

그림 4.1 온쇼어 풀(Onshore Pull) 및 오픈 트렌치(Open Trench)

4.1.2 해상 견인방식/오프쇼어 풀(Offshore Pull)

해상 견인방식은 파이프라인을 육상에서 제작하고 연안에 정박한 설치 선박의 윈치를 사용하여 와이어로 당기면서 파이프라인을 선박 위로 끌어올리는 방식으로 그림 4.2와 같이 와이어로 연결된 파이프라인이 텐셔너에 놓이면 와이어를 제거하고 설치선에서 파이프라인을 용접하면서 해상설치를 하게 된다. 이 방법은 지역적 특성의 영향을 받으므로 해안지역에 작업공간이 없거나 터미널과 바로 연결되는 영국 북해 동쪽 해안의 지역적인 특성을 고려하면 적용이 다소 제한적이다.

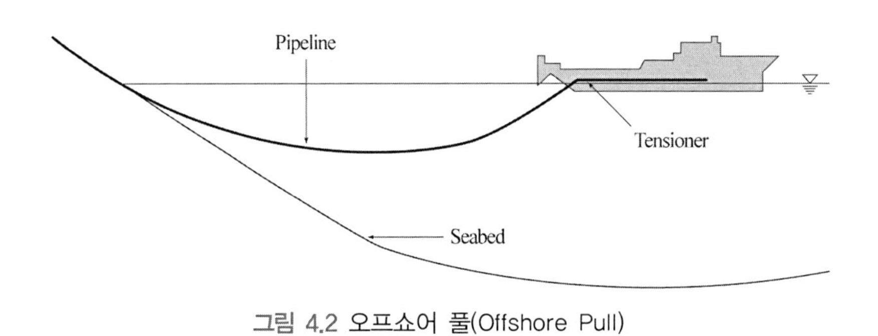

그림 4.2 오프쇼어 풀(Offshore Pull)

4.2 수평방향시추(HDD: Horizontal Directional Drilling)

수평방향시추HDD 방식은 해안지역의 보호 또는 장애물로 인해 직접적인 파이프라인의 설치가 어려운 경우 해저 또는 육상지반 아래로 파이프라인을 시추경로에 따라 설치하는 방법이다. 이 방법은 환경보호적인 측면에서는 우수하나 비용적인 측면에서는 오픈컷 방법에 비해 유리하지 않다.

수평방향시추 방식은 5.1~152.4cm(2~60") 직경의 파이프를 2,438m(8,000ft 이상) 설치하는 것이 가능하다. 더 긴 길이로 설치가 필요하면 양끝에서 시추하는 교차 드릴링 방법 Intersection Drilling Method으로 시공이 가능하다.

수평방향시추를 위해서는 지반조사를 사전에 시행하여 시추설계 및 시추비용을 추정하여야 하며 보링조사는 수평방향시추 시공경로에 따라 150~210m(500~700ft) 간격과 최소 깊이 9~18m(30~60ft) 간격으로 보링하여 수평시추 지역의 토질 특성을 파악하여야 한다.

수평방향시추 방식은 토질의 특성에 따라 큰 시공비 차이가 발생할 수 있으므로[2] 모든 종류의 토질에 적용하는 것은 한계가 있으며 점토 또는 모래지반의 토질조건에 적합하다.

- 점토 또는 모래Clay or Sand: 적용성 상~최상
- 굵은 모래Gravelly Sand: 적용성 중~상
- 모래질 자갈Sandy Gravel: 적용성 중~하
- 자갈 또는 바위Gravel or Rock: 적용 불가

그림 4.3은 수평방향시추 방식의 시공순서로 다음과 같은 과정으로 진행된다.

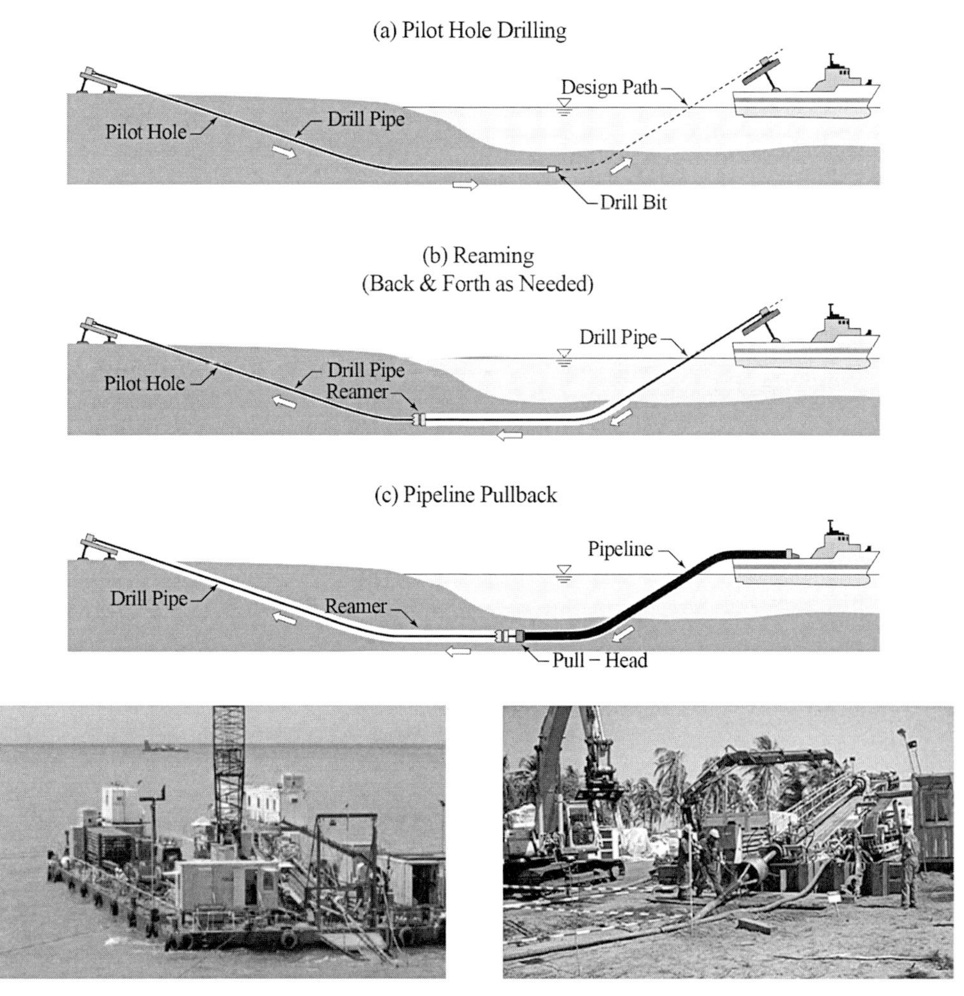

그림 4.3 수평방향시추(HDD) 연안접근 방식

• 드릴링: 드릴로드Drill Rod와 드릴비트Drill Bit를 사용하여 직경 2.54~22.9cm(1~9")의 파일럿 홀 시공

• 리밍Reaming: 파이프 스트링String을 당길 만큼 홀 직경을 충분히 확장할 때까지 리머Reamer를 당겨서 파일럿 홀 확장

• 풀링: 전체 수평방향시추 길이의 조립된 파이프 스트링을 시추경로를 통해 당기는 과정

입구 및 출구의 각도는 일반적으로 6~12°의 수준으로 다양하게 유지하고 드릴링 머드(일반적으로 벤토나이트Bentonite)는 시추하는 과정에서 시추공 벽면에 분사하여 시추 진행과정 중에 시추공의 붕괴를 막는 역할로 터널공사에서 숏 콘크리트와 같은 역할을 한다.

드릴링 머드의 다른 역할은 시추하는 과정에서 드릴링 비트Bit를 윤활하고 냉각시키는 효과와 시추공 내벽에 피막되어 파이프를 당기는 풀링 과정에서 마찰력을 감소시켜 당기는 힘을 저감시키는 역할도 한다.

4.2.1 파이럿 홀 시추(Pilot Hole Drilling)

파이프 스트링을 당기기 전에 파일럿 홀을 시추하여야 하므로 수평방향시추 입구 및 출구 지점을 선택하여 두 지점에 필요한 장비를 설치한다. 일반적으로 시추장비 및 드릴링 머드의 혼합 저장 탱크는 수평방향시추 입구에 설치되며 파이프 스트링 제작 장비는 출구에 설치된다.

사용된 드릴링 머드를 모으면서 시추공의 붕괴 없이 시추하려면 시추 양쪽 끝에 적당한 크기의 트렌치가 필요하다. 입구 및 출구의 드릴링 각도는 수평방향시추 깊이, 토양상태, 지반 아래의 장애물 및 당겨질 파이프 스트링 크기에 따라 결정된다.

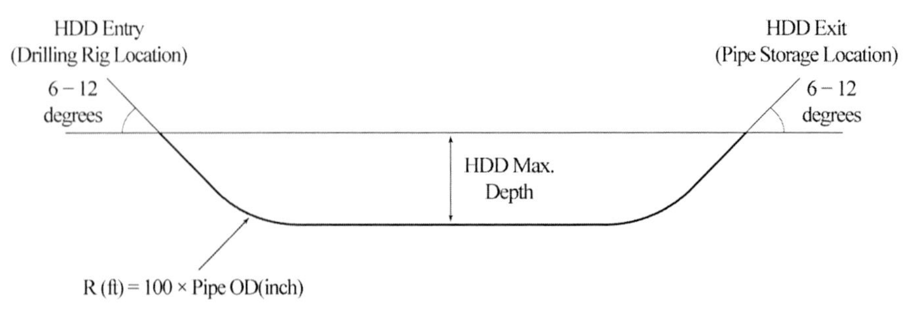

그림 4.4 일반적 파일럿 홀(Pilot Hole) 수평방향시추

드릴링 곡률 반경(R, 피트 단위)[2]은 파이프 외경(인치 단위)의 100배 이상이어야 파이프를 당기는 동안 과도한 파이프응력을 방지할 수 있으며 이 반경은 인장력, 수압 및 작동 압력과 온도를 확인하며 조정해가는 과정을 거친다.

드릴링 비트가 시추경로를 이동하는 동안 드릴 스트링을 고정하기 위해 굽힘이 시작되거나 끝나기 전후에 충분한 길이의 직선 드릴링 경로를 유지해야 한다.

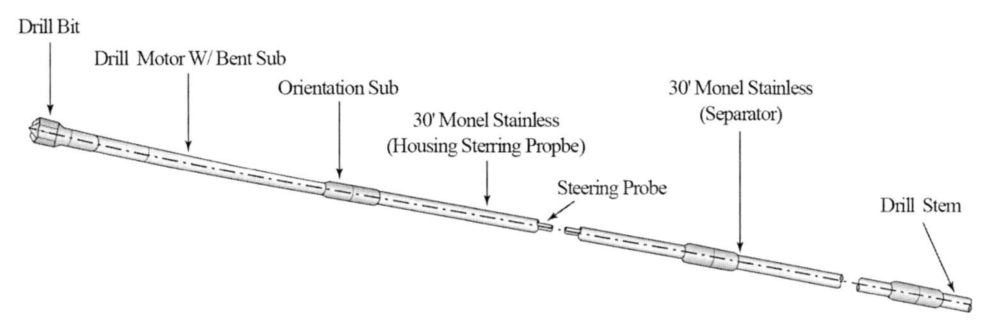

그림 4.5 일반적 파일럿 홀 시추 구성

4.2.2 리밍(Reaming)

파이럿 홀 시추 후 다음 단계는 리머를 사용하여 설치하고자 하는 파이프라인을 당길 수 있을 만큼 충분한 파일럿 홀을 확장시키는 것이다(그림 4.6). 확장된 홀이 필요한 경우 점차적으로 큰 리머를 사용하여 리밍 과정을 여러 번 반복하여 확장한다.

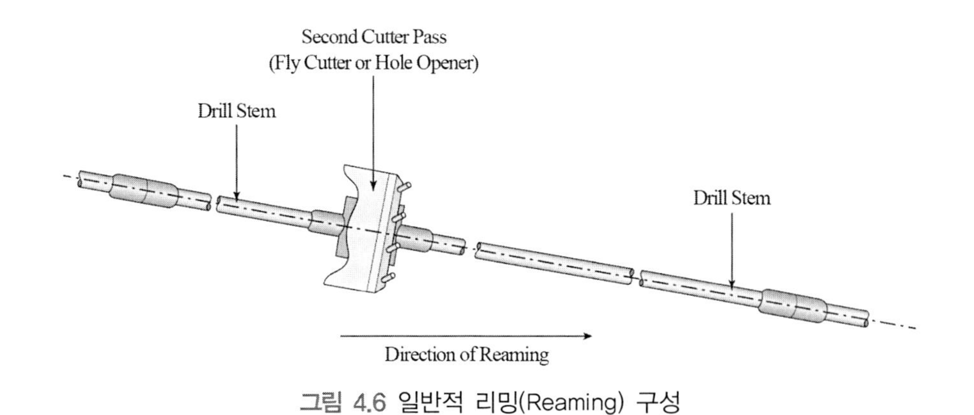

그림 4.6 일반적 리밍(Reaming) 구성

---

2 파이프 외경 20"인 경우 수평방향시추 곡률반경, $R = 100 \times$ 외경 $= 100 \times 20 = 2{,}000$ft(609.6m)

일반적인 시공방법은 시추공드릴 구멍을 8~24" 파이프 외경에 대해 파이프 전체 외경의 1.5배로 확장하는 것이다. 파이프 외경이 8" 미만인 경우 4" 더 큰 리머를 사용하고, 배관 외경이 24"보다 큰 경우 배관 외경보다 12" 큰 리머를 사용하는 방법으로 시공한다.

4.2.3 풀링(Pulling)

마지막 단계는 수평방향시추 진입점의 드릴링 리그에서 메인 파이프라인을 뒤로 당기는 것으로 파이프라인은 풀링 작업 전에 사전테스트를 하여 설치 후에 파이프라인에 이상이 생기는 것을 미연에 방지하여야 한다. 리머 또는 스왑Swap이 드릴 스트링에 부착되고 스위블Swivel을 통해 파이프라인 풀헤드에 연결되어 리머에서 파이프라인의 비틀림 운동을 방지하게 된다.

파이프라인은 예인 작업 중 부식 방지 코팅 손상을 방지하기 위해 외부 마모 방지 오버코트Abrasion Resistant Overcoat(ARO)가 필요하다.

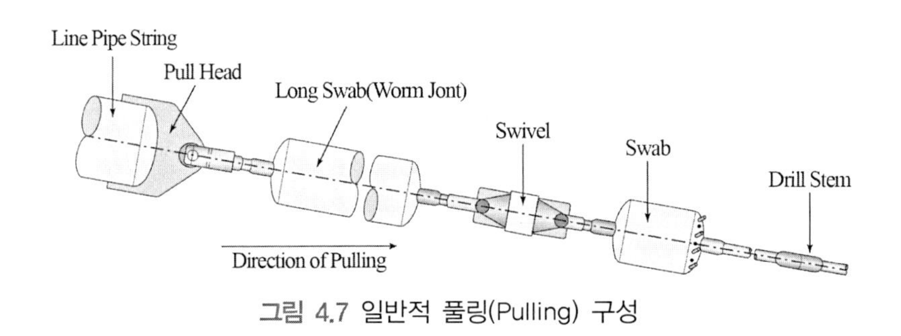

그림 4.7 일반적 풀링(Pulling) 구성

4.2.4 수평방향시추(HDD) 설계

현장 토질조사결과에 따라 수평방향시추 방식법의 타당성이 평가되면 설계코드에 따라 파이프의 하중 및 응력을 확인해야 한다(세부 매뉴얼은 PRCI[3]의 가이드라인을 참고).

예상되는 최대 인장력은 설치 중 발생하는 종방향응력을 계산하는 데 사용된다. 종방향응력, 후프응력 및 결합응력은 아래와 같이 ASME B31.8에 따라 검토되어야 한다.

- 최대 종축응력: 80% SMYS
- 최대 후프응력: 72% SMYS
- 최대 복합응력: 90% SMYS

4.3 터널링(Tunneling)

터널링 방식은 연안지역을 통과한 파이프라인이 오일·가스를 처리 및 판매하는 터미널과 연결하는 경로에 있는 절벽Cliff이나 고지대를 통과해야 하는 경우에 적용되는 방법이다. 일반적인 터널굴착 방식인 TBMTunnel Boring Method 공법으로 파이프가 통과할 수 있는 소형터널을 시공하고 육상에서 윈치로 파이프라인을 당겨 설치한 후에 터널 내부를 그라우팅으로 채운다. 일반적으로 윈치는 연안지역에 설치하여 터널 입구까지 당기는 과정과 다시 터널 출구 부근에 설치하여 파이프라인을 터널 출구까지 당기는 두 번의 과정을 거치지만, 터널 길이와 터미널의 위치에 따라 한 번에 당기는 방법도 사용된다.

북해에서 영국으로 연결되는 파이프라인의 경우 영국 동쪽해안의 지형적 특성으로 대부분 절벽지형을 통과하여 육상 처리터미널과 연결되므로 터널링 방법과 온쇼어 풀 방식이 자주 사용된다.

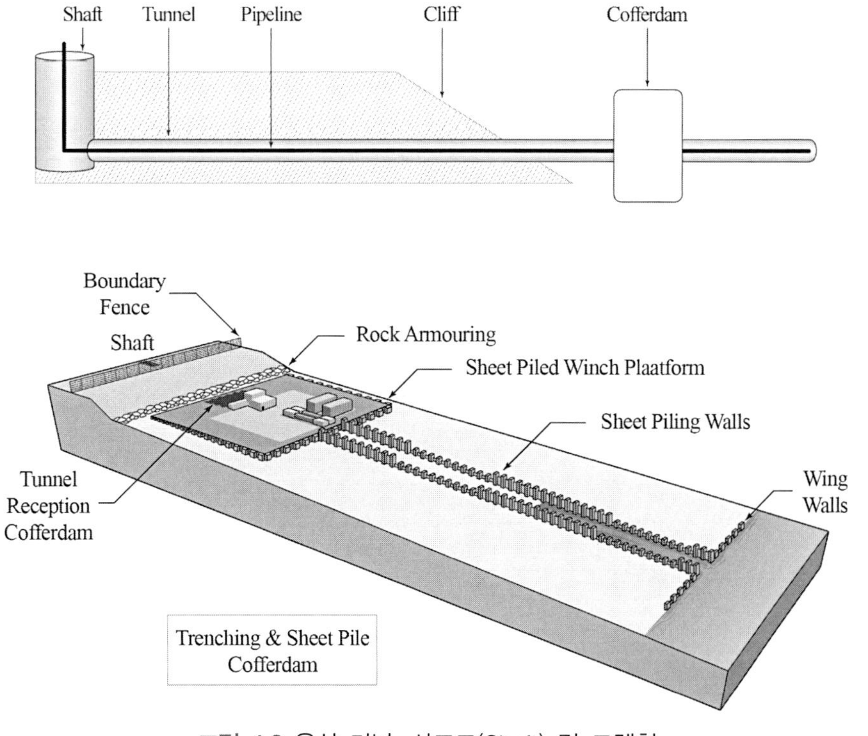

그림 4.8 육상 터널, 샤프트(Shaft) 및 트렌칭

절벽 또는 고지대 아래 터널을 시공하고 터널 내부로 파이프라인이 통과하므로 육상터미널과 연결하기 위해서는 수직터널인 샤프트Shaft를 시공하는 것이 필요하다. 수직터널인 샤프트는 시공길이에 따라 적용공법이 다르지만, 일반적으로는 콘크리트 지지외벽을 수직터널 외부에 고정하면서 수직으로 굴착하는 시공방법을 사용한다.

수직 파이프라인은 미리 제작된 파이프라인 형태인 스풀로 제작하여 수평터널을 통과한 파이프라인과 연결한다. 따라서 수직터널은 굴착장비가 들어가서 시공할 폭과 연결파이프 스풀설치에 충분한 공간이 나오도록 수직터널의 직경(예: 약 5m)을 결정한다.

CHAPTER

05

해저연결(Subsea Tie-in)과 수중작업

파이프라인을 해저에 설치 후 해저연결Subsea Tie-in 작업인 파이프 커팅, 용접, 볼팅 작업 등은 육상에서의 작업에 비해 현저히 어렵다. 일반적으로 해저연결 방법은 다이버작업으로 설치하는 방법과 다이버작업이 어려운 심해의 경우에는 ROV에 의해 연결된다.

5.1 커넥터 종류(Connector Types)

파이프라인의 연결부품으로 크게 플랜지Flange, 클램프Clamp, 콜렛 커넥터Collet Connector가 있다.

플랜지 커넥터는 육상이나 해저에서 오랫동안 사용이 검증된 제품으로 품질이 우수하지만 해저 연결 시 작업시간이 오래 걸리고 ROV의 작업 한계성으로 인하여 심해 적용에는 한계가 있다. 반면 클램프 또는 콜렛 커넥터는 ROV를 이용하여 설치가 가능하다는 점에서 유리하다.

플랜지 커넥터는 파이프 축방향으로 여러 개의 볼트를 사용하여 파이프를 연결하지만 클램프 커넥터는 4개 혹은 1개의 볼트를 사용하여 파이프 축의 수직방향으로 클램프를 체결한다. 싱글볼트Single Bolt와 힌지Hinge로 이루어진 클램프 커넥터는 다이버 없이 ROV로 연결이 가능하다.

콜렛 커넥터는 점퍼스풀을 제작할 때 연결하는 방법으로 가장 폭넓게 쓰이는 커넥터이다. 유압을 이용하여 콜렛의 끝부분이 다른 주변의 링과 잠겨서 체결되는 구조로서 액츄에이터Actuator가 포함된 통합형과 비통합형으로 구분되며 통합형Integral 콜렛 커넥터는 연결 조절이

가능한 액츄에이터를 포함하고 있으므로 비통합형에 비해 고가이며 비통합형 커넥터는 외부에 액츄에이터를 연결하여 설치 후에 분리하는 방식이다.

그림 5.1과 5.2는 각 커넥터의 요소와 콜렛 커넥터의 연결과정을 나타내며 표 5.1은 각 커넥터의 장점과 단점을 비교한 것이다.

Flange Components

Four Bolts Clamp Connector

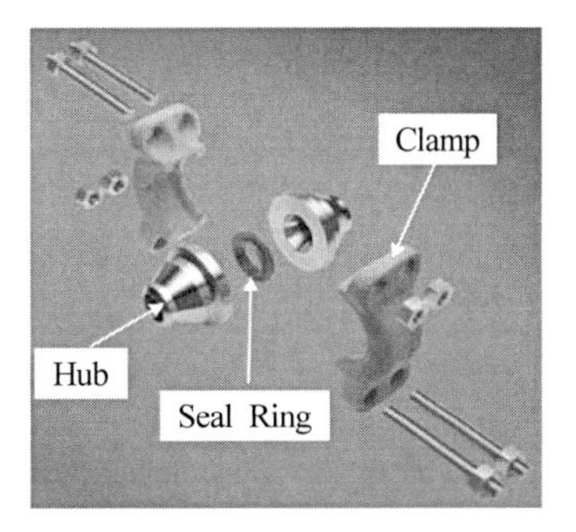

Clamp Connector Components

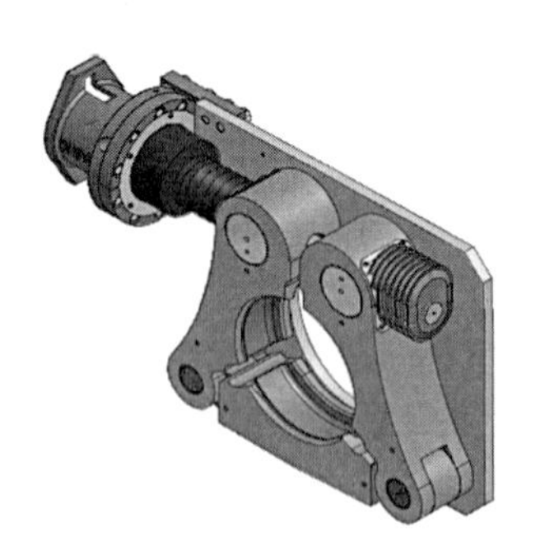

Single Bolt Clamp

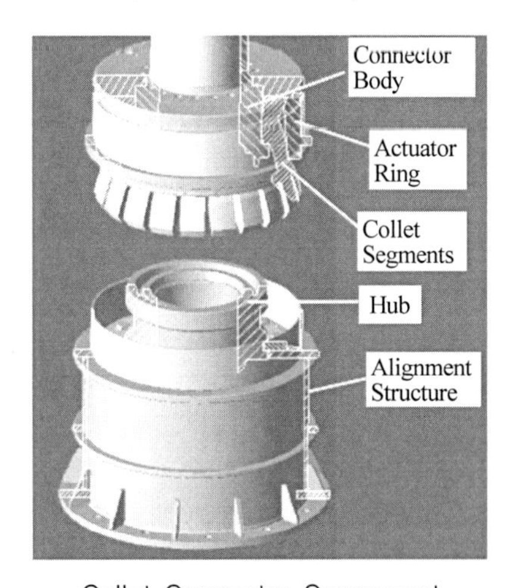

Collet Connector Component

그림 5.1 커넥터(Connector) 종류

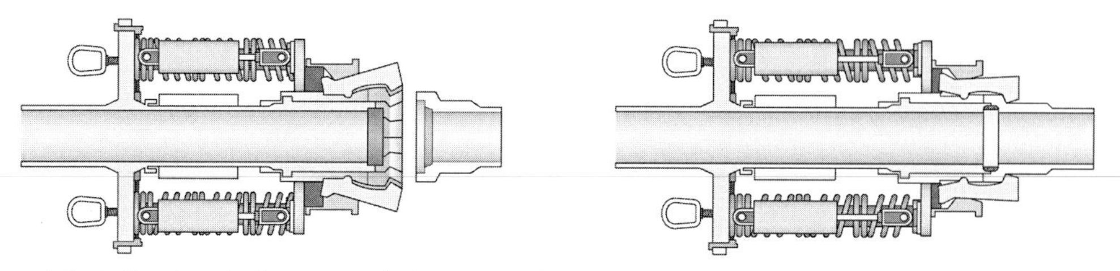

(a) 콜렛 오픈 허브(Open Hub)와 정렬 (b) 연결 후 유압실린더를 통해 콜렛 클로징 및 허브 고정

그림 5.2 콜렛 커넥터(Collet Connector) 조립 과정

표 5.1 각 커넥터의 장단점

플랜지(Flange)	클램프(Clamp)	콜렛(Collet)
• 실적용 사례를 통한 검증 • 가장 저가의 커넥터 • 빠른 조달 시간(표준 구성품) • 긴 설치 시간(12" 커넥터의 경우 16~20시간)	• 단일 또는 이중 볼트 시스템(다이버 필요 없음) • 빠른 연결 시간 • 원격조정 커넥터(RAC: Remote Articulated Connector)로 연결(오차 ±~5°) • 플랜지보다 고가	• 볼트 불필요 • 빠른 연결 시간 • 오차(±2.0°) • 가장 복잡한 고가의 커넥터

주) 스틸파이프 플랜지 및 플랜지 연결부의 최대 허용압력과 온도등급은 ASME B16.5를 참고

5.2 해저연결 방법(Subsea Tie-in Method)

수중에서 다이버 없이 파이프라인을 연결할 때 일반적으로 다음 3가지 방법이 사용된다.

- 풀인 연결Pull-in Connection
- 스탭 힌지오버 연결Stab and Hinge-over Connection(S&HO)
- 수직 또는 수평점퍼 연결Jumper Connection

그림 5.3의 풀인 연결 방법은 커텍터와 당김 와이어를 통해 연결할 파이프와 연결한 다음 ROV를 이용하여 와이어를 당겨 연결하는 방법으로 연결 방법의 단순함과 비용적인 측면에서는 다른 연결 방법에 비해 유리하지만 해상작업시간이 점퍼 연결에 비해 길다.

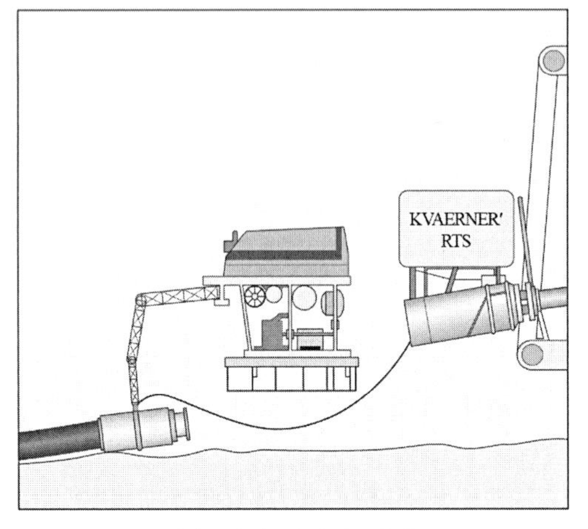

(a) 당김 와이어 연결

(b) 당김 와이어를 통한 파이프라인 당김

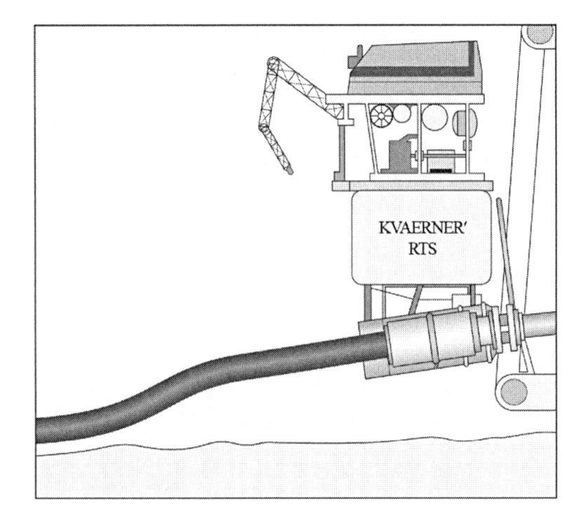

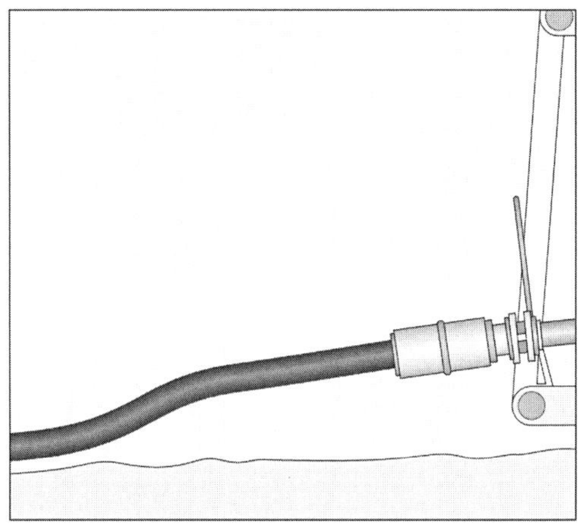

출처: Aker Kvaener

(c) 커넥터와 연결

(d) 해저 연결 완료

그림 5.3 풀인 연결 방법(Pull-in Connection Method)

그림 5.4는 고정형의 수직점퍼 연결과 수평점퍼 연결을 보여준다. 수직점퍼 연결은 자중을 이용하여 연결이 가능하므로 설치의 용이성과 비용적인 측면에서 유리하며 파이프라인 끝단연결2nd End Connection(1st End는 시작점을 의미함)에 널리 사용된다. 그러나 각 연결지점의 높낮이가 다른 경우 슬러깅을 유발할 수 있다는 단점이 있다.

수평점퍼의 단점은 연결 시 두 커넥터Male and Female 사이의 정렬이 어렵다는 점과 커넥터 체결을 위하여 수평으로 당길 때 수평 스트로킹Stroking으로 인한 잔류 인장력이 파이프에 작용할 수 있다.

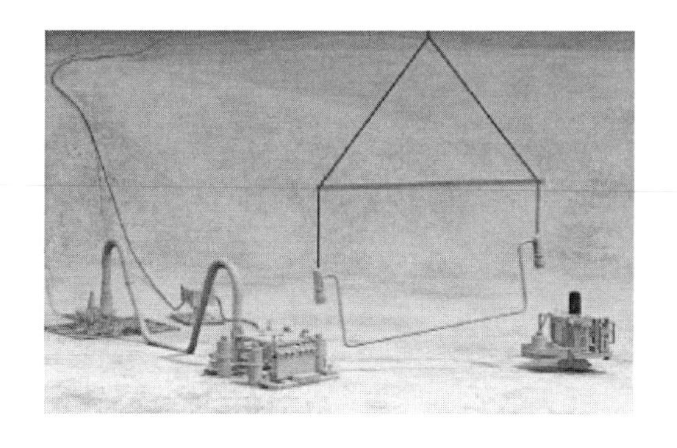

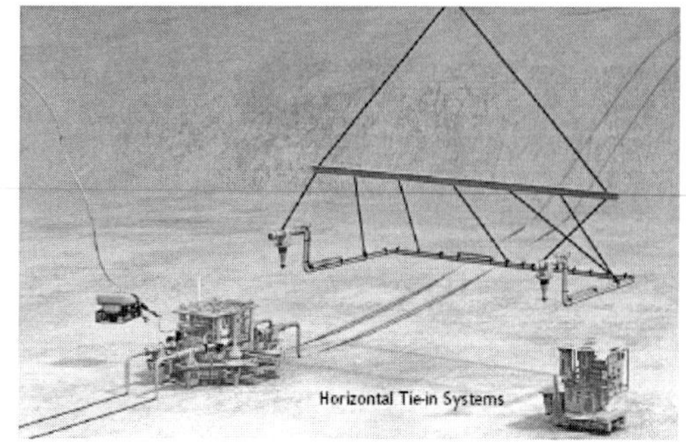

출처: TechnicFMC

(a) 수직점퍼 연결(M형) (b) 수평점퍼 연결

그림 5.4 수직 및 수평점퍼 연결

그림 5.5는 플렉서블 점퍼의 설치과정을 보여준다. 플렉서블 점퍼는 연결 길이의 여유치를 고려하여 정확히 점퍼길이를 산정할 필요가 없는 장점이 있다. 선박을 통해 가이드 와이어Guide Wire와 연결하여 점퍼를 연결 부분Manifold Hub에 위치시키고 수직으로 연결한 후 ROV를 사용하여 연결을 마무리한다.

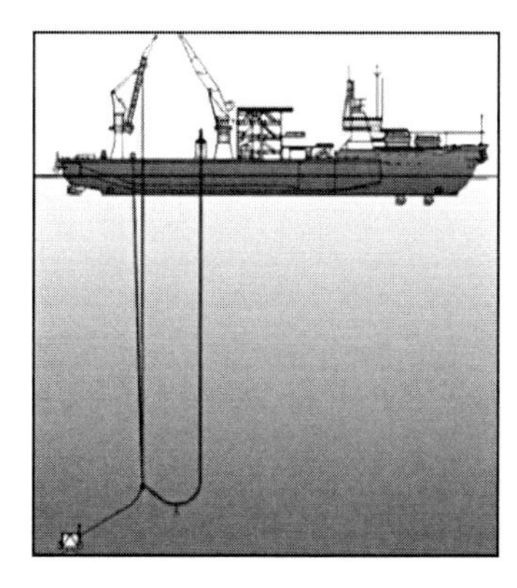

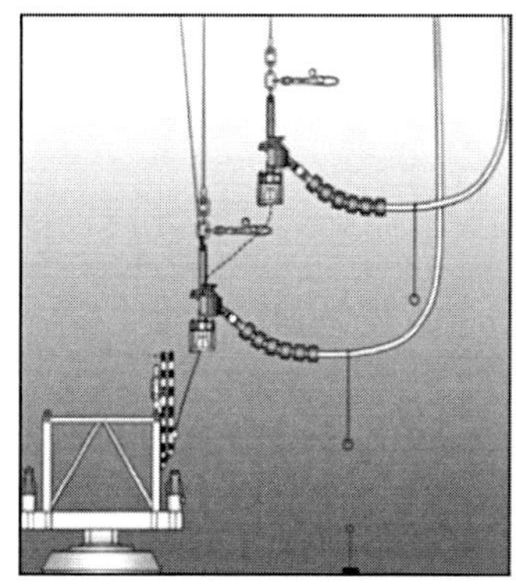

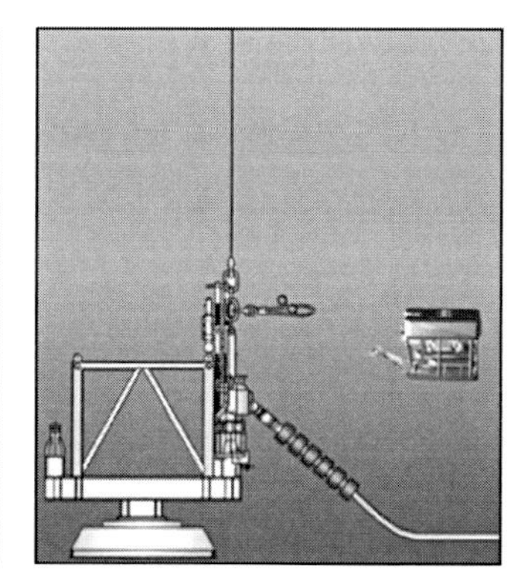

출처: Aker Kvaner

(a) 가이드 와이어로 플렉서블 점퍼 내림 (b) 연결 부분과 점퍼 연결 (c) ROV를 이용한 마무리 연결

그림 5.5 수직점퍼 연결

스탭 힌지오버S&HO 연결 방법은 그림 5.6의 순서로 진행되며 파이프라인 시작지점 연결1st End Connection에 최적화된 방법이다. 재료와 제작비용은 다른 연결 방법에 비해 높지만 해양에서의 설치 작업시간은 점퍼 연결보다 적게 소요된다.

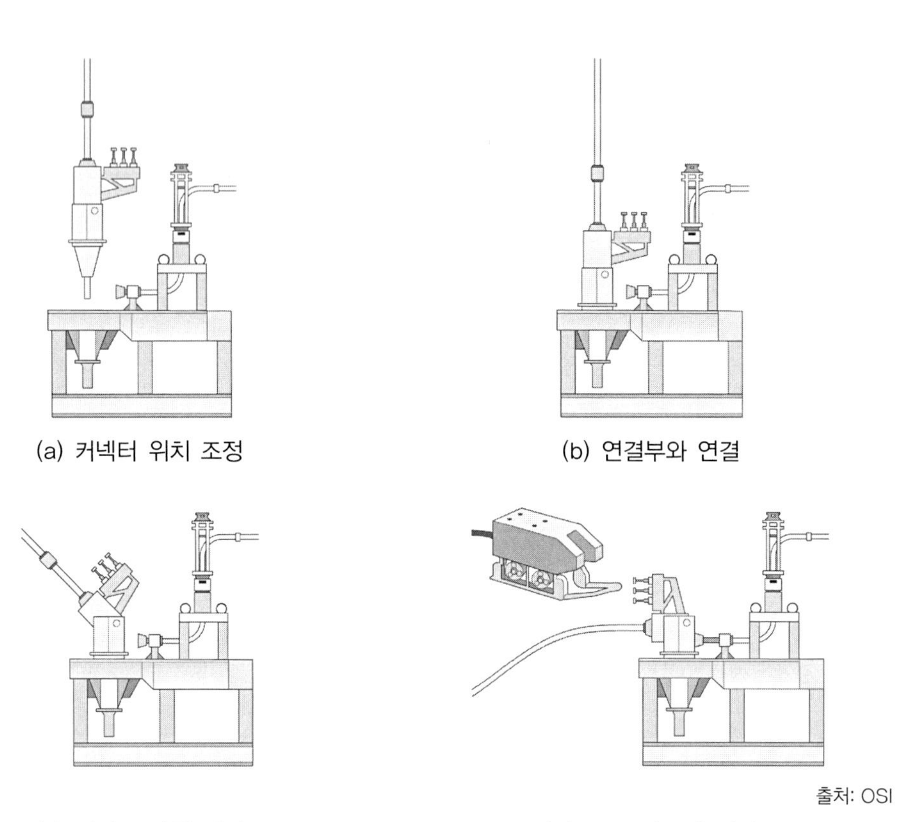

그림 5.6 스탭 힌지오버 연결(Stab & Hinge-over Connection)

표 5.2 각 연결 방법의 장단점

해저 연결 방법	장점	단점
풀인 연결	• 점퍼/PLET 필요 없음	• 연결될 때까지 파이프라인 설치선이 현상에 대기 • 긴 설치 시간 • 해상 또는 별도 해저 윈치(Winch) 필요
수직점퍼 연결	• 파이프라인 끝단연결에 적합 • 수평점퍼 연결보다 설치용이	• PLET/점퍼 필요 • 수직벤드로 인한 슬러깅 문제 발생 가능성
수평점퍼 연결	• 파이프라인 끝단(또는 2nd End) 연결에 적합 • 하이드레이트 및 슬러그 방지	• PLET/점퍼 필요 • 연결 시 수평 스트로킹으로 인해 점퍼가 장력을 받을 수 있음 • 오정렬 보정 어려움
스탭 및 힌지오버 연결	• 파이프라인 첫단 연결에 적합 • 점퍼/PLET 필요 없음 • 짧은 설치 시간	• S & HO 시스템 연결베이스 필요 • 설치 순서의 변경성이 낮음 • 파이프라인 끝단(2nd End) 연결에 부적합 • 높은 재료비 및 제작 비용

5.3 수중작업(Underwater Works)

해저연결, 점검, 수리 등 해저 작업을 수행하려면 수중작업이 반드시 필요하다. 낮은 수심에서는 공기나 헬륨가스를 사용하여 다이버가 수중작업을 할 수 있지만 심해에서는 포화잠수챔버Saturation Diving Chamber(SDC), 대기압 잠수복Atmospheric Diving Suit(ADS), 원격운영장치ROV, 자율수중장치Autonomous Underwater Vehicle(AUV)를 이용한 수중작업 장비가 필요하다.

- 수면 다이빙Surface Diving: 에어 다이빙(O_2)으로 수심 0~35m(0~120ft)에 적절하며 수심 35~55m(120~180ft)에는 작업시간이 짧고 간단한 작업이 가능
- 가스 다이빙Gas Diving: 10~16% O_2 + 헬륨가스를 사용하며(질소보다 감압병Depression Sickness에 안전성 있음) 수심 35~55m(120~180ft)에 적절하며 수심 55~90m(180~300ft)에는 작업시간이 짧고 간단한 작업이 가능
- 포화 다이빙Saturation Diving: 수심 55~200m(180~650ft)에서는 다이버는 수중작업 동안 지속적인 수압을 받으므로 수중 챔버에서 천천히 가압 후 작업에 투입되고 천천히 감압 후 복귀(그림 5.7)

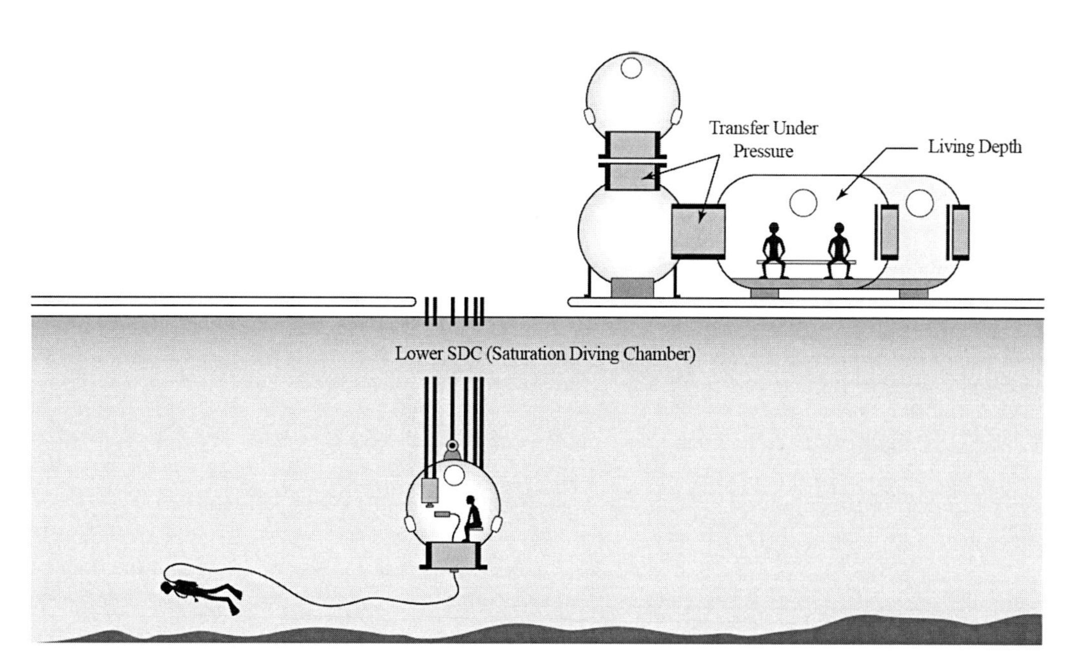

그림 5.7 포화 다이빙(Saturation Diving)

- 대기압 잠수복ADS: 잠수부가 수압에 견딜 수 있는 잠수복으로 잠수복 안의 대기압에서 작업하며 가능 수심은 잠수복에 따라 365m(1,200ft)~670m(2,200ft)까지 가능
- 원격운영장치ROV: 심해 또는 열악한 환경에서 잠수부 투입이 어려운 경우 사용하며 선박에서 엄빌리컬을 통해 동력을 전달하고 조정
- 자율수중장치AUV: ROV와 동일한 목적이나 AUV는 자체 전원공급장치 또는 통신장치가 있어 엄빌리컬이 필요 없으며 주로 단기수중 조사에 활용

5.4 수중용접(Underwater Welding)

수중용접 고압용접Hyperbaric Welding으로 용접환경에 따라 웻/드라이 수중용접으로 분류된다. 웻Wet 수중용접은 실드 메탈 아크용접Shielded Metal Arc Welding(SMAW)으로 방수노드Waterproof Electrode를 사용한다. 드라이 수중용접은 밀폐된 공간인 챔버 내에서 이루어지며 가스 텅스텐 아크용접Gas Tungsten Arc Welding(GTAW)을 사용하며 높은 용접 신뢰성이 요구되는 곳에 일반적으로 사용된다. 드라이 수중용접은 상대적으로 고비용이고 작업시간도 긴 단점이 있다.

수중용접에는 인증된 수중용접공이 필요하며 AWS D3.6에는 수중용접에 필요한 제반 사항들을 제시하고 있다.

5.5 핫 태핑(Hot Tapping)

핫 태핑은 생산 중인 파이프라인의 운영 중단 없이 가압된 파이프라인에 연결하는 방법으로 광범위하게 사용된다. 적용 분야는 밸브 교체, 파이프 분기 연결, 파이프라인 수리를 위한 우회 및 차단 제거 등의 목적으로 사용된다. 일반적인 핫 탭Hot Tap 시스템은 태핑 피팅Tapping Fitting, 파이프라인 연결 흐름을 제어하는 데 사용되는 격리 밸브Isolation Valve 및 핫 태핑(드릴링) 기계로 구성된다(그림 5.8).

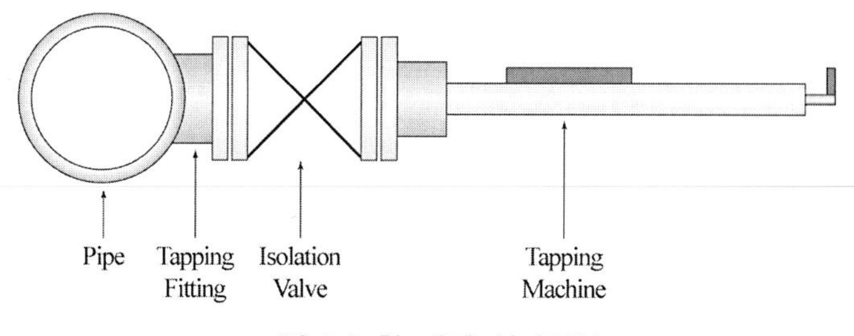

그림 5.8 핫 태핑 설비명칭

그림 5.9는 핫 태핑의 작업순서를 나타낸다. 먼저 1번에서 기존에 운영되는 파이프라인에 용접을 통해 핫 태핑 피팅을 설치하고 태핑 머신으로 유체가 흐르고 있는 기존 파이프라인 벽을 원형 형태로 절단한다. 3번과 같이 절단된 원형 쿠폰을 제거하면 파이프라인 내의 유체가 태핑 피팅 내로 이동하게 되는데, 격리밸브를 통해 내부유체 흐름을 차단하고 태핑머신을 제거한다. 이후 연결하고자 하는 파이프라인을 격리밸브에 연결하는 순서로 작업이 진행된다.

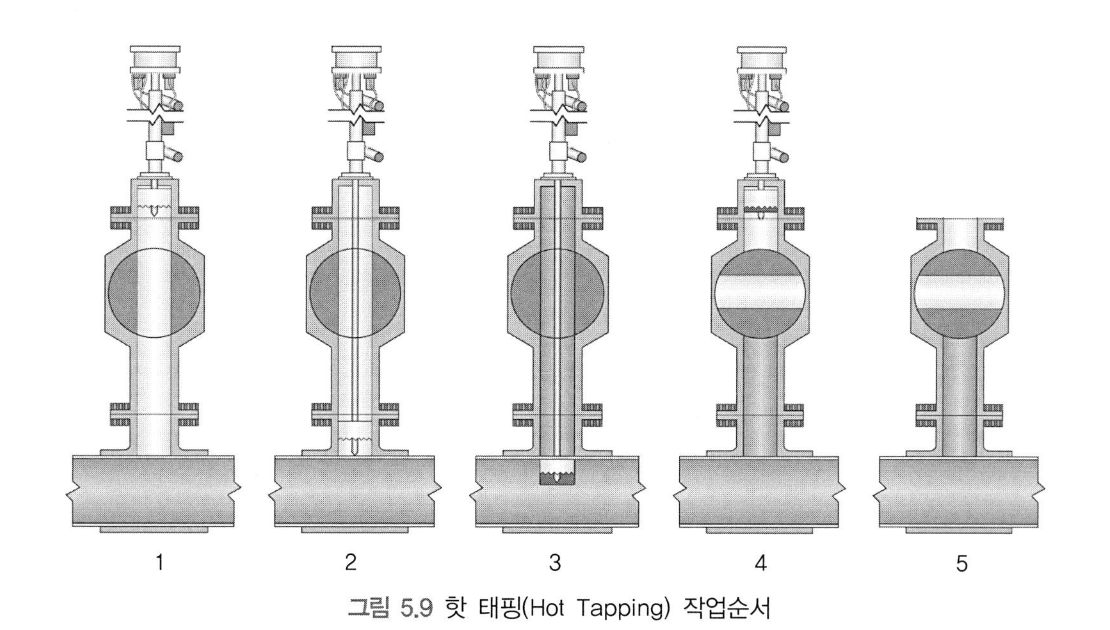

그림 5.9 핫 태핑(Hot Tapping) 작업순서

수중에서 태핑 피팅을 용접하기 위해서는 챔버 형태인 웰딩 해비테드Welding Habitat를 설치하여 밀폐된 공간에 용접공이 들어가서 용접하는 과정을 거치게 된다.

해저 그라우트 티 클램프Subsea Grout Tee Clamp(SSGT)를 이용하면 해저 용접작업 및 용접장비인 웰딩 해비테드를 사용하지 않음으로써 설치시간과 비용을 절감할 수 있다. 작동방식은 클램프가 닫히면 연결되는 티Tee와 파이프라인 사이의 환형Annulus 틈에 주입된 에폭시 그라우트로 채워지며 그라우트가 충분히 경화되면 파이프라인과 티 사이에 기계적 결합이 생성되어 수중용접작업 없이 핫 태핑작업을 할 수 있다.

출처: John Mair, "Pipeline Interventions: An Alternative Approach," Offshore Engineer Magazine, April 2009

그림 5.10 해저 그라우트 티 클램프(Subsea Grout Tee Clamp)

CHAPTER

06

파이프라인 검사, 모니터링 및 수리(IMR)

6.1 검사(Inspection) 및 모니터링(Monitoring)

해저파이프라인 운영 중에는 파이프라인 내외부 상태의 주기적인 검사를 통해 파이프라인 구조 형태 변화인 덴트Dent, 좌굴발생 여부, 벽두께 감소Metal Loss, 부식, 크랙Crack, 리크Leak 등을 파악한다. 효율적인 검사 및 관리계획은 운영 중 발생하는 피로 증가, 부식, 하이드레이트로 인한 막힘Plug, 왁스Wax 형성 및 구조적인 형태 변화를 사전에 예측하여 운영 시 발생하는 문제와 리스크를 감소시킬 수 있다.

해저시설물에 필요한 모니터링 항목과 정보 커뮤니케이션 방식은 다음과 같다.

• 모니터링 항목
- 와류유도진동 모니터링(파이프라인, 라이저, 점퍼)
- 해저시설물 설치 후 변위
- 경사도 측정(드릴링 라이저, 카테너리 라이저)
- 계류라인 운동 및 인장 정도
- 부식 및 리크

• 정보 커뮤니케이션 방식
- 독립저장장치Stand Alone: 장비에 포함된 메모리에 데이터를 저장하고 필요시 취득
- 음향: 수중음파를 통해 데이터를 전송하여 실시간 모니터링
- 하드웨어적 전송: 데이터를 엄빌리컬의 전송라인을 통해 전송하여 실시간 모니터링

해저시설물은 주기적으로 내외부를 모니터링한다. 파이프라인 피깅과 같이 내부를 확인하는 경우는 생산 중단이 필요하며 피깅 중에도 파이프라인의 좌굴이나 구부러진 지점에서 피그가 걸려 피깅이 중단되는 경우가 발생할 수 있다. 외부점검은 매니폴드, 점퍼, 라이저 등의 연결부위 또는 외관의 변형을 생산 중에도 ROV 또는 파이프라인에 부착된 장비를 통해 모니터링이 가능하다(그림 6.1).

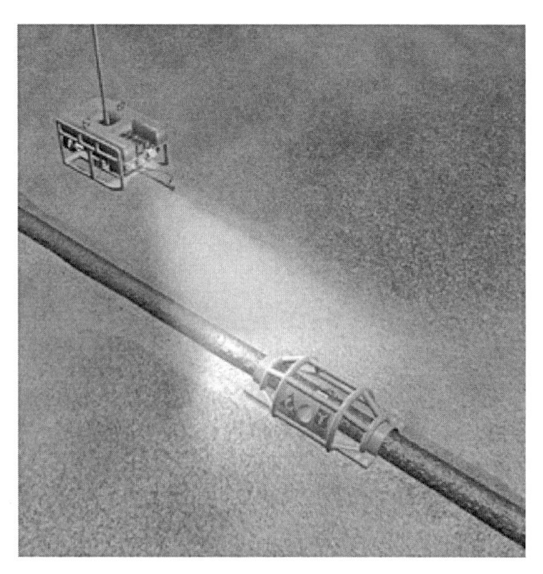

그림 6.1 파이프 부착된 초음파설비 및 ROV 외관조사

모니터링 장치를 파이프라인에 부착하여 실시간으로 부식 정도를 파악하는 방법도 있다. 장치의 기본 원리는 파이프라인에 전기를 흘려보내면서 전기장의 변화를 감지하여 부식 정도를 파악하며, 전기공급과 통신케이블이 필요하다(그림 6.2).

출처: Roxar

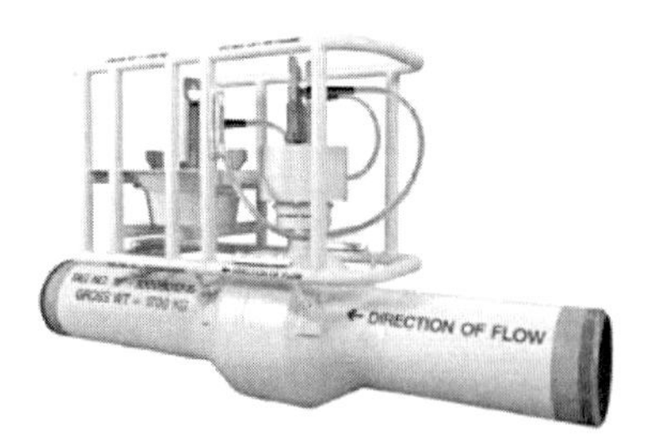

출처: Teledyne

그림 6.2 실시간 파이프라인 부식모니터링 시스템

6.2 리크 감지 시스템(Leak Detection System)

파이프라인 내 이송유체가 누출되는 리크가 발생되면 가능한 빠른 시간 내 감지하는 것은 환경 및 안전 측면에서 매우 중요하다. 일반적으로 다음과 같은 방법으로 파이프라인의 리크를 감지한다.

- 초음파Ultrasonic: 초음파를 송수신하여 음파의 변화로 리크 감지
- 음향Acoustic: 노이즈 또는 압력 변화를 감지하여 리크나 찌그러짐Rupture 감지
- 염료 감지Dye detector: 레이저 빔을 사용하여 광학염료를 통해 리크 감지
- 광섬유Fiber optics: 광섬유로 분포온도 감지Distributed Temperature Sensing(DTS) 또는 분포음향 감지 Distributed Acoustic Sensing(DAS)를 통해 리크 감지
- 흐름평형Flow balance: 유량, 유압 및 온도변화를 통해 리크 감지

다양한 리크 감지 방법 간의 사용성, 적용성, 설치성, 신뢰성, 유지보수 등을 비교한 결과 광섬유 케이블Fiber Optic Cable(FOC)을 이용한 방법이 다른 방식에 비해 유리하다고 평가되었다.[1]

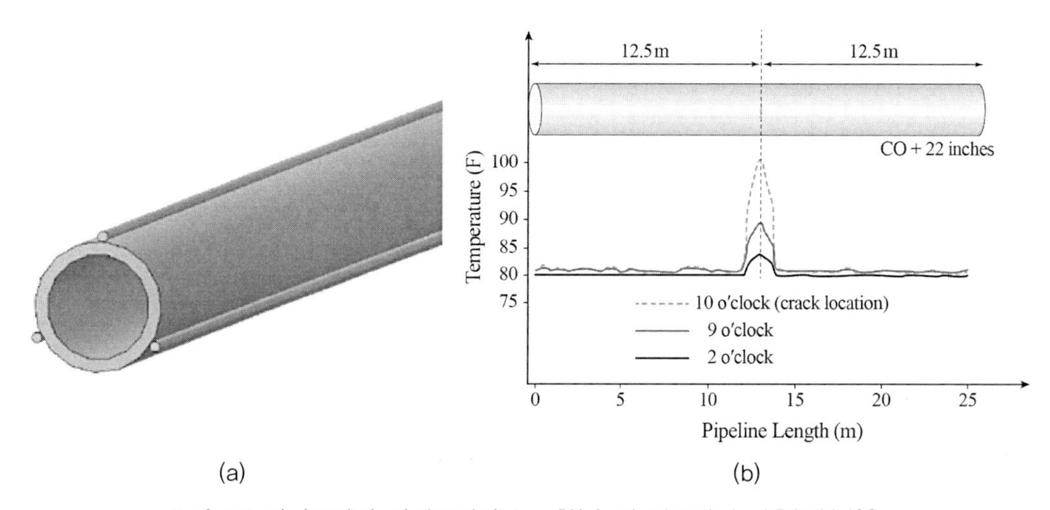

그림 6.3 파이프라인 광섬유케이블 부착(a) 및 리크감지 적용(예)(b)[1]

6.3 파이프라인 수리(Pipeline Repair)

파이프라인 수리는 설치 시 또는 운영 시 어느 경우에서도 발생될 수 있다. 설치 중에 외부손상이나 설치응력에 의한 좌굴손상으로 파이프라인 내 해수가 찬 경우 가장 좋은 방법은 선박으로 회수하여 손상부위를 교체하는 것이다.

쉘Shell의 Mensa 프로젝트의 경우 12" 파이프라인 설치 작업 중 과도한 굽힘응력으로 용접부위가 손상되었고, 손상이 발생된 수심 1,524m(5,000ft) 지점의 손상 부위 수리를 위해 1,433m(4,700ft)~1,615m(5,300ft)에 걸친 11.3km(7마일)의 파이프라인을 회수하여 재설치 한 사례가 있다.[2] 손상위치를 정확히 아는 경우에는 일부 구간을 회수하는 방법 대신 클램프Clamp를 이용하여 수리하는 방법을 사용한다.

설치 중 손상된 파이프라인의 회수작업은 다음과 같은 절차로 진행된다.

- ROV 또는 다이버를 통해 손상 위치 확인
- 손상된 파이프라인 구간 절단
- 파이프라인 회수장치Pipeline Recovery Tool(PRT) 설치(그림 6.3)
- 디워터링Dewatering
- 선박으로 회수

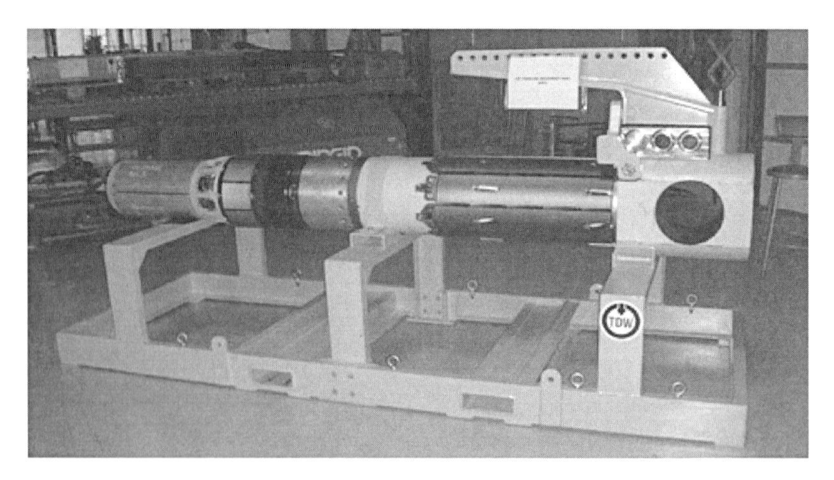

출처: TD Williamson

그림 6.4 파이프라인 회수장치(PRT)

운영 중의 파이프라인 손상부위 수리는 주로 클램프를 이용하여 작은 손상을 수리하며 일정 구간을 교체해야 하는 경우 파이프라인 스풀피스Spool Piece를 사용한다.

다이버가 필요 없이 ROV로 가능한 클램프 수리의 경우 그림 6.5와 같은 순서로 진행된다.

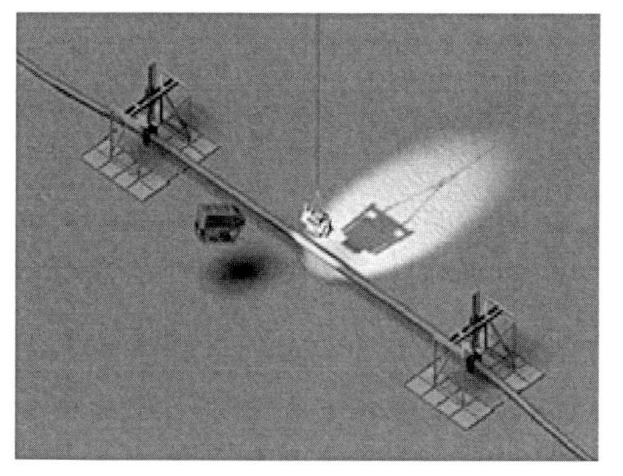

(a) 리프팅프레임 설치 후 클램프를 손상 위치로 이동

(b) ROV로 클램프 오픈

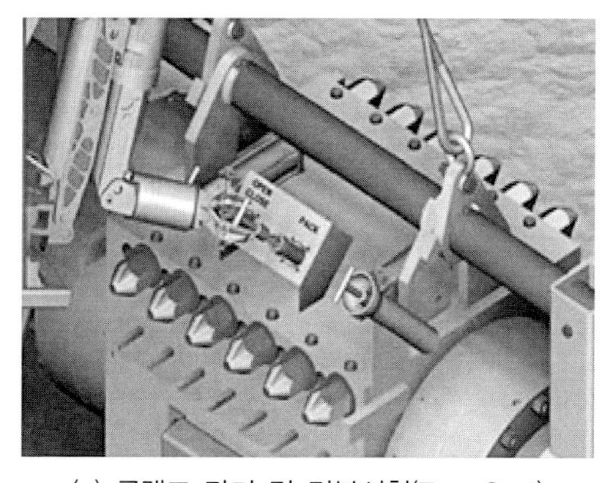

(c) 클램프 닫기 및 밀봉시험(Test Seal)

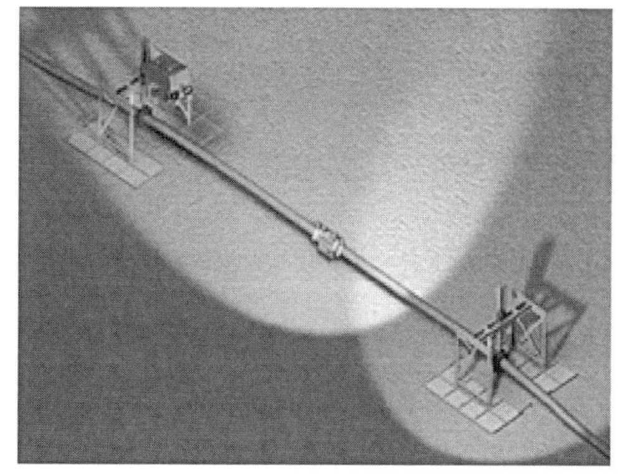

(d) 리프팅 프레임 제거

출처: oilstates.com

그림 6.5 ROV를 이용한 클램프 수리절차

운영 중 파이프라인 수리 방법으로 손상된 라인을 제거하고 해저면에서 스풀로 교체하는 방법이 있다(그림 6.6). 천해의 경우에는 손상된 파이프라인을 제거하여 선박으로 이송하는 방법으로 그림 6.7과 같이 진행되거나, 다이버를 이용하여 포지드 스탭 엔드 커넥터Forged Stab End Connector를 이용하여 볼 플랜지Ball Flange로 구성된 스풀과 연결하는 방법을 사용할 수 있다(그림 6.8).

(a) 리프팅 프레임 설치 후 손상부위 제거

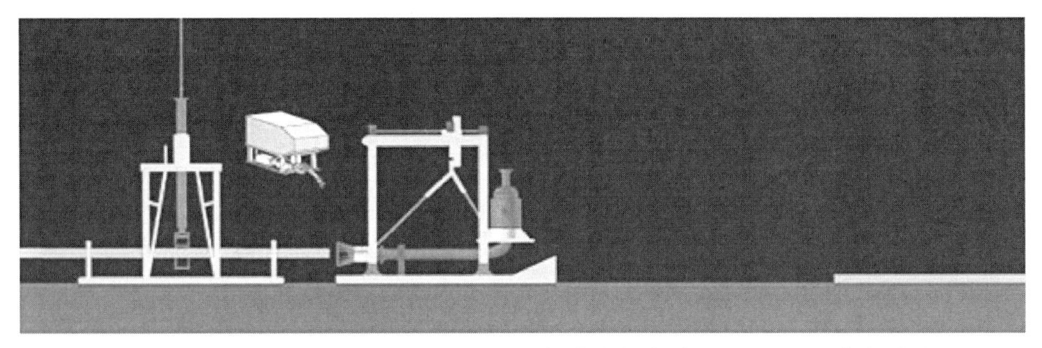

(b) 슬레드(Sled)를 연결부위에 설치하고 수평 커넥터 허브(Connector Hub)와 연결

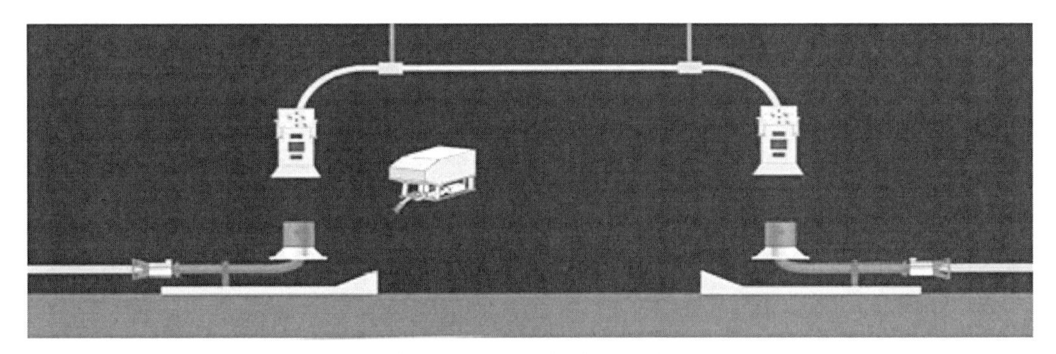

(c) 스풀과 커넥터 허브 연결

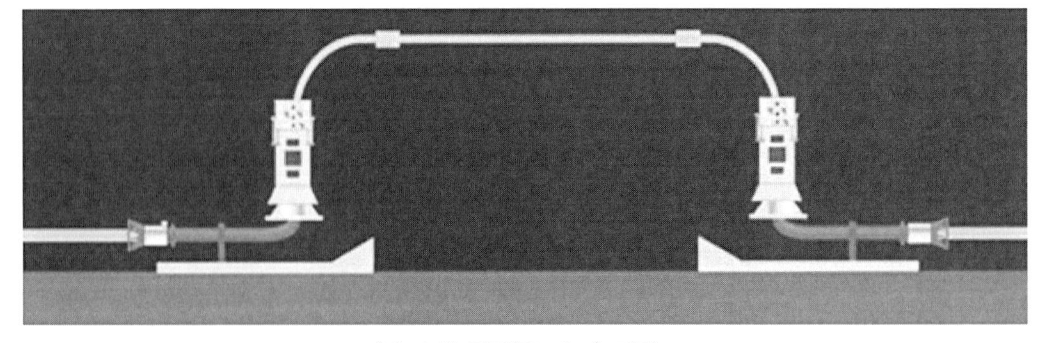

(d) 스풀 리깅(Rigging) 제거

출처: oilstates.com

그림 6.6 해저면 스풀 이용 수리절차

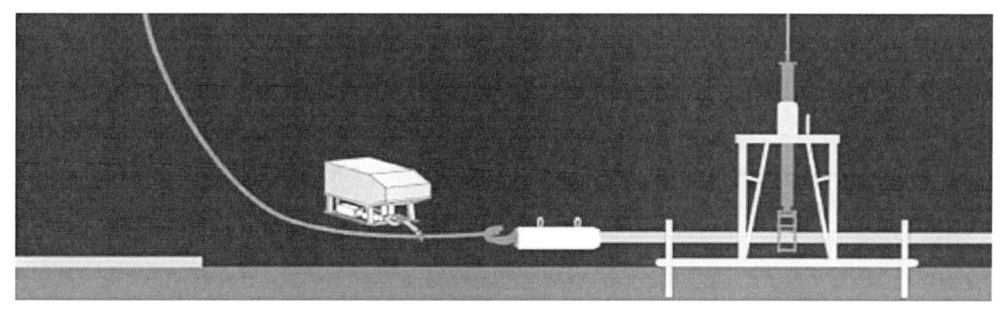

(a) 리프팅 프레임 설치 및 손상부위 제거 후 파이프라인을 해상으로 인양

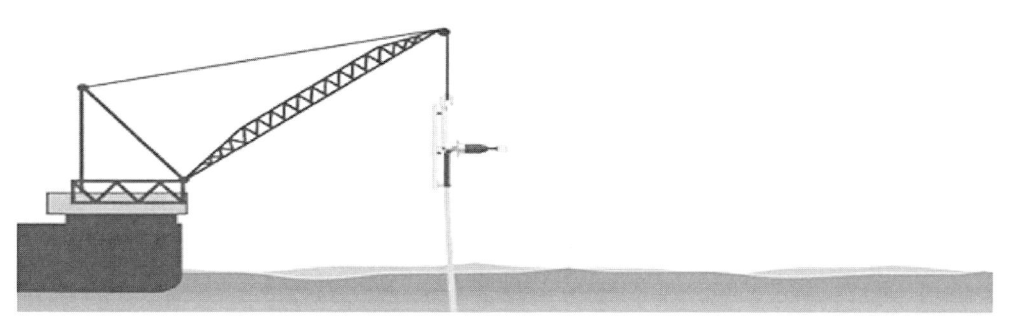

(b) 선박에서 연결용 슬레드 설치 후 다시 해저면으로 내림

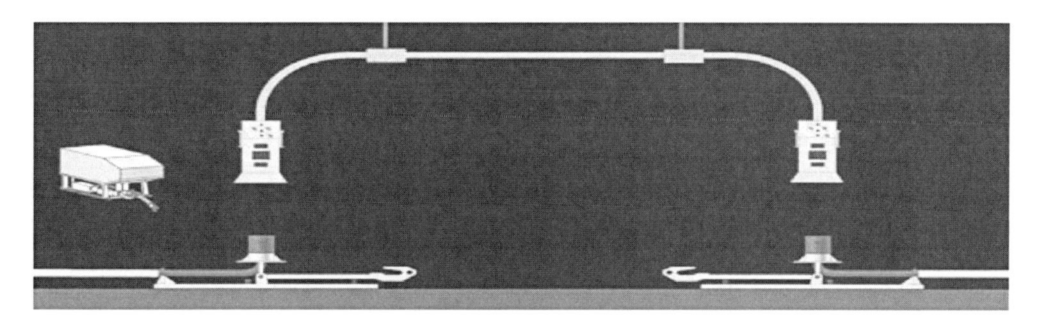

(c) 스풀을 내려서 슬레드에 위치한 커넥터 허브와 연결

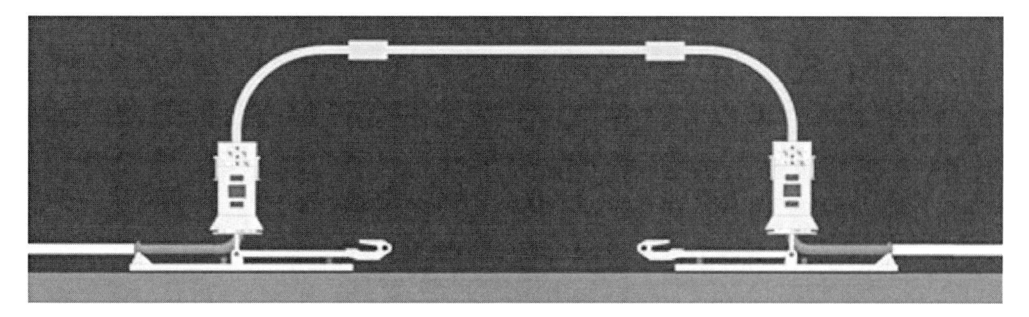

(d) 스풀 리깅(Rigging) 제거

출처: oilstates.com

그림 6.7 해상인양 및 스풀 이용 수리절차

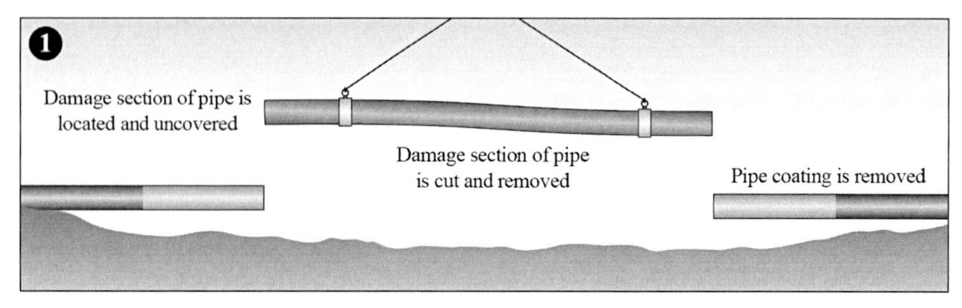

(a) 절단부위 코팅제거와 파이프 손상부위 제거

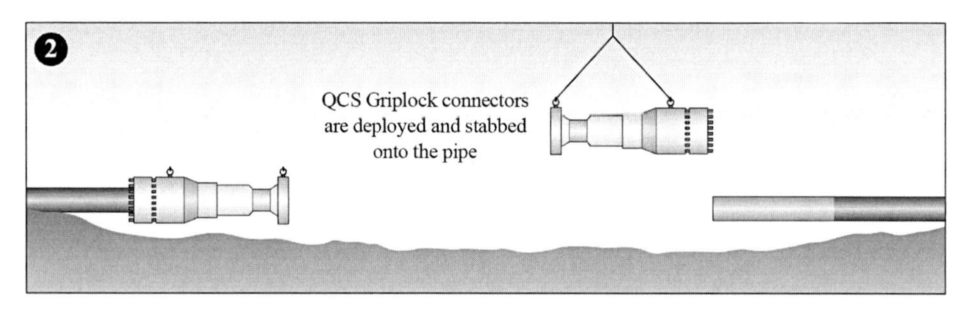

(b) 커넥터와 파이프 끝단연결

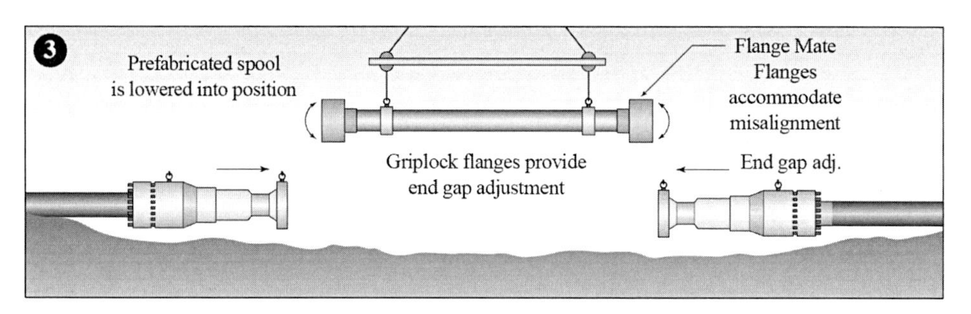

(c) 스풀과 커넥터 연결 및 조정

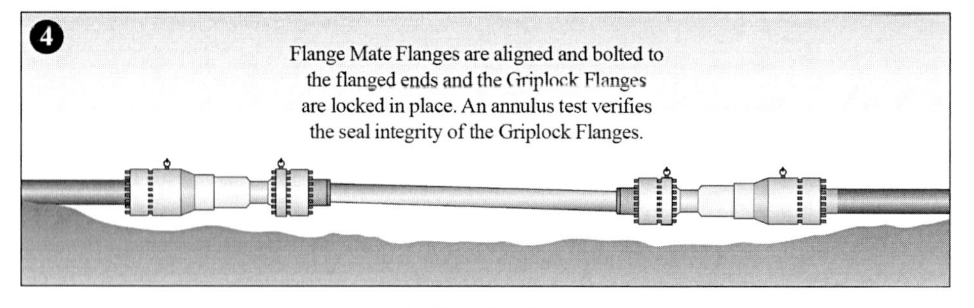

(d) 연결 후 테스트

출처: oilstates.com

그림 6.8 다이버와 커넥터 이용

6.4 피깅(Pigging)

피깅은 파이프라인 설치부터 운영 그리고 철거 전에 이르는 전 생애주기에서 여러 가지 목적으로 폭넓게 사용된다.

파이프라인 1) 설치 시에는 이물질 제거Debris Removing, 클리닝Cleaning, 물 제거Dewatering 등 시운전을 위한 과정으로 수행되며 2) 운영 시에는 왁스, 스케일 제거 등의 클리닝 목적과 부식, 크랙, 누수 등의 파이프라인 내부 건전성Integrity 검사 목적으로 수행한다. 3) 원상복구 시에는 파이프라인 철거 또는 해저에 존치하기 위해 내부유체 제거 등의 클리닝 목적으로 사용된다.

클리닝 피그Cleaning Pig는 파이프라인 안에 관입되어 가압된 흐름에 의해 이동하면서 파이프 외벽 또는 내부에 쌓인 물질을 제거하게 된다. 인텔리전트 피그Intelligent Pig는 자기장Magnetic 또는 초음파 센서가 장착되어 파이프라인의 부식 또는 결함을 감지하는 목적으로 사용된다.

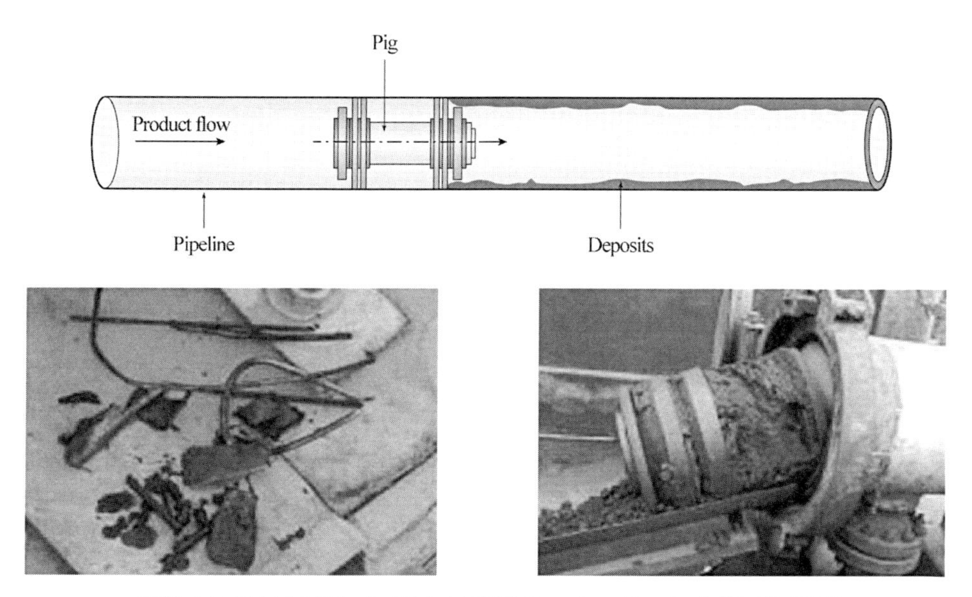

그림 6.9 파이프라인 내 클리닝 피깅(Cleaning Pigging) 및 제거물질

그림 6.10은 일반적인 파이프라인 피깅 경로로 탑사이드에 위치한 피깅 출발점인 런쳐Launcher에서 보내진 피그는 해저면의 라이저 베이스를 지나 파이프라인과 연결되는 매니폴드를 통과하여 다시 라이저 베이스를 통해 피그 도착점인 리시버Receiver로 돌아오는 경로를 보여준다. 이 경우 두 개의 파이프라인이 필요하며 하나의 파이프라인만 있는 경우에는 해저(해상 플랫폼)에서 보내고 해상 플랫폼(해저)에서 받는다(그림 6.11).

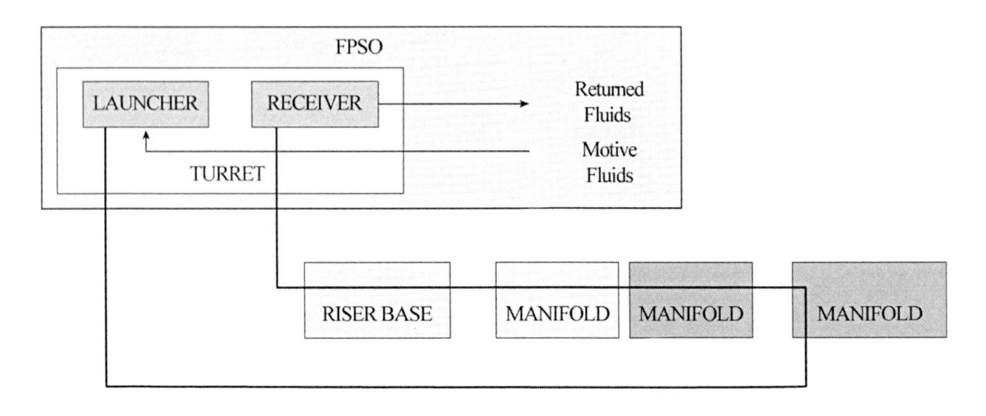

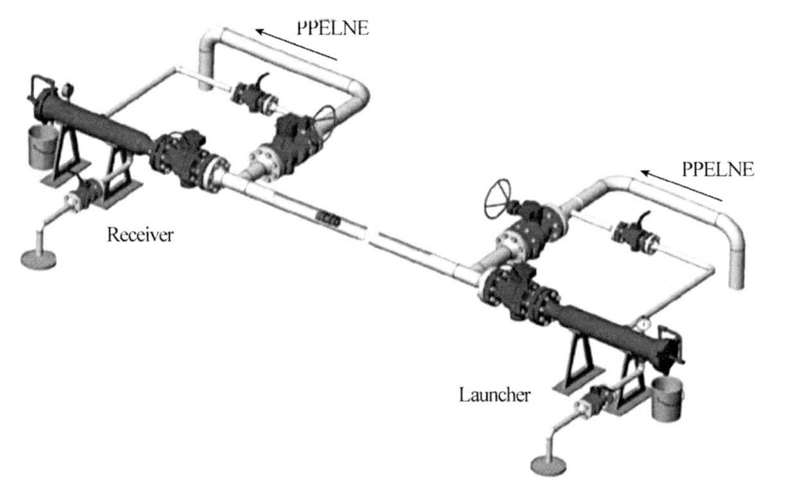

출처: argusmachine.com(아래)

그림 6.10 파이프라인 피깅(Pigging) 경로

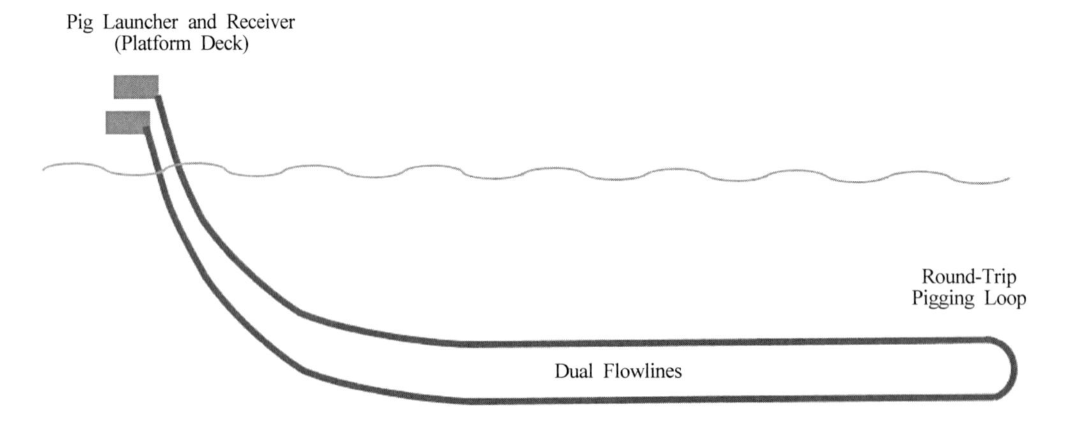

그림 6.11 피깅 구성(Pigging Scheme)에 따른 파이프라인 개수

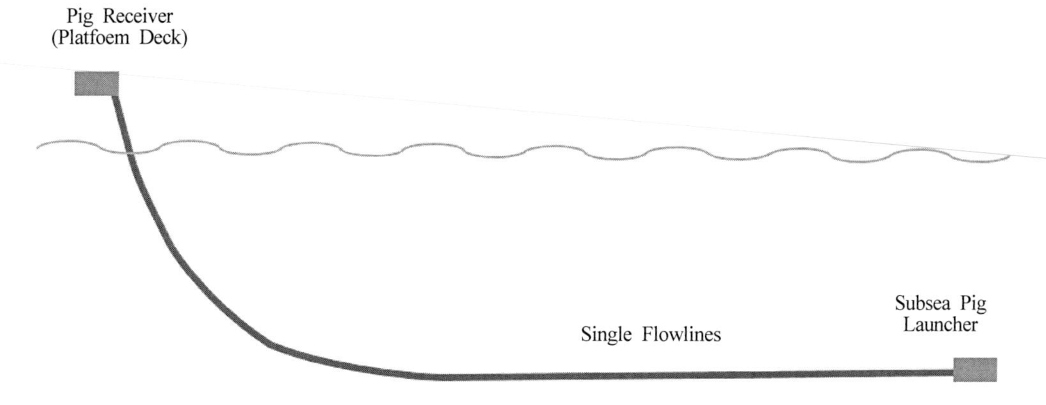

그림 6.11 피깅 구성(Pigging Scheme)에 따른 파이프라인 개수(계속)

피그는 목적에 따라 다음과 같은 종류가 사용된다.

- 유틸리티 피그: 이물질 제거, 클리닝, 내경 측정Gauging, 드라이, 물을 채우거나Watering 비우는 목적Dewatering 등으로 사용한다. 재료로는 우레탄폼Urethane Foam, 엘라스토머Elastomer, 중앙금속본체Mandrel에 부착된 디스크, 와이어 브러쉬, 스크레이퍼 블레이드Scraper Blades, 게이징 플레이트Gaging Plate 등이 있다.
- 겔 피그Ge Pigl: 고점도 제품으로 만들어지며 이물질 제거 및 디워터링 용도로 사용된다. 단독으로 사용할 수도 있고 다양한 유형의 다른 피그와 함께 사용할 수도 있으며 피깅 과정 중 파이프라인 내 피그가 멈추는 위험이 낮다.
- 구형 피그Sphere Pig: 공 모양으로 우레탄 폼으로 속을 채우거나 글라이콜 또는 물로 채운 엘라스토머 스킨Elastomer skin의 종류도 있다. 일반적으로 가스라인에서 액체를 제거하는 데 사용된다.
- 검사 피그Inspection, Intelligent, Smart Pig: 게이징 플레이트와 캘리퍼Caliper를 사용하여 파이프라인의 기하학적 변화(찌그러짐, 주름 등), 벽두께 변화, 균열, 부식 등을 감지하는 인텔리전트 피그로서 자기특성을 이용한 마그네틱 피그와 초음파를 이용한 울트라소닉 피그가 있다.

(a) 유틸리티 피그(Utility Pig)(Foam, Wire Brush, Disk)

(b) 마그네틱 피그(Magnetic Pig)

그림 6.12 피그 종류

일반적으로 겔 피그를 사용하여 클리닝 작업을 먼저 시행한 후 검사 피그를 사용하여 파이프라인의 특성을 조사하게 된다. 클리닝 작업은 물과 겔 피그, 왁스 제거제 등을 순서대로 필요한 만큼 중복 사용하여 작업하게 된다.

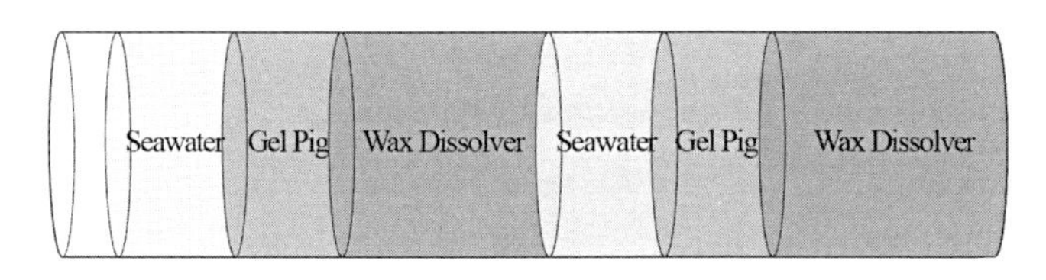

그림 6.13 피깅작업 시 성분순서

일반적인 피깅 속도는 오일라인은 1~5m/s(2~10mph), 가스라인은 2~7m/s(5~15mph), 검사피그는 더 느린 속도인 0.5m/s 정도로 진행된다. 피깅을 위한 최소 파이프곡률은 인텔리전트 피그를 사용하려면 적어도 3D 반경(파이프 공칭 외부직경 3배에 해당하는 곡률반경)이 확보되어야 한다.

피그는 피깅 중에 어딘가에 걸릴 수 있으며 주된 원인은 피그가 앞으로 뒤집히거나 흐름이 피그를 우회하면서 피그가 더 이상 밀리지 않기 때문이다. 피깅 중 이런 상황이 생기면 다른 피그를 주입하여 갇힌 피그를 다시 밀어내는 방법을 사용한다. 만일 파이프라인 내 고착된 피그를 회수할 수 없는 경우 고착된 피그 주변의 파이프라인 부분을 절단하고 교체해야 하는 경우도 있다.[3]

참고문헌

CHAPTER 02

[1] Dominique Perinet and Ian Frazer, "J-Lay and Steep S-Lay: Complementary Tools for Ultradeep Water," OTC 18669, 2007.

[2] Tim Crome, "Reeling of Pipelines with Thick Insulation Coating, Finite-Element Analysis of Local Buckling," OTC (Offshore Technology Conference) Paper No. 10715, 1999.

[3] Ruxin Song and Paul Stanton, "Deepwater Tie-back SCR: Unique Design Challenges and Solutions," OTC 18524, 2007.

[4] E.P. Heerema, "Recent Achievement and Present Trends in Deepwater Pipe-lay Systems," OTC Paper #17627, 2005.

[5] Brett Champagne, Derek Smith, et al., "The BP Bombax Pipeline Project – Design for Construction," OTC Paper #15271, 2003.

[6] Jan-Allan Kristiansen, "Lessons Learned From the Installation of the Large Rigid Pipeline Jumpers at the Benguela Belize Field," Deep Offshore Technology (DOT) International Conference and Exhibition, 2006.

[7] Stephen Booth, "Jointing Method for Pipe-by-pipe Installation of Plastic Lined Pipelines," DOT 2006.

[8] Joseph Killeen, "Large Diameter Deepwater Pipeline Repair System," DOT 2006.

[9] Guillermo D. Hahn, Andrew C. Palmer, and Leif Collberg, "Assessment of Load/Displacement Control," DOT 2002.

[10] Leif Collberg et. al., "Benefit of Partly Displacement Controlled Condition in Sagbend," International Conference on Offshore Mechanics & Arctic Engineering (OMAE), 2003.

[11] Peter Carr and Robert Preston, "Risk Assessment of Deepwater Gas Trunklines," International Deepwater Pipeline Technology Conference, 1999.

[12] Dominique Perinet and Ian Frazer, "J-Lay and Steep S-Lay: Complementary Tools for Ultradeep Water," OTC paper 18669, 2007.

CHAPTER 04

[1] Palmer AC. Trenching and burial of submarine pipelines. In: Proceedings of the Subtech 85 Conference. Scotland: Aberdeen; 1985.

[2] Guideline, Planning Horizontal Directional Drilling for Pipeline Construction, CAPP (The Canadian Association of Petroleum Producers), 2004.

[3] PRCI Pipeline Research Council International, Installation of Pipelines by Horizontal Directional Drilling, An Engineering Design Guide, 1995.

CHAPTER 06

[1] Mohan G. Kulkarni, et. al., “Offshore Pipeline Leak Detection System Concepts and Feasibility Study,” ISOPE, 2012.

[2] OTC paper #8628, “Mensa Project: Flowlines,” 1998.

[3] Boyun Guo, et. al,“ Offshore Pipelines,” 2005.

PART Ⅳ

구조물 수명연장 및 해체/철거/복구

CHAPTER
01

설계수명 초과운영(Lifetime Extension)

1.1 설계수명(Design Life)의 결정

해양플랜트와 해저파이프라인 등의 오일·가스 개발을 위한 해저플랜트 시설의 설계수명은 일반적으로 선정 단계 또는 구체화 단계에서 결정된다.

설계수명 결정에서 기본적인 고려사항은 생산시작에서부터 생산종료까지의 생산기간(그림 1.1)으로 이 기간을 최소한의 설계수명으로 고려한다. 그러나 생산기간의 불확실성, 향후 잠재적 추가 개발 가능성, 경제성 및 구조물 안정해석과 연관된 설계조건 등을 종합적으로 고려하여 설계수명이 결정된다.

생산 기간 동안 생산량은 일반적으로 생산 초기 증가하는 기간Production Build-Up → 일정하게 생산되는 기간Production Plateau → 점진적으로 감소되어 생산이 종료되는 기간Production Decline이지만 생산 종료 시기는 오일·가스가격이 시장 상황으로 인해 하락(상승)하는 경우 경제적 측면을 고려하여 생산 종료COP시기는 짧아지게(길어지게) 된다.

설계 시에는 경제성 평가에 사용된 가격을 기준으로 생산기간을 고려하여 설계수명을 결정하게 되지만, 당초 개발계획과는 달리 인근 필드를 추가 개발하여 서브시 타이백 방식으로 연결하거나 또는 예측된 오일·가스 가격보다 실제 가격이 높아지는 경우, 생산량이 계획된 것보다 많은 경우 등 설계수명을 초과하여 해양플랫폼을 운영해야 하는 상황은 빈번이 발생 하고 있으며 실제 많은 해양플랫폼들이 초과된 설계수명으로 운영되고 있다.

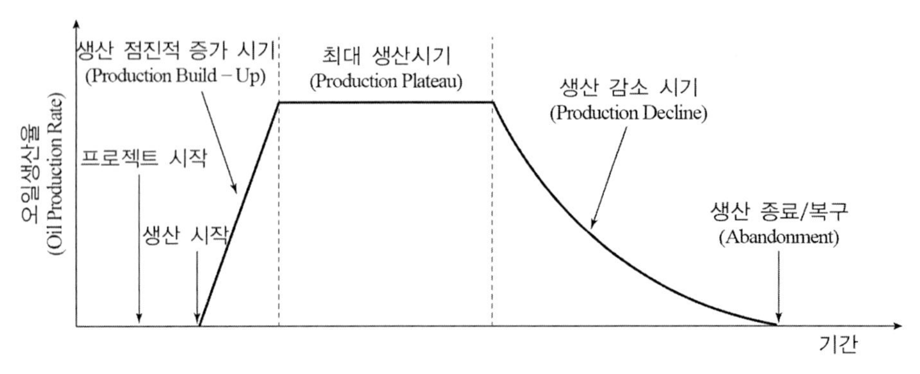

그림 1.1 생산 프로파일(Production Profile)

1.2 설계수명 초과운영 시 규정

영국의 경우 그림 1.2와 같이 1980년 이후 많은 해양플랫폼이 건설되어 30년 이상 운영하고 있는 해양플랫폼이 다수 존재한다. 설계수명을 초과한 해양플랫폼의 운영과 생산 종료이후 노후화된 해양구조물의 철거에 연관된 기술의 필요성으로 이와 관련된 시장의 규모는 급격히 증가하고 있다.

해양구조물은 다소 보수적인 안전율을 가지고 설계되고 가정된 설계조건의 차이(예: 실제 환경에서의 부식 정도가 설계 시 고려된 부식 정도와 차이가 발생)로 설계수명이 초과하여도 일반적으로 일정 기간 설계수명을 초과하여 운영하는 것이 가능하므로 그림 1.2의 (a), (b), (c)의 해양구조물의 설계수명 초과 경우가 발생한다.

각각의 경우에 있어 설계수명을 초과한 운영기간까지를 고려하면 (c)의 경우는 일성수준의 유지보수작업이 필요하지만 (a), (b)의 경우Acceptable Level는 주기적인 점검과 최소한의 유지보수작업으로 설계수명을 초과하여 운영할 수 있다.

이에 따라 영국의 'The Offshore Installations Regulations 2015'[2]에서는 구체적으로 설계수명을 초과하여 운영하는 구조물에 대한 안전관리방안을 제시하고 있으며 주요 내용으로 설계수명을 초과한 구조물에 대해서는 조사 및 안정성을 평가하여 매 5년마다 보고서 제출을 의무화(Regulation 41)한다.

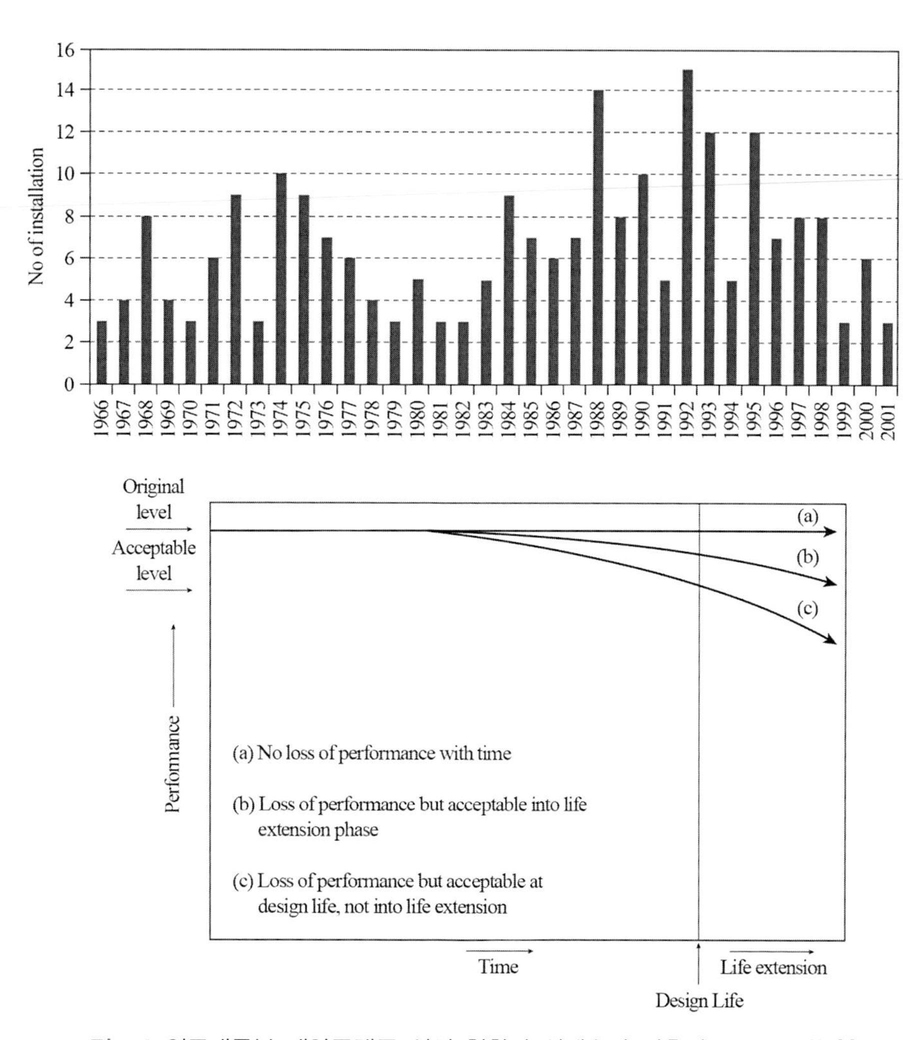

그림 1.2 영국대륙붕 해양플랫폼 설치 현황과 설계수명 이후의 구조물 기능[1]

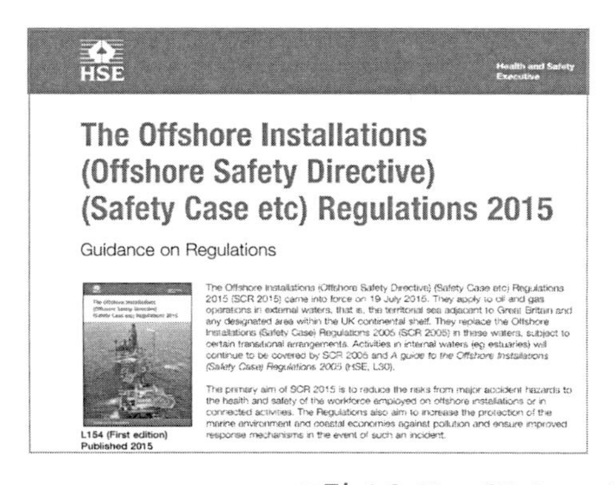

HSE

Health and Safety Executive

The Offshore Installations (Offshore Safety Directive) (Safety Case etc) Regulations 2015

Guidance on Regulations

The Offshore Installations (Offshore Safety Directive) (Safety Case etc) Regulations 2015 (SCR 2015) came into force on 19 July 2015. They apply to oil and gas operations in external waters, that is, the territorial sea adjacent to Great Britain and any designated area within the UK continental shelf. They replace the Offshore Installations (Safety Case) Regulations 2005 (SCR 2005) in these waters, subject to certain transitional arrangements. Activities in internal waters (eg estuaries) will continue to be covered by SCR 2005 and *A guide to the Offshore Installations (Safety Case) Regulations 2005* (HSE, L30).

The primary aim of SCR 2015 is to reduce the risks from major accident hazards to the health and safety of the workforce employed on offshore installations or in connected activities. The Regulations also aim to increase the protection of the marine environment and coastal economies against pollution and ensure improved response mechanisms in the event of such an incident.

L154 (First edition)
Published 2015

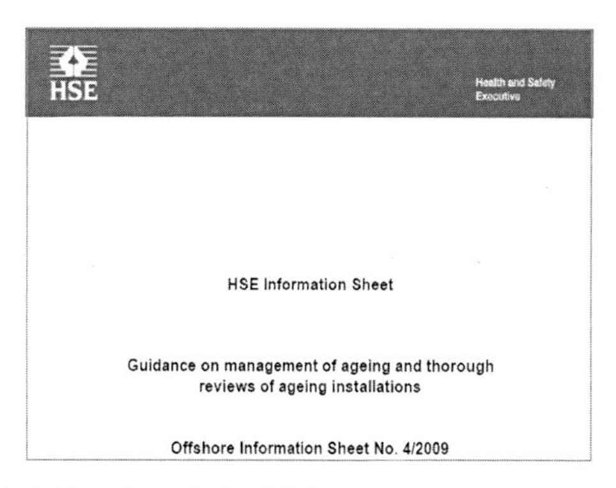

HSE

Health and Safety Executive

HSE Information Sheet

Guidance on management of ageing and thorough reviews of ageing installations

Offshore Information Sheet No. 4/2009

그림 1.3 The Offshore Installation Regulation(UK)

구조물의 안정성 평가 항목에는 'Guidance on management of ageing and thorough reviews of ageing installations'[3]에 세부적인 조사항목이 기술되어 있으며 주요 조사항목은 다음과 같다.

- 외부부식 또는 품질 저하, 외부 불완전 요소, 설계기준의 변화, 신·구 장비의 적용성, 장비 성능 저하, 크랙의 진행 정도, 기초, 연결부 등의 상태 저하, 새로운 장비와 구조배치 변화
- 보수필요 장비 목록, 보수기록 유지 여부 및 보수이력, 안전점검 결과
- 효율 감소, 기능 감소 영향, 계장 설비 성능, 장비 노후화 기록

상기 항목의 기록을 바탕으로 구조물 건전성 관리Structure Integrity Management(SIM)를 통해 설계수명을 초과한 해양 플랜트에 대한 관리운영이 요구된다.

미국의 경우 API RP 2SIM[4] 구체적인 관리절차가 명기되어 있으며 주요 내용으로는 관련 데이터 조사수집→평가→유지보수 방안에 대한 전략수립 과정을 반복적으로 진행하면서 구조물의 안전성을 평가한다.

미국 해양에너지 관리국 BOEEBureau of Ocean Energy Management 규정에 의해 플랫폼 검증프로그램Platform Verification Program을 운영하고 있으며 규정에 따라 구조물의 건전성Integrity을 확인하여야 하며 관련규정§250.906에 의해 천해 위험조사, 해저지형조사, 구조물 전체조사 등을 수행하고 BOEE의 승인을 득하여야 한다.

구조물 건전성 확보와 수명연장을 위한 관련 설계코드는 표 1.1과 같다

표 1.1 수명연장 관련 설계코드 및 기준

수명연장 내용	관련 설계코드 및 기준
평가 사항 (Assessment issues)	• ISO-2394, General principles on reliability for structures, Chapter 8, Assessment of existing structures • ISO-13822, 'Basis for design of structures, Assessment of existing structures' • ISO-19900, Offshore Structures, General Requirements, Section 9-Assessment of existing structures • ISO-19902, Fixed structures, Section 25, Assessment of existing structures • DNV-OSS-101, Special provisions for ageing mobile offshore and self-elevating units

표 1.1 수명연장 관련 설계코드 및 기준(계속)

수명연장 내용	관련 설계코드 및 기준
피로수명 연장 (Fatigue life extension)	• ISO-19902, Fixed structures, Section A15(Fatigue), Cumulative damage and extended life • DNV-RP-C203, Fatigue Strength Analysis of Offshore Steel Structures, Chapter 5, Extended fatigue life • DNV-OSS-101, Special provisions for ageing mobile offshore and self elevating units • ABS-115 Guide for the Fatigue Assessment of offshore structures
부식 방지 (Corrosion protection)	• DNV-RP-B401, Recommended Practice, Cathodic Protection Design
검사, 유지보수, 조사 (Inspection, maintenance & survey)	• D.En/HSE Guidance Notes-section on Surveys • API RP2A section 14, Surveys • ISO-19902 section 24, In-service inspection & structural integrity management • DNV-OSS-101, Special provisions for ageing mobile offshore and self elevating units

관련 설계코드로 근거로 설계수명을 초과한 구조물을 운영하기 위해서는 표 1.2와 같은 항목에 대해 조사를 시행한다.

표 1.2 구조물 안정성 조사 항목[5]

원인	요소	수명연장 검토사항
피로(Crack)	용접부	• 설계피로수명 • 크랙 확장성 및 보수방안
	용접파일	• 설계피로수명 • 피로파괴
	라이저 연결부	• 점검결과에 따른 상태
	상부구조물 연결부	• 점검결과에 따른 상태
부식	강재부속구조물	• 아노드 상태점검 및 교체
	비말대(Splash Zone)	• 코팅상태 및 두께 측정
	라이저 연결부	• 점검결과에 따른 상태
	상부구조물 연결부	• 점검결과에 따른 상태

표 1.2 구조물 안정성 조사 항목[5] (계속)

원인	요소	수명연장 검토사항
지형적 변화	강재부속구조물	• 설계 당시와 지반상태 변화 • 파일 항타기록
	세굴, 플랫폼 기울기 변화 침하	• 구조적 기울기 변화는 보수가 어렵지만 구조해석을 통해 운영가능 여부 판단
	상부구조물 연결부	• 점검결과에 따른 상태
사고로 인한 피해	-	• 사고이력 및 보수상태
환경변화	구조부재	• 최초 설계조건 확인 및 변경된 설계조건(환경조건변화)을 통한 검토

1.3 설계수명 초과 시 방안

구조물이 설계수명을 초과할 때 발생하는 구조적인 문제의 주요 원인은 부식이다. 부식 정도는 설계수명을 초과한 해양구조물과 파이프라인의 사용 가능 여부를 결정하는 주요한 요소가 된다.

실제 현장에서 조사된 몇 가지 사례로 추정하면 설계 시 고려된 부식 정도보다 상대적으로 적게 부식되는 경향이 있다. 그러나 파이프라인의 경우 국부적인 손상이라도 운영 여부 결정에 큰 영향을 미치므로 설계수명과 관계없이 주기적인 점검을 통해 사용 또는 교체 여부를 결정한다.

노후화된 파이프라인은 손상 부분의 일부교체 또는 전체 파이프라인 구간의 제작 및 설치도 가능하다. 그러나 일부 손상 부분만 교체하는 경우에도 작업 기간 내 생산 중단이 불가피하고 만일 노후화된 일부 구간에 문제가 발생하였다면 다른 구간에서도 동일한 문제 발생의 가능성이 매우 높다. 따라서 신규로 설치된 파이프라인의 외부충격에 의한 물리적 손상 등과 같은 이유가 아닌 노후화된 파이프라인의 부식 등에 의한 손상인 경우 일부 구간 교체보다는 생산중단으로 인한 손실비용을 고려하면 전체 연결구간의 파이프라인 교체가 합리적인 방안이 될 수 있다.

파이프라인의 아노드가 소실되었을 경우에는 추가로 아노드를 설치하는 방법을 사용한다(그림 1.4).

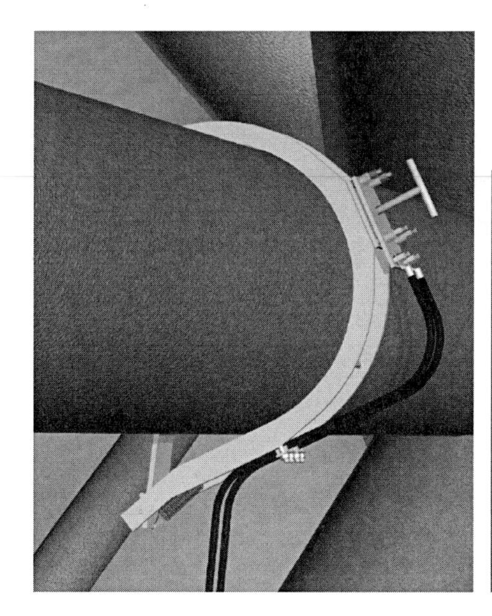
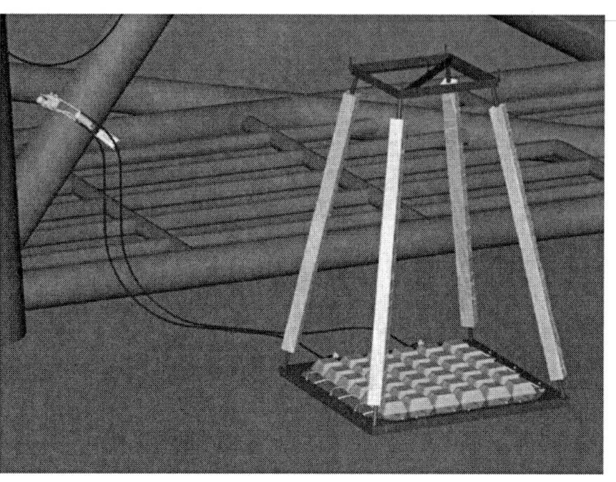

출처: www.stoprust.com

그림 1.4 추가 아노드(Anode) 연결

CHAPTER
02

해양·해저플랜트 구조물 해체/철거/복구

1970~1980년대 해양의 오일·가스 개발을 위해 설치되었던 해양구조물들은 설계수명 초과로 노후화된 구조물의 유지보수비용과 저류층의 생산량 감소를 고려한 경제성 평가를 바탕으로 생산 중단COP을 결정하게 되고, 이후 웰 폐쇄Well Plug & Abandonment(P&A) 및 해양구조물 철거/해체/복구(디커미셔닝Decommissioning 또는 디컴Decom) 프로젝트가 진행된다.

현재 운영 중인 구조물도 생산기간이 종료되면 철거/해체/복구가 필요하므로 앞으로도 많은 해양·해저플랜트 구조물Platform, Pipeline, Subsea Structures의 디컴Decom이 계속 진행될 것으로 예상되고 관련 시장규모도 급격히 증가하고 있는 추세이다(그림 2.1).

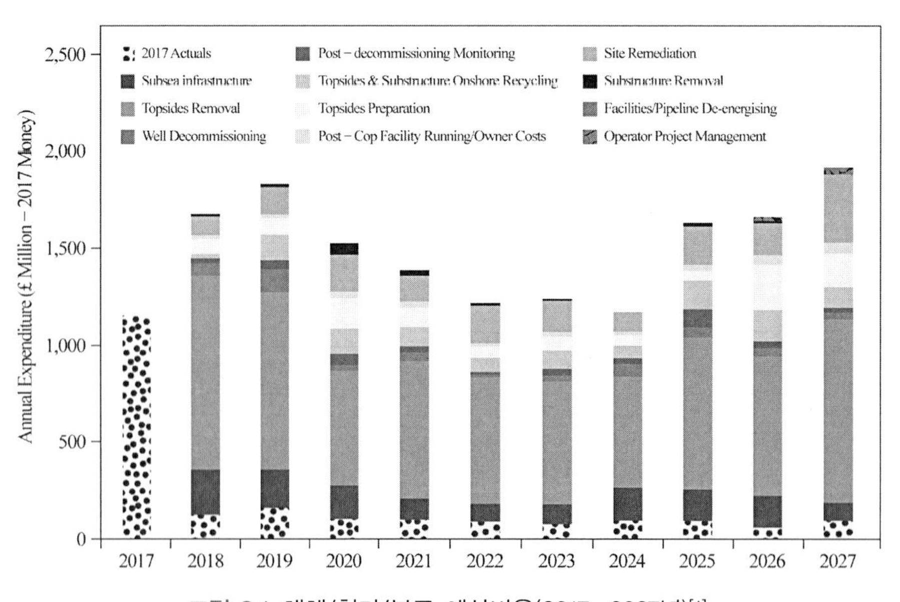

그림 2.1 해체/철거/복구 예상비용(2017~2027년)[1]

영국 북해에서만 2017년 해체/철거/복구 관련 실제 집행비용은 약 1.7조 원(£1.15B, 1£=1,500원 기준)이며, 2018년 이후 평균적으로 약 2.3조 원(£1.5B)을 매년 집행하여 향후 10년간 약 23조 원의 비용이 투입되는 영국 북해 지역의 시장규모를 보면 전 세계적으로는 상당한 사업비가 해양플랜트 해체/철거/복구 목적으로 투입될 것으로 볼 수 있다.

2.1 북해 지역 해양플랜트 디컴(Decom) 현황

영국 북해 지역에서 2017~2027년간 복구해야 하는 필드수는 총 203개소이며, 오일·가스 생산정 또는 탐사정은 1,465개소, 플랫폼 탑사이드는 74개소(약 600,000톤), 파이프라인은 5,724km 길이의 복구가 필요하다.

네덜란드 지역의 경우 총 416개의 웰을 2018~2027년간 복구 예정이며 2024년 80개소, 2025년 약 60여 개소로 2024~2025년에 집중적으로 복구되며 노르웨이, 네덜란드, 덴마크 해역에서의 해양플랫폼 및 파이프라인은 2025년까지 약 130,000톤이 철거 예정이다.[1]

북해 지역에서는 1969년부터 영국, 노르웨이, 네덜란드, 덴마크를 포함한 북해 지역에 총 625개의 스틸 파일재킷이 설치되었으며 하부구조물의 크기는 수백~20,000톤 이상의 구조물로 다양하다. 기초부분을 제외하고 제거한 2개의 플랫폼(BP사 Northwest Hutton, CNRL사 Murchison) 외에는 전체 재킷구조물이 해체되어 육상 야드에서 폐기되고 특수한 경우로 Piper Alpha 플랫폼은 1988년 167명이 사망한 대형 재해로 인해 현장에 존치된 북해에서 단 하나의 해양플랫폼이다.

그림 2.2의 해체/철거/복구 작업 순서는 1) 생산 종류 이후 철거 작업 계획 → 2) 웰 복구 → 3) 탑사이드 및 파이프라인 운전 종료 이후 작업 → 4) 탑사이드 제거 준비 및 제거 → 5) 하부구조물 제거 및 육상 야드에서 재활용 → 6) 해저구조물 제거 및 부지 정지 → 7) 철거 이후 주기적인 모니터링으로 구성된다.

표 2.1은 전체 투입되는 비용 중 해양구조물 및 오일·가스 웰의 복구단계에서 대부분을 차지하는 비용은 웰(생산정/평가정/탐사정) 복구Well Decommissioning 작업으로 전체 비용의 48.8%를 차지하며 상대적으로 상부 탑사이드 제거와 하부 재킷구조물 철거 비용의 비중은 13.2%(각각 6.6%)로 전체 비용에서 차지하는 비중은 크지 않다.

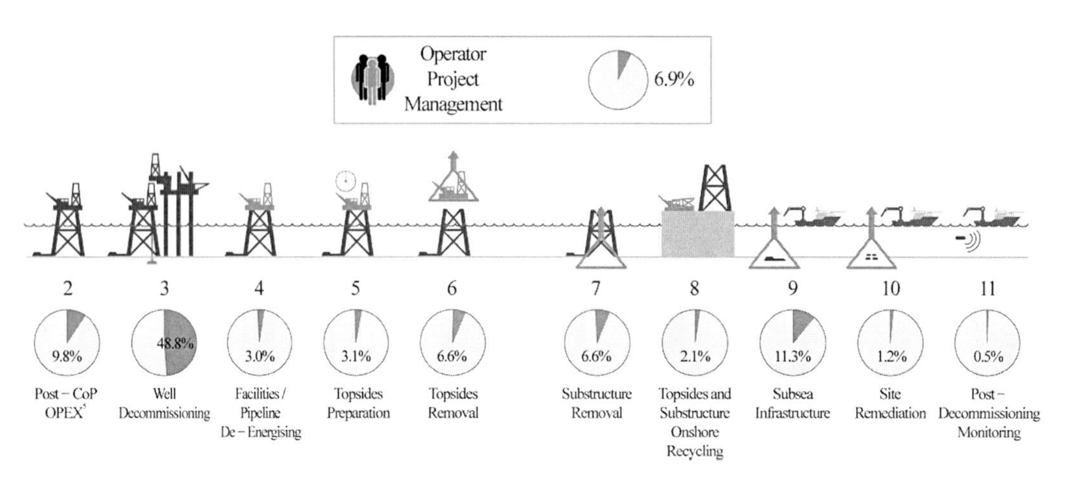

그림 2.2 해체/철거/복구 세부 작업구조[2]

표 2.1 세부 작업구조별 작업비용 비율

항목	전체 작업비율(%)	항목	전체 작업비율(%)
프로젝트 관리	6.9	하부구조 제거	6.6
생산 종료 이후 운영비용(OPEX)	9.8	구조물 재활용	2.1
웰 복구(Well Decomm)	48.8	해저구조물 제거	11.3
시설/파이프라인 운전 중지	3	해저면 복구	1.2
탑사이드 운전 중지	3.1	철거 후 모니터링	0.5
탑사이드 제거	6.6		

2.1.1 영국 디컴(Decom) 프로젝트 현황

오일·가스 개발을 담당하는 영국 정부부서인 Oil & Gas Authority의 자료를 근거로 보면 2019년에만 승인이 완료된 프로젝트는 16개의 필드이며 승인 진행 중인 해체/철거/복구 프로젝트는 11개로 실제 승인 이후에도 프로젝트를 진행하기까지의 준비 기간 또는 생산 중지 기간의 미확정으로 수 년의 기간이 더 소요되기도 하지만 생산 종료된 노후 해양구조물의 철거 프로젝트는 매년 지속적으로 진행되고 있다. 통계적으로 보면 2000년 이후 완료된 프로젝트는 20개로 약 20년 동안 진행된 프로젝트가 2019년 이후 승인 완료 16개 필드와 승인 신청 중인 11개 필드의 프로젝트보다 적은 것으로 보면 향후 진행되는 디컴 프로젝트가 급격히 증가하고 있음을 알 수 있다.

표 2.2 승인 완료된 디컴 프로젝트 현황(2019년 기준[2])

필드명	운영사	주요 해체/복구설비 및 승인사항	승인일시
Minke	Neptune E&P UKCS Limited	WHPS(Well Head Protection Structure) Removal to shore for re-use or recycling, Pipelines	2019.9.
		Pipelines buried sections of pipelines to be decommissioned in situ small surface laid sections of pipelines to be removed to shore for re-use or recycling	2019.9.
Ketch	DNO North Sea (ROGB) Limited	Topsides, jackets and subsea installation Removal to shore for re-use, recycling or disposal	2019.8.
		Pipelines Trenched and buried and left in situ	2019.8.
Juliet	Neptune E&P UKCS Limited	Subsea Installations Removal to shore for recycling/disposal	2019.8.
		Pipelines Removal to shore for small surface laid sections of the pipeline and umbilical for either re-use or recycling; buried sections to be left in-situ	2019.8.
Dunlin Alpha	Fairfield Betula Limited	Pipelines Trenched sections will be left in situ, exposed pipeline ends cut and recovered and severed ends rock dumped	2019.7.
Ninian Northern Platform	CNR International (U.K.) Limited	Large Steel Platform Topsides and jacket to top of footings to be removed to shore for recycling/disposal. Footings to remain in situ.	2019.6.
Nevis N11 WHPS	Apache Beryl I Limited	Nevis N11 WHPS Removal to shore for re-use or recycling	2019.6.
Dunlin Alpha Topsides	Fairfield Betula Limited	Dunlin Alpha Topsides Removal to shore for recycling or disposal	2019.5.
Hewett	Eni Hewett Limited	Platform Removal to shore for recycling or disposal	2019.4.
Pickerill A&B	Perenco Gas (UK) Limited	Telecommunication towers and Etc Removal to shore for reuse, recycling or disposal	2019.3.
Curlew B, C and D	Shell U.K. Limited	FPSO Removal to shore for recycling/disposal	2019.3.
		Subsea Installations Removal to shore for recycling/disposal	2019.3.
		Pipelines Removal to shore for either re-use or recycling; buried pipelines to be left in-situ	2019.3.

표 2.2 승인 완료된 디컴 프로젝트 현황(2019년 기준[2]) (계속)

필드명	운영사	주요 해체/복구설비 및 승인사항	승인일시
Viking Platforms, Vixen	ConocoPhillips (U.K.) Limited	Viking Satellites and sea tieback Removal to shore for re-use, recycling or disposal	2019.1.
		Pipelines Decommissioned in situ	2019.1.
Victor	ConocoPhillips (U.K.) Limited	Victor Platform and subsea installation Removal to shore for re-use, recycling or disposal	2019.1.
		Pipelines Decommissioned in situ	2019.1.
Tyne	Perenco UK Limited	Topsides, jacket and subsea installation Removal to shore for reuse, recycling or disposal	2019.1.
Guinevere	Perenco UK Limited	Topsides and jacket Removal to shore for reuse, recycling or disposal	2019.1.
Beatrice	Repsol Sinopec Resources UK Limited	Beatrice AP Topsides; AD, Bravo and Charlie Platforms and AD Drilling Template Removal to shore for re-use/recycling	2019.1.
		Pipelines Buried pipelines will be left in situ. Remediation for any exposed sections.	2019.1.
Bains	Spirit Energy Production UK Limited	Subsea Installation Removal to shore for re-use/recycling	2019.1.
		Pipelines Decommissioned in situ	2019.1.
2019년 승인		16개 Field	

표 2.3 승인 진행 중인 디컴 프로젝트 현황(2019년 기준[2])

	필드명	운영사	주요 해체/복구설비 및 승인사항
1	Banff SAL Buoy	CNR International(U.K.) Limited	Banff SAL Buoy to be removed to shore for recycling Removal of part of PL1550A to shore for recycling
2	Pickerill A&B Installations	Pereno Gas(U.K.) Limited	Topsides and jackets will be removed and transported to shore for re-use, recycling or disposal. All wells will be plugged and abandoned
3	MacCulloch Field	ConocoPhillips(U.K.) Limited	All subsea installations to be recovered to shore for reuse or recycling

표 2.3 승인 진행 중인 디컴 프로젝트 현황(2019년 기준[2]) (계속)

필드명		운영사	주요 해체/복구설비 및 승인사항
4	Morecambe DP3/DP4	Spirit Energy Production UK Limited	Topsides and jackets will be removed and transported to shore for recycling
5	Goldeneye	Shell U.K. Limited	Removal to shore of the Goldeneye topside and jacket for recycling/disposal. Wells will be plugged and abandoned
6	Dunlin Alpha Field	Fairfield Betula Limited	Decommissioning in situ of Dunlin Alpha concrete gravity based structure and storage cells
7	Windermere Field	INEOS UK SNS Limited	Topsides and jacket will be removed and recycled or disposed onshore. The pipelines will be partially removed
8	East Brae and Braemar	Marathon Oil UK LLC	Removal of East Brae topsides and removal of jackets to the top of the footings
9	Brae Alpha, Brae Bravo, Central Brae, West Brae and Sedgwick	Marathon Oil UK LLC	Removal of Brae Alpha and Brae Bravo jackets to the top of the footings
10	Brent	Shell U.K. Limited	Removal of upper part of Brent Alpha steel jacket to 84.5m below sea level
11	Atlantic and Cromarty	BG Global Energy Limited and Hess Limited	Manifold and Well head Protection structures (WHPS) to be removed for recycling/disposal

표 2.4 완료된 디컴 프로젝트 현황(2019년 기준[2])

필드명		운영사	프로그램 주요 사항	완료일시/ 승인일시
1	Stirling A33	Premier Oil E&P UK Limited	Subsea installation Removal to shore for recycling	2018.12./ 2018
2	Leman BH	Shell UK Limited	1 X Platform Removal to shore for either re-use or recycling	2017.12./ 2017.4.
3	Harding STL	TAQA Bratani Limited	Harding Submerged Turret Loading (STL) System	2015/2015
4	Brent-Brent Delta Topside (Interim)	Shell UK Limited	Brent Delta Topside Removal of topside to shore for recycling and disposal	2018.6./ 2015
5	Rose	Centrica Resources Limited	Subsea Installations/Pipeline	2018.10./ 2015.5.
6	Stamford	Centrica Norh Sea Gas Limied	Subsea Installations/Pipeline	2019.2./ 2015.4.

표 2.4 완료된 디컴 프로젝트 현황(2019년 기준[2]) (계속)

	필드명	운영사	프로그램 주요 사항	완료일시/ 승인일시
7	Schiehallion & Loyal Phase One	Schiehallion FPSO	Schiehallion FPSO/Pipelines	2019.5./ 2013
8	IVRR	Hess limited	FPSO/Subsea installations/Pipelines	2013/ 2013
9	Camelot	Energy Resource Technology(UK) Limited	Small Steel Platform/Pipeline	2012/ 2012
10	Fife, Flora, Fergus, Angus	Hess Limited	FPSO/Subsea installations/Pipelines	2012/ 2012
11	Tristan NW	Bridge Energy UK Limited	Subsea Installations/Pipeline	2011.1./ 2010
12	Shelley	Premier Oil	Sevan Voyageur FPSO/Manifold and Wellhead/Pipelines	2010.2./ 2010
13	Kittiwake SAL Export System	Venture North Sea Oil Limited	Kittiwake SAL Assembly/Pipeline	2012.7./ 2009
14	MCP-01	Total E& P UK Limited	Manifold & Compression Platform	2013.3./ 2008
15	Linnhe	Mobil North Sea LLC	Wellhead Protection Structure/Pipeline	2010/ 2008
16	Indefatigable	Shell U.K. Limited	6x fixed steel platforms/Pipelines	2007
17	NW Hutton:	Amoco(U.K.) Exploration	Large Steel Platform/Pipeline	2006
18	Forbes and Gordon Infield Pipelines	BHP Billiton	Infield Pipelines	2005.5./ 2003
19	Frigg TP1, QP & CDP1	Total E&P Norge AS	Treatment Platform 1(TP1), Quarters Platform(QP) and Concrete Drilling Platform 1(CDP1)	2003
20	Hutton	Kerr-McGee	Tension Leg Platform/Pipelines	2004.7/ 2002

주) FPSO Decommissioning의 경우 분리 후 재사용 사례만 있음

2.1.2 철거 사례(영국)

영국의 해당 정부기관인 Oil & Gas Authority에 제출된 종료Close-out 보고서에 근거한 기존의 철거 사례를 소개하면 다음과 같다.

1) Brent Delta Topside 철거 사례[1]

- 운영권자: Shell UK Limited
- 철거 대상 구조물: 중력식 해양플랫폼 상부시설Gravity Base Structure(GBS) Platform
- 강재중량: 19,781ton 외 총 24,186ton
- 철거 방법: 부력을 이용한 선박Single Lift Vessel 이용
- 종료 일시: 2018년 6월
- 2014년 웰 복구Well P&A 완료 이후 2017년 상부시설 철거

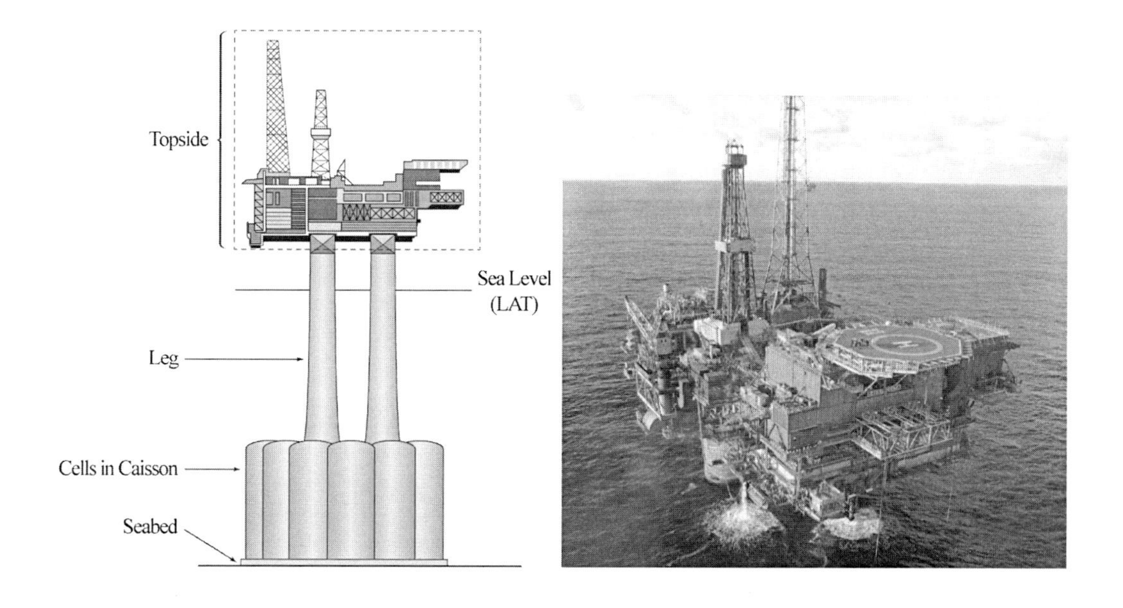

1 Brent Delta Topside Decommissioning Close-Out Report INTERIM, BDE-D-TOP-AA-6945-0000

• 탑사이드 철거 및 잔여 하부구조

2) Leman BH 철거 사례[2]

- 운영권자: Shell UK Limited
- 철거 대상 구조물: 재킷 형식 구조물
- 철거 방법: Heavy Lift Vessel HLV를 이용한 구조물 철거 및 재활용
- 종료 일시: 2017년 12월

---

2 LEMAN BH DECOMMISSIONING PROGRAMME(LBT-SH-AA-7180-00001-001, REV A10)

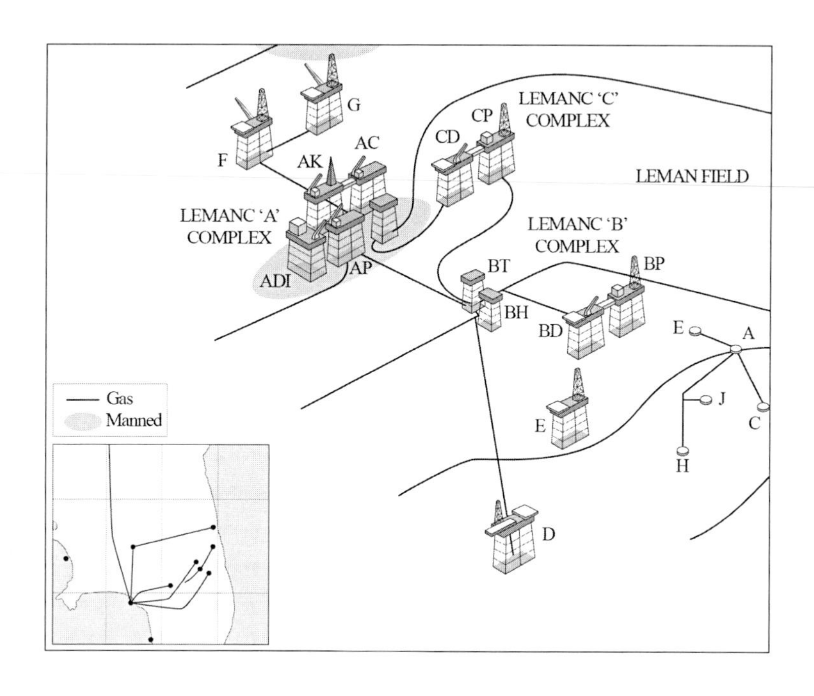
G
F
AK
AC
CD
CP
LEMANC 'C'
COMPLEX
LEMAN FIELD
LEMANC 'A'
COMPLEX
LEMANC 'B'
COMPLEX
ADI
AP
BT
BP
BH
BD
E
A
J
C
H
E
D
Gas
Manned

• 분해이동

• 육상폐기

2.2 디커미션닝 관련 규정(Regulation of Decommissioning)

2.2.1 국제해사기구 가이드라인

해양구조물 복구 관련 규정의 근간으로 통용되는 국제기준은 1989년에 제정된 국제해사기구 IMOInternational Maritime Organization의 규정이다. 이 규정을 근간으로 북해 및 다른 지역에서 각 해당국의 규정을 반영하여 적용하고 있다.[3]

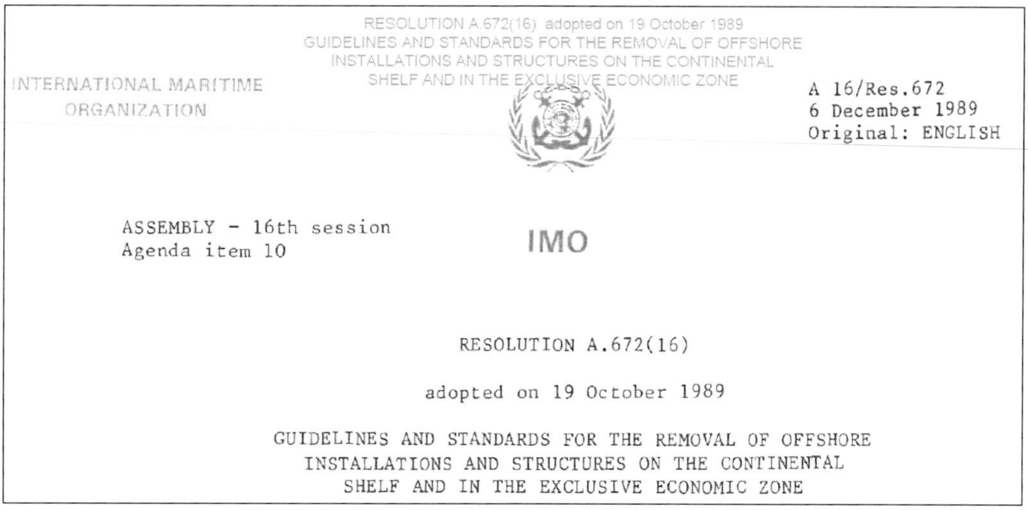

RESOLUTION A.672(16) adopted on 19 October 1989
GUIDELINES AND STANDARDS FOR THE REMOVAL OF OFFSHORE INSTALLATIONS AND STRUCTURES ON THE CONTINENTAL SHELF AND IN THE EXCLUSIVE ECONOMIC ZONE

INTERNATIONAL MARITIME ORGANIZATION

A 16/Res.672
6 December 1989
Original: ENGLISH

ASSEMBLY - 16th session
Agenda item 10

IMO

RESOLUTION A.672(16)

adopted on 19 October 1989

GUIDELINES AND STANDARDS FOR THE REMOVAL OF OFFSHORE INSTALLATIONS AND STRUCTURES ON THE CONTINENTAL SHELF AND IN THE EXCLUSIVE ECONOMIC ZONE

그림 2.3 IMO 가이드라인

이 가이드라인에서 제시하는 일반적인 사항으로 해양에 설치된 구조물 전체 또는 일부를 분리한 후 해저면에 존치하기 위해서는 관할 연안국의 유사사례, 항해 등 해양안전에 대한 잠재적 영향, 구조물의 노후 정도, 해양환경에 대한 미래영향, 해양생물을 포함한 해양생태계의 잠재적 영향, 해저면에서 이동가능성, 인명피해, 새로운 용도 활용 등 해양에 존치하기 위한 합리적인 이유가 있어야 한다.

규정된 제거에 관한 내용으로는 상부구조를 제외하고 75m의 수심(1998년 이후 설치 구조물 100m)과 4,000ton 이하의 구조물은 전체 제거하고 해양 생태계 활성 목적으로 재활용할 경우(인공어초)는 해저면 존치는 가능하지만 선박운항에 영향이 없을 것을 명시하고 있다.

2.2.2 북해 지역 규정 및 절차

북해 지역North Sea은 유럽 국가들이 결성한 유럽연합EU과 함께 대서양 북동 지역North-East Atlantic의 해양환경을 보호하기 위해 1972년에 오슬로 협약에 의해 제정된 OSPARThe Oslo-Paris Commission의 규정 Decision 98/3[4]에 근거하여 세부적인 규정을 만들어 진행하고 있다.

다음 표 2.5는 해양구조물 무게와 종류에 따른 적용 규정에 대한 정리한 내용이다.

표 2.5 해양플랜트 구조물 제거조건

설치 (탑사이드제외)	무게 (톤)	전체 구조물 육상이동 제거	일부 구조물 육상이동 제거	전체 해상존치	재활용
Fixed Steel	<10,000	Yes	No	No	Yes***
Fixed Steel	>10,000	Yes	Yes*, **	No	Yes***
Concrete-gravity	Any	Yes	Yes**	Yes	Yes
Floating	Any	Yes	No	No	Yes
Subsea	Any	Yes	No	No	Yes

* 기초 부분(Footing) 또는 기초의 일부분 존치 가능(기초 부분: 해저면에서 44m)
** 수면으로부터 최소 55m 확보
*** 필요에 따라 구조물 존치 시(해양생물자원에 연관된 인공어초) OSPAR Guidelines 준수

2.2.3 영국 규정

영국의 경우 기본적인 규정은 Petroleum Act 1998[5]에 의해 진행되며 세부적인 사항은 디커미셔닝Decommissioning 가이드라인[6]에 의해 진행된다. 대부분의 사항은 유럽연합 협의 규정인 OSPAR 규정과 국제해사기구IMO 규정을 포괄적으로 적용하며, 10,000ton 이하의 구조물은 완전히 철거 후 육상에서 재사용 또는 폐기하고 해양플랜트 설치에 사용된 해저파일은 해저면을 기준으로 제거해야 한다.

표 2.6 UK Guidance Note에 따른 복구절차[6]

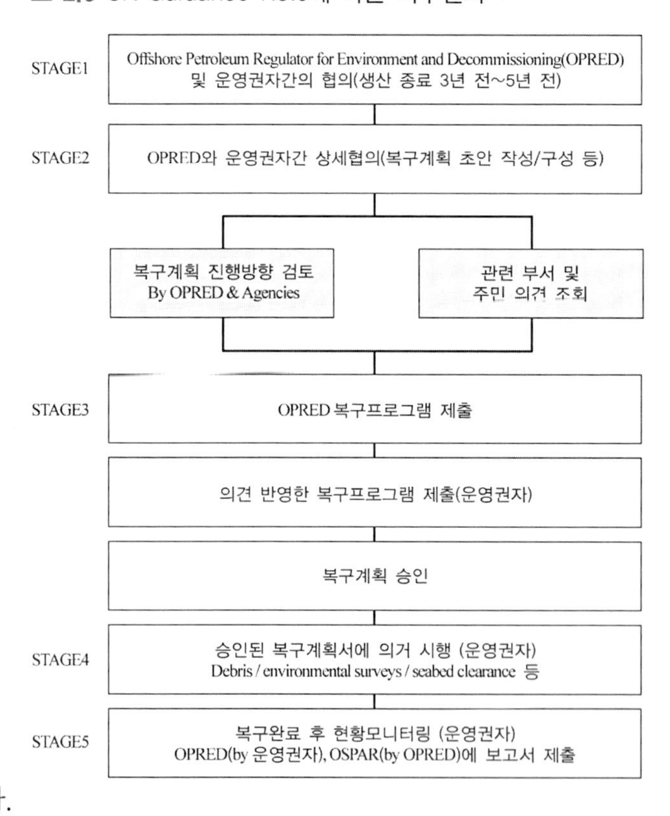

파이프라인 관련해서는 전체 제거 또는 부분 제거가 가능하고 부분 존치하는 경우 파이프라인으로 인한 환경에 영향이 없어야 하며 철거 전 다른 사용 목적을 고려하여 결정하여야 한다.

그 외 고려되는 규정들은 다음과 같다.

- The Controlled Waste(England and Wales) Regulations 2012
- The Controlled Waste Regulations 1992
- Energy Act 2016
- The Merchant Shipping(Pollution) Act 2006
- The Offshore Petroleum Activities(Oil Pollution Prevention and Control) Regulations 2005
- Special Waste Amendment(Scotland) Regulations 2004
- The Environmental Permitting(England and Wales) (Amendment) Regulations 2015
- OPRED Guidance Notes, 2018
- OSPAR 2006. Recommendation 2006/5 on a Management Regime of Offshore Cuttings Piles

2.2.4 미국 규정

미국 관련 규정은 NTL No.2010-G05,[7] 30 CFR PART 250[8]에 따르며 주요 내용으로는 CFR §250.1725에 1년 이내 사용하지 않는 구조물(웰, 플랫폼)의 복구를 명시하고 있다. 표 2.7은 BSEE의 관련 규정을 정리한 것이다.

표 2.7 BSEE(Bureau of Safety and Environment Enforcement) 복구 관련 규정

대상 분야	인허가(협의)사항	관련 법조항	관할부처	시행시기
웰 복구 Well P&A	웰 복구작업 승인 요청	250.1712	BSEE	작업 48시간 전
	웰 복구작업 결과 보고	250.1717	BSEE	작업 종결 후 30일 이내
플랫폼 철거	플랫폼 철거 사전 승인 요청	250.1726	BSEE	생산 종료 2년 전
	플랫폼 및 기타 설비 철거 최종 승인 요청	250.1727	BSEE	사전 승인 요청서 제출 2년 이내
	플랫폼 및 기타 설비 철거 결과 보고	250.1729	BSEE	설비 제거 후 30일 이내
파이프라인 철거	파이프라인 철거 신청	250.1751(a) 250.1752(b)	BSEE	파이프라인 철거 전
	파이프라인 철거 결과 보고	250.1753	BSEE	철거 후 30일 이내
완료	부지정리 결과 보고	250.1743	BSEE	정리 후 30일 이내

2.3 해양구조물 철거 주요작업[9]

해양구조물을 철거하기 위해 일반적으로 표 2.8과 같은 철거단계 및 세부항목을 통해 진행되고 각 철거 단계별 세부 검토사항은 표 2.9와 같다.

표 2.8 구조물 철거단계 및 주요 검토내용

단계	내용
제거된 구조물을 처리하기 위한 준비(육상/해상)	• 안벽구조물의 적재 가능 무게 • 운반선박 접안가능 수심 확보 • 구조물 처리 가능한 충분한 공간 확보 • 오염물질 처리가능 시설 • 장비, 운반, 처리를 위한 조직구성, 절차 및 처리가능 능력 • 기존 부두 사용 혹은 신규 신설 여부 결정 • 관련 인허가 사항 등
생산중단 및 클리닝(Cleaning) 작업	• 모든 시스템의 압력 제거 • 파이프 및 베셀(Vessel) 개방 후 클리닝 • 유체 및 화학물의 특성에 따라 모듈별로 오염물질 제거
웰 복구 (Well Plug/Abandonment)	• 복구 방법(시멘트 웰보어로 주입 등)
플랫폼 및 파이프라인 제거(준비) 및 운반	• 상부 또는 하부구조물의 총 중량과 운반 가능 선박 등을 고려하여 전체 제거 및 부분 제거 방법 결정 • 부분 제거 시 각각 탑사이드 모듈의 해체 순서 결정
육상 및 해상재활용 처리	• 육상처리위치, 인공어초로 활용 시 환경영향 등
해저면 정리 및 주기적 모니터링	• 구조물 철거 및 해저면 정리 후 주기적인 모니터링

표 2.9 구조물 철거작업 빛 주요 검토내용

철거작업	내용
측량 및 조사 관련	• 사전철거 환경영향 • 파이프라인 검사 및 재킷구조물 • ROV를 이용한 외관검사 • 선박운항 현황 • 상부구조철거시 안정성 • 해저지형 • 구조물 해체가능 육상시설

표 2.9 구조물 철거작업 및 주요 검토내용(계속)

철거작업	항목
제거 관련	• 재활용 방안 • 플래폼 철거 방법 • 구조물 무게(상부 및 하부구조) • 플랫폼 구조모델링 해석(철거 과정) • 구조물 제거 해상장비 및 철거 절차 • 상부구조 분리 및 제거 방법 • 파이프라인 잔여수명, 철거 방법
파일 절단 관련	• 파일절단방법 • 절단과정에서 생긴 잔류강재조각 환경영향조사 • 파일 절단 후 잔여구조 장기적 변화 특성
환경 관련	• 철거시설의 환경영향평가 • 철거작업 시 수중소음의 환경영향평가 • 어업영향평가 및 협의 • 잔여구조물의 해양생물 서식수준 및 영향 평가 • 육상 재활용작업 시 환경영향요소 평가
파이프라인 관련	• 파이프라인 검사 및 건전성 평가 • 잔여수명 평가
안전 관련	• 상부·하부구조 제거 시 위험성 평가 • 철거작업 중 해상작업 위험성 평가 • 파이프라인 해체 시 위험성 평가 • 선박충돌 위험 평가

2.3.1 해양플랫폼 제거 및 운송

해양플랫폼의 상부시설Topside 또는 하부구조Jacket Structure를 운송하기 위한 정보는 제거된 구조물의 무게 및 제거 방법에 따라 다르지만 크게 두 가지의 운송 방법으로 구분되며 각 운송 방법 결정 시 고려사항은 표 2.10과 같다.

표 2.10 운송 방법 및 고려사항

운송 방법	고려사항
Cargo Barge + Heavy Lift Vessel(HLV)	• 일반적인 구조물 제거 방법 • HLV의 계속적인 작업 가능성 • 해양환경조건의 영향이 큼 • 터그보트(Tug Boat) 등의 추가적인 비용 발생
Deck Heavy Lift Vessel(HLV)	• 해양환경조건의 영향이 상대적으로 적음 • Deck HLV의 높은 비용

출처: Boskails

(a) Talklift와 Shell Leman Jacket

출처: Saipem

(b) Saipem 7000 Heavy Lift Vessel

그림 2.4 대용량 해상크레인 선박(Heavy Lift Vessel)

그 외 해상 크레인의 용량한계를 극복하기 위한 방법으로 부력을 이용한 단일 리프트 선박Single Lift Vessel을 이용하여 해양구조물을 제거하기도 한다. 단일 리프트 선박인 'Pioneer Spirit'는 2016년 제작 완료되었으며 2017년 4월 24,000톤의 Brent Delta Topside를 운반한 사례가 있다.

출처: Allseas

그림 2.5 단일 리프트 선박 Pioneer Spirit

2.3.2 파일절단 장비

수중에 있는 플랫폼 하부구조의 강재를 절단하고 구조물을 이동하여 제거하는 것은 해양 플랫폼 하부구조물 해체의 기본적인 절차로 절단할 파일단면의 두께는 직경이 수 센티미터에서 수 미터까지 이르며 절단 장비의 종류는 표 2.11과 같다.

표 2.11 파일절단 장비 제작사/장비/절단범위

제작사	장비	절단범위
EOT Cutting Service	Guillotine Saw	2~32"
CUT	Standard Diamond Wire	10~150"
	ROV Diamond Wire	18~64"
UCS	Dual Cut Band Saw	4~30"
Proserv	Jet Cut	6~180"
Genesis	Hydraulic Shears	~46"

재킷 레그의 경우는 다이아몬드 와이어 커터Diamond Wire Cutter(DWC)를 사용하여 절단하고 레그를 보강하는 목적으로 직경이 레그보다 적은 프레임인 브레이스Brace의 경우는 워터젯 커팅Abrasive Water Jet Cutting(AWJ)을 사용하여 절단하고, 하부구조는 크레인으로 이동이 가능한 적정 크기로 절단하여 제거한다(그림 2.6).

(a) 다이아몬드 와이어 커팅(Diamond Wire Cutting)

(b) 워터젯 커팅(Abrasive Water Jet)

그림 2.6 파일 절단 도구 및 절단 부분[12]

(c) 유압식 절단기(Hydraulic Shear)

(d) 부분 절단된 하부구조

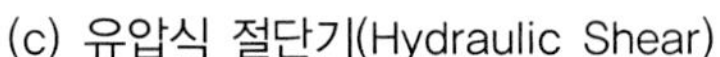

그림 2.6 파일 절단 도구 및 절단 부분[12] (계속)

2.4 파이프라인 철거 및 존치

북해에서는 일반적으로 파이프라인을 전체 철거하는 방법보다 해저면상에 노출된 구조물인 매니폴드와 매니폴드와 연결되어 노출된 파이프라인의 일부 구간을 철거하는 방향으로 한다. 우선적으로 철거를 위해서는 다음과 같은 경우에 따라 진행된다.

- 피깅하여 파이프라인 내부물질을 제거 후 물로 내부를 채움
- 현장 존치의 경우는 제거 또는 추가적인 조치 없이 현장에 파이프라인 존치
- 최소 제거가 필요한 경우 타이인 스풀Tie-in Spool만 제거하고, 파이프라인은 현장에 존치
- 노출 부분 절단 제거: 파이프라인 끝단End Tie-in Point과 노출된 파이프라인을 절단 후 제거

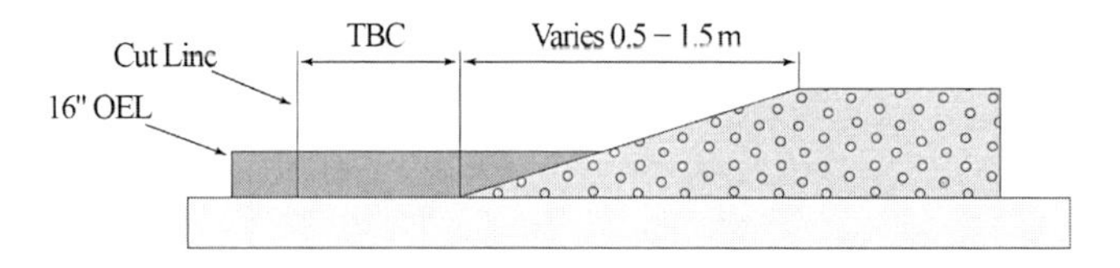

- 일부 제거 매립: 파이프라인 끝단을 제거하고 노출된 부분을 절단하는 대신 일부 파이프라인 구간 매립

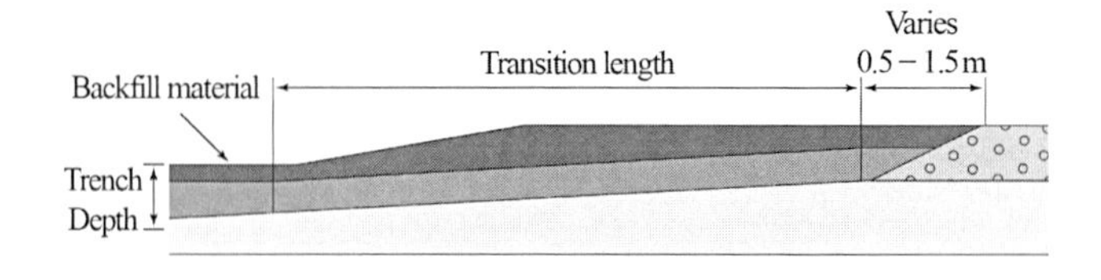

2.5 인공어초 활용(Rigs to Reefs)

북해 지역에서는 OSPAR 규정에 따라 해양구조물의 철거 및 제거를 원칙으로 하고 해양플랫폼의 무게에 따라 기초 부분을 제외하고 해저면에 존치시키는 것을 금지하고 있다. 이에 따라 북해 지역에서는 인공어초로 활용하는 경우는 기본적으로 없으며, 육상 야드에 구조물을 이동하여 분해 또는 재활용 목적으로 사용한다.

구조물을 제거하고 현장에서 90°로 전복하여 그대로 존치하는 유일한 경우는 Piper Alpha 플랫폼으로 1988년 167명이 사망한 대형 해양재해로 인해 파손된 플랫폼을 현장에 전복하여 존치Topple in Place한 유일한 경우이며 인위적으로 인공어초로 사용하는 철거방식이 승인된 경우는 현재까지 없다.[10]

환경적으로 해양구조물을 활용하는 측면과 해당 규정의 적용 유무를 고려하지 않아도 북해의 고정식 해양플랫폼의 경우는 대부분 수심 150m 이하에 위치하여 구조물을 철거하여 재처리하는 비용이 수중에 존치하는 경우와 크게 차이가 없어 인공어초 활용에 따른 경제적인 이점도 없는 것도 하나의 이유라고 볼 수 있다. 이에 반해 미국의 경우는 철거된 많은 해양구조물이 인공어초로 활용되고 있다.

미국 걸프해역GOM에서 인공어초Rigs to Reefs(R2R)로 활용하는 방식은 1985년 제시된 이후 대략 전체 철거된 플랫폼의 10% 정도가 영구적인 인공어초로 사용되고 있다.

R2RRigs To Reefs 프로그램의 이점은 철거/이동/재처리에 따르는 비용절감과 제거된 해양플랫폼을 육상 야드로 이동하는 과정에서의 작업위험의 관리적인 측면이다. 고정식 해양플랫폼을 인공어초로 사용함으로써 어장 형성에 영향을 미치는 정도는 하부구조가 8개의 파일8-Leg로 구성된 재킷구조물의 경우 인공어초의 기능으로 12,000~14,000의 어류개체의 서식처를 제공하고, 4개의 파일4-Leg 재킷구조물의 경우 수백의 어류와 2~3에이커의 서식지를 제공하는 역할을 한다.

일반적으로 사용되는 R2R 방식은 다음 3가지로 구분된다.

- Tow-and-Place: 재킷구조물 하단부 절단, 구조물 지정위치 이동 후 해저면 거치
- Topple-in-Place: 재킷구조물 하단부 절단, 설치된 위치의 해저면 거치
- Partial Removal: 재킷구조물 일부분 절단 후(>25.9m(85ft)) 해저면 거치

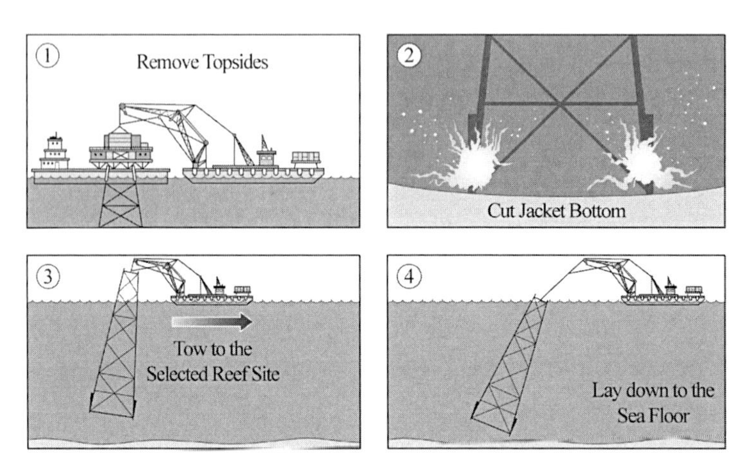

그림 2.7 구조물 지정위치 이동 후 해저면 거치방법(Tow-and-Place Method)

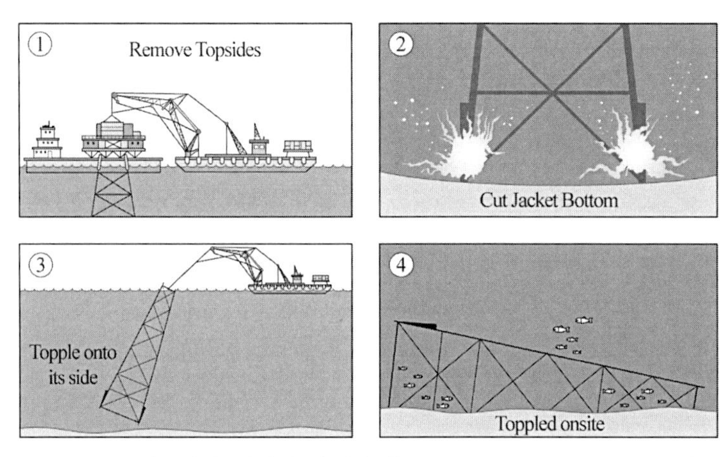

그림 2.8 지정위치 해저면 거치방법(Topple-and-Place Method)

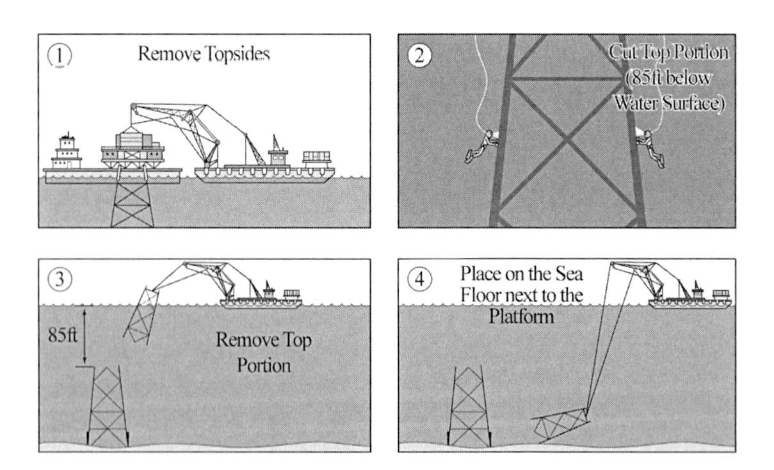

그림 2.9 구조물 일부 절단 해저면 거치방법(Partial Removal Method)[11]

2.6 기타 활용방법

해양플랫폼 철거를 결정하기 앞서 다른 목적으로 활용하는 방안이 우선적으로 검토되어야 하지만 실질적으로 적용하기에는 구조물의 설계수명 문제와 유지관리 비용 및 활용될 구조물의 효율성 등의 이유로 한계가 있어 다음과 같은 방법으로 활용 가능하다.

- 해양관측소
- 다이빙 교육시설
- 풍력 및 조력발전 설비 추가하여 사용
- CO_2 저장 공간으로 활용Carbon Capture and Storage(CCS)

그림 2.10 조력발전모형[9]

참고문헌

CHAPTER 01

[1] Life extension issues for ageing offshore installations, OMAE 2008-57411, 27th international conference on offshore Mechanics Arctic Engineering), www.hse.go.uk.

[2] The Offshore Installations(Offshore Safety Directive) (Safety Case etc) Regulations 2015, www.hse.go.uk.

[3] "Guidance on management of ageing and thorough reviews of ageing installations, 2009, www.hse.co.uk.

[4] API-RP-2SIM, Structural Integrity Management of Fixed Offshore Structures.

[5] Recommendations for design life extension regulations, POS-DK06-195, POSEIDON INTERNA TIONAL LTD).

CHAPTER 02

[1] Decommissioning Insight 2018, Oil and Gas UK.

[2] www.ogauthority.co.uk.

[3] GUIDELINES AND STANDARDS FOR THE REMOVAL OF OFFSHORE INSTALLATION AND STRUCTURES ON THE CONTINENTAL SHELF AND IN THE EXCLUSIVE ECONOMIC ZONE, IMO, 1989.

[4] Commission for the protection of the marine environment of the North-East Atlantic: Decision 98/3 on the Disposal of Disused Offshore Installation, 1972.

[5] Petroleum Act 1998: PART IV Abandonment of Offshore Installations, UK GOV.

[6] Guidance Notes, Decommissioning of Offshore Oil and Gas Installations and Pipelines, 2018.

[7] NTL No.2010-G05, REGULATION AND ENFORCEMENT, GULF OF MEXICO OCS REGION.

[8] 30 CFR PART 250, OIL AND GAS AND SULPHUR OPERATIONS IN THE OUTER CONTINENTAL SHELF.

[9] MURCHISON Decommissioning Comparative Assessment Report, CNR International, 2013.

[10] Decommissioning of Steel Piled Jackets in the North Sea Region November 2017.

[11] tpwd.texas.gov.

[12] Murchison Decommissioning, Jacket Derogation Application, An assessment of proposals for the disposal of the footings of the disused Murchison steel jacket, MURDECOM-CNR-PM-REP-00005, Nov. 2013.

PART Ⅴ

해양·해저플랜트 산업의 발전 방향

CHAPTER
01

해양·해저플랜트 개발 방향

1.1 탄소제로(Net Zero) 정책과 해양·해저플랜트 산업정책(영국)[1]

상대적으로 오랜 기간 오일·가스를 개발해온 영국의 경우를 참고하면, 향후 해양·해저플랜트의 개발 방향을 미리 예측할 수 있다. 영국은 2050년까지 탄소제로를 위한 에너지 통합계획을 수립하고 점진적으로 탄소를 감축하는 계획을 실행하고 있다. 이 과정에서 수많은 새로운 프로젝트와 상당한 투자가 예상되므로 관련된 미래 해양플랜트 산업을 선점하는 것이 필요하다.

영국의 경우 그림 1.1과 같이 2050년 탄소제로를 달성하기 위한 실행계획으로 현재 탄소가 생산되는 에너지 생산 분야의 30%는 해양 신재생 에너지, 30%는 영국 대륙붕 지역United Kingdom Continental Shelf(UKCS)에서의 에너지 통합기술을 이용하고 나머지 40%는 육상의 신재생 에너지를 통해 100% 대체하는 것으로 탄소배출 절감을 추진하고 있다. 이 중 에너지 통합기술은 크게 해양플랫폼의 전력공급원 전환Platform Electrification, 블루수소Blue Hydrogen와 탄소포집저장Carbon Capture Storage(CCS), 그린수소Green Hydrogen + 해상풍력Wind Power의 4가지로 구성된다.

그린수소는 풍력 등의 재생에너지를 통해 생산되는 전기로 수소와 산소를 분해하여 생성한 수소로 생산과정에서 이산화탄소의 배출이 없는 수소를 의미하고 블루수소는 화석연료로부터 수소를 생산하는 그레이수소Gray Hydrogen 생산 과정에서 발생하는 이산화탄소를 대기로 방출하지 않고 탄소포집저장CCS 등을 이용하여 이산화탄소 발생을 줄인 수소로 정의된다.

---

1 ogauthority.co.uk를 참고하여 기술함

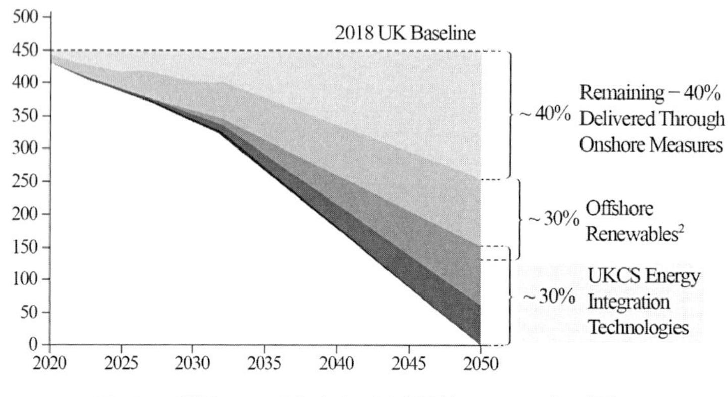

그림 1.1 영국 2050년까지 탄수중립(Net Zero) 계획

풍력을 이용한 전기를 생산하는 비중은 풍력에 충분한 환경조건으로 2010년 2.7%에서 2019년 기준 영국 전체 에너지 생산량의 19.8%를 차지하고 있으며, 이 중 해상풍력발전을 이용한 전기 생산비율은 9.9%에 해당한다(표 1.1).

표 1.1 2010~2019년 풍력을 이용한 전기 생산비율

	2010	2011	2012	2013	2014	2015	2016	2017	2018	2019
Onshore	1.9%	2.9%	3.4%	4.7%	5.5%	6.7%	6.1%	8.5%	9.1%	9.9%
Offshore	0.8%	1.4%	2.1%	3.2%	4.0%	5.1%	4.8%	6.2%	8.0%	9.9%
Total	2.7%	4.3%	5.5%	7.9%	9.5%	11.9%	11.0%	14.7%	17.1%	19.8%

출처: beis.gov.uk, BEIS: Department for Business, Energy & Industrial Strategy

또한 탄소포집저장CCS의 경우도 장기간에 걸친 오일·가스 개발로 인하여 이미 이산화탄소를 이송–저장하기 위한 파이프라인, 해양플랫폼 등의 인프라가 구성되어 있어 기존 설치된 시설을 활용하여 탄소포집저장을 위한 시설로 충분한 역할을 할 수 있다(그림 1.2(a)).

해양플랫폼의 전력공급원 전환Platform Electrification의 방법으로 해양플랫폼에 사용되는 전원을 해양 신재생에너지인 해상풍력 지역을 확장 또는 신규로 개발하여 해양플랫폼을 운영하기 위해 사용되는 발전기의 연료(생산가스 또는 디젤) 대신 신재생에너지를 통한 전력공급으로 연료연소로 발생하는 이산화탄소를 절감하는 효과가 있다(그림 1.2(b)).

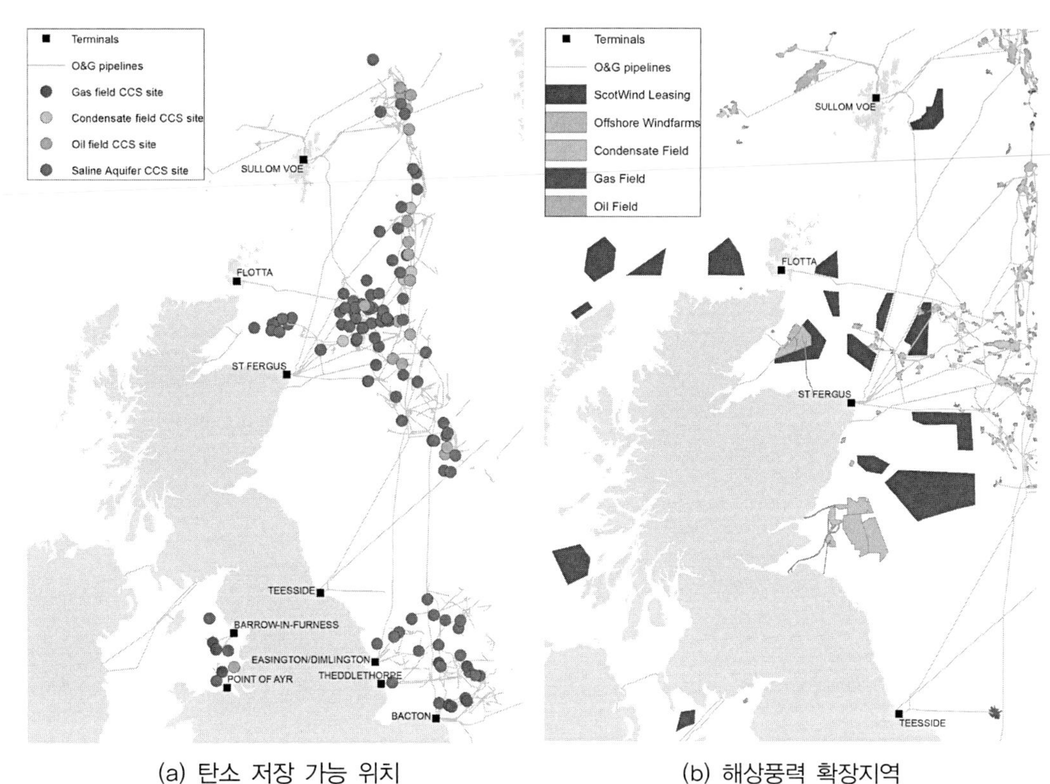

(a) 탄소 저장 가능 위치 (b) 해상풍력 확장지역

그림 1.2 영국 북해 잠재적 탄소 저장 위치 및 해상풍력 확장지역

에너지 통합정책을 통한 이산화탄소 감축방안을 정리하면 다음과 같다.

1) 해양플랫폼 운영전원 신재생에너지로 공급(Offshore Electrification)

영국 대륙붕 지역에서 오일·가스 생산 해양플랫폼에 요구되는 전력은 ~21Twh로 영국 소요전력의 약 6%에 해당하는 전력을 소비하고 있다. 이 전력을 생산하기 위해 사용되는 천연가스 또는 디젤연료는 ~10MtCO_2e(등가 이산화탄소 톤수, 백만)로 영국 에너지 분야의 약 10%에 해당하며 이를 절감하기 위해 해상풍력을 이용하여 해양플랫폼에 전원을 공급하여 이에 해당하는 이산화탄소를 줄일 수 있다.

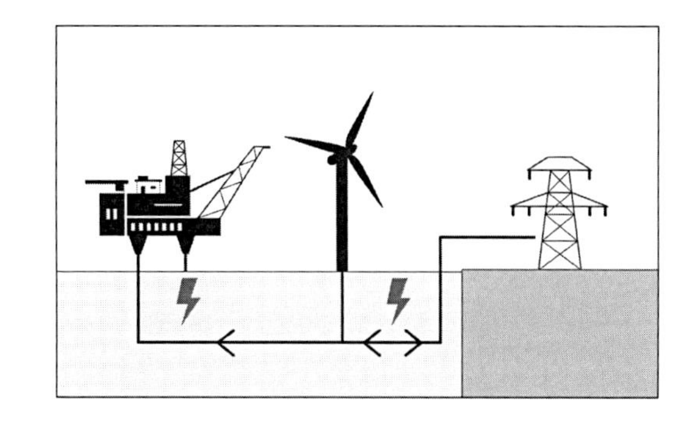

2) 탄소포집저장(CCS: Carbon Capture and Storage)

실제적으로 탄소를 포집저장하는 것은 탄소 절감의 직접적인 효과가 가장 크다고 볼 수 있다. 기존의 저류층 공간을 고려하면 약 78Gt을 저장할 수 있으며 기존 해양플랜트 시설을 재활용함으로써 철거 및 신규 제작 비용의 절감 효과도 있다.

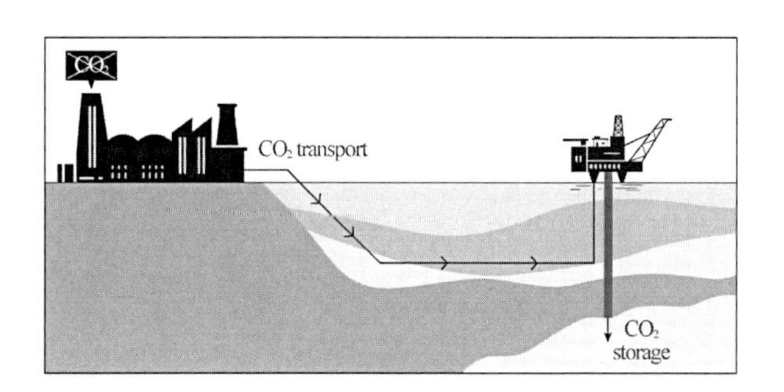

3) 신재생에너지(해상풍력)와 천연가스를 이용한 수소생산(Hydrogen)

수소에너지 사용을 위해 수소를 발생시키는 방법으로 신재생에너지를 이용한 그린수소, 생산되는 가스를 이용하여 수소를 생산하고 이산화탄소 발생을 줄여(블루수소), 탄소 절감 효과를 가져온다.

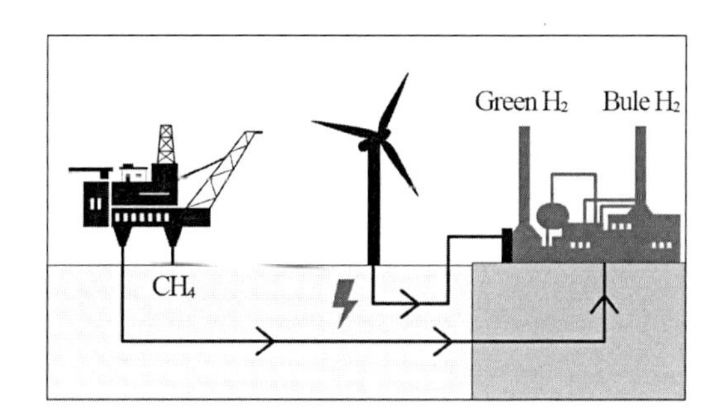

4) 신재생에너지를 이용한 에너지 허브(Energy Hub) 구축

해상풍력과 같은 신재생에너지를 이용한 에너지 허브를 구축하여 전력에너지를 육상의 수소생산시설에 공급하여 그린수소를 생성하고 해양플랫폼에 공급 또는 다른 시설에 전력을 공급하여 복합적인 에너지 허브를 구축하여 탄소 절감 효과를 가져온다.

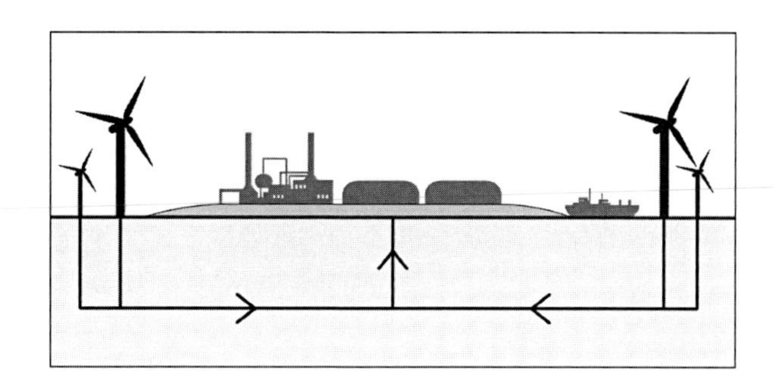

1.2 탄소제로 관련 산업의 경제적 가능성

영국북해의 경우 오일·가스 생산을 위해 설치된 해양플랫폼과 해저파이프라인이 탄소포집저장CCS 프로젝트를 위해 재활용 가능한 것은 해당사업의 경제성을 높이는 큰 효과가 있다. 하지만 이산화탄소가 파이프라인의 내부부식을 일으키는 원인이기 때문에 기존에 운영되는 파이프라인의 부식을 고려한 설계가 반영되어야 한다는 점에서 활용성에 다소 제한이 있다.

그림 1.3은 기존의 오일·가스 시설을 사용한 탄소포집저장 프로젝트의 연결개념을 보여준다. 기존에는 각 해양플랫폼에서 생산된 오일·가스를 최종처리를 위해 육상터미널로 이송하였지만, 탄소포집저장에서는 기존과의 반대경로로 육상터미널에서는 다른 지역의 이산화탄소를 포집하여(허브Hub 역할) 기존에 오일·가스를 생산한 필드의 해양플랫폼으로 이송한다. 각각의 해양플랫폼은 당초 개발목적을 고려한 저류층의 생산정과 이후 추가 개발되어 서브시 타이백 방식으로 연결된 생산정으로 구성된다.

파이프라인의 정의로 메인플랫폼과 연결되는 파이프라인을 트렁크라인Trunk-Line 그리고 이후에 메인 파이프라인을 연결하여 다른 생산플랫폼과 연결하는 라인은 스펄라인Spur-Line으로 정의하고 서브시 타이백 방식으로 연결된 파이프라인은 인필드In-Field 파이프라인으로 정의하지만 일반적 해저공학 관련 프로젝트에서는 잘 사용하지 않는 용어이다.

파이프라인의 경우 재활용하기 위해서는 다음과 같은 여러 조건들을 고려하여 결정하여야 하지만 기존 시설을 이용한 프로젝트의 경우 추가 설비를 위한 투자가 필요 없어 경제성에서 매우 유리한 점이 있다.

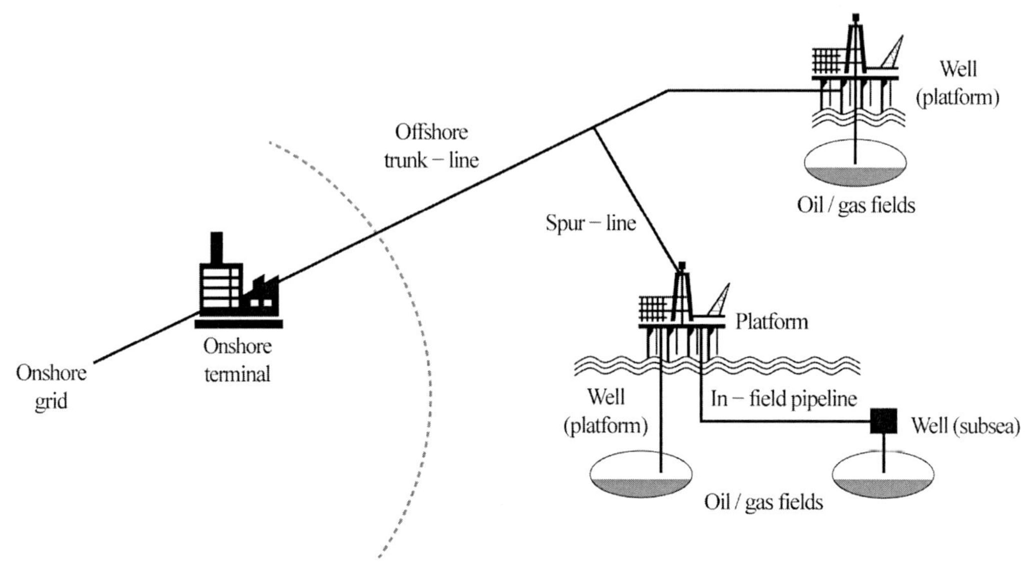

그림 1.3 탄소포집저장(CCS) 프로젝트 연결 개념

- 설계요소: 이산화탄소 이송에 적합 유무
- 유동성 확보: 물형성 유무(CO_2와 결합되어 부식 유발)
- 내부부식: 파이프라인 재질, 충분한 부식 여유치 등
- 외부부식: 파이프라인 재질, 외부코팅, 손상 여부, 희생양극 필요 여부 등
- 설치 및 해저면 상태: 내부유체가 달라지므로 해저면에서 파이프라인 하중, 프리스팬, 좌굴 등의 재검토
- 다른 요건 스풀, 라이저, 밸브 등의 적합성

그림 1.4는 영국에서 현재 진행 중이거나 향후 진행 예정인 탄소제로 프로젝트의 전체적인 현황을 나타낸 것으로 수심이 깊은 풍력발전지역에 설치 가능한 부유식 해상풍력방식으로 그린수소를 생산하기 위한 프로젝트가 진행되고 있고 여러 탄소포집저장 프로젝트(예: Hynet, TiGRE SEALS)가 진행되고 있다.

그림 1.5는 해양플랫폼 전력화를 통한 탄소저감 방법의 경제성을 나타낸다. 여기서 BCR은 손익비를 나타내는 것으로 1보다 큰 경우 순 현재가치NPV가 플러스(+)가 되어 프로젝트의 투자가치가 있는 것을 나타낸다.

브라운필드Brown Field란 기존에 운영되고 있는 시설을 개조하여 전원공급 방식을 전환하는

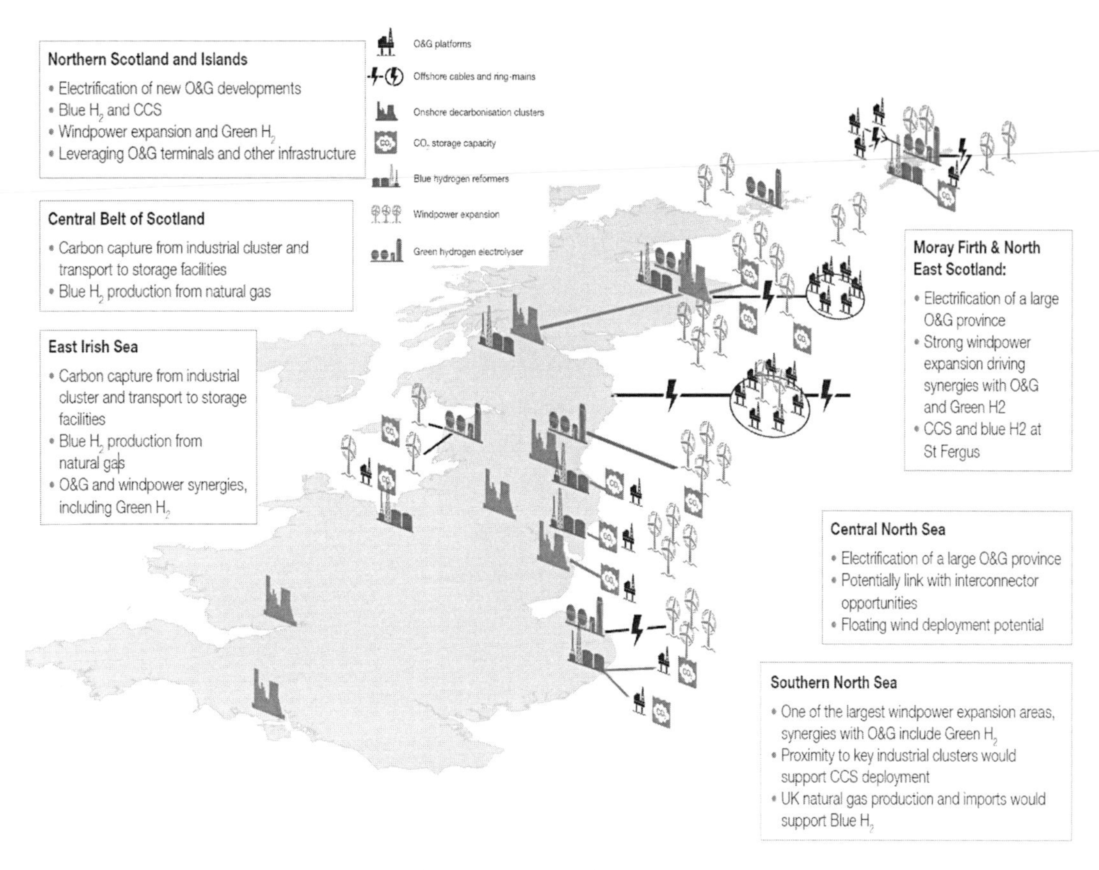

그림 1.4 탄소제로(Net Zero) 프로젝트 진행현황

것으로 기존 해양플랫폼은 자체발전기(생산가스 또는 디젤연료)를 운영하고 있기 때문에 전원을 해양신재생에너지를 통해 공급하면서 자체발전기를 사용하지 않은 경우를 나타낸다. 이때 톤당 이산화탄소(tCO_2)의 가격이 117,000원(78￡, 1￡=1,500원)인 경우 경제성이 있는 것(BCR=1.04)을 보여준다. 그러나 해상풍력을 이용하여 신규로 설치되는 해양플랫폼에 발전시설을 공급하는 그린필드Green Field 개발의 경우 22,500원(15￡, 1￡=1,500원)만 되어도 손익비가 1.42로 경제성이 높은 것으로 보여준다.

따라서 브라운필드 또는 그린필드 프로젝트의 경제성은 탄소배출권 가격에 따라 좌우되는 것을 알 수 있고, 유럽의 탄소배출권 가격의 증가 추이를 보면 영국의 그린필드 프로젝트의 경우 상당한 경제적인 효과가 예상된다.

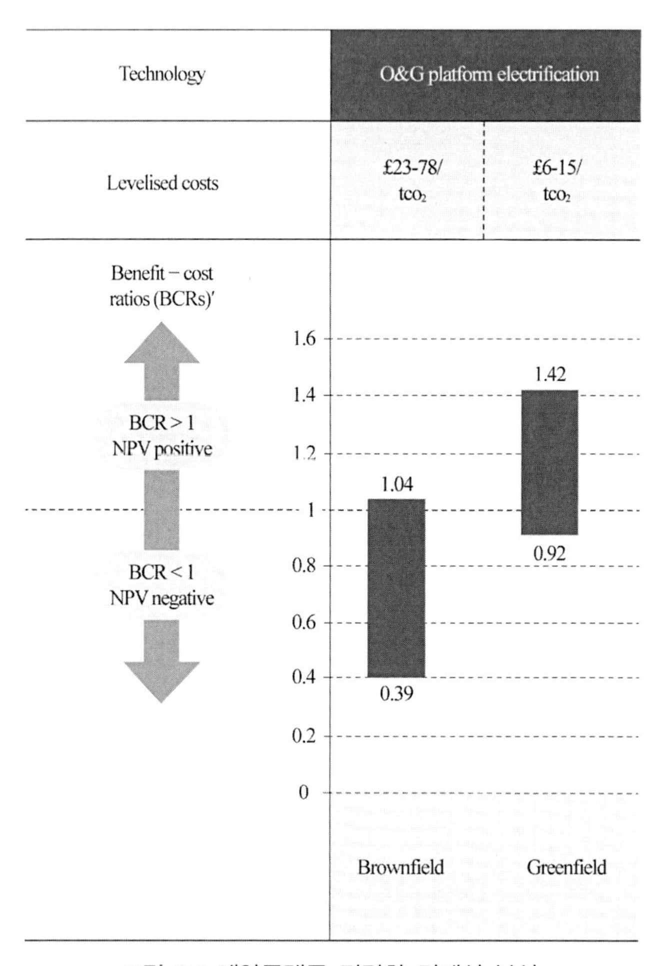

그림 1.5 해양플랫폼 전력화 경제성 분석

CHAPTER

02

국내 해양·해저플랜트 산업의 발전 방향

Part I에서 설명한 바와 같이 해양·해저플랜트 산업은 해양플랫폼의 제작과 설치가 시작되는 실행(설계, 구매, 건설)EPC 단계에 진입하기 위해서는 평가Appraise, 선정Select, 구체화Define의 여러 선행 단계를 거치게 된다. 국내의 경우 해양플랜트에 대한 관심은 해양플랜트 프로젝트 실행 단계에서의 제작 또는 설치과정의 사업 참여에 많은 비중이 차지하고 있다.

그러나 실행 단계뿐만 아니라, 운영 단계에서도 추가로 개발되는 필드와 연결하는 운영 중 프로젝트 역시 신규 프로젝트와 동일하게 진행되고 있으며 생산 종료 이후 해체/철거/복구Decommissioning 단계에서도 신규 프로젝트 실행과 동일한 단계를 거쳐 진행된다. 다시 말하면, 제작과 설치를 하는 프로젝트는 실행 단계에서뿐만 아니라, 운영 단계 및 운영 종료 이후 디커미셔닝 단계에서도 계속적으로 발생한다.

운영 단계에서의 국내 엔지니어의 프로젝트 참여가 저조한 이유로는 해저공학 분야의 기술과 경험적 제약으로 인해서이고 해체/철거/복구 단계에서는 제작 및 설치의 경험으로 참여 가능성이 높지만 실질적으로 시장에 진입하기 위해서는 더 많은 기술경험과 장비에 대한 투자가 필요하다.

하지만 기존의 오일·가스 산업에서 진행 중인 프로젝트에서 참여하여 이미 선점된 시장의 경쟁을 뚫고 진입하는 것도 하나의 방편이지만, 다르게 생각하면 새롭게 형성되는 탄소제로 정책과 연계된 프로젝트(CCS: Carbon Capture and Storage, CCS 허브 구축, 부유식 해상풍력, 수소에너지 관련 플랜트 등)의 다양한 연계 분야를 미리 선점하는 새로운 방향으로 해양·해저플랜트 분야에 접근할 필요가 있다.

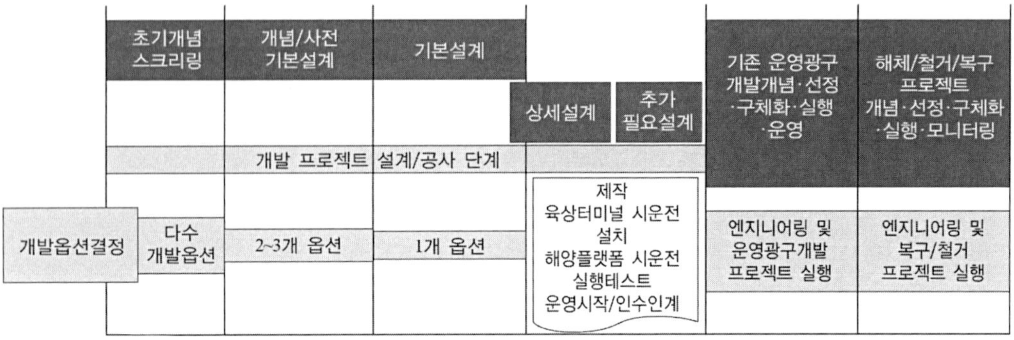

초기개념 스크리닝
개념/사전 기본설계
기본설계
상세설계
추가 필요설계
기존 운영광구 개발개념·선정 ·구체화·실행 ·운영
해체/철거/복구 프로젝트 개념·선정·구체화 ·실행·모니터링
개발 프로젝트 설계/공사 단계
개발옵션결정
다수 개발옵션
2~3개 옵션
1개 옵션
제작 육상터미널 시운전 설치 해양플랫폼 시운전 실행테스트 운영시작/인수인계
엔지니어링 및 운영광구개발 프로젝트 실행
엔지니어링 및 복구/철거 프로젝트 실행

그림 2.1 개발, 운영, 해체/철거 단계의 생애주기 단계[Part I 그림 5.2 일부]

한 예로 해상풍력발전의 경우 해상풍력을 이용한 신재생에너지 개발은 심해지역으로의 확장성을 고려하면 부유식 해상풍력설비를 이용하여 진행될 수밖에 없으며, 부유식 구조 형식은 결국에는 이미 해양플랜트 분야에서 사용되고 검증된 부유식 해양플랫폼 설계와 유사한 방식으로 진행된다. 또한 이를 연결하는 해저케이블과 탄소포집저장CCS을 위해 신규로 설치되는 파이프라인 및 해저주입정과 연관된 것은 오일·가스 분야의 해양·해저(플랜트)공학 분야의 연장선으로 볼 수 있다.

현재 북해에서 진행 중인 오일·가스 해양플랫폼에 해상풍력을 통해 전력을 공급하는 방식이나 탄소포집저장 등의 탄소제로 정책과 연관된 프로젝트들은 이미 상당부분 진행되고 있고 향후에도 많은 신규 사업으로 실현될 가능성이 높으므로 이와 연관된 기술들을 미리 개발하여 선점한다면, 가까운 미래에 해양·해저플랜트, 해양 신재생에너지, 수소에너지분야 등 탄소제로정책과 연계되는 여러 분야를 선점할 수 있을 것으로 생각한다.

하지만 이를 위해서는 여러 해양개발사업을 통합하는 포괄적이며 전략적인 접근이 반드시 필요하고 많은 엔지니어들이 해양·해저플랜트 공학에 대한 심층적 이해가 선결되어야 할 것으로 생각한다.

마지막으로 아래는 향후 해양·해저플랜트 분야에서 주도적인 시장참여를 위해 관심을 가져야 할 주요 기술 분야이다.

- 해양을 이용한 신재생에너지(풍력, 조력, 파력 등) 및 탄소포집저장 관련 해양·해저플랜트 공학 연관 기술
  - 해양환경영향조사 및 평가기술

- 해양구조물 전력화설비 기술
- 구조물 설계/시공기술 및 재료 공학적 기술
- 시스템 제어기술 및 유지운영관리 시스템

• 해저 공정처리 시스템 관련 장비기술(유지보수, 전원공급, 성능개선 등)
• 파이프라인, 엄빌리컬 및 플로우라인의 제조, 단열, 유동성 확보 및 극한조건하에서 운영되는 재료적 기술
• 탄소포집저장 및 허브 클러스터Hub Cluster 구축 관련 기술
• 해양플랜트 해체/철거/복구Decommissioning 기술 및 장비
• 노후 해양·해저플랜트구조물 수명연장, 안전진단 등 건전성Integrity 모니터링 기술
• 무인 해양플랫폼 자동화 제어시스템
• 신재생에너지를 이용한 에너지허브구축 연계기술
• 해양플랫폼 디지털시스템 구축 및 운영

부록

관련 설계코드/단위환산표

부록 A 관련 설계코드

US Code of Federal Regulations (CFR)

30 CFR, Part 250	Oil and Gas and Sulfur Operations in the Outer Continental Shelf
49 CFR, Part 192	Transportation of Natural and Other Gas by Pipeline: Minimum Federal Safety Standards
49 CFR, Part 195	Transportation of Hazardous Liquids by Pipeline

American Bureau of Shipping (ABS)

ABS 8	Rules for Building and Classing; Single Point Moorings
ABS 39	Rules for Certification of Offshore Mooring Chain
ABS 29	Rules for Building and Classing; Offshore Installations
ABS 63	Guide for Building and Classing; Facilities on Offshore Installations
ABS 64	Guide for Building & Classing; Subsea Pipeline Systems
ABS 115	Guide for Fatigue Assessment of Offshore Structures
ABS 123	Guide for Building & Classing; Subsea Riser Systems

American Petroleum Institute (API)

API 17J	Specification for Unbonded Flexible Pipe, 2002
API 581	Risk-based Inspection Base Resource Document
API 598	Standard Valve Inspection and Testing
API 600	Cast Steel Gates, Globe and Check Valves
API 1157	Hydrostatic Test Water Treatment and Disposal Options for Liquid Pipeline System
API 601	Metallic Gaskets for Refinery Piping (Spiral Wound)
API Bull 2U	API Bulletin on Stability Design of Cylindrical Shells, 2004
API Q1	Specification for Quality Programs for the Petroleum, Petrochemical and Natural Gas Industry
API RP 2A	Recommended Practice for Planning, Designing and Constructing Fixed Offshore Platforms-Working Stress Design

API RP 2RD	Design of Risers for Floating Production Systems (FPSs) and Tension-Leg Platforms
API RP 5C6	Welding Connections to Pipe, 1996
API RP 5L1	Recommended Practice for Railroad Transportation of Line Pipe
API RP 5L5	Recommended Practice for Marine Transportation of Line Pipe
API RP 5LW	Recommended Practice for Transportation of Line Pipe on Barges and Marine Vessels
API RP 6FA	Specification for Fire Test for Valves
API RP 14E	Recommended Practice for Design and Installation of Offshore Production Platform Piping Systems–Risers
API RP 14H	Installation, Maintenance and Repair of Surface Safety Valves and Underwater Safety Valves–Offshore
API RP 14J	Design and Hazards Analysis of Offshore Production Facilities
API RP 17A	Recommended Practice for Design and Operation of Subsea Production Systems–Pipelines and End Connections
API RP 17B	Recommended Practice for Flexible Pipe, 1998
API RP 17D	Specification for Subsea Wellhead and Christmas Tree Equipment, 1996
API RP 17G	Design and Operation of Completion/Workover Riser Systems
API RP 17I	Installation of Subsea Umbilicals
API RP 17J	Specification for Unbonded Flexible Pipe, 1999
API RP 500C	Classification of Locations for Electrical Installation at Pipeline Transportation Facilities
API RP 580	Risk-based Inspection
API RP 1110	Pressure Testing of Liquid Petroleum Pipelines, 1997
API RP 1111	Recommended Practice for Design Construction, Operation, and Maintenance of Offshore Hydrocarbon Pipelines, 1999
API RP 1129	Assurance of Hazardous Liquid Pipeline System Integrity
API Spec 2B	Specification for Fabricated Structural Steel Pipe
API Spec 2W	Specification for Steel Plates for Offshore Structures, Produced by Thermo Mechanical Control Processing (TMCP)
API Spec 2C	Offshore Cranes
API Spec 2Y	Steel Plates, Quenched and Tempered, for Offshore Structures

API Spec 5L	Specification for Line Pipe
API Spec 6A	Wellhead and Christmas Tree Equipment
API Spec 6D	Pipeline Valves (Gate, Plug, Ball, and Check Valves)
API Spec 6H	End Closures, Connectors and Swivels
API Spec 14A	Subsurface Safety Valve Equipment
API Spec 17E	Subsea Production Control Umbilicals
API Std 1104	Standard for Welding of Pipelines and Related Facilities

American Society of Mechanical Engineers (ASME)

ASME B16.5	Pipe Flanges and Flanged Fittings
ASME B16.9	Factory Made Wrought Steel Butt Welding Fittings
ASME B16.10	Face-to-Face and End-to-Ends Dimensions of Valves
ASME B16.11	Forged Steel Fittings, Socket Welding and Threaded
ASME B16.20	Ring Joints, Gaskets and Grooves for Steel Pipe Flanges
ASME B16.25	Butt Welded Ends for Pipes, Valves, Flanges and Fittings
ASME B16.34	Valves – Flanged, Threaded, and Welding End
ASME B16.47	Large Diameter Steel Flanges–NPS 26 through NPS 60
ASME B31.3	Chemical Plant and Petroleum Refinery Piping
ASME B31.4	Liquid Transportation Systems for Hydrocarbons, Liquid Petroleum Gas, Anhydrous Ammonia and Alcohols
ASME B31.8	Gas Transmission and Distribution Piping Systems
ASME II	Materials
ASME V	Non-Destructive Examination
ASME VIII	Rules for Construction of Pressure Vessels
ASME IX	Welding and Brazing Qualifications

American Society of Testing and Materials (ASTM)

ASTM A6	Standard Specification for General Requirements for Rolled Steel Plates, Shapes, Sheet Piling, and Bars for Structural Use
ASTM A20/20M	General requirements for Steel Plates for Pressure Vessels
ASTM A36	Standard Specification for Carbon Structural Steel
ASTM A53	Standard Specification for Steel Castings, Ferritic and Martensitic, for Pressure Containing Parts, Suitable for Low-Temperature Service
ASTM A105	Standard Specification for Carbon Steel Forgings for Piping Applications
ASTM A185	Specification for Welded Wire Fabric, Plain for Concrete Reinforcement
ASTM A193	Standard Specification for Alloy-Steel and Stainless Steel Bolting Materials for High Temperature or High Pressure Service and Other Special Purpose Applications
ASTM A194	Standard Specification for Carbon and Alloy Steel Nuts for Bolts for High Pressure or High Temperature Service
ASTM A234	Standard Specification for Piping Fittings of Wrought Carbon Steel and Alloy Steel for Moderate and High Temperature Service
ASTM A283	Low and Intermediate Tensile Strength Carbon Steel Plates, Shapes and Bars
ASTM A307	Standard Specification for Carbon Steel Bolts and Studs
ASTM A325	Standard Specification for Structural Bolts, Steel, Heat Treated, 120/150 ksi Minimum Tensile Strength
ASTM A370	Standard Test Methods and Definitions for Mechanical Testing of Steel Products
ASTM A490	Standard Specification for Heat Treated-Treated Steel Structural Bolts 150 ksi Minimum Tensile Strength
ASTM A500	Cold Formed Welded and Seamless Carbon Steel Structural Tubing in Rounds and Shapes
ASTM A615	Specification for Deformed Billet-Steel Bars for Concrete Reinforcement
ASTM A694	Standard Specification for Carbon and Alloy Steel Forgings for Pipe Flanges, Fittings, Valves and Parts for High Pressure Transmission Service
ASTM B418	Cast and Wrought Galvanized Zinc Anodes (Type II)
ASTM E23	Standard Test Methods for Notched Bar Impact Testing of Metallic Materials
ASTM E92	Standard Test Methods for Vickers Hardness of Metallic Materials
ASTM E94	Radiographic Testing

ASTM E747	Test Methods for Controlling Quality of Radiographic Testing Using Wire Penetrometers
ASTM E1290	Standard Test Method for Crack Tip Opening Displacement (CTOD) Fracture Toughness Measurement
ASTM E1444	Standard Practice for Magnetic Particle Examination
ASTM E1823	Standard Terminology Relating to Fatigue and Fracture Testing

American Welding Society (AWS)

AWS D1.1	Structural Welding Code–Steel

British Standard (BS)

BS 4515	Appendix J. Process of Welding of Steel Pipelines on Land and Offshore–Recommendations for Hyperbaric Welding
BS 6899	Insulation Material Tests
BS 7608	Code of Practice for Fatigue Design and Assessment of Steel Structures, 1993
BS 8010-2	Code of Practice for Pipelines – Subsea Pipelines, 2004, British Standard Institution

Canadian Standards Association (CSA)

CSA-Z187	Offshore Pipelines

Deutsches Institut Normung (DIN)

DIN 30670	Polyethylene Coatings for Steel Pipes and Fittings
DIN 30678	Polypropylene Coatings for Steel Pipes

Det Norske Veritas (DNV)

DNV-CN-30.2	Fatigue Strength Analysis for Mobile Offshore Units
DNV-CN-30.4	Foundations
DNV-CN-30.5	Environmental Conditions and Environmental Loads
DNV-OS-A101	Safety Principles and Arrangements

DNV-OS-B101	Metallic Materials
DNV-OS-C101	Design of Offshore Steel Structures, General (LRFD method)
DNV-OS-C106	Structural Design of Deep Draught Floating Units (LRFD method)
DNV-OS-C201	Structural Design of Offshore Units (WSD method)
DNV-OS-C301	Stability and Watertight Integrity
DNV-OS-C401	Fabrication and Testing of Offshore Structures
DNV-OS-C502	Offshore Concrete Structures
DNV-OS-D101	Marine and Machinery Systems and Equipment
DNV-OS-D201	Electrical Installations
DNV-OS-D202	Instrumentation and Telecommunication Systems
DNV-OS-D301	Fire Protection
DNV-OS-E201	Oil and Gas Processing Systems
DNV-OS-E301	Position Mooring
DNV-OS-E402	Offshore Standard for Diving Systems
DNV-OS-E403	Offshore Loading Buoys
DNV-OS-F101	Submarine Pipeline Systems
DNV-OS-F107	Pipeline Protection
DNV-OS-F201	Dynamic Risers
DNV-OSS-301	Certification and Verification of Pipelines
DNV-OSS-302	Offshore Riser Systems
DNV-OSS-306	Verification of Subsea Facilities
DNV-RP-B401	Cathodic Protection Design
DNV-RP-C201	Buckling Strength of Plated Structure
DNV-RP-C202	Buckling Strength of Shells
DNV-RP-C203	Fatigue Strength Analysis of Offshore Steel Structures
DNV-RP-C204	Design against Accidental Loads
DNV-RP-E301	Design and Installation of Fluke Anchors in Clay
DNV-RP-E302	Design and Installation of Plate Anchors in Clay

DNV-RP-E303	Geotechnical Design and Installation of Suction Anchors in Clay
DNV-RP-E304	Damage Assessment of Fibre Ropes for Offshore Mooring
DNV-RP-E305	On-bottom Stability Design of Submarine Pipelines
DNV-RP-F101	Corroded Pipelines
DNV-RP-F102	Pipeline Field Joint Coating and Field Repair of Linepipe Coating
DNV-RP-F103	Cathodic Protection of Submarine Pipelines by Galvanic Anodes
DNV-RP-F104	Mechanical Pipeline Couplings
DNV-RP-F105	Free Spanning Pipelines
DNV-RP-F106	Factory Applied External Pipeline Coatings for Corrosion Control
DNV-RP-F107	Risk Assessment of Pipeline Protection
DNV-RP-F108	Fracture Control for Pipeline Installation Methods Introducing Cyclic Plastic Strain
DNV-RP-F109	On-bottom Stability of Offshore Pipeline Systems
DNV-RP-F110	Global Buckling of Submarine Pipelines Structural Design due to High Temperature/High Pressure
DNV-RP-F111	Interference between Trawl Gear and Pipe-lines
DNV-RP-F112	Design of Duplex Stainless Steel Subsea Equipment Exposed to Cathodic Protection
DNV-RP-F201	Design of Titanium Risers
DNV-RP-F202	Composite Risers
DNV-RP-F204	Riser Fatigue
DNV-RP-F205	Global Performance Analysis of Deepwater Floating Structures
DNV-RP-G101	Risk Based Inspection of Offshore Topside Static Mechanical Equipment
DNV-RP-H101	Risk Management in Marine and Subsea Operations
DNV-RP-H102	Marine Operations during Removal of Offshore Installations
DNV-RP-O401	Safety and Reliability of Subsea Systems
DNV-RP-O501	Erosive Wear in Piping Systems

International Organization for Standardization (ISO)

ISO-3183	Petroleum and Natural Gas Industries Steel Pipe for Pipeline Transportation Systems
ISO-9001	Quality Assurance Standard

ISO-10423	Petroleum and Natural Gas Industries Drilling and Production Equipment Wellhead and Christmas Tree Equipment
ISO-13628	Petroleum and Natural Gas Industries Design and Operation of Subsea Production Systems
ISO-14000	Environmental Management System
ISO-15589-2	Cathodic Protection of Pipeline Transportation Systems Part 2: Offshore Pipelines
ISO-15590	Induction Bends
ISO-16708	Petroleum and Natural Gas Industries Pipeline Transportation Systems Reliability-based Limit State Methods
ISO-21809-1	Petroleum and natural gas industries External coatings for buried or submerged pipelines used in pipeline transportation systems
ISO-21809	Petroleum and Natural Gas Industries External Coatings for Buried or Submerged Pipelines Used in Pipeline Transportation Systems

Manufacturers Standardization Society (MSS)

MSS SP-44	Steel Pipeline Flanges

National Association of Corrosion Engineers (NACE)

NACE MR-01-75	Sulfide Stress Corrosion Cracking
NACE RP-01-76-94	Corrosion Control of Steel Fixed Offshore Platforms Associated with Petroleum Production
NACE RP-0387	Metallurgical and Inspection Requirement for Cast Sacrificial Anodes for Offshore Applications
NACE RP-0394	Application, Performance and Quality Control of Plant-Applied, Fusion-Bonded Epoxy External Pipe Coating
NACE RP-0492	Metallurgical and Inspection Requirements for Offshore Pipeline Bracelet Anodes

Nobel Denton Industries (NDI)

NDI-0013	General Guidelines for Marine Load outs
NDI-0027	Guidelines for Lifting Operations by Floating Crane Vessels
NDI-0030	General Guidelines for Marine Transportations

NORSOK Standards

NORSOK G-001	Marine Soil Investigations
NORSOK L-005	Compact Flanged Connections
NORSOK M-501	Surface Preparation and Protective Coating
NORSOK M-506	Corrosion Rate Calculation Model
NORSOK N-001	Structural Design
NORSOK N-004	Design of Steel Structures
NORSOK U-001	Subsea Production Systems
NORSOK UCR-001	Subsea Structures and Piping Systems
NORSOK UCR-006	Subsea Production Control Umbilicals

기타

TPA IBS-98	Recommended Standards for Induction Bending of Pipe and Tube, 1998, Tube & Pipe Association (TPA)
ASNT-TC-1A	Personnel Qualification and Certification in Non-Destructive Testing, American Society of Nondestructive Testing

부록 B 단위환산표

From	To	Multiplier	From	To	Multiplier
mile	m	1609.344	mile	ft	5280
ft	m	0.3048	m	ft	3.281
yard	m	0.9144	yard	ft	3.0
fathom	m	1.8288	fathom	ft	6
acre	m^2	1233	acre	ft^2	43560
knot	km/hr	1.852	knot	ft/s	1.688
	miles/hr	1.151			
Long Ton	kg	1016	Long Ton	lb	2240
Metric Ton	kg	1000	Metric Ton	lb	2205
Short Ton	kg	907	Short Ton	lb	2000
lb	kg	0.4536	kg	lb	2.2046
N	dyne	100000	kg	Newton	9.807
kips(lb)	kN(N)	4.448	kN(N)	kips(lb)	0.2248
N/m	lb/ft	1/14.59	lb/ft	N/m	14.59
psi	kPa	6.895	kPa(mPa)	psi(ksi)	0.145
kpa	bar	0.01	bar	kpa	100
psi	bar	0.0690	bar	psi	14.504
psi	atmosphere	0.0680	atmosphere	psi	14.696
bar	atm	0.9870	atm	bar	1.0132
0 barg	psia	14.504	0 bara	psia	0
Pa	N/m^2	1	mPa	N/mm^2	1
gallon	liter	3.7854	liter	gallon	0.2642
barrel	gallon	42	gallon	quart	4
ft^3	gallon	7.48052	gallon	ft^3	0.1337
m^3	gallon	264.2	gallon	m^3	0.00378
Barrel(oil)	gallon	42			
Miles/gallon	Km/liter	0.425	Km/liter	Miles/gallon	2.352

From	To	Multiplier	From	To	Multiplier
ft^3/sec	liter/sec	28.32	gallon/min	ft^3/hr	8.0208
				Barrel/day	34.2857
kg/m^3	lb/ft^3	0.0624	lb/ft^3	kg/m^3	16.026
Btu	Joules	1055	Joules	Btu	0.0009479
Btu/hr	watt	0.2931	watt	Btu/hr	3.4129
horsepower	watt	745.700	horsepower	ft.lb/sec	550
Btu/(hr.ft.°F)	W/(m.°C)	1.7307	W/(m.°C)	Btu/(hr.ft.°F)	0.5777
Btu/(hr.ft^2.°F)	W/(m^2.°C)	5.678	W/(m^2.°C)	Btu/(hr.ft^2.°F)	0.1761
g	m/sec^2	9.81	g	ft/sec^2	32.17
°F	°C	(°F−32)/1.8	°C	°F	1.8×°C+32

저자 소개

신 동 훈(대표 저자, subseawave@gmail.com, Linkedin DH Shin)

공학박사(항만 및 해양), 해양기술사
미국기술사(토목 분야, 미국 오리건주)
캐나다기술사(캐나다 앨버타주)

경력 및 참여프로젝트

- 현 한국석유공사
- 전 ㈜유신, ㈜건화 엔지니어링
- 해양수산부 기술자문위원, 국토교통과학기술진흥원, 해양수산과학기술진흥원 등 유관기관 평가위원
- 탄소포집저장(Carbon Capture Storage) 프로젝트
- 영국 북해 해양플랜트(FPSO) 시설운영 및 해양·해저플랜트 계획, 설계, 실행, 복구 등 전 생애주기 프로젝트
- 국내 해양가스전개발, 해양 파이프라인 건설프로젝트
- 캐나다 오일샌드 생산플랜트 설계 및 건설, 시운전 프로젝트
- 브이, 유조선 입출하부두, 해저배관, 지상저장탱크 설계 및 건설프로젝트
- 해안 및 항만구조물(접안시설, 연안구조물 및 해양구조물 등) 설계

이 재 영(jylpipeline@gmail,com)

해양공학석사(Texas A&M University)
미국기술사(토목 분야, 미국 텍사스주)

경력 및 참여프로젝트

- 멕시코만, 서아프리카, 중동 및 남미의 천해 및 심해 해양 오일/가스 파이프라인 개념/상세 설계, 구매 및 설치 프로젝트 참여(30년~)
- 다수 해양 파이프라인/라이저 설계 및 설치교육(미국, 한국 기업 및 대학 등)
- 수석 고문, JYL Consultant, LLC, USA(2017~)
- 수석 선임 엔지니어, TechnipFMC/Genesis/Technip, USA(22년)
- 프로젝트 엔지니어, R.J. Brown, USA (2년)
- 해양 파이프라인 엔지니어, MPC International, USA (4년)
- 플렉서블 파이프 엔지니어, Wellstream, USA (2년)
- 항만토목 엔지니어, 대우엔지니어링(3년)

해양·해저플랜트 공학

초판 1쇄 발행 2022년 11월 30일

지은이 신동훈, 이재영
펴낸이 김성배

책임편집 최장미
디자인 엄혜림
제작 김문갑

발행처 (주)에이퍼브프레스
출판등록 제25100-2021-000115호(2021년 9월 3일)
주소 (04626) 서울특별시 중구 필동로8길 43(예장동 1-151)
전화 (02) 2274-3666(출판부 내선번호 7005) | **팩스** (02) 2274-4666
홈페이지 www.apub.kr

ISBN 979-11-978632-6-4 (93530)